工控技术精品丛书·跟韩老师学 PLC

西门子 S7-200 SMART PLC 实例指导学与用

韩相争 编著

電子工業出版社
Publishing House of Electronics Industry
北京·BEIJING

内 容 简 介

本书以西门子 S7-200 SMART PLC 为讲解对象，着眼实际应用，在 S7-200 SMART PLC 硬件组成、软件应用和指令及案例的基础上，以开关量、模拟量、编码器和高速计数器应用，以及定位控制和通信控制的程序设计方法为重点，以能够设计实际的工控系统为最终目的，全面系统地讲解西门子 S7-200 SMART PLC 的编程技巧与综合应用，内容上循序渐进，由浅入深全面展开。

全书分为 10 章，其主要内容为 S7-200 SMART PLC 编程基础与控制系统开发流程，基本指令及案例，开关量控制程序开发，功能指令及案例，子程序与中断程序的设计，模拟量开环控制与 PID 控制，编码器与高速计数器应用案例，定位控制程序的设计，通信控制程序的设计，PLC、触摸屏和变频器综合应用案例及附录。

本书实用性强，图文并茂，不仅为初学者提供了一套有效的编程方法，还为工程技术人员提供了大量的编程技巧和实践经验，可作为广大电气工程技术人员自学和参考用书，也可作为高等工科院校、高等职业技术院校工业自动化、电气工程及自动化、机电一体化等相关专业的 PLC 教材。

图书在版编目（CIP）数据

西门子 S7-200 SMART PLC 实例指导学与用 / 韩相争编著. —北京：电子工业出版社，2023.2
（工控技术精品丛书. 跟韩老师学 PLC）
ISBN 978-7-121-45029-7

Ⅰ. ①西… Ⅱ. ①韩… Ⅲ. ①PLC 技术 Ⅳ.①TM571.61

中国国家版本馆 CIP 数据核字（2023）第 031963 号

责任编辑：陈韦凯　　文字编辑：康　霞
印　　刷：北京七彩京通数码快印有限公司
装　　订：北京七彩京通数码快印有限公司
出版发行：电子工业出版社
　　　　　北京市海淀区万寿路 173 信箱　　邮编　100036
开　　本：787×1 092　1/16　印张：22　字数：563.2 千字
版　　次：2023 年 2 月第 1 版
印　　次：2025 年 3 月第 3 次印刷
定　　价：89.00 元

凡所购买电子工业出版社图书有缺损问题，请向购买书店调换。若书店售缺，请与本社发行部联系，联系及邮购电话：（010）88254888，88258888。

质量投诉请发邮件至 zlts@phei.com.cn，盗版侵权举报请发邮件至 dbqq@phei.com.cn。

本书咨询联系方式：chenwk@phei.com.cn，（010）88254441。

前　言

S7-200 SMART PLC 是 2013 年由西门子公司推出的新兴产品，在工控领域应用广泛。近年来，随着技术的发展，S7-200 SMART PLC 的功能和扩展模块也更加丰富。基于此，作者结合多年的教学与工程设计经验，立足基础，兼顾新兴技术，历时一年打造了本书。

本书以西门子 S7-200 SMART PLC 为讲解对象，着眼实际应用，在 S7-200 SMART PLC 硬件组成、软件应用和指令及案例的基础上，以开关量、模拟量、编码器和高速计数器应用，以及定位控制和通信控制的程序设计方法为重点，以能够设计实际的工控系统为最终目的，全面、系统地讲解西门子 S7-200 SMART PLC 的编程技巧与综合应用，内容上循序渐进，由浅入深全面展开。

本书有以下特色：

（1）言简意赅，去粗取精，直击要点。

（2）以图解形式讲解，版面灵活，易于学习。

（3）案例多且典型，读者可边学边用。

（4）方法齐全，详细讲解了开关量、模拟量、编码器和高速计数器应用，定位控制和通信控制等程序设计方法，易于读者模仿和上手。

（5）本书设有“编者有料”栏，这是作者多年来教学和工程设计经验的总结，可为读者指出应用时的关键点和注意事项。

（6）综合性和实用性强，可与实际直接接轨。

全书分为 10 章，主要内容为 S7-200 SMART PLC 编程基础与控制系统开发流程，基本指令及案例，开关量控制程序开发，功能指令及案例，子程序与中断程序的设计，模拟量开环控制与 PID 控制，编码器与高速计数器应用案例，定位控制程序的设计，通信控制程序的设计，PLC、触摸屏和变频器综合应用案例及附录。

本书实用性强，图文并茂，不仅为初学者提供了一套有效的编程方法，还为工程技术人员提供了大量的编程技巧和实践经验，可作为广大电气工程技术人员自学和参考用书，也可作为高等工科院校、高等职业技术院校工业自动化、电气工程及自动化、机电一体化等相关专业的 PLC 教材。

说明一下：为了便于读者阅读时对照，图中电机未改成电动机，但意指电动机。

全书由韩相争编著，乔海审阅，李艳昭、杜海洋、刘江帅校对，郑宏俊、宁伟超、张孝雨为本书的编写提供了帮助，在此一并表示衷心的感谢。

由于作者水平有限，书中难免有不足之处，敬请广大专家和读者批评指正。

编著者

2022 年 10 月

目　录

第1章 S7-200 SMART PLC编程基础与控制系统开发流程

本章要点

- S7-200 SMART PLC 概述
- S7-200 SMART PLC 硬件组成
- S7-200 SMART PLC 主机的外形结构
- S7-200 SMART PLC 主机的接线及应用实例
- S7-200 SMART PLC 编程软件快速应用

1.1 S7-200 SMART PLC 概述

西门子 S7-200 SMART PLC 是在 S7-200 PLC 基础上发展起来的全新自动化控制产品，该产品的以下亮点使其成为经济型自动化市场的理想选择。

1）机型丰富，选择更多

该产品可以提供类型不同、I/O 点数丰富的 CPU 模块。产品配置灵活，在满足不同需要的同时，可以最大限度地控制成本，是小型自动化系统的理想选择。

2）选件扩展，配置灵活

S7-200 SMART PLC 新颖的信号板设计，使其在不额外占用控制柜空间的前提下，可实现通信端口、数字量通道、模拟量通道的扩展，配置更加灵活。

3）以太互动，便捷经济

CPU 模块的本身集成了以太网接口，用一根以太网线便可实现程序的下载和监控，省去了购买专用编程电缆的费用，经济便捷；同时，强大的以太网功能可以实现与其他 CPU 模块、触摸屏和计算机的通信和组网。

4）软件友好，编程高效

STEP 7-Micro/WIN SMART 编程软件融入了新颖的带状菜单和移动式窗口设计，先进的程序结构和强大的向导功能使编程效率更高。

5）运动控制功能强大

S7-200 SMART PLC 的 CPU 模块本体最多集成三路高速脉冲输出信号，支持 PWM/PTO 输出方式及多种运动模式，配以方便易用的向导设置功能，可快速实现设备调速和定位。

6）完美整合，无缝集成

S7-200 SMART PLC、Smart Line 系列触摸屏和 SINAMICS V20 变频器完美结合，可以满足用户人机互动、控制和驱动的全方位需要。

1.2 S7-200 SMART PLC 硬件组成

S7-200 SMART PLC 的硬件系统由 CPU 模块、数字量扩展模块、模拟量扩展模块、热电偶与热电阻扩展模块和相关设备组成。

1.2.1 CPU 模块

CPU 模块又称基本模块和主机，它由 CPU 单元、存储器单元、输入/输出接口单元及电源组成。CPU 模块是一个完整的控制系统，可以单独完成一定的控制任务，主要功能是采集输入信号，执行程序，发出输出信号和驱动外部负载。

CPU 模块有经济型和标准型两种。经济型 CPU 模块有 4 种，分别为 CPU CR20s、CPU CR30s、CPU CR40s 和 CPU CR60s，经济型 CPU 价格便宜，但不具有扩展能力；标准型 CPU 模块有 8 种，分别为 CPU SR20、CPU ST20、CPU SR30、CPU ST30、CPU SR40、CPU ST40、CPU SR60 和 CPU ST60，具有扩展能力。

CPU 模块的外形如图 1-1 所示。

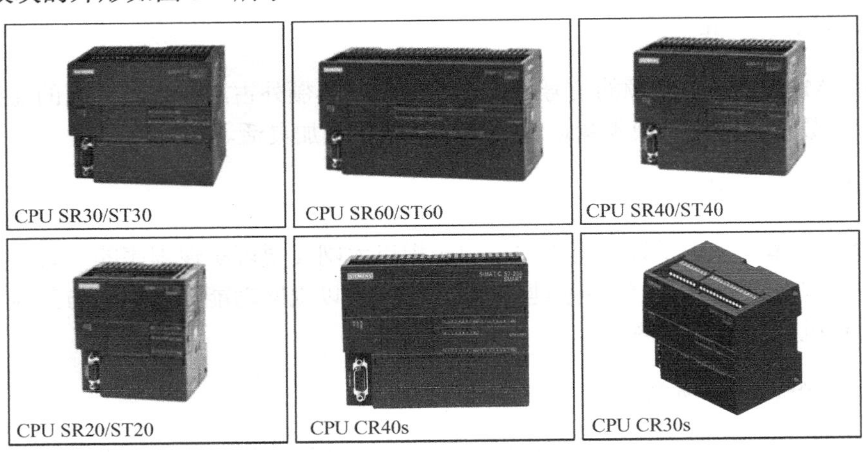

图 1-1 CPU 模块的外形

CPU 模块技术参数如表 1-1 所示。

表 1-1　CPU 模块技术参数

CPU 模块	CPU SR20/ST20	CPU SR30/ST30	CPU SR40/ST40	CPU SR60/ST60
外形尺寸/mm	90×100×81	110×100×81	125×100×81	175×100×81
程序存储器/KB	12	18	24	30
数据存储器/KB	8	12	16	20
本机数字量 I/O	12 入/8 出	18 入/12 出	24 入/16 出	36 入/24 出
数字量 I/O 映像	256 位入/256 位出	256 位入/256 位出	256 位入/256 位出	256 位入/256 位出
模拟量 I/O 映像	56 字入/56 字出	56 字入/56 字出	56 字入/56 字出	56 字入/56 字出
扩展模块数/个	6	6	6	6
脉冲捕捉输入数/个	12	12	14	24
高速计数器数/个	4 路	4 路	4 路	4 路
单相高速计数器数/个	4 路 200kHz	4 路 200kHz	4 路 200kHz	4 路 200kHz
正交相位	2 路 100kHz	2 路 100kHz	2 路 100kHz	2 路 100kHz
高速脉冲输出	2 路 100kHz（仅限 DC 输出）	3 路 100kHz（仅限 DC 输出）	3 路 100kHz（仅限 DC 输出）	3 路 20kHz（仅限 DC 输出）
以太网接口数/个	1	1	1	1
RS-485 通信接口数/个	1	1	1	1
可选件	存储器卡、信号板和通信板			
DC 24V 电源 CPU 输入电流/最大负载	430mA/160mA	365mA/624mA	300mA/680mA	300mA/220mA
AC 240V 电源 CPU	120mA/60mA	52mA/72mA	150mA/190mA	300mA/710mA

1.2.2 数字量扩展模块

数字量扩展模块的外形如图 1-2 所示。当 CPU 模块数字量 I/O 点数不能满足控制系统的需要时，用户可根据实际需要对数字量 I/O 点数进行扩展。数字量扩展模块不能单独使用，需要通过自带的连接器插在 CPU 模块上。

数字量扩展模块通常有三类，分别为数字量输入模块、数字量输出模块和数字量输入/输出混合模块。

数字量输入模块有 2 个，型号分别为 EM DE08 和 EM DE16，EM DE08 为 8 点输入，EM DE16 为 16 点输入。

数字量输出模块有 4 个，型号分别为 EM DR08、EM DT08、EM QR16 和 EM QT16。EM DR08 模块和 EM QR16 模块为 8 点和 16 点继电器输出型，每点额定电流 2A；EM DT08 模块和 EM QT16 为 8 点和 16 点晶体管输出型，每点额定电流 0.75A。

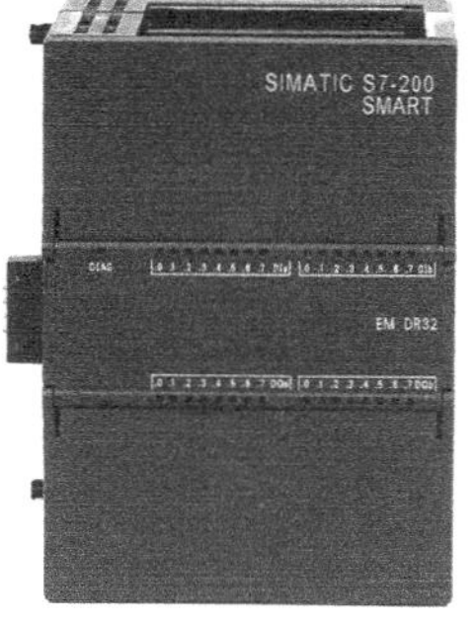

（a）EM DR16　　（b）EM DR32

图 1-2　数字量扩展模块的外形

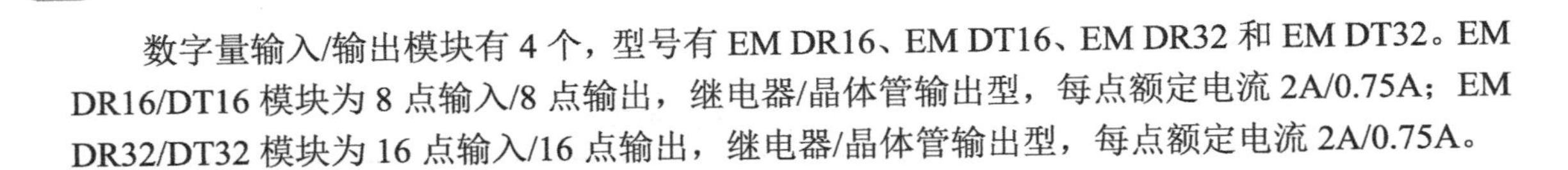

数字量输入/输出模块有 4 个，型号有 EM DR16、EM DT16、EM DR32 和 EM DT32。EM DR16/DT16 模块为 8 点输入/8 点输出，继电器/晶体管输出型，每点额定电流 2A/0.75A；EM DR32/DT32 模块为 16 点输入/16 点输出，继电器/晶体管输出型，每点额定电流 2A/0.75A。

1.2.3 信号板

S7-200 SMART PLC 有 3 种信号板，分别为通信信号板、数字量信号板和模拟量信号板，其外形如图 1-3 所示。

（a）通信信号板

（b）数字量信号板

（c）模拟量信号板

图 1-3　信号板的外形

模拟量输入信号板型号为 SB AE01，1 点模拟量输入，输入量程有±10V、±5V、±2.5V 或 0～20mA 4 种，电压模式的分辨率为 11 位+符号位，电流模式的分辨率为 11 位，对应的数据字范围是-27 648～27 648；模拟量输出信号板型号为 SB AQ01，1 点模拟量输出，输出量程为±10V 或 0～20mA，对应数据字范围为±27 648 或 0～27 648。

数字量输入/输出信号板型号为 SB DT04，为 2 点输入/2 点输出晶体管输出型，输出端子每点最大额定电流 0.5A。

通信信号板型号为 SB CM01，可以组态 RS-485 或 RS-232 通信接口。

编者有料

（1）和 S7-200 PLC 相比，S7-200 SMART PLC 信号板配置是特有的，在功能扩展的同时，也兼顾了安装方式，配置灵活，且不占控制柜空间。

（2）读者在应用 PLC 及数字量扩展模块时，一定要注意引脚载流量，继电器输出型载流量为 2A；晶体管输出型载流量为 0.75A；在应用时，不要超过上限值；如果超限，则需要用继电器过渡一下，这是工程中常用的手段。

1.2.4 模拟量扩展模块

模拟量扩展模块为主机提供了模拟量输入/输出功能，适用于复杂控制场合。它通过自带连接器与主机相连，并且可以直接连接变送器和执行器。模拟量扩展模块通常可以分为 3 类，分别为模拟量输入模块、模拟量输出模块和模拟量输入/输出混合模块。模拟量扩展模块的外形如图 1-4 所示。

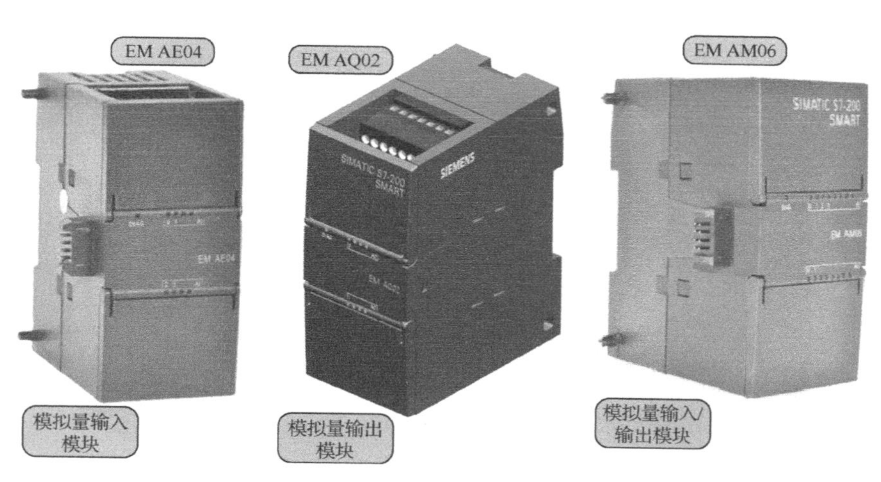

图 1-4　模拟量扩展模块的外形

模拟量输入模块有两种，分别为 2 路输入模块和 4 路输入模块，对应型号为 EM AE04 和 EM AE08，量程有 4 种，分别为±10V、±5V、±2.5V 和 0～20mA，其中电压型的分辨率为 12 位+符号位，满量程输入对应的数字量范围为−27 648～27 648，输入阻抗≥9MΩ；电流型的分辨率为 12 位，满量程输入对应的数字量范围为 0～27 648，输入阻抗为 250Ω。

模拟量输出模块有两种，分别为 2 路输出模块和 4 路输出模块，对应型号为 EM AQ02 和 EM AQ04，量程有两种，分别为±10V 和 0～20mA，其中电压型的分辨率为 11 位+符号位，满量程输入对应的数字量范围为−27 648～27 648；电流型的分辨率为 11 位，满量程输入对应的数字量范围为 0～27 648。

模拟量输入/输出模块有两种，分别为 2 路模拟量输入/1 模拟量输出模块和 4 路模拟量输入/2 模拟量输出模块，对应型号为 EM AM03 和 EM AM06，实际上就是模拟量输入模块与模拟量输出模块的叠加，故不再赘述。

1.2.5　热电阻与热电偶扩展模块

热电阻或热电偶扩展模块是模拟量模块的特殊形式，可直接连接热电偶和热电阻测量温度。热电阻和热电偶扩展模块的外形如图 1-5 所示。

热电阻或热电偶扩展模块可以支持多种热电阻和热电偶。热电阻扩展模块型号为 EM AR02 和 EM AR04，温度测量分辨率为 0.1℃/0.1℉，电阻测量精度为 15 位+符号位；热电偶扩展模块型号为 EM AT04，温度测量分辨率和电阻测量精度与热电阻相同。

1.2.6　相关设备

相关设备是为了充分和方便地利用系统硬件和软件资源而开发和使用的一些设备，主要有编程设备、人机操作界面等。编程设备和人机界面如图 1-6 所示。

编程设备主要用来进行用户程序的编制、存储和管理等，并将用户程序送入 PLC 中，在调试过程中进行监控和故障检测。S7-200 SMART PLC 的编程软件为 STEP 7-Micro/WIN SMART。

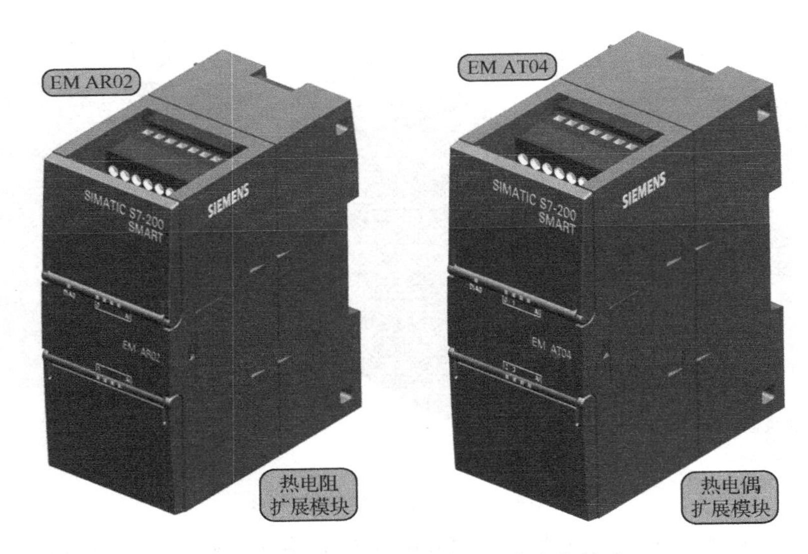

图 1-5　热电阻和热电偶扩展模块的外形

人机操作界面主要指专用操作员界面。常见的如触摸面板、文本显示器等，用户可以通过该设备轻松完成各种调整和控制任务。

（a）编程设备

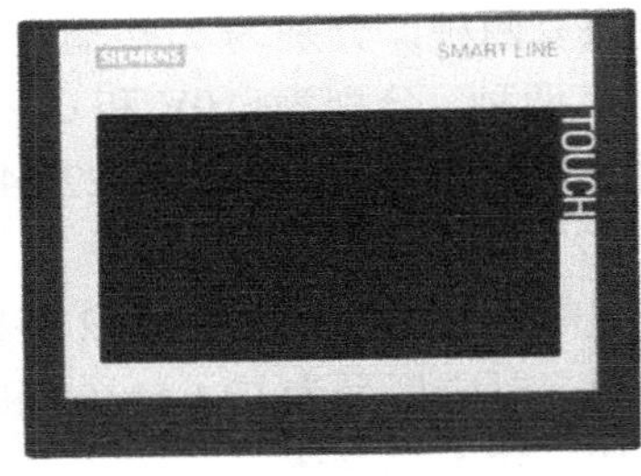

（b）人机界面

图 1-6　编程设备和人机界面

1.3　S7-200 SMART PLC 主机的外形结构

S7-200 SMART PLC 主机的外形结构如图 1-7 所示，其 CPU 单元、存储器单元、输入/输出单元及电源集中封装在同一塑料机壳内。当系统需要扩展时，可选用扩展模块与主机连接。

输入端子：外部输入信号与 PLC 连接的接线端子，在顶部端盖下面。此外，顶部端盖下面还有输入公共端子和 PLC 工作电源接线端子。

输出端子：外部负载与 PLC 连接的接线端子，在底部端盖下面。此外，底部端盖下面还有输出公共端子和 24V 直流电源端子，24V 直流电源为传感器和光电开关等提供能量。

输入状态指示灯（LED）：用于显示是否有输入控制信号接入 PLC。当指示灯亮时，表示有控制信号接入 PLC；当指示灯不亮时，表示没有控制信号接入 PLC。

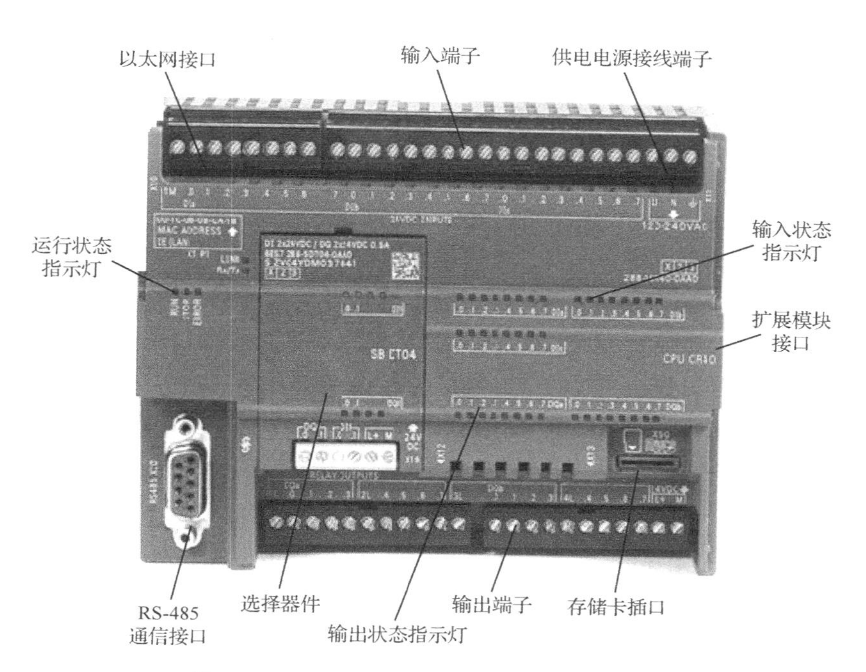

图 1-7 S7-200 SMART PLC 主机的外形结构

输出状态指示灯（LED）：用于显示是否有输出信号驱动外部设备。当指示灯亮时，表示有输出信号驱动外部设备；当指示灯不亮时，表示没有输出信号驱动外部设备。

运行状态指示灯：有 RUN、STOP、ERROR 3 个，其中 RUN、STOP 指示灯用于显示当前工作方式。当 RUN 指示灯亮时，表示处于运行状态；当 STOP 指示灯亮时，表示处于停止状态；当 ERROR 指示灯亮时，表示系统故障，PLC 停止工作。

存储卡插口：在该插口插入 Micro SD 卡，可以下载程序和进行 PLC 固件版本更新。

扩展模块接口：用于连接扩展模块，采用插针式连接，使模块连接更加紧密。

选择器件：可以选择信号板或通信板，在实现精确化配置的同时节省控制柜的安装空间。

RS-485 通信接口：可以实现 PLC 与计算机之间、PLC 与 PLC 之间、PLC 与其他设备之间的通信。

以太网接口：用于程序下载和设备组态。程序下载时，只需要一条以太网线即可，无须购买专用的程序下载线。

1.4 S7-200 SMART PLC 主机的接线及应用实例

S7-200 SMART PLC 的主机（CPU 模块）型号虽然较多，但接线方式相似，因此本书以 CPU SR20/ST20 为例，对 S7-200 SMART PLC 的主机（CPU 模块）接线进行讲解。

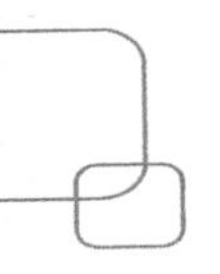

1.4.1 CPU SR20 的接线

CPU SR20 的接线如图 1-8 所示。在 1-8 图中，L1、N 端子接交流电源，电压允许范围为 85～264V。L+、M 为 PLC 向外输出 24V/300mA 直流电源，L+为电源正，M 为电源负，该电源可作为输入端电源使用，也可作为传感器供电电源。

输入端子：CPU SR20 共有 12 点输入，端子编号采用 8 进制，输入端子为 I0.0～I1.3，公共端为 1M。

输出端子：CPU SR20 共有 8 点输出，端子编号也采用 8 进制。输出端子共分 2 组，Q0.0～Q0.3 为第一组，公共端为 1L；Q0.4～Q0.7 为第二组，公共端为 2L；根据负载性质的不同，输出回路电源支持交流和直流。

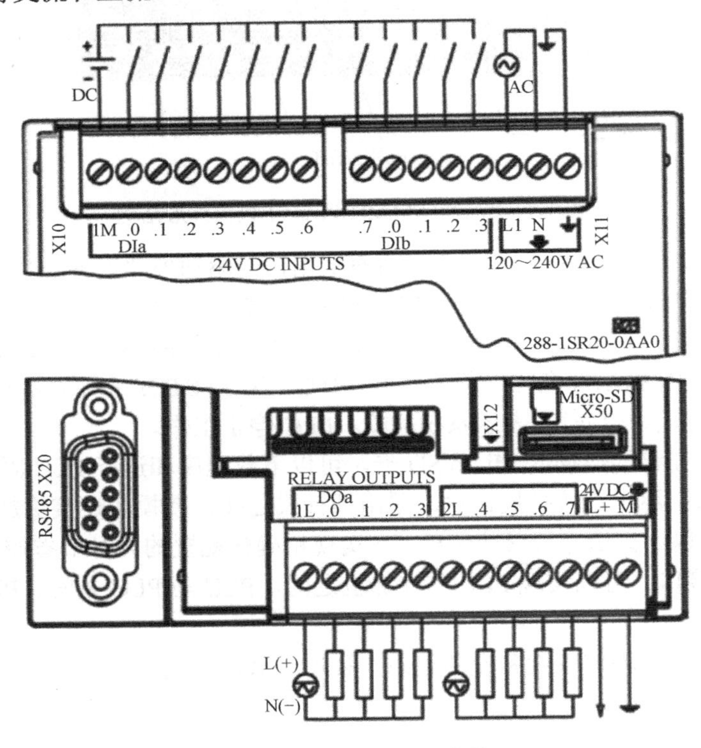

图 1-8 CPU SR20 的接线

1.4.2 CPU ST20 的接线

CPU ST20 的接线如图 1-9 所示，图中电源为 DC 24V，输入点接线与 CPU SR20 相同。不同点在于输出点的接线，输出端子为一组，输出编号为 Q0.0～Q0.7，公共端为 2L+、2M；根据负载的性质的不同，输出回路电源只支持直流电源。

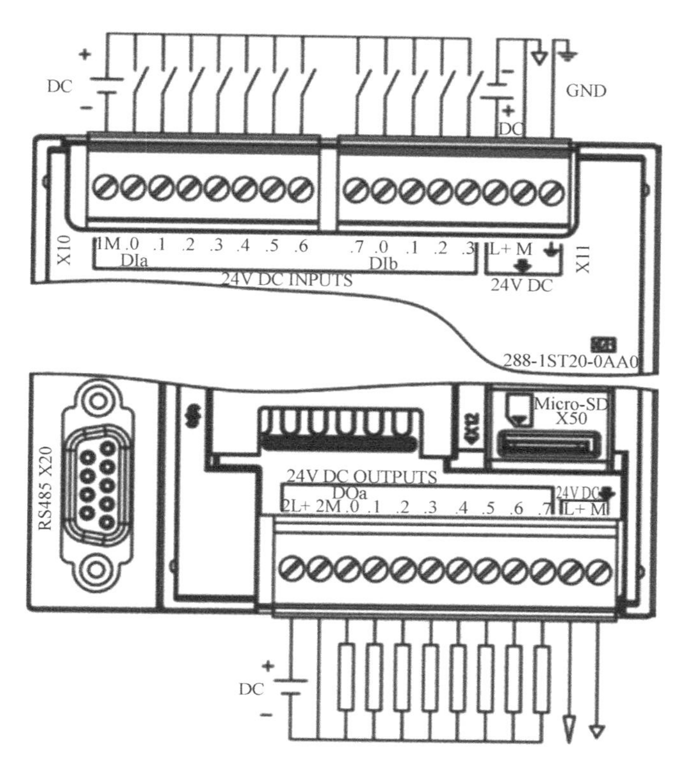

图 1-9　CPU ST20 的接线

编者有料

（1）CPU SRXX 模块输出回路电源既支持直流型又支持交流型，有时候交流电源用多了，以为 CPU SRXX 模块输出回路电源不支持直流型，这是误区，需读者注意。

（2）CPU STXX 模块输出为晶体管型，输出端能发射出高频脉冲，常用于含有伺服电动机和步进电动机的运动量场合，这一点 CPU SRXX 模块不具备。

（3）运动量场合，CPU STXX 模块不能直接驱动伺服电动机或步进电动机，需配驱动器。伺服电动机需配伺服电动机驱动器，步进电动机需配步进电动机驱动器，驱动器的厂商很多，如西门子、三菱、松下等，读者可根据需要进行查找。

1.4.3　CPU 模块与外围器件的接线实例

外围器件包括输入器件和输出器件。输入器件可分为触点型和电子型，触点型的输入器件如开关、按钮、行程开关和液位开关等，这类器件多为二线制；电子型输入器件如接近开关、光电开关、电感式传感器、电容式传感器和电磁流量计等，这类器件多为三线制；输出器件如接触器、继电器和电磁阀等。

1）输入器件与 CPU 模块的连接

输入器件如果是二线制的，则它的一端连接 CPU 模块的输入点，另一端经熔断器连接到输入回路电源的正极；输入器件如果是三线制的，则两根电源线正常供电，信号线连接到 CPU

模块的输入点上，如图 1-10 所示。

2）输出器件与 CPU 模块的连接

输出器件的一端连接到 CPU 模块的输出点上，另一端连接到输出回路电源的负极，如图 1-10 所示。

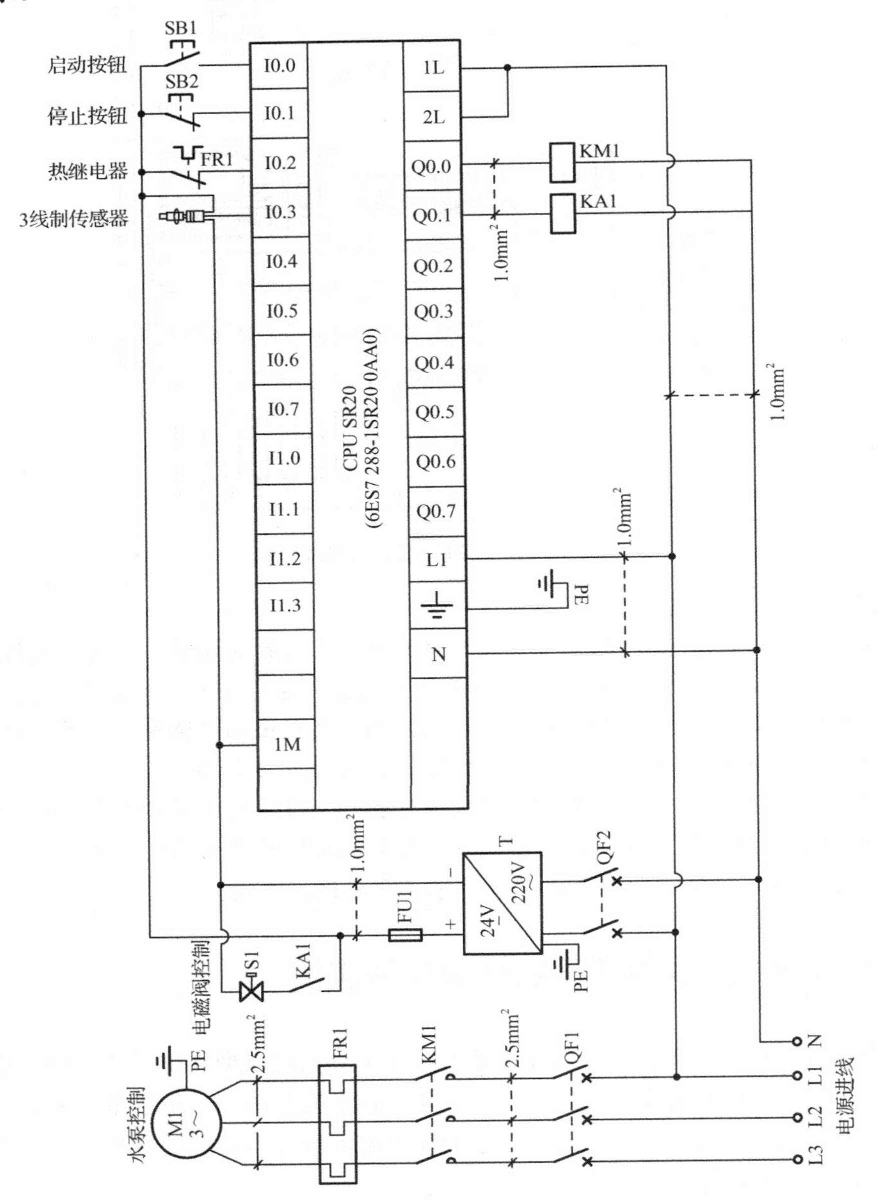

图 1-10　CPU 模块与外围器件的接线实例

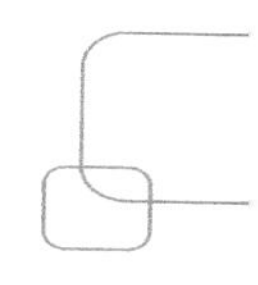

1.5　S7-200 SMART PLC 的数据类型、存储区划分与地址格式

1.5.1　数据类型

1）数据类型

S7-200 SMART PLC 指令系统所用的数据类型有 1 位布尔型（BOOL）、8 位字节型（BYTE）、16 位无符号整数型（WORD）、16 位有符号整数型（INT）、32 位无符号双字整数型（DWORD）、32 位有符号双字整数型（DINT）和 32 位实数型（REAL）。

2）数据长度与数据范围

在 S7-200 SMART PLC 中，不同的数据类型有不同的数据长度和数据范围。在通常情况下，用位、字节、字和双字所占的连续位数表示不同数据类型的数据长度，其中布尔型的数据长度为 1 位，字节的数据长度为 8 位、字的数据长度为 16 位，双字的数据长度为 32 位。数据类型、数据长度和数据范围如表 1-2 所示。

表 1-2　数据类型、数据长度和数据范围

数据类型（数据长度）	无符号整数范围（十进制）	有符号整数范围（十进制）
布尔型（1 位）	取值 0、1	
字节（8 位）	0～255	-128～127
字（16 位）	0～65 535	-32 768～32 767
双字 D（32 位）	0～4 294 967 295	-2 147 483 648～2 147 483 647

1.5.2　存储区划分

S7-200 SMART PLC 存储器有三个存储区，分别为程序区、系统区和数据区，如图 1-11 所示。

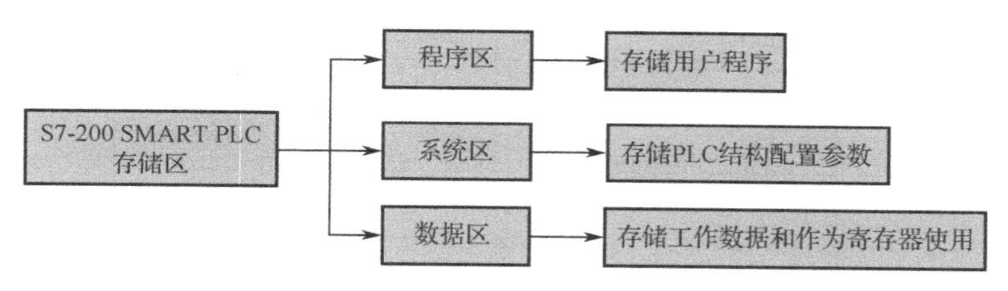

图 1-11　S7-200 SAMRT PLC 存储区的划分

程序区用来存储用户程序，存储器为 EEPROM；系统区用来存储 PLC 配置结构的参数，如 PLC 主机和扩展模块 I/O 配置和编制、PLC 站地址等，存储器为 EEPROM。

数据区是用户程序执行过程中的内部工作区域。该区域用来存储工作数据或作为寄存器使用，存储器为 EEPROM 和 RAM。数据区是 S7-200 SMART PLC 存储器特定区域，具体如图 1-12 所示。

数据区划分

I	V		Q
	M	SM	
	L	T	
	C	HC	
	AC	S	
	AI	AQ	

名称解析

输入映像寄存器（I）；
顺序控制继电器存储器（S）；
计数器存储器（C）；
局部存储器（L）；
模拟量输入映像寄存器（AI）；
累加器（AC）；
高速计数器（HC）；
特殊标志位存储器（SM）；
定时器存储器（T）；
变量存储器（V）；
模拟量输出映像寄存器（AQ）；
输出映像寄存器（Q）；
内部标志位存储器（M）

图 1-12　数据区划分示意图

1. 输入映像寄存器（I）与输出映像寄存器（Q）

1）输入映像寄存器（I）

输入映像寄存器是 PLC 用来接收外部输入信号的窗口，工程上经常将其称为输入继电器。在每个扫描周期的开始，CPU 都对各个输入点进行集中采样，并将相应的采样值写入输入映像寄存器中，可以形象地将输入映像寄存器比作输入继电器来理解，如图 1-13 所示。在图 1-13 中，每个 PLC 的输入端子与相应的输入继电器线圈相连，当有外部信号输入时，对应的输入继电器线圈得电，即输入映像寄存器相应位写入“1”，程序中对应的常开触点闭合，常闭触点断开；当无外部输入信号时，对应的输入继电器线圈失电，即输入映像寄存器相应位写入“0”，程序中对应的常开触点和常闭触点保持原来状态不变。

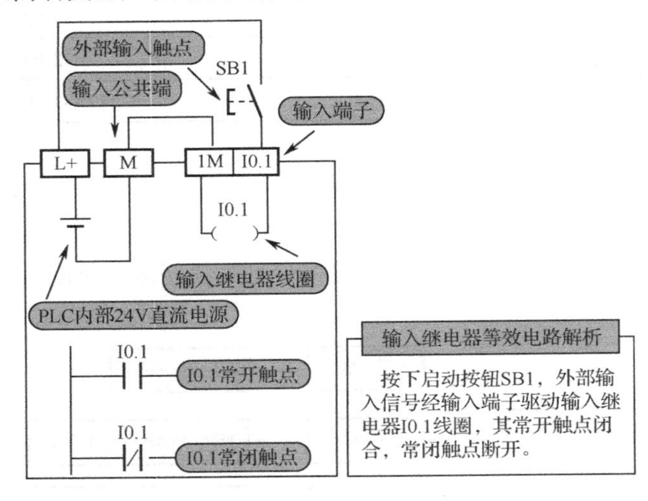

图 1-13　输入继电器等效电路

需要说明的是，输入映像寄存器中的数值只能由外部信号驱动，不能由内部指令改写；输入映像寄存器有无数个常开触点和常闭触点供编程时使用，且在编写程序时，只能出现输

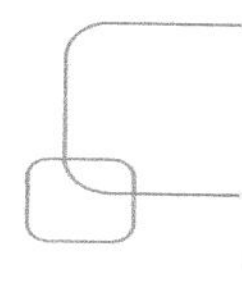

入继电器触点不能出现线圈。

输入映像寄存器可采用位、字节、字和双字来存取，地址范围如表 1-3 所示。

2）输出映像寄存器（Q）

输出映像寄存器是 PLC 向外部负载发出控制命令的窗口，工程上经常将其称为输出继电器。在每个扫描周期的结尾，CPU 都会根据输出映像寄存器的数值来驱动负载，可以形象地将输出映像寄存器比作输出继电器，如图 1-14 所示。在图 1-14 中，每个输出继电器线圈都与相应的输出端子相连，当有驱动信号输出时，输出继电器线圈得电，对应的常开触点闭合，从而驱动了负载；反之，则不能驱动负载。

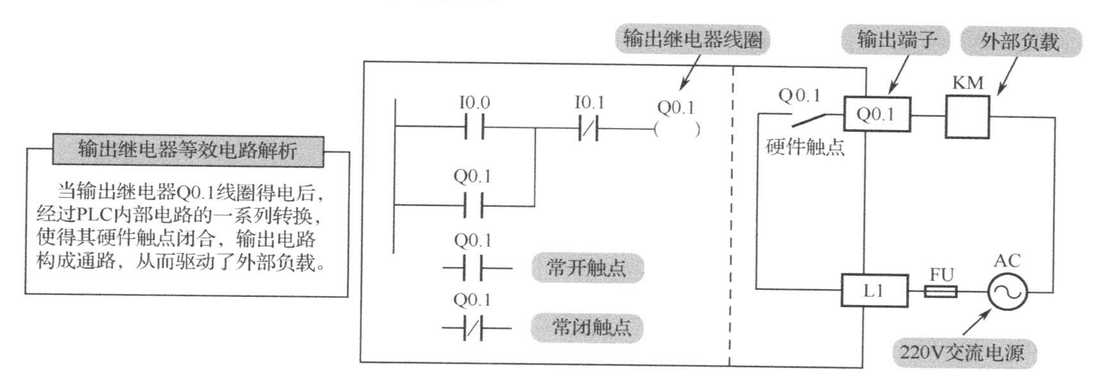

图 1-14　输出继电器等效电路

需要指出的是，输出继电器线圈的通断状态只能由内部指令驱动，即输出映像寄存器的数值只能由内部指令写入；输出映像寄存器有无数个常开触点和常闭触点供编程时使用，且在编写程序时，输出继电器触点、线圈都能出现，且线圈的通断状态表示程序最终的运算结果，这与下面要讲的辅助继电器有明显的区别。

输出映像寄存器可采用位、字节、字和双字来存取，地址范围如表 1-3 所示。

表 1-3　S7-200 SMART PLC 操作数地址范围

存 储 方 式	CPU SR20/ST20	CPU SR30/T30	CPU SR40/ST40	CPU SR60/ST60
位存储 I	0.0～31.7	0.0～31.7	0.0～31.7	0.0～31.7
Q	0.0～31.7	0.0～31.7	0.0～31.7	0.0～31.7
V	0.0～8191.7	0.0～12 287.7	0.0～16 383.7	0.0～20 479.7
M	0.0～31.7	0.0～31.7	0.0～31.7	0.0～31.7
SM	0.0～1535.7	0.0～1535.7	0.0～1535.7	0.0～1535.7
S	0.0～31.7	0.0～31.7	0.0～31.7	0.0～31.7
T	0～255	0～255	0～255	0～255
C	0～255	0～255	0～255	0～255
L	0.0～63.7	0.0～63.7	0.0～63.7	0.0～63.7
字节存储 IB	0～31	0～31	0～31	0～31
QB	0～31	0～31	0～31	0～31
VB	0～8191	0～8191	0～8191	0～8191
MB	0～31	0～31	0～31	0～31

续表

存储方式	CPU SR20/ST20	CPU SR30/T30	CPU SR40/ST40	CPU SR60/ST60
SMB	0～1535	0～1535	0～1535	0～1535
SB	0～31	0～31	0～31	0～31
LB	0～63	0～63	0～63	0～63
AC	0～3	0～3	0～3	0～3
字存储 IW	0～30	0～30	0～30	0～30
QW	0～30	0～30	0～30	0～30
VW	0～8190	0～8190	0～8190	0～8190
MW	0～30	0～30	0～30	0～30
SMW	0～1534	0～1534	0～1534	0～1534
SW	0～30	0～30	0～30	0～30
T	0～255	0～255	0～255	0～255
C	0～255	0～255	0～255	0～255
LW	0～62	0～62	0～62	0～62
AC	0～3	0～3	0～3	0～3
AIW	0～110	0～110	0～110	0～110
AQW	0～110	0～110	0～110	0～110
双字存储 ID	0～28	0～28	0～28	0～28
QD	0～28	0～28	0～28	0～28
VD	0～8188	0～12 284	0～16 380	0～20 476
MD	0～28	0～28	0～28	0～28
SMD	0～532	0～532	0～532	0～532
SD	0～28	0～28	0～28	0～28
LD	0～60	0～60	0～60	0～60
AC	0～3	0～3	0～3	0～3
HC	0～3	0～3	0～3	0～3

3）PLC 工作原理的理解

下面将对 PLC 工作原理的理解加以说明。输入/输出继电器等效电路如图 1-15 所示。

2．内部标志位存储器（M）

内部标志位存储器在实际工程中常称作辅助继电器，其作用相当于继电器控制电路中的中间继电器，它用于存放中间操作状态或存储其他相关数据，如图 1-16（b）所示。内部标志位存储器在 PLC 中无相应的输入/输出端子对应，辅助继电器线圈的通断只能由内部指令驱动，且每个辅助继电器都有无数对常开/常闭触点供编程使用。辅助继电器不能直接驱动负载，它只能通过本身的触点与输出继电器线圈相连，由输出继电器实现最终的输出，从而达到驱动负载的目的。

内部标志位存储器可采用位、字节、字和双字来存取，地址范围如表 1-3 所示。

3．特殊标志位存储器（SM）

有些内部标志位存储器具有特殊功能，或用来存储系统的状态变量和有关控制参数和信

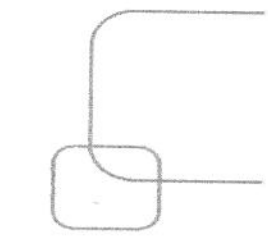

息，这样的内部标志位存储器被称为特殊标志位存储器。它用于 CPU 与用户之间的信息交换。常用的特殊标志位存储器如图 1-17 所示。

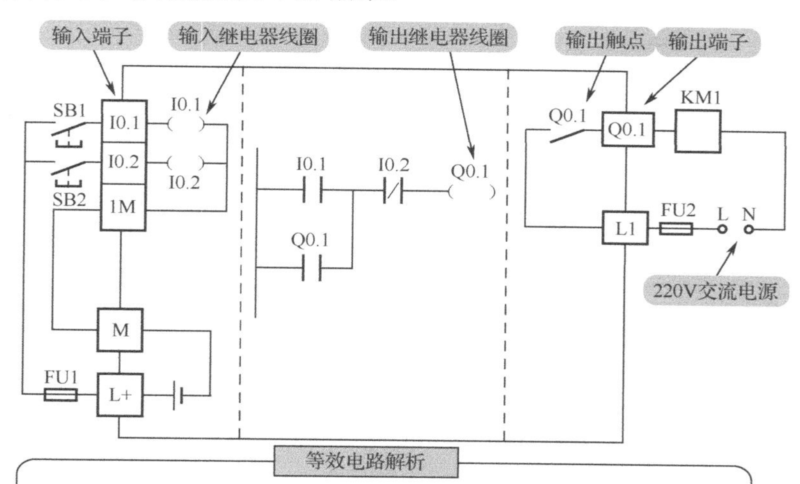

等效电路解析

按下启动按钮SB1时，输入继电器I0.1线圈得电，其常开触点I0.1闭合，输出继电器Q0.1线圈得电并自锁，其输出接口模块硬件常开触点Q0.1闭合，输出电路构成通路，外部负载得电；当按下停止按钮SB2时，输入继电器I0.2线圈得电，其常闭触点I0.2断开，输出继电器Q0.1线圈失电，其输出接口模块常开触点Q0.1复位断开，输出电路形成断路，外部负载失电。

图 1-15　输入/输出继电器等效电路

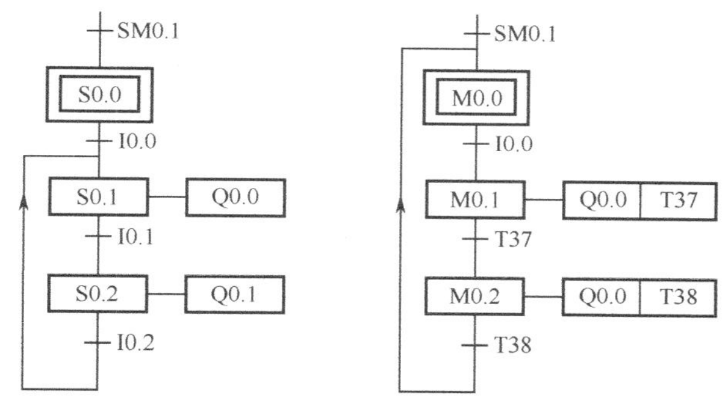

（a）顺序控制继电器存储器举例　（b）辅助继电器举例

图 1-16　顺序控制继电器存储器及辅助继电器举例

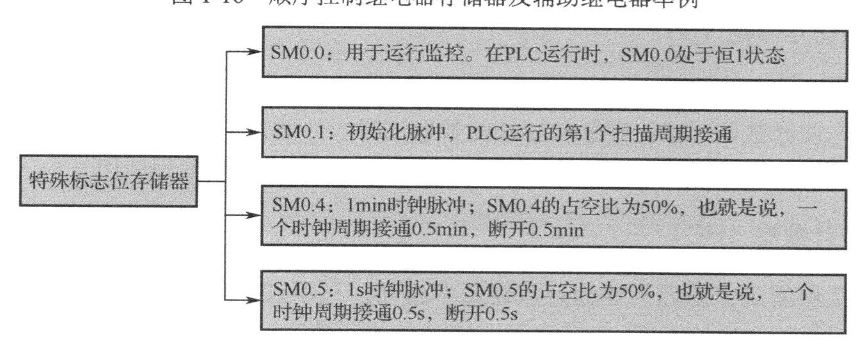

图 1-17　特殊标志位存储器

常用的特殊标志位存储器时序如图 1-18 所示。

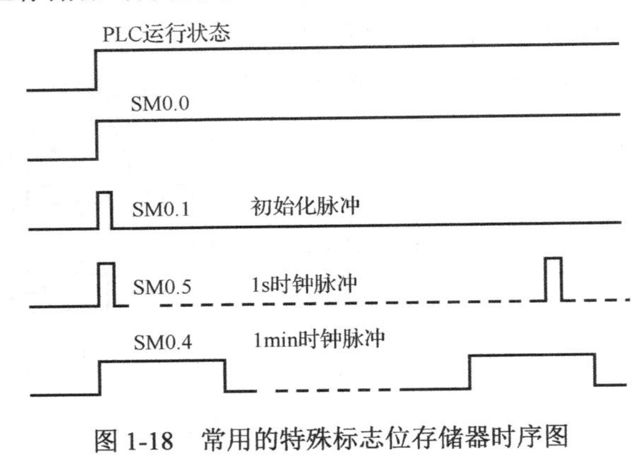

图 1-18　常用的特殊标志位存储器时序图

其他特殊标志位存储器的用途这里不做过多说明，若有需要，读者可参考附录，或者查阅 PLC 软件手册。

4. 顺序控制继电器存储器（S）

顺序控制继电器用于顺序控制（也称步进控制），与辅助继电器一样，它也是顺序控制编程中的重要编程元件之一，通常与顺序控制继电器指令（也称步进指令）一起用于实现顺序控制编程。

顺序控制继电器存储器可采用位、字节、字和双字来存取，地址范围如表 1-3 所示。需要说明的是，顺序控制继电器存储器的顺序功能图与辅助继电器的顺序功能图基本一致，具体如图 1-16（a）所示。

5. 定时器存储器（T）

定时器相当于继电器控制电路中的时间继电器，它是 PLC 中的定时编程元件。按其工作方式的不同可以将其分为通电延时型定时器、断电延时型定时器和保持型通电延时定时器三种。定时时间=预置值×时基，其中预置值在编程时设定，时基有 1ms、10ms 和 100ms 三种。定时器的位存取有效地址范围为 T0～T255，因此定时器共计 256 个。在编程时定时器可以有无数个常开和常闭触点供用户使用。

6. 计数器存储器（C）

计数器是 PLC 中常用的计数元件，它用来累计输入端的脉冲个数。按其工作方式的不同可以将其分为加计数器、减计数器和加减计数器三种。计数器的位存取有效地址范围为 C0～C255，因此计数器共计 256 个，但其有无数对常开和常闭触点供编程使用。

7. 高速计数器（HC）

高速计数器的工作原理与普通计数器基本相同，只不过它是用来累计高速脉冲信号的。当高速脉冲信号的频率比 CPU 扫描速度更快时必须用高速计时器来计数。注意高速计时器的计数过程与扫描周期无关，它是一个较为独立的过程。

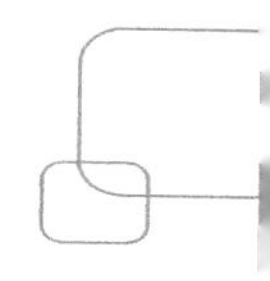

8．局部存储器（L）

局部存储器用来存放局部变量，并且只在局部有效，局部有效是指某个局部存储器只能在某一程序分区（主程序、子程序和中断程序）中被使用。它可按位、字节、字和双字来存取，地址范围如表 1-3 所示。

9．变量存储器（V）

变量存储器与局部存储器十分相似，只不过变量存储器存放的是全局变量，它用在程序执行的控制过程中，控制操作中间结果或其他相关数据，变量存储器全局有效，全局有效是指同一个存储器可以在任意程序分区（主程序、子程序和中断程序）被访问。它和局部存储器一样可按位、字节、字和双字来存取，地址范围如表 1-3 所示。

10．累加器（AC）

累加器用来暂时存储计算中间值的存储器，也可向子程序传递参数或返回参数。S7-200 SMART PLC 的 CPU 提供了 4 个 32 位累加器（AC0、AC1、AC2、AC3），可按字节、字和双字存取累加器中的数值，累加器的有效地址为 AC0～AC3。

11．模拟量输入映像寄存器（AI）

模拟量输入模块将外部输入连续变化的模拟量信号通过 A/D（模数转换）转换为一个字长（16 位）的数字量信号，并存放在模拟量输入映像寄存器中，供 CPU 运算和处理。模拟量输入映像寄存器中的数值为只读值，且模拟量输入映像寄存器的地址必须使用偶数字节地址来表示，如 AIW2、AIW4 等。模拟量输入映像寄存器的地址编号范围因 CPU 模块型号的不同而不同，地址编号范围为 AIW0～AIW110。

12．模拟量输出映像寄存器（AQ）

CPU 运算相关结果存放在模拟量输出映像寄存器中，将一个字长（16 位）的数字量信号通过 D/A（数模转换）转换为模拟量输出信号，用于驱动外部模拟量控制设备。和模拟量输入映像寄存器一样，模拟量输出映像寄存器中的数值也为只读值，且模拟量输出映像寄存器的地址也必须使用偶数字节地址来表示，如 AQW2、AQW4 等，地址编号范围为 AQW0～AQW110。

1.5.3　数据区存储器的地址格式

存储器由许多存储单元组成，每个存储单元都有唯一的地址，在寻址时可以依据存储器的地址来存储数据。数据区存储器的地址格式有如下几种。

位地址格式：位是最小存储单位，常用 0、1 两个数值来描述各元件的工作状态。当某位取值为 1 时，表示线圈闭合，对应触点发生动作，即常开触点闭合，常闭触点断开；当某位取值为 0 时，表示线圈断开，对应触点发生动作，即常开触点断开，常闭触点闭合。

数据区存储器位地址格式可以表示为区域标识符+字节地址+字节与位分隔符+位号。例如

I1.6，如图 1-19 所示，其中第 0 位为最低位（LSB），第 7 位为最高位（MSB）。

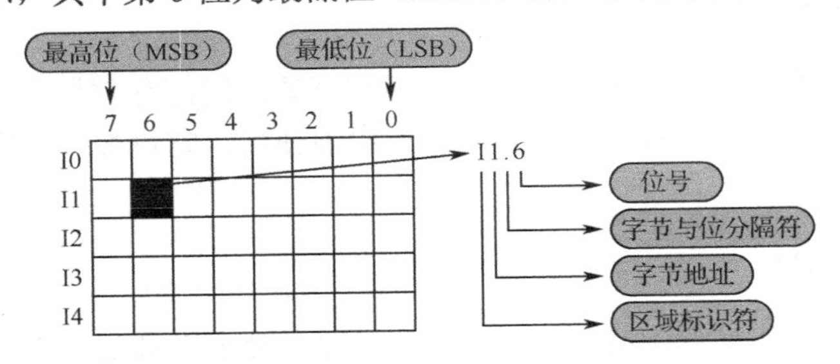

图 1-19　数据区存储器位地址格式

字节地址格式：相邻的 8 位二进制数组成一字节。字节地址格式可以表示为区域识别符+字节长度符 B+字节号，例如，QB0 表示由 Q0.0～Q0.7 这 8 位组成的字节，如图 1-20 所示。

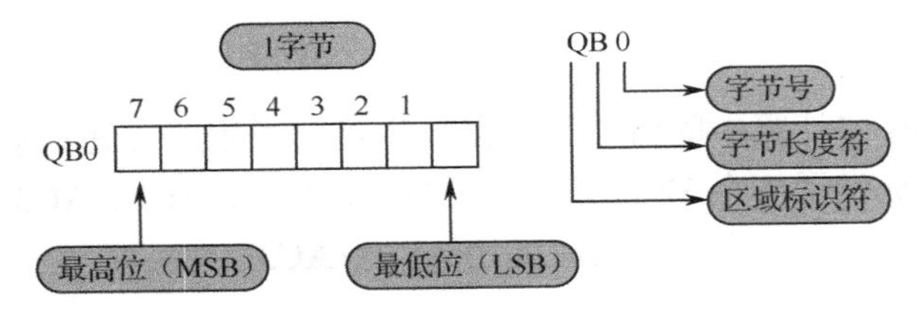

图 1-20　数据区存储器字节地址格式

字地址格式：两个相邻的字节组成一个字。字地址格式可以表示为区域识别符+字长度符 W+起始字节号，且起始字节为高有效字节。例如，VW20 表示由 VB20 和 VB21 这 2 字节组成的字，如图 1-21 所示。

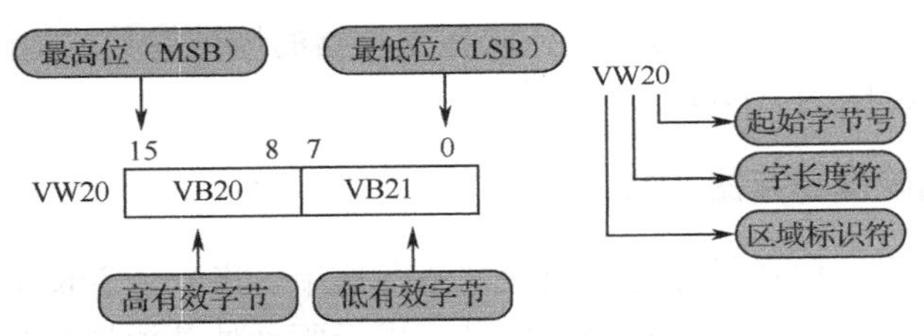

图 1-21　数据区存储器字地址格式

双字地址格式：相邻的两个字组成一个双字。双字地址格式可以表示为区域识别符+双字长度符 D+起始字节号，且起始字节为最高有效字节。例如，VD20 表示由 VB20～VB23 这 4 字节组成的双字，如图 1-22 所示。

需要说明的是，以上区域标识符与图 1-21 一致。

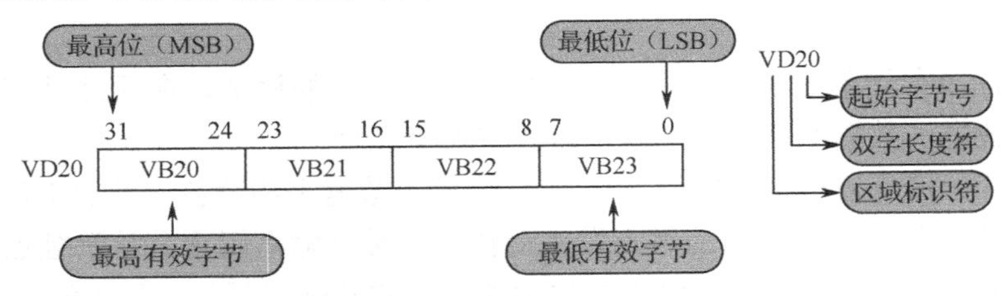

图 1-22　数据区存储器双字地址格式

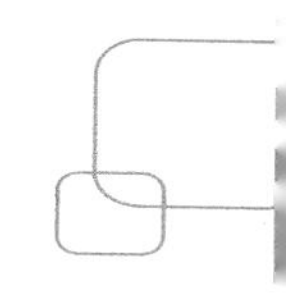

1.6　例说西门子 S7-200 SMART PLC 编程软件快速应用

STEP 7- Micro/WIN SMART 是西门子公司专门为 S7-200 SMART PLC 设计的编程软件，其功能强大，可在 Windows XP SP3 和 Windows 7 操作系统上运行，支持梯形图、语句表、功能块图三种语言，可进行程序的编辑、监控、调试和组态，其安装文件还不足 100MB。在沿用 STEP 7- Micro/WIN 优秀编程理念的同时，采用更多的人性化设计，使编程更容易上手，项目开发更加高效。

本书以 STEP 7- Micro/WIN SMART V2.3 编程软件为例，对相关知识进行讲解。

1.6.1　STEP 7- Micro/WIN SMART 编程软件的界面

STEP 7- Micro/WIN SMART 编程软件的界面如图 1-23 所示，主要包括快速访问工具栏、导航栏、项目树、菜单栏、程序编辑器、窗口选项卡和状态栏。

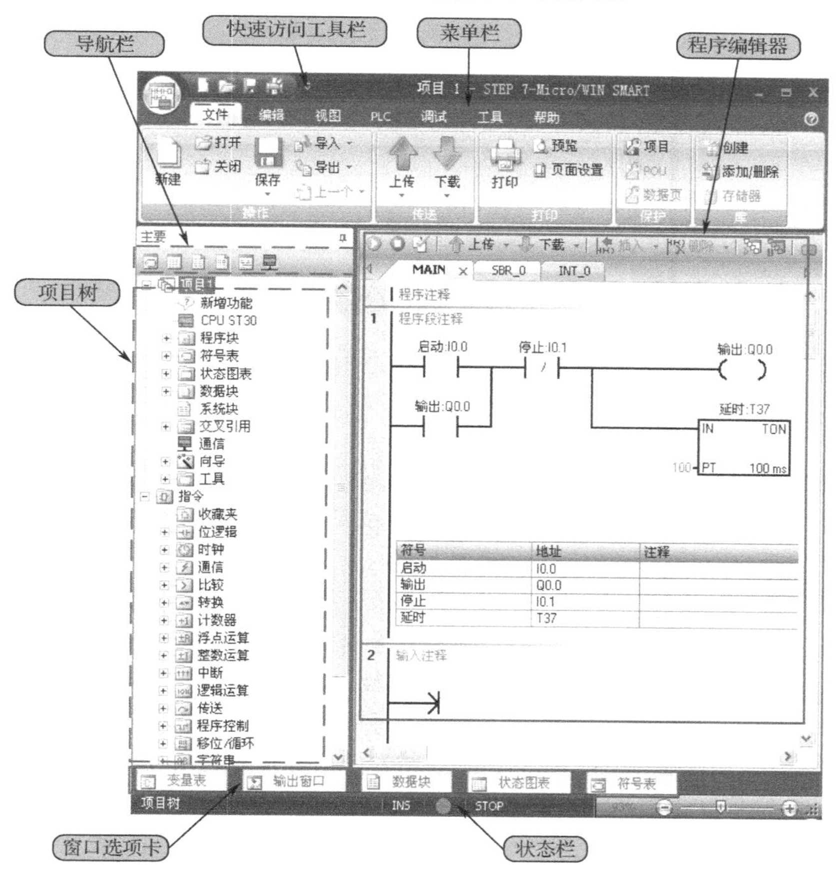

图 1-23　STEP 7- Micro/WIN SMART 编程软件的界面

1. 快速访问工具栏

快速访问工具栏位于菜单栏的上方，如图 1-24 所示。单击“快速访问文件”按钮，可以简捷快速访问“文件”菜单下的大部分功能和最近文档。单击“快速访问文件”按钮后出现的下拉菜单如图 1-25 所示，快速访问工具栏上的其余按钮分别为新建、打开、保存和打印等。此外，单击▾按钮还可以自定义快速访问工具栏。

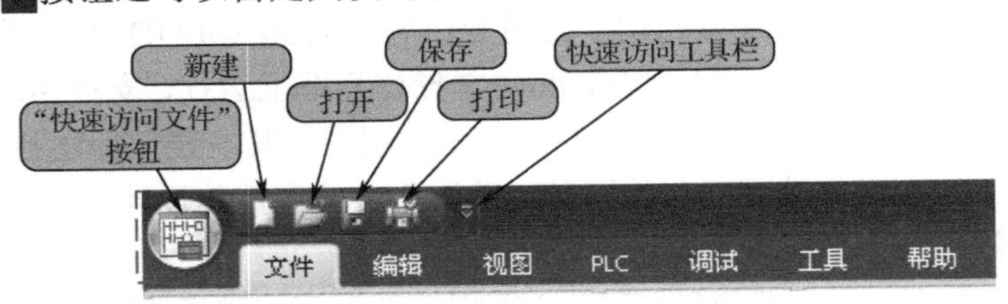

图 1-24 快速访问工具栏

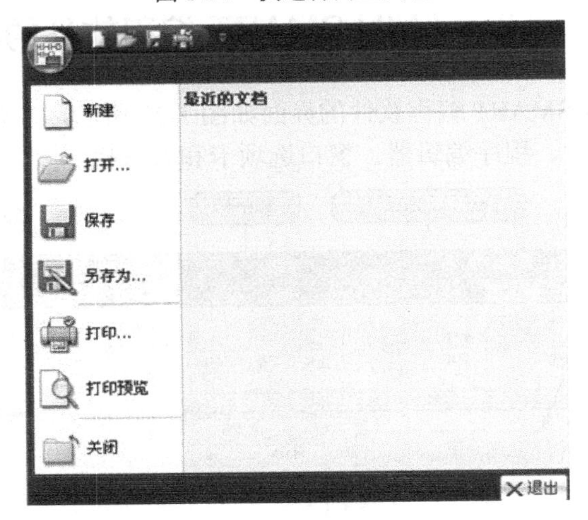

图 1-25 快速访问工具栏下拉菜单

2. 导航栏

导航栏位于项目树的上方，有符号表、状态图表、系统块、通信、数据块和交叉引用几个按钮，如图 1-26 所示。单击相应按钮，可以直接打开项目树中的对应选项。

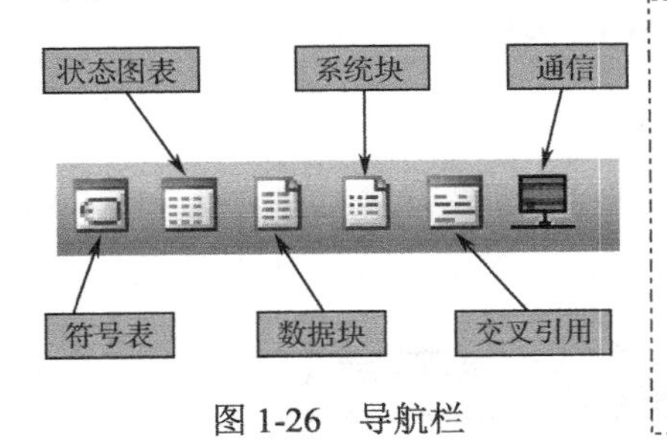

图 1-26 导航栏

编者有料

（1）符号表、状态图表、系统块和通信几个选项非常重要，读者应予以重视。符号表对程序起到注释作用，增加程序的可读性；状态图表用于在调试时监控变量的状态；系统块用于硬件组态；通信按钮用于设置通信信息。

（2）各按钮的名称读者无须死记硬背，将鼠标放在按钮上，就会出现它们的名称。

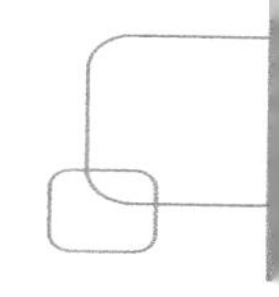

3. 项目树

项目树位于导航栏的下方，如图 1-27 所示。项目树有两大功能：组织编辑项目和提供指令。

1）组织编辑项目

- 双击“系统块”或“▤”，可以对硬件进行组态。
- 单击“程序块”文件夹前的 ⊞，“程序块”文件夹会展开，单击右键可以插入子程序或中断程序。
- 单击“符号表”文件夹前的 ⊞，“符号表”文件夹会展开，单击右键可以插入新的符号表。
- 单击“状态表”文件夹前的 ⊞，“状态表”文件夹会展开，单击右键可以插入新的状态表。
- 单击“向导”文件夹前的 ⊞，“向导”文件夹会展开，操作者可以选择相应的向导。常用的向导有运动向导、PID 向导和高速计数器向导。

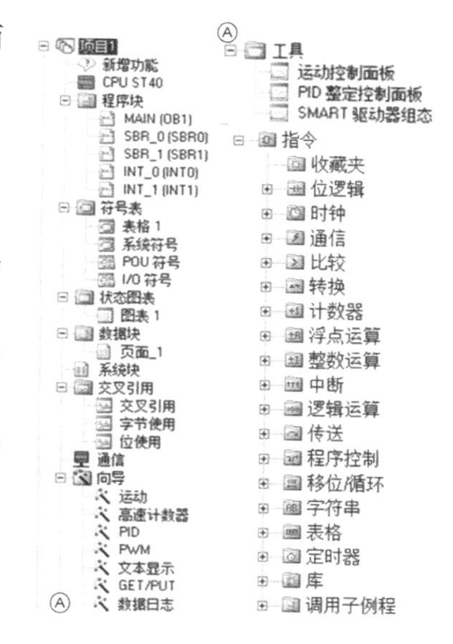

图 1-27　项目树

2）提供相应的指令

单击相应指令文件夹前的 ⊞，相应的指令文件夹会展开，操作者双击或拖曳相应的指令，相应的指令会出现在程序编辑器的相应位置。

此外，项目树右上角有一小钉，当小钉为竖放“⊥”时，项目树位置会固定；当小钉为横放“⊣”时，项目树会自动隐藏。小钉隐藏时，会扩大程序编辑器的区域。

4. 菜单栏

菜单栏包括文件、编辑、视图、PLC、调试、工具和帮助 7 个菜单。

1）文件菜单

文件菜单显示一个功能区，其中包括“操作”、“传送”、“打印”、“保护”和“库”等部分，它们各自将多种文件命令合为一组，如图 1-28 所示。

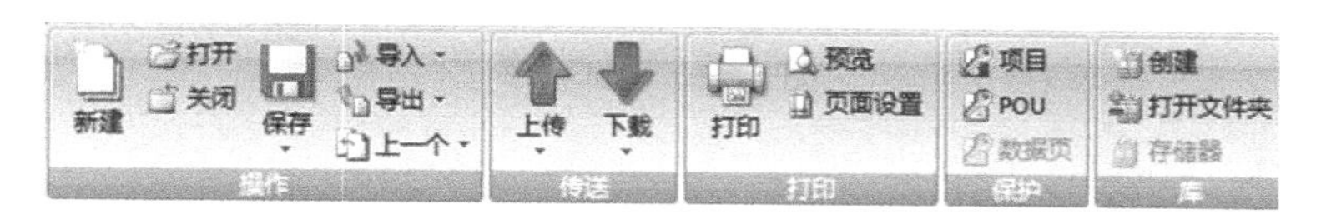

图 1-28　文件菜单

2）编辑菜单

编辑菜单具有一个功能区，其中包含“剪贴板”、“插入”、“删除”和“搜索”等部分，这些部分对多种编辑命令进行了分组，如图 1-29 所示。

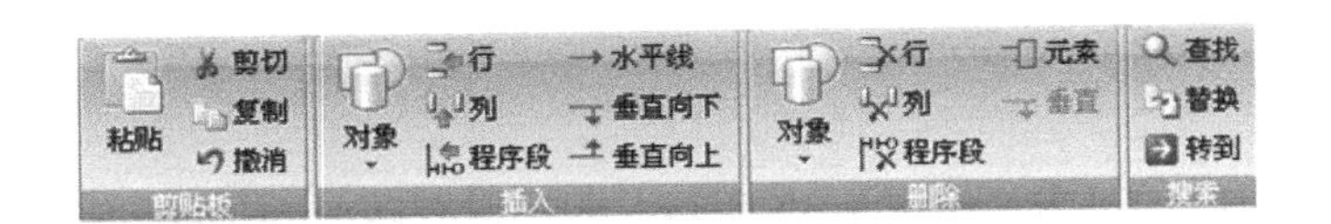

图 1-29　编辑菜单

3）视图菜单

视图菜单具有一个功能区，其中包含“编辑器”、“窗口”、“符号”、“注释”、“书签”和“属性”等部分，这些部分对 STEP 7-Micro/WIN SMART 中查看内容的命令进行了分组，如图 1-30 所示。

图 1-30　视图菜单

4）PLC 菜单

PLC 菜单具有一个功能区，其中包含“操作”、“传送”、“存储卡”、“信息”和“修改”等部分，这些部分对多种 PLC 命令进行了分组，如图 1-31 所示。

图 1-31　PLC 菜单

5）调试菜单

调试菜单具有一个功能区，其中包含“读/写”、“状态”、“强制”、“扫描”和“设置”等部分，这些部分对多种调试程序的命令进行了分组，如图 1-32 所示。

图 1-32　调试菜单

6）工具菜单

工具菜单具有一个功能区，其中包含“向导”、“工具”和“设置”等部分，如图 1-33 所示。

图 1-33　工具菜单

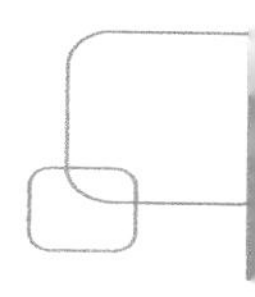

5．程序编辑器

程序编辑器是编写和编辑程序的区域，如图 1-34 所示。程序编辑器主要包括工具栏、POU 选择器、POU 注释、程序段注释等。其中，工具栏详解如图 1-35 所示。POU 选择器用于主程序、子程序和中断程序之间的切换。

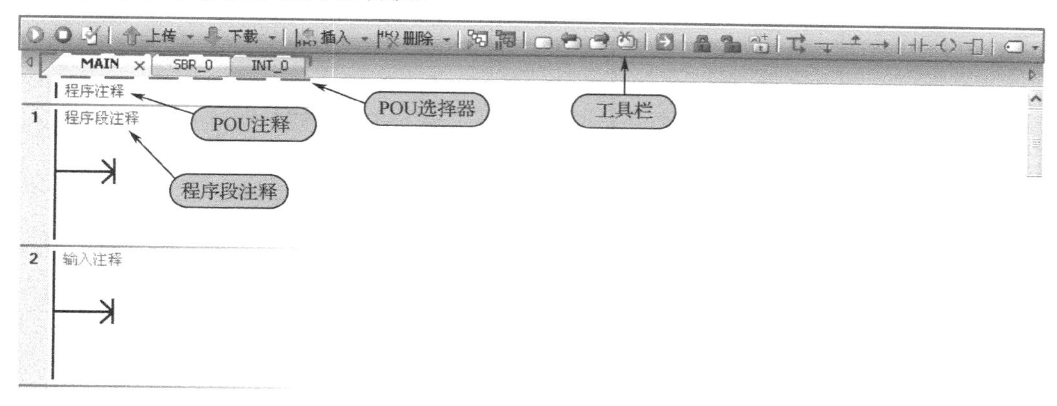

图 1-34　程序编辑器

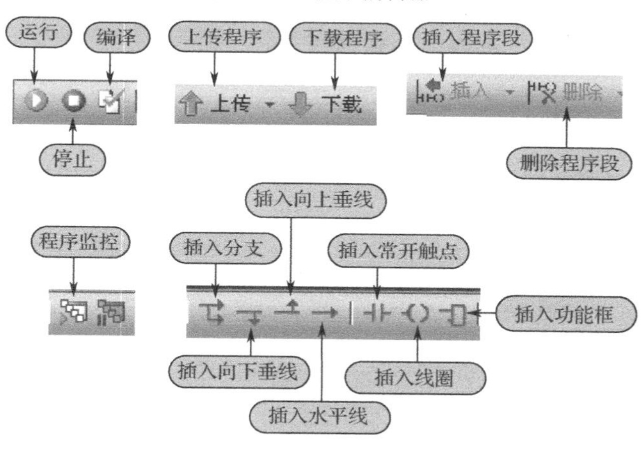

图 1-35　工具栏详解

6．窗口选项卡

窗口选项卡可以实现变量表窗口、符号表窗口、状态表窗口、数据块窗口和输出窗口的切换。

7．状态栏

状态栏位于主窗口底部，提供软件中执行的操作信息。

1.6.2　STEP 7- Micro/WIN SMART 编程软件应用举例

1．项目要求

下面以图 1-36 为例，完整介绍硬件组态、程序输入、注释、编译、下载和监控的全过程。

本例中系统硬件有 CPU ST30、一块模拟量输出信号板、一块 4 路模拟量输入模块和一块 16 路数字量输入模块。

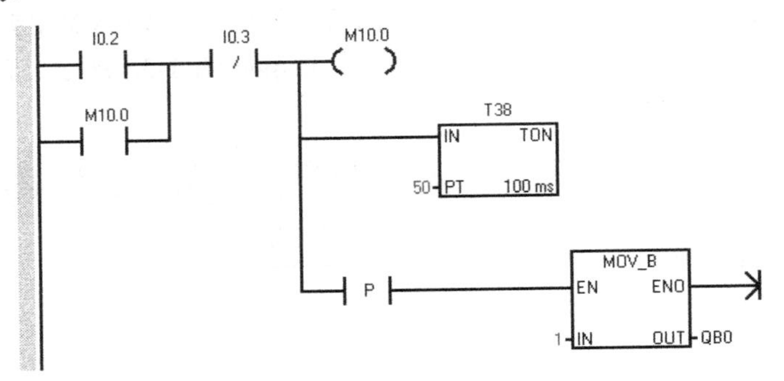

图 1-36 新建一个完整的项目

2. 任务实施

1）创建项目

双击桌面上的 STEP 7- Micro/WIN SMART 编程软件图标，打开编程软件界面，单击“文件”下拉菜单下的新建按钮，创建一个新项目。

2）硬件组态

双击项目树中的“系统块”图标，打开“系统块”界面，如图 1-37 所示，在此界面中进行硬件组态。

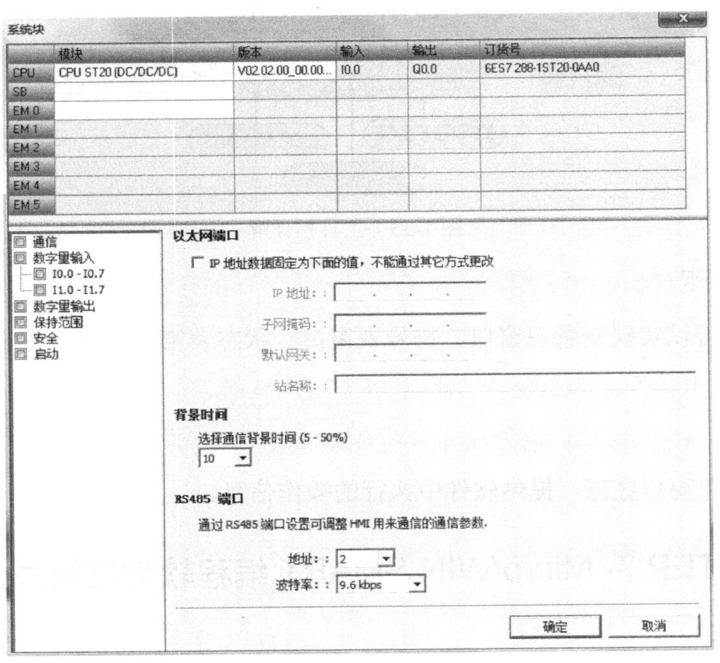

图 1-37 “系统块”界面

系统块表格的第一行是 CPU 型号的设置，在第一行的第一列处，可以单击▼图标，选择与实际硬件匹配的 CPU 型号，本例 CPU 型号选择 CPU ST30（DC/DC/DC）。

系统块表格的第二行是信号板的设置，在第一行的第一列处，可以单击▼图标，选择与实际信号板匹配的类型，本例信号板型号选择 SB AQ01（1AQ）。

系统块表格的第三行至第八行可以设置扩展模块，扩展模块包括数字量扩展模块、模拟量扩展模块、热电阻扩展模块和热电偶扩展模块。本例中，第三行选择 4 路模拟量输入模块，型号为 EM AE04（4AI），第四行选择 16 路数字量输入模块，型号为 EM DE16（16DI）。

本例硬件组态的最终结果如图 1-38 所示。

系统块

	模块	版本	输入	输出	订货号
CPU	CPU ST30 (DC/DC/DC)	V02.03.00_00.00...	I0.0	Q0.0	6ES7 288-1ST30-0AA0
SB	SB AQ01 (1AQ)			AQW12	6ES7 288-5AQ01-0AA0
EM 0	EM AE04 (4AI)		AIW16		6ES7 288-3AE04-0AA0
EM 1	EM DE16 (16DI)		I12.0		6ES7 288-2DE16-0AA0
EM 2					

图 1-38　硬件组态的最终结果

本例中，硬件组态时特别需要注意的是模拟量输入模块参数的设置。了解西门子 S7-200 PLC 的读者都知道，模拟量模块的类型和范围均由拨码开关来设置，而 S7-200 SMART PLC 模拟量模块的类型和范围由软件来设置。

先选中模拟量输入模块，再选中要设置的通道，模拟量的类型有电压和电流两类，电压范围有 3 种：±2.5V、±5V、±10V；电流范围只有 1 种：0～20mA。

值得注意的是，通道 0 和通道 1 的类型相同，通道 2 和通道 3 的类型相同，具体设置如图 1-39 所示。

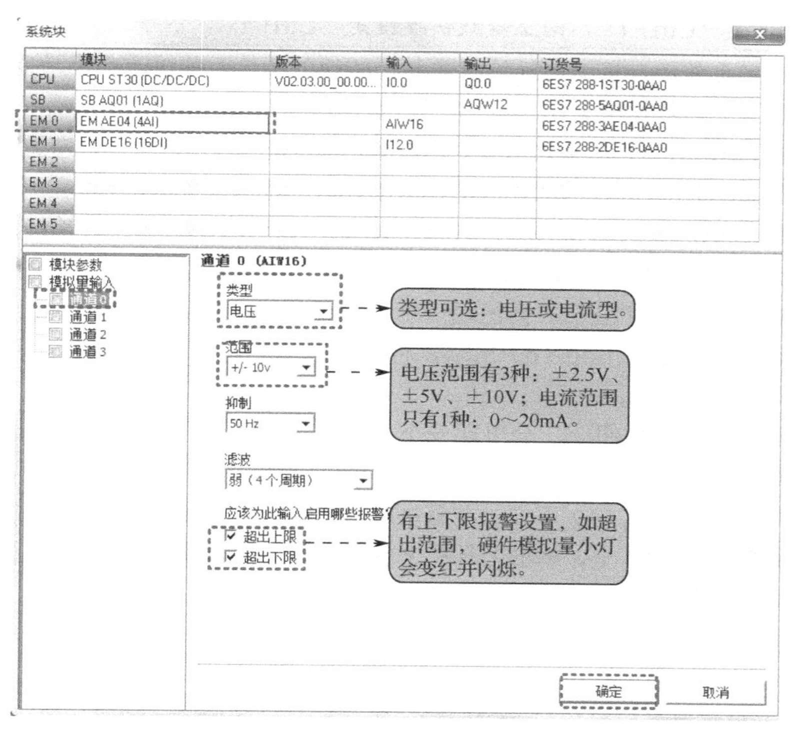

图 1-39　组态模拟量输入

编者有料

（1）硬件组态的目的是生成一个与实际硬件系统完全相同的系统。硬件组态包括 CPU 模块、扩展模块和信号板型号的添加，以及它们相关参数的设置。

（2）S7-200 SMART 硬件组态有些类似 S7-1200PLC 和 S7-300/400PLC，注意输入/输出点的地址是系统自动分配的，操作者不能更改，编程时要严格遵守系统的地址分配规则。

（3）硬件组态时，设备的选择型号必须和实际硬件完全匹配，否则控制无法实现。

3）程序输入

生成新项目后，系统会自动打开主程序 MAIN（OB1），操作者先将光标定位在程序编辑器中要放元件的位置，然后就可以进行程序输入了。

常用的程序输入方法有两种：

（1）用程序编辑器中的工具栏输入。

（2）用键盘上的快捷键输入。

编者有料

两种程序输入法总结：

（1）用程序编辑器中的工具栏输入。单击 按钮，出现下拉菜单，选择⊣ ⊢，可以输入常开触点；单击 按钮，出现下拉菜单，选择⊣/⊢，可以输入常闭触点；单击 按钮，可以输入线圈；单击 按钮，可以输入功能框；单击 按钮，可以插入分支；单击 按钮，可以插入向下垂线；单击 按钮，可以插入向上垂线；单击 按钮，可以插入水平线。

（2）用键盘上的快捷键输入。触点快捷键是 F4，线圈快捷键是 F6，功能块快捷键是 F9，分支快捷键是“Ctrl+↓”，向上垂线快捷键是“Ctrl+↑”，水平线快捷键是“Ctrl+→”。

注意：输入完元件后，根据实际编程需要，必须将相应元件赋予相应的地址。

本例程序输入的最终结果如图 1-40 所示，具体操作如下所述。

解法一，用工具栏输入。生成项目后，将矩形光标定位在程序段 1 的最左边，如图 1-40（a）所示；单击程序编辑器工具栏上的触点按钮 ，会出现一个下拉菜单，选择常开触点⊣ ⊢，在矩形光标处会出现一个常开触点，如图 1-40（b）所示。由于未给常开触点赋地址，因此此时触点上方有问号 ??.? ；将常开触点赋地址 I0.2，光标会移动到常开触点的右侧，如图 1-40（c）所示。

单击工具栏上的触点按钮 ，会出现一个下拉菜单，选择常闭触点⊣/⊢，在矩形光标处会出现一个常闭触点，如图 1-40（d）所示，将常闭触点赋地址 I0.3，光标会移动到常闭触点的右侧，如图 1-40（e）所示。

单击工具栏上的线圈按钮 ，会出现一个下拉菜单，选择线圈-( )，在矩形光标处会出现一个线圈，将线圈赋地址 M10.0，如图 1-40（f）所示。

将光标定位在常开触点 I0.2 下方，之后生成常开触点 M10.0，如图 1-40（g）所示；将光标放在新生成的触点 M10.0 上，单击工具栏上的“插入向上垂线”按钮 ，将 M10.0 触点并联到 I0.2 触点上，如图 1-40（h）所示。

将光标定位在常闭触点 I0.3 上，单击工具栏上的“插入向下垂线”按钮 ，会生成双箭头折线，如图 1-40（i）所示；单击工具栏上的“功能框”按钮 ，会出现下拉菜单，在键盘上输入 TON，下拉菜单光标会跳到 TON 指令处，选择 TON 指令，在矩形光标处会出现一个 TON 功能块，如图 1-40（j）所示；之后给 TON 功能框输入地址 T38 和预设值 50。

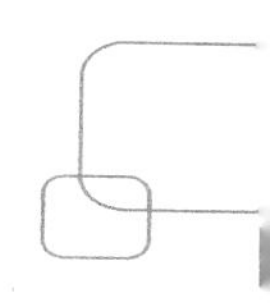

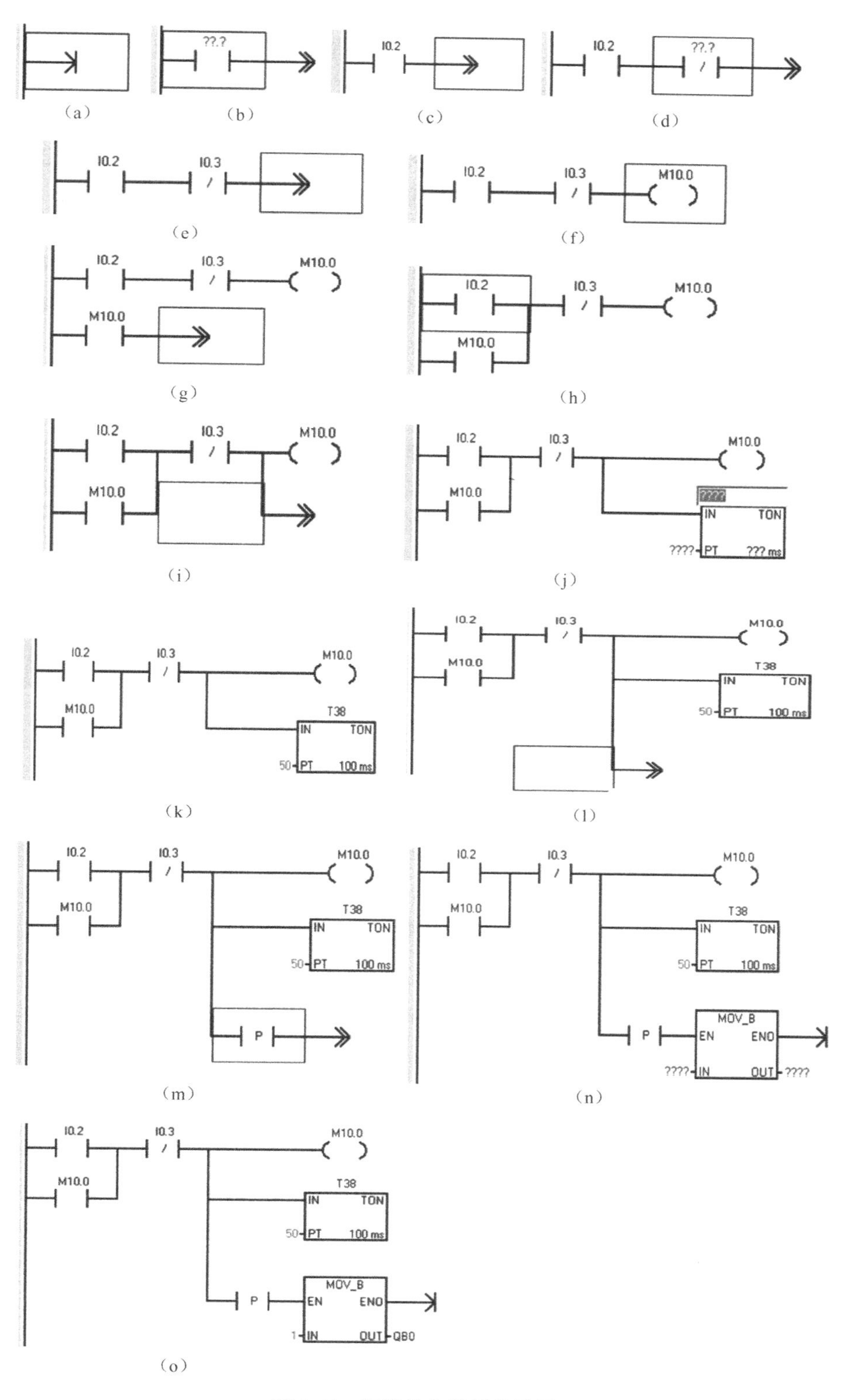

图 1-40 程序输入的最终结果

将光标定位在 TON 功能块使能端 IN 上，单击工具栏上的“插入向下垂线”按钮 2 次，会生成双箭头折线，如图 1-40（l）所示；将光标定位在双箭头上，单击工具栏上的触点按钮，会出现一个下拉菜单，选择上升沿指令 P，在矩形光标处会出现一个上升沿指令 P，如图 1-40（m）所示；再将光标定位在上升沿指令 P 右侧双箭头上，单击工具栏上的“功能框”按钮，会出现下拉菜单，在键盘上输入 MOV，下拉菜单光标会跳到 MOV_B 指令处，选择 MOV_B 指令，在矩形光标处会出现一个 MOV_B 功能块，如图 1-40（n）所示；之后将 MOV_B 功能框源操作数 IN 输入 1，将其目标操作数 OUT 输入 QB0，便得到了最终结果。

解法（二）和解法（一）基本相同，只不过单击工具栏按钮换成了按快捷键，故这里不再赘述。

4）程序注释

一个程序，特别是较长的程序，如果要很容易地被别人看懂，做好程序描述是必要的。

双击项目树中的“符号表”文件夹中的图标，打开符号表。打开的符号表位于程序编辑器下方。图 1-41 给出了“表格 1”和“I/O 符号”2 个表格，操作者在“表格 1”中添加程序注释，“I/O 符号”为系统自动生成的，操作者如在“表格 1”添加程序注释，则需先删除“I/O 符号”。

符号表

			符号	地址	注释
1					
2					
3					
4					
5					

（a）表格1

符号表

			符号	地址	注释
1			CPU_输入0	I0.0	
2			CPU_输入1	I0.1	
3			CPU_输入2	I0.2	
4			CPU_输入3	I0.3	
5			CPU_输入4	I0.4	
6			CPU_输入5	I0.5	
7			CPU_输入6	I0.6	
8			CPU_输入7	I0.7	
9			CPU_输入8	I1.0	

表格 1　系统符号　POU 符号　I/O 符号

（b）I/O符号

图 1-41　打开符号表

符号生成：打开表格 1，在“符号”列输入符号名称，符号名最多可以包含 23 个符号；在“地址”列输入相应的地址；“注释”列可以进一步详细注释，最多可注释 79 个字符。注释信息填完后，单击符号表中的图标，将符号应用于项目。

图 1-42　显示方式调节

显示方式设置：显示方式有三种，分别为仅显示符号、仅显示绝对地址和显示地址和符号，显示方式调节如图 1-42 所示。

符号信息表设置：单击“视图”菜单下的“符号信息表”按钮，可以显示符号信息表。

通过以上几步，最终注释结果如图 1-43 所示。

编者有料

符号表是注释的主要手段，掌握符号表的相关内容对于读者非常重要，图 1-43 的注释案例给出了符号表注释的具体步骤，读者应细细品味。

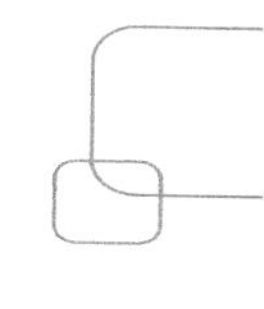

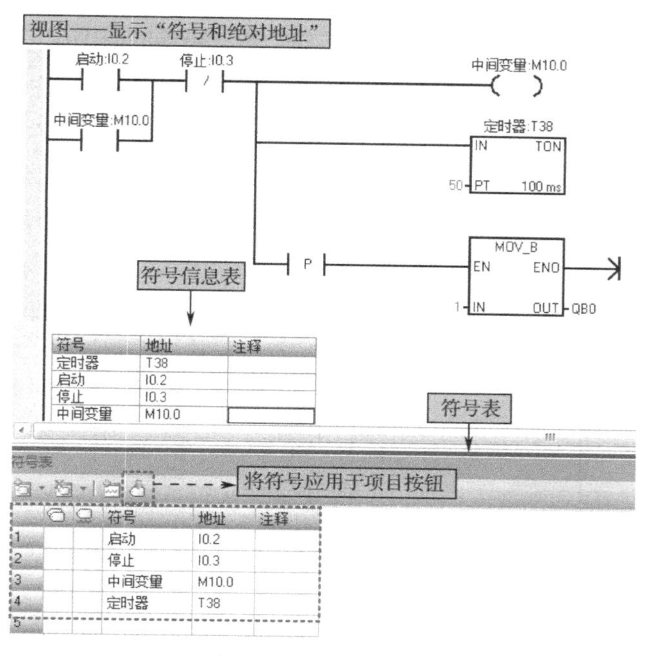

图 1-43　最终注释结果

5）程序编译

在程序下载前，为了避免程序出错，最好进行程序编译。

程序编译的方法：单击程序编辑器工具栏上的“编译”按钮，输入的程序就可编译了，本例编译的最终结果如图 1-44 所示。

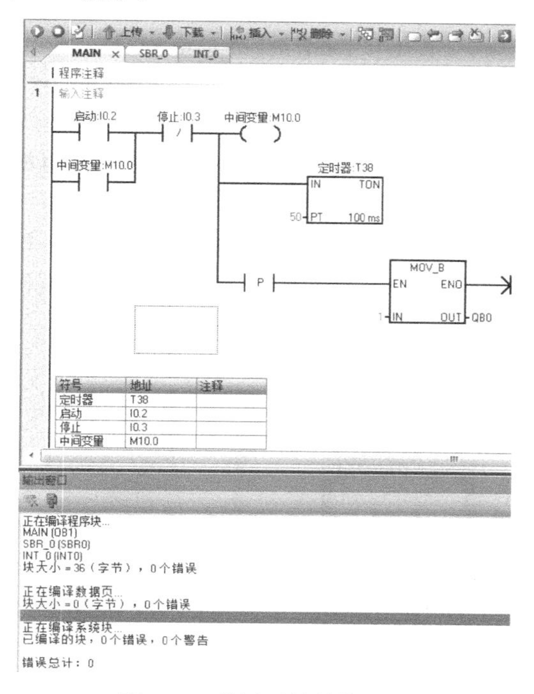

图 1-44　编译后的最终结果

如果语法有错误，将会在输出窗口显示错误的个数、错误的原因和错误的位置，如图 1-45 所示。双击某一条错误，将会打开出错的程序块，用光标指出有错的位置，待错误改正后，方可下载程序。需要指出，程序如果未编译，下载前软件会自动编译，编译结果会显示在输出窗口。

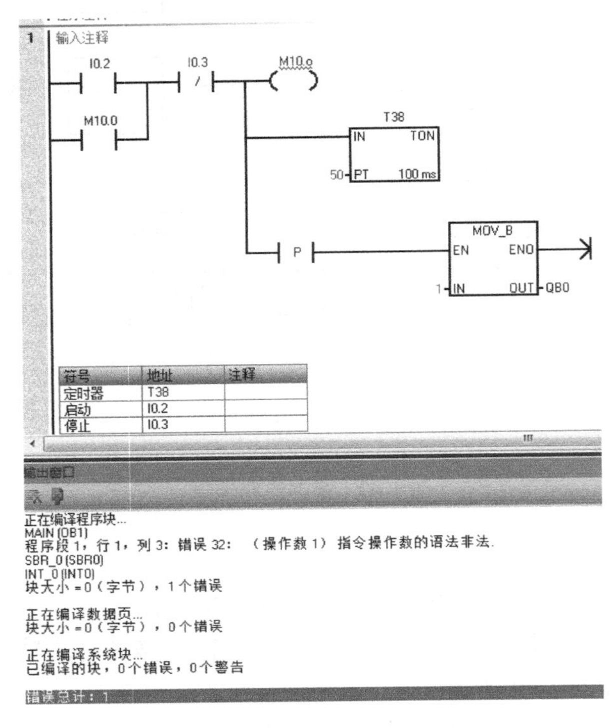

图 1-45　编译后出现的错误信息

6）程序下载

在下载程序之前，必须先保证 S7-200 SMART 的 CPU 和计算机之间能正常通信。设备能实现正常通信的前提是：

（1）设备之间进行了物理连接。若单台 S7-200 SMART PLC 与计算机连接，只需要一条普通的以太网线，如图 1-46 所示。若多台 S7-200 SMART PLC 与计算机连接，还需要交换机，如图 1-47 所示。

（2）设备进行了正确通信设置。

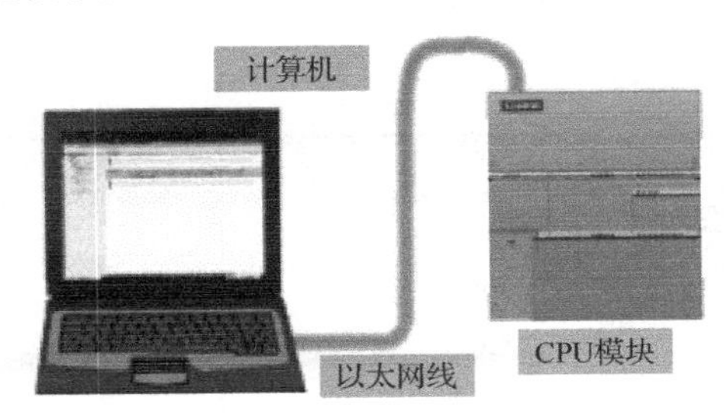

图 1-46　单台 S7-200 SMART PLC 与计算机连接

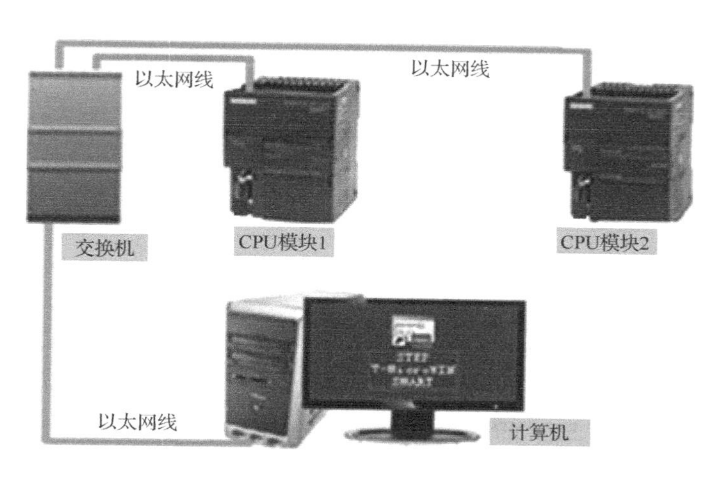

图 1-47　多台 S7-200 SMART PLC 与计算机连接

通信设置的具体步骤如下所述。

（1）CPU 的 IP 地址设置。双击项目树或导航栏中的“通信”图标，打开“通信”对话框，如图 1-48 所示，单击“网络接口卡”下边的按钮，会出现下拉菜单，本例选择了 TCP/IP(Auto) -> Realtek PCIe GBE Famil...，之后单击左下角的“查找”按钮，CPU 的地址会被搜出来，S7-200 SMART PLC 默认地址为“192.168.2.1”；单击“闪烁指示灯”按钮，CPU 模块中的 STOP、RUN 和 ERROR 指示灯会轮流点亮，再单击，点亮停止，这样做的目的是当有多个 CPU 时，便于找到所选择的那个 CPU。

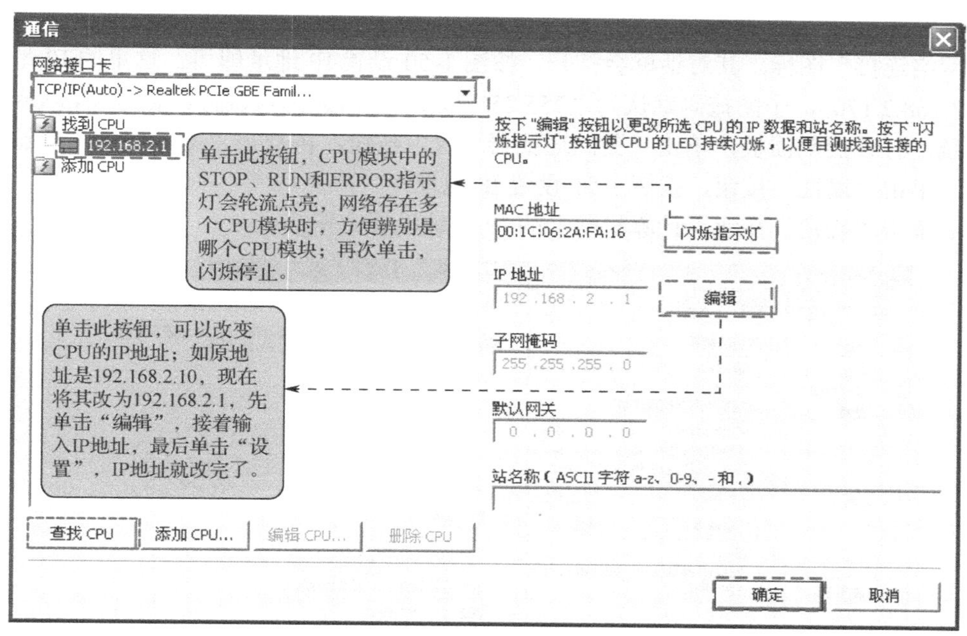

图 1-48　“通信”对话框

单击“编辑”按钮，可以改变 IP 地址；若“系统块”中组态了“IP 地址数据固定为下面的值，不能通过其他方式更改”（见图 1-49），单击“编辑”按钮会出现错误信息，则证明这里 IP 地址不能改变。

最后，单击“确定”按钮，CPU 所有通信信息设置完毕。

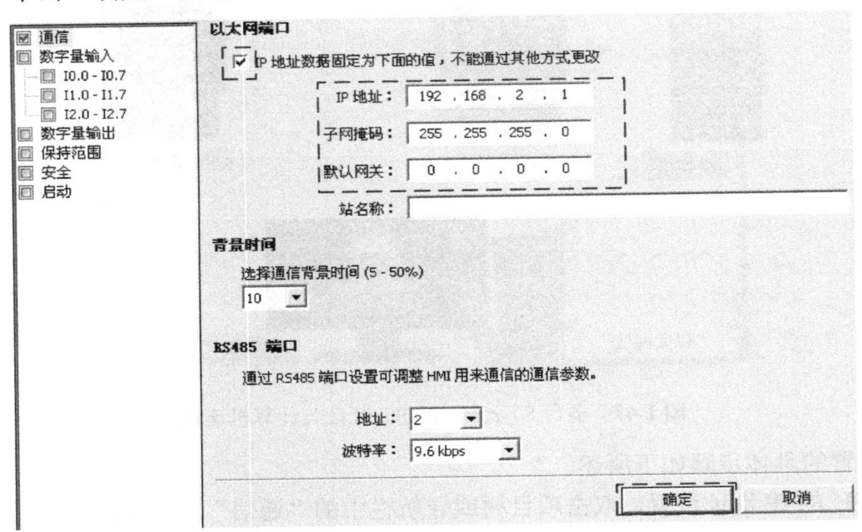

图 1-49　固定 IP 地址设置

编者有料

在图 1-48 所示对话框中单击“闪烁指示灯”按钮，能方便地找到所需要的 CPU 模块；单击“编辑”按钮，可更改 CPU 的 IP 地址。熟记以上两点会给以后的操作带来方便。

（2）计算机网卡的 IP 地址设置。打开计算机的控制面板，若是 Windows XP 操作系统，双击“网络连接”图标，其对话框会打开，按图 1-50 设置 IP 地址即可。这里的 IP 地址设置为“192.168.2.170”，子网掩码默认为“255.255.255.0”，网关无须设置。若是 Windows 7 SP1 操作系统，打开控制面板，单击“更改适配器设置”按钮，再双击“本地连接”按钮，在对话框中，单击“属性”按钮，按图 1-51 设置 IP 地址。

最后单击“确定”按钮，计算机网卡的 IP 地址设置完毕。

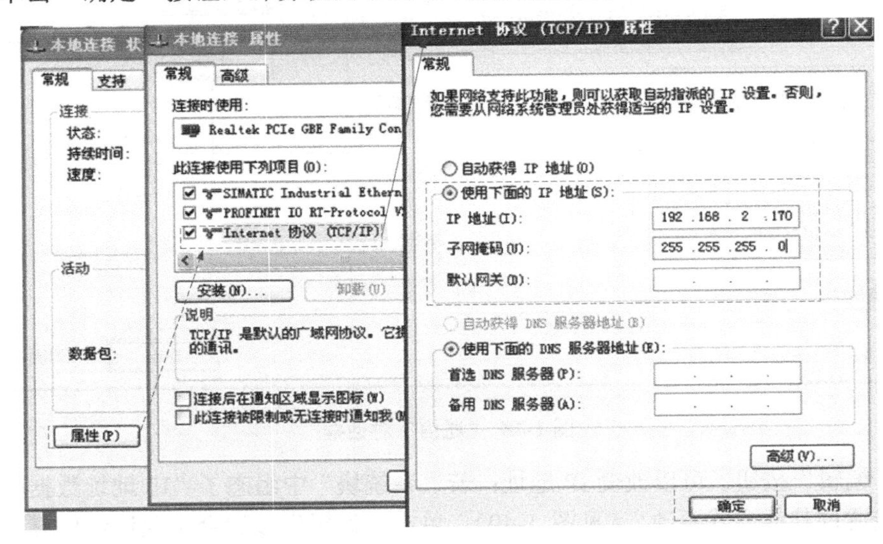

图 1-50　Windows XP 操作系统网卡的 IP 地址设置

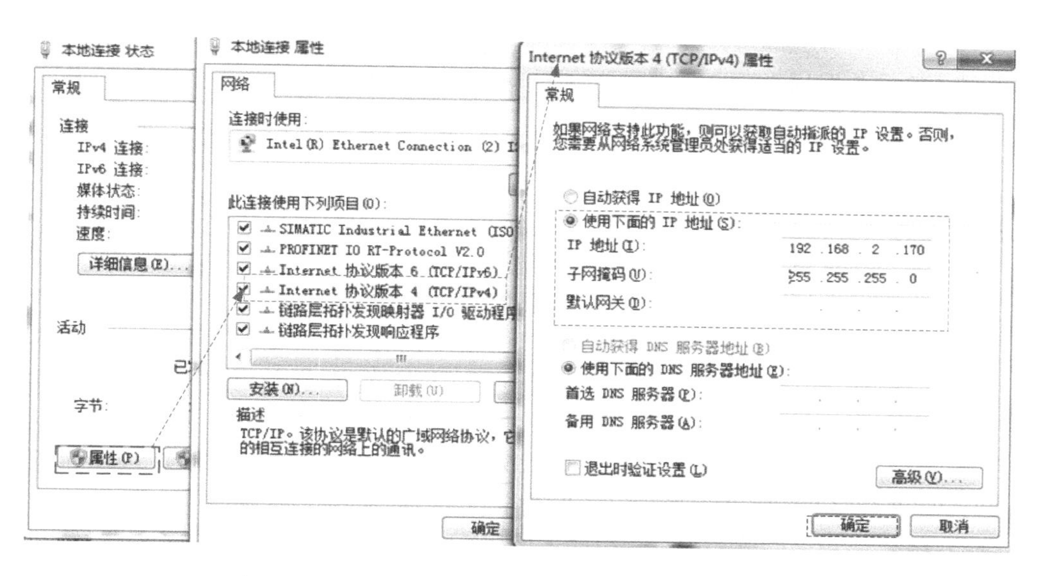

图 1-51　Windows 7 SP1 操作系统网卡的 IP 地址设置

通过以上两方面的设置，S7-200 SMART PLC 与计算机之间就能通信了，能通信的标准是，软件状态栏上的绿色指示灯不停地闪烁。

编者有料

读者须注意，两台设备要通过以太网通信，必须在同一子网中，简单讲就是 IP 地址的前三段相同，第四段不同。如本例，CPU 的 IP 地址为“192.168.2.1”，计算机网卡 IP 地址为“192.168.2.170”，它们的前三段相同，第四段不同，因此二者能通信。

程序下载：单击程序编辑器中工具栏上的“下载”按钮，会弹出“下载”对话框，如图 1-52 所示。用户可以在块的多选框中选择是否下载程序块、数据块和系统块，如选择则在其前面打钩；可以用选项框选择下载前从 RUN 模式切换到 STOP 模式、下载后从 STOP 模式切换到 RUN 模式、下载成功后是否自动关闭对话框。

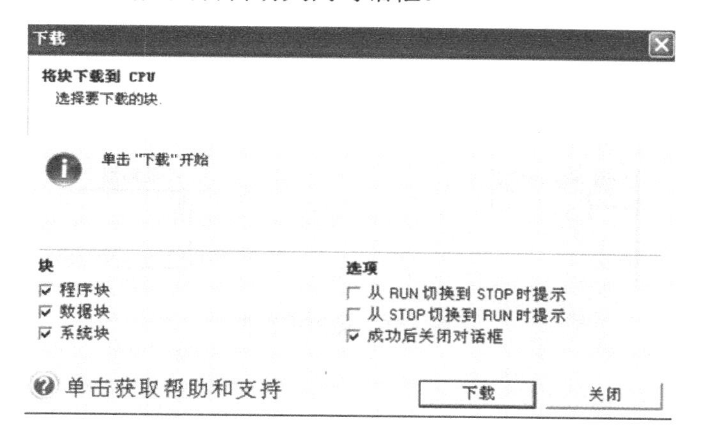

图 1-52　“下载”对话框

运行与停止模式：要运行下载到 PLC 中的程序，单击工具栏中的“运行”按钮即可；如需停止运行，单击工具栏中的“停止”按钮即可。

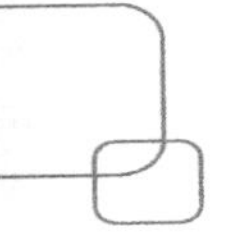

7）程序监控与调试

首先，打开要进行监控的程序，单击工具栏上的“程序监控”按钮，开始对程序进行监控。

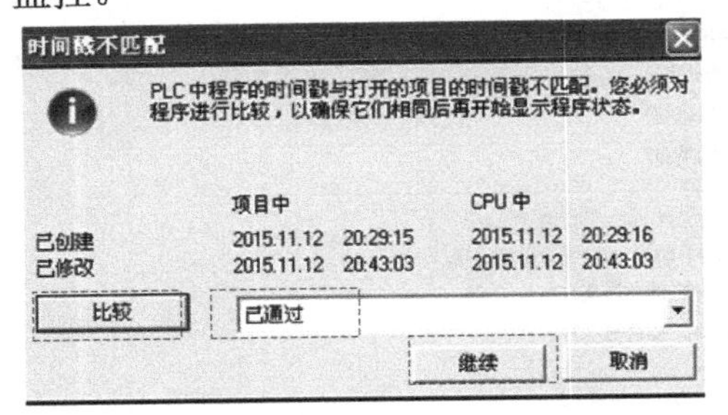

图 1-53 “时间戳不匹配”对话框

CPU 中存在的程序与打开的程序可能不同，这时单击“程序监控”按钮后，会出现“时间戳不匹配”对话框，如图 1-53 所示，单击“比较”按钮，确定 CPU 中的打开程序是否相同，如果相同，对话框会显示“已通过”，单击“继续”按钮，开始监控。

在监控状态下，接通的触点、线圈和功能块均会以深蓝色显示，表示有能流流过；如无能流流过，则为灰色。

对图 1-36 这段程序的监控调试过程如下所述。

打开要进行监控的程序，单击工具栏上的“程序监控”按钮，开始对程序进行监控，此时仅有左母线和 I0.1 触点显示深蓝色，其余元件为灰色，如图 1-54 所示。

闭合 I0.0，M0.0 线圈得点并自锁，定时器 T37 也得电，因此，所有元件均有能流流过，故此均深蓝色显示，如图 1-55 所示。

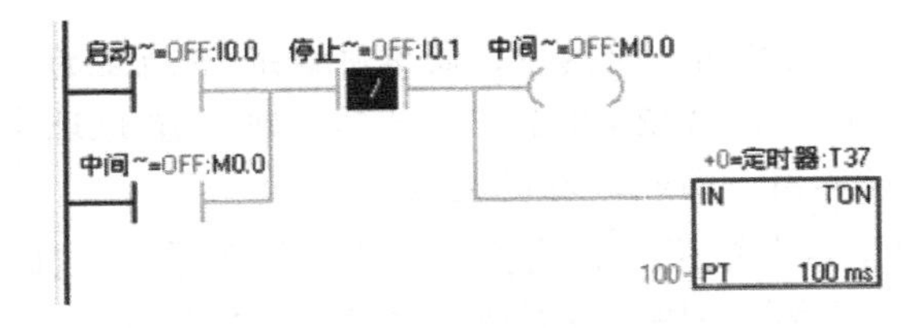

图 1-54 监控状态 1

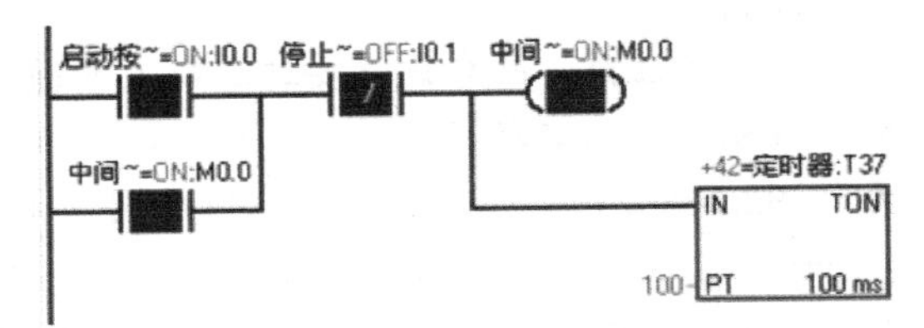

图 1-55 监控状态 2

断开 I0.1，M0.0 和定时器 T37 均失电，因此，除 I0.0 外（I0.0 为常动），其余元件均为灰色，如图 1-56 所示。

启动按~=ON:I0.0 停止按~=ON:I0.1 中间~=OFF:M0.0

中间~=OFF:M0.0

+0=定时器:T37

IN TON

100 PT 100 ms

图 1-56 监控状态 3

第 2 章　S7-200 SMART PLC 基本指令及案例

本章要点

- ◆ 位逻辑指令及案例
- ◆ 定时器指令及案例
- ◆ 计数器指令及案例
- ◆ 基本指令应用举例

S7-200 SMART PLC 的指令分为两大类：基本指令和功能指令。基本指令包括位逻辑指令、定时器指令和计数器指令；功能指令包括程序控制指令、比较与数据传送指令、移位与循环指令、数据转换指令、数学运算指令、逻辑运算指令等。本章先介绍基本指令。

2.1　位逻辑指令及案例

位逻辑指令主要指对 PLC 存储器中的某一位进行操作的指令，它的操作数是位。位逻辑指令包括触点指令和线圈指令两大类。触点指令包括触点取用指令、触点串联与并联指令、电路块串联与并联指令等；线圈指令包括线圈输出指令、置位复位指令等。

位逻辑指令是依靠 1、0 两个数进行工作的，1 表示触点或线圈的通电状态，0 表示触点或线圈的断电状态。利用位逻辑指令可以实现位逻辑运算和控制，在继电器系统的控制中应用较多。

2.1.1　触点类指令与线圈输出指令

1）指令格式及功能说明

触点类指令与线圈指令格式及功能说明如表 2-1 所示。

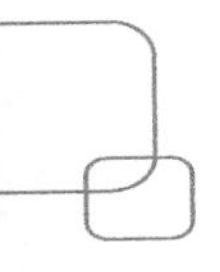

表 2-1　触点类指令与线圈指令格式及功能说明

指令名称	梯形图表达方式	语句表表达方式	功　能	操作数
常开触点取用指令	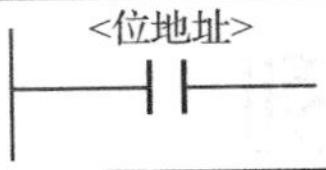 <位地址>	LD<位地址>	用于逻辑运算的开始，表示常开触点与左母线相连	I、Q、M、SM、T、C、V、S
常闭触点取用指令	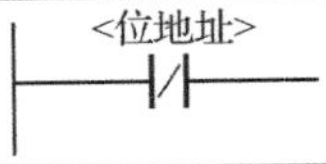 <位地址>	LDN<位地址>	用于逻辑运算的开始，表示常闭触点与左母线相连	I、Q、M、SM、T、C、V、S
线圈输出指令	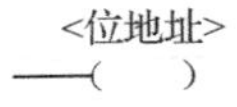 <位地址>	=<位地址>	用于线圈的驱动	Q、M、SM、T、C、V、S
常开触点串联指令	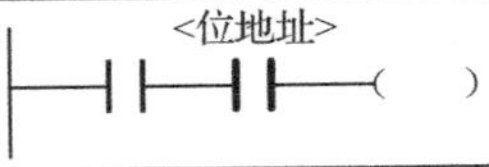 <位地址>	A<位地址>	用于单个常开触点的串联	I、Q、M、SM、T、C、V、S
常闭触点串联指令	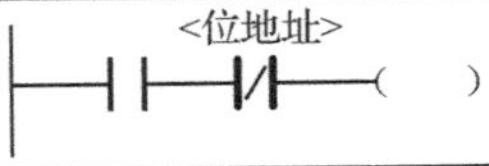 <位地址>	AN<位地址>	用于单个常闭触点的串联	I、Q、M、SM、T、C、V、S
常开触点并联指令	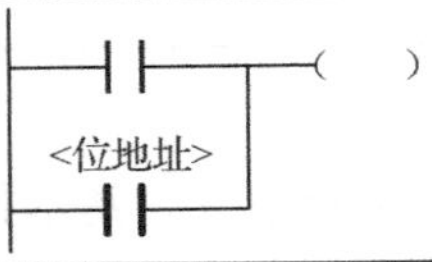 <位地址>	O<位地址>	用于单个常开触点的并联	I、Q、M、SM、T、C、V、S
常闭触点并联指令	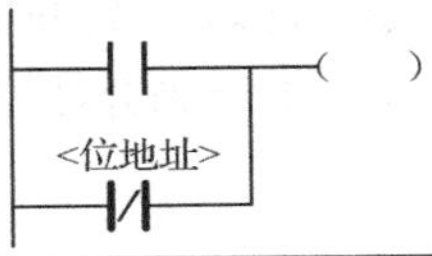 <位地址>	ON<位地址>	用于单个常闭触点的并联	I、Q、M、SM、T、C、V、S
电路块串联指令	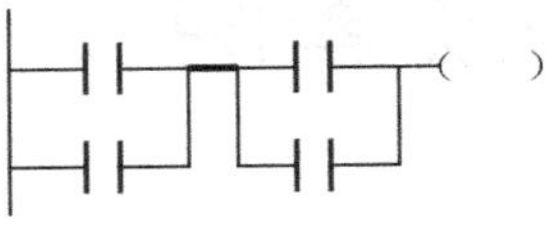	ALD	用来描述并联电路块的串联关系（两个以上触点并联形成的电路叫并联电路块）	无
电路块并联指令	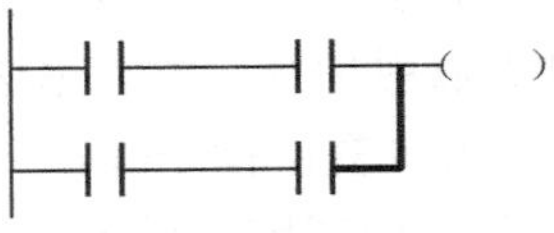	OLD	用来描述串联电路块的并联关系（两个以上触点串联形成的电路叫串联电路块）	无

2）应用举例

触点类指令和线圈输出指令举例如图 2-1 所示。

2.1.2　边沿脉冲指令与置位复位指令

1）指令格式及功能说明

边沿脉冲指令与置位复位指令的指令格式及功能说明如表 2-2 所示。

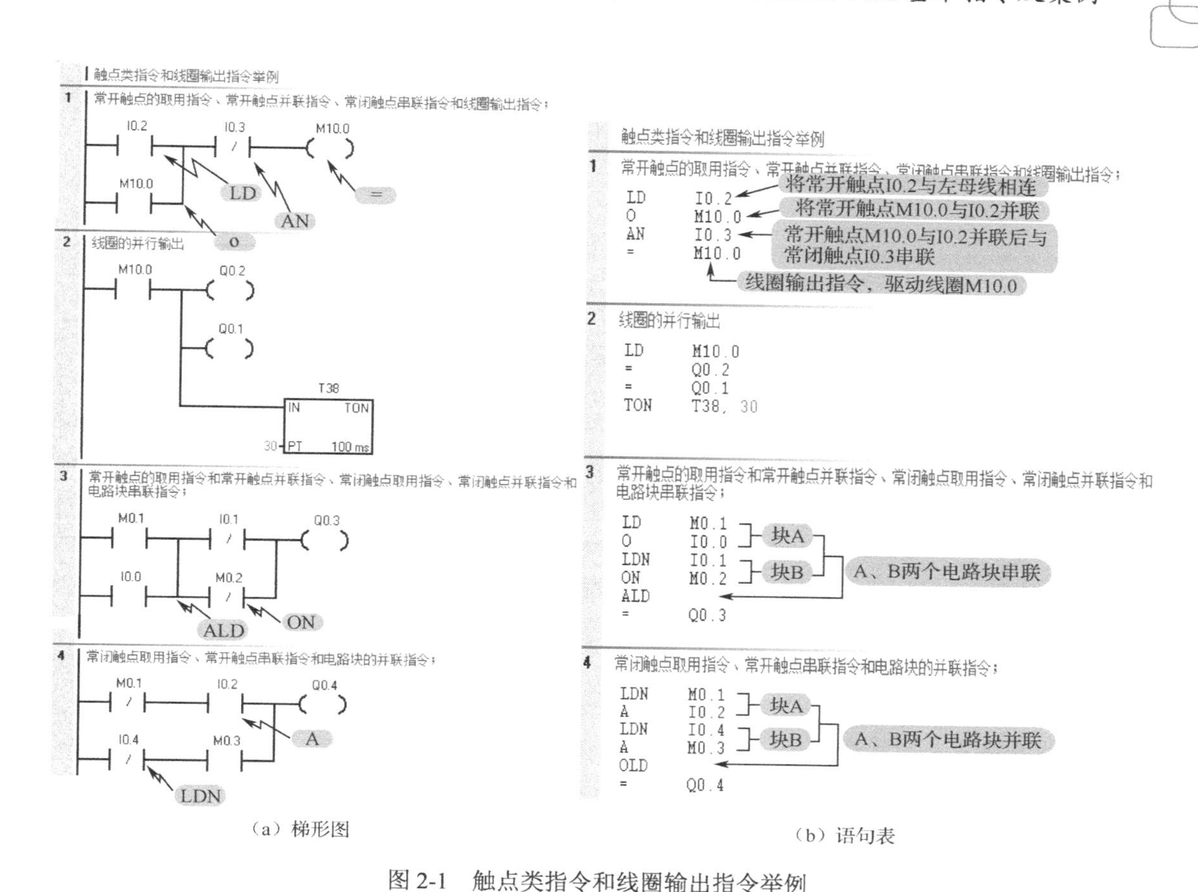

（a）梯形图　　　　（b）语句表

图 2-1　触点类指令和线圈输出指令举例

表 2-2　边沿脉冲指令与置位复位指令的指令格式及功能说明

指令名称	梯形图表达方式	语句表表达方式	功　能	操作元件
上升沿脉冲发生指令	─┤P├─	EU	产生宽度为一个扫描周期的上升沿脉冲	无
下降沿脉冲发生指令	─┤N├─	ED	产生宽度为一个扫描周期的下降沿脉冲	无
置位指令 S（Set）	<位地址> —(S) N	S<位地址>，N	从起始位开始连续 N 位被置 1	S/R 指令操作数为：Q、M、SM、T、C、V、S、L
复位指令 R（Reset）	<位地址> —(R) N	R<位地址>，N	从起始位开始连续 N 位被清零	

2）应用举例

边沿脉冲指令与置位复位指令举例如图 2-2 所示。

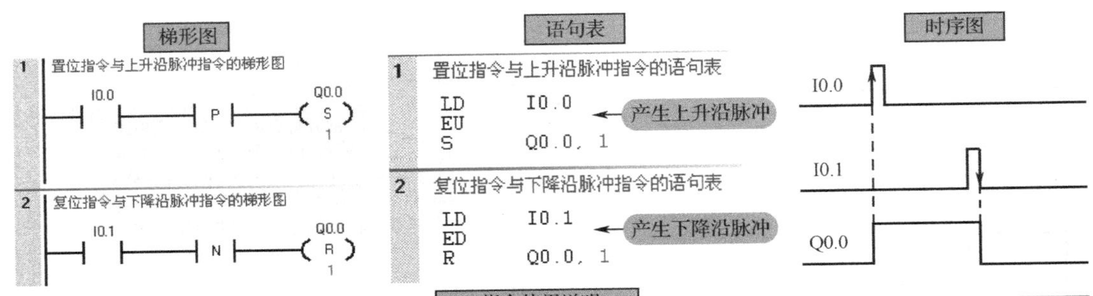

指令使用说明

（1）EU、ED为边沿脉冲指令，该指令仅在输入信号变化时有效，且输出的脉冲宽度为一个扫描周期。
（2）对于开机时就为接通状态的输入条件，EU、ED指令不执行。
（3）EU、ED指令常常与S/R指令联用。
（4）置位复位指令具有记忆和保持功能，对于某一元件来，说一旦被置位，将始终保持通电（置1）状态，直到对它进行复位（清0）为止，复位指令与置位指令道理相同。
（5）对同一元件多次使用置位复位指令，元件的状态取决于最后执行的那条指令。

图 2-2　边沿脉冲指令与置位复位指令举例

2.1.3　触发器指令

1）指令格式及功能说明

触发器指令的指令格式及功能说明如表 2-3 所示。

2）应用举例

触发器指令举例如图 2-3 所示。

表 2-3　触发器指令的指令格式及功能说明

指令名称	梯形图	语句表	功能	操作元件
置位优先触发器指令（SR）	bit S1 OUT SR R	SR	置位信号 S1 和复位信号 R 同时为 1 时，置位优先	S1、R1、S、R 的操作数：I、Q、V、M、SM、S、T、C； 位的操作数：I、Q、V、M、S
复位优先触发器指令（RS）	bit S OUT RS R1	RS	置位信号 S 和复位信号 R1 同时为 1 时，复位优先	

图 2-3　触发器指令举例

2.2　定时器指令及案例

2.2.1　定时器指令介绍

定时器是 PLC 中最常用的编程元件之一，其功能与继电器控制系统中的时间继电器相同，起到延时作用。与时间继电器不同的是，定时器有无数对常开/常闭触点供用户编程使用，其结构主要由一个 16 位当前值寄存器（用来存储当前值）、一个 16 位预置值寄存器（用来存储预置值）和 1 位状态位（反映其触点的状态）组成。

在 S7-200 SMART PLC 中，按工作方式的不同，可以将定时器分为三大类，它们分别为通电延时型定时器、断电延时型定时器和保持型通电延时定时器。定时器的指令格式如表 2-4 所示。

表 2-4　定时器的指令格式

名　称	定时器类型	梯　形　图	语　句　表
通电延时型定时器	TON	Tn IN　TON PT	TON　Tn，PT
断电延时型定时器	TOF	Tn IN　TOF PT	TOF　Tn，PT

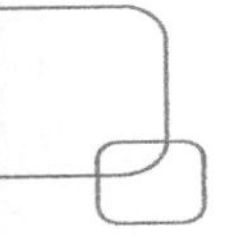

续表

名　称	定时器类型	梯　形　图	语　句　表
保持型通电延时定时器	TONR	Tn IN　TONR PT	TONR　Tn，PT

1）定时器指令相关概念

定时器指令相关概念如图 2-4 所示。

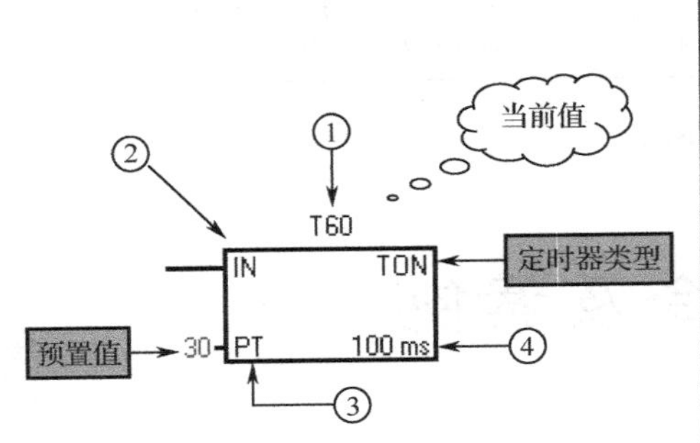

定时器指令相关概念

（1）定时器编号：T0～T255。
（2）使能端：使能端控制着定时器的能流，当使能端输入有效时，也就是说使能端有能流流过时，定时时间到，定时器输出状态为1；当使能端输入无效时，也就是说使能端无能流流过时，定时器输出状态为0。
（3）预置值输入端：在编程时，根据时间设定需要在预置值输入端输入相应的预置值，预置值为16位有符号整数，允许设定的最大值为32 767，其操作数为VW、IW、QW、SW、SMW、LW、AIW、T、C、AC、常数等。
（4）时基：相应的时基有3种，它们分别为1ms、10ms和100ms，不同的时基对应的最大定时范围、编号和定时器刷新方式不同。
（5）当前值：定时器当前所累计的时间称为当前值，当前值为16位有符号整数，最大计数值为32 767。
（6）定时时间计算公式：

$T=P_{T}S$

T——定时时间；P_{T}——预置值；S——时基

图 2-4　定时器指令相关概念

2）定时器类型、时基和编号

定时器类型、时基和编号如表 2-5 所示。

表 2-5　定时器类型、时基和编号

定时器类型	时基/ms	最大定时范围/s	定时器编号
TON/TOF	1	32.767	T32 和 T96
	10	327.67	T33～T36 和 T97～T100
	100	3276.7	T37～T63 和 T101～T255
TONR	1	32.767	T0 和 T64
	10	327.67	T1～T4 和 T65～T68
	100	3276.7	T5～T31 和 T69～T95

2.2.2　定时器指令工作原理

1. 通电延时型定时器（TON）指令工作原理

工作原理：当使能端输入（IN）有效时，定时器开始计时，当前值从 0 开始递增，当前值大于或等于预置值时，定时器输出状态为 1，相应的常开触点闭合，常闭触点断开；到达

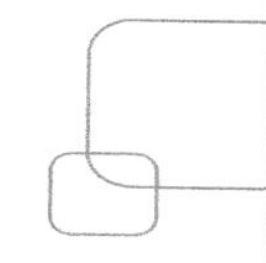

预置值后，当前值继续增大，直到最大值 32 767，在此期间定时器输出状态仍然为 1，直到使能端无效时，定时器才复位，当前值被清零，此时输出状态为 0。

应用案例：通电延时型定时器指令应用案例如图 2-5 所示。

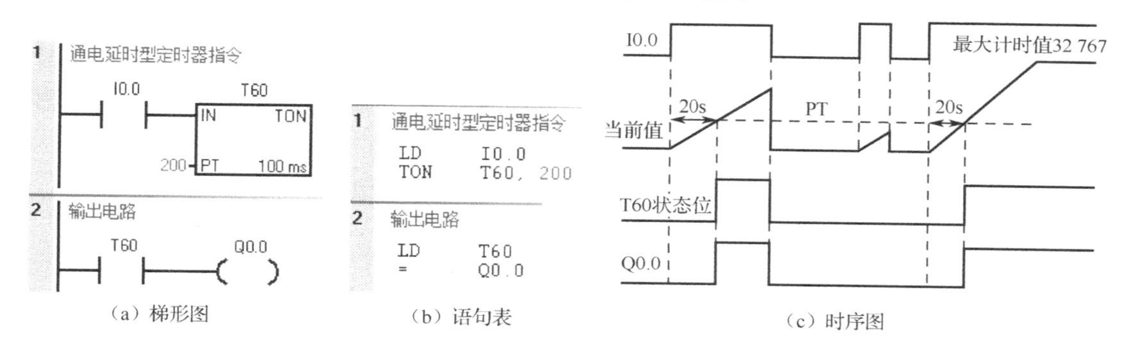

图 2-5　通电延时型定时器指令应用案例

当 I0.0 接通时，使能端（IN）输入有效，定时器 T60 开始计时，当前值从 0 开始递增，当前值等于预置值 200 时，定时器输出状态为 1，定时器对应的常开触点 T60 闭合，驱动线圈 Q0.0 吸合；当 I0.0 断开时，使能端（IN）输出无效，T60 复位，当前值清零，输出状态为 0，定时器常开触点 T60 断开，线圈 Q0.0 断开；若使能端接通时间小于预置值，则定时器 T60 立即复位，线圈 Q0.0 也不会有输出；若使能端输出有效，则计时到达预置值以后，当前值仍然增加，直到 32 767，在此期间定时器 T60 输出状态仍为 1，线圈 Q0.0 仍处于吸合状态。

2．断电延时型定时器（TOF）指令工作原理

工作原理：当使能端输入（IN）有效时，定时器输出状态为 1，当前值复位；当使能端（IN）断开时，当前值从 0 开始递增，当前值等于预置值时，定时器复位并停止计时，当前值保持。

应用案例：断电延时型定时器指令应用案例如图 2-6 所示。

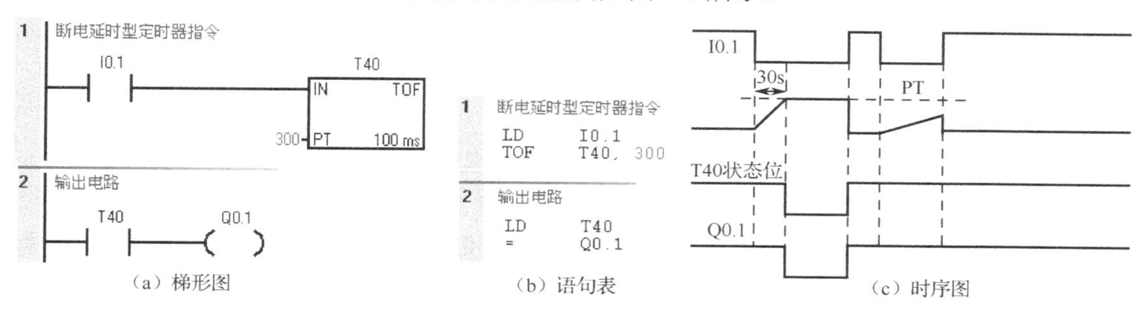

图 2-6　断电延时型定时器指令应用案例

当 I0.1 接通时，使能端（IN）输入有效，当前值为 0，定时器 T40 输出状态为 1，驱动线圈 Q0.1 有输出；当 I0.1 断开时，使能端输入无效，当前值从 0 开始递增，当前值到达预置值时，定时器 T40 复位为 0，线圈 Q0.1 也无输出，但当前值保持；当 I0.1 再次接通时，当前值仍为 0；若 I0.1 断开的时间小于预置值，定时器 T40 仍将处于置 1 状态。

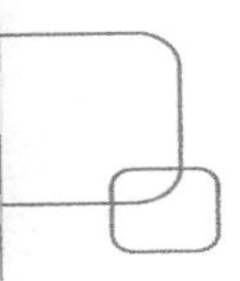

3．保持型通电延时定时器（TONR）指令工作原理

工作原理：当使能端（IN）输入有效时，定时器开始计时，当前值从 0 开始递增，当前值到达预置值时，定时器输出状态为 1；当使能端（IN）无效时，当前值处于保持状态，但当使能端再次有效时，当前值在原来保持值的基础上继续递增计时。保持型通电延时定时器采用线圈复位指令（R）进行复位操作，当复位线圈有效时，定时器当前值被清零，定时器输出状态为 0。

应用案例：保持型通电延时定时器指令应用案例如图 2-7 所示。

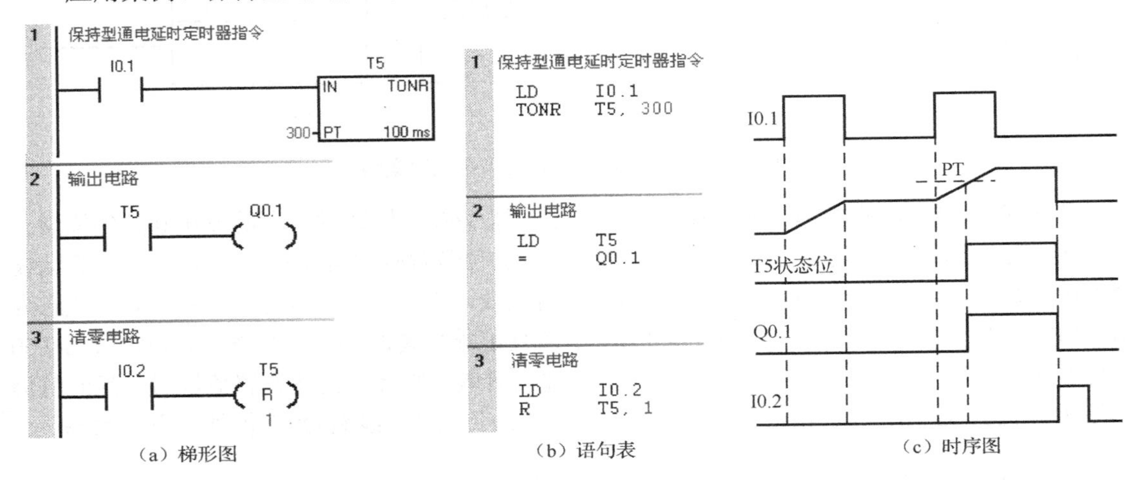

图 2-7 保持型通电延时定时器指令应用案例

当 I0.1 接通时，使能端（IN）有效，定时器开始计时；当 I0.1 断开时，使能端无效，但当前值仍然保持并不复位，当使能端再次有效时，其当前值在原来的基础上开始递增，当前值大于等于预置值时，定时器 T5 状态位置 1，线圈 Q0.1 有输出，此后即使是使能端无效时，定时器 T5 状态位仍然为 1，直到 I0.2 闭合，线圈复位（T5）指令进行复位操作时，定时器 T5 状态位才被清零，定时器 T5 常开触点断开，线圈 Q0.1 断电。

4．使用说明

（1）通电延时型定时器符合通常的编程习惯，与其他两种定时器相比，在实际编程中应用最多。

（2）通电延时型定时器适用于单一间隔定时；断电延时型定时器适用于故障发生后的时间延时；保持型通电延时定时器适用于累计时间间隔定时。

（3）通电延时型（TON）定时器和断电延时型（TOF）定时器共用同一组编号（见表 2-5），因此同一编号的定时器不能既作为通电延时型（TON）定时器使用又作为断电延时型（TOF）定时器使用。例如，不能既有通电延时型（TON）定时器 T37，又有断电延时型（TOF）定时器 T37。

（4）可以用复位指令对定时器进行复位，且保持型通电延时定时器只能用复位指令对其进行复位操作。

（5）不同时基的定时器，其当前值的刷新周期是不同的。

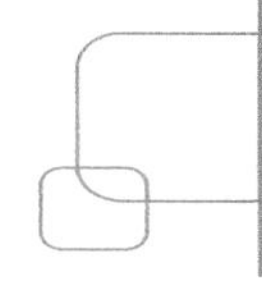

2.2.3　定时器指令应用案例

1．控制要求

电视塔彩灯示意图如图 2-8 所示，按下启动按钮，L0 层灯亮，3s 后 L1 层灯亮，再过 3s L2 层灯亮，再过 3s L3 层灯亮；全亮 2s 后，再重复上述过程。

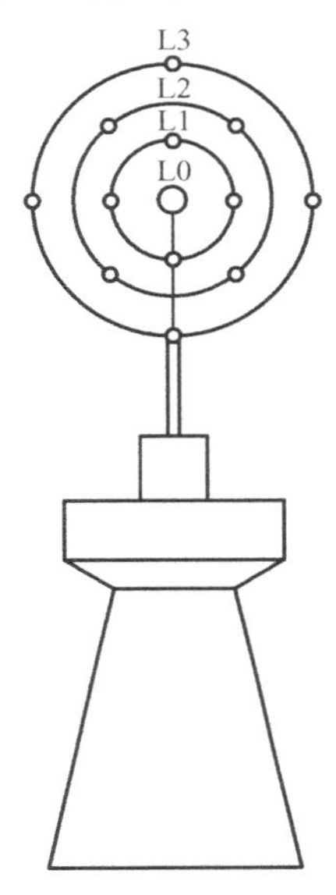

图 2-8　电视塔彩灯示意图

2．设计步骤

第一步：根据控制要求，对输入量/输出量进行 I/O 分配，如表 2-6 所示。

表 2-6　电视塔彩灯控制 I/O 分配表

输入量		输出量	
启动按钮 SB2	I0.0	L0 层灯	Q0.0
停止按钮 SB1	I0.1	L1 层灯	Q0.1
—	—	L2 层灯	Q0.2
—	—	L3 层灯	Q0.3

第二步：绘制控制接线图，如图 2-9 所示。

第三步：设计梯形图程序，如图 2-10 所示。

第四步：案例解析。

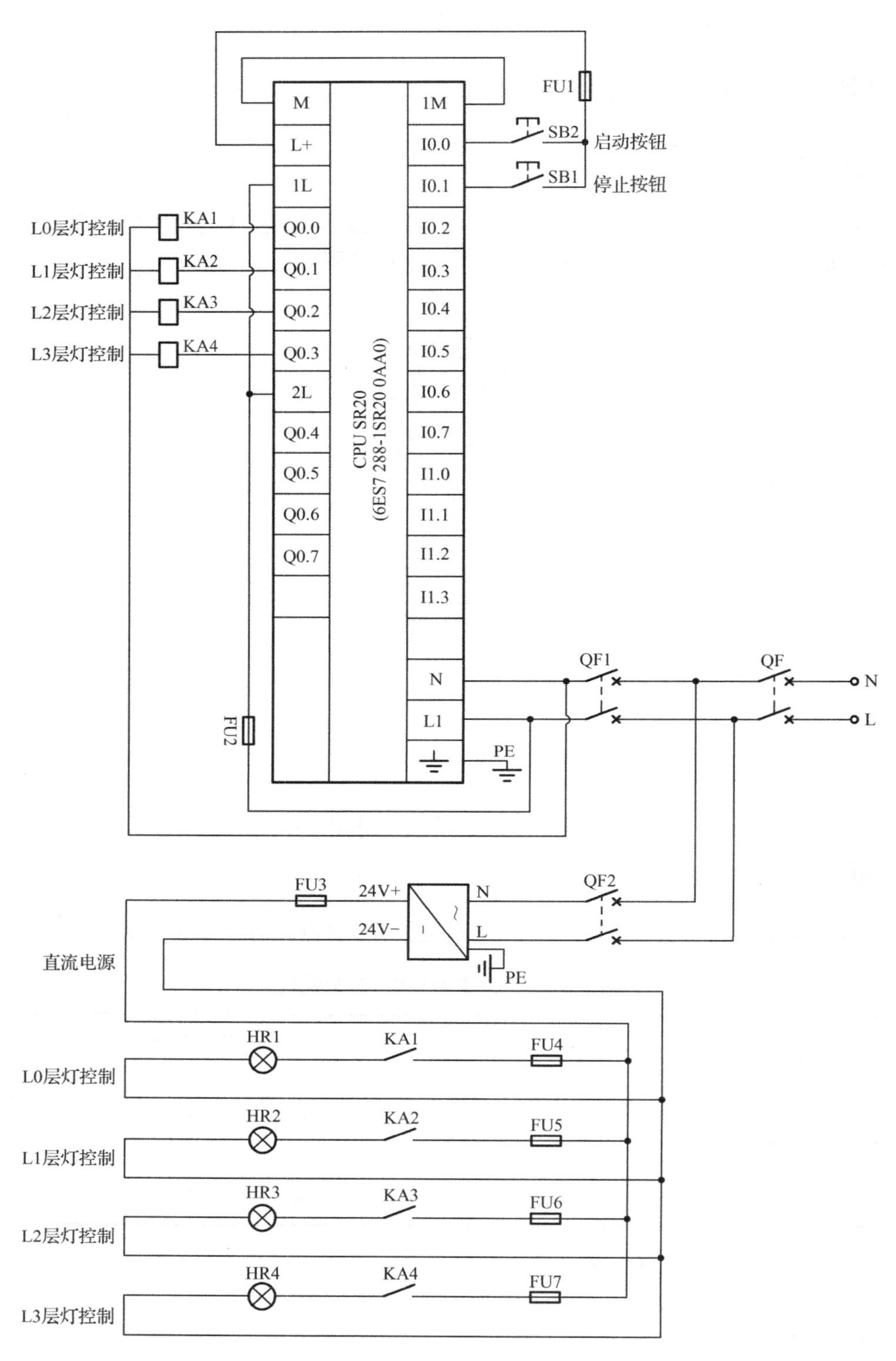

图 2-9　电视塔彩灯控制接线图

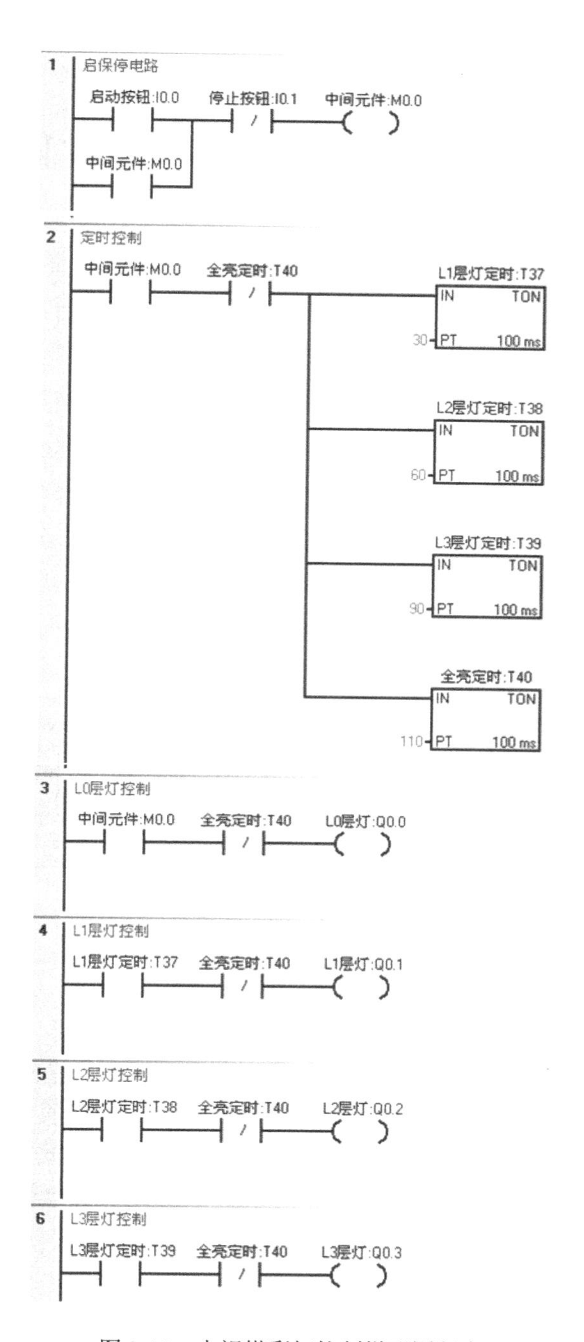

图 2-10　电视塔彩灯控制梯形图程序

按下启动按钮，I0.0 闭合，M0.0 线圈得电并自锁，其常开触点闭合，Q0.0 得电，L0 层灯亮，此时 4 个定时器 T37～T40 也开始定时。当 T37 定时时间到，Q0.1 线圈得电，L1 层灯亮；当 T38 定时时间到，Q0.2 线圈得电，L2 层灯亮；当 T39 定时时间到，Q0.3 线圈得电，L3 层灯亮；之后全亮 2s，T40 定时时间到，又重复上述控制。

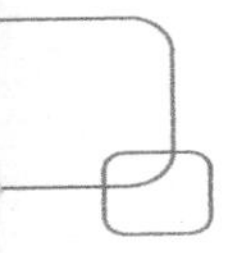

2.3 计数器指令及案例

计数器是一种用来累计输入脉冲个数的编程元件，其结构主要由一个 16 位当前值寄存器、一个 16 位预置值寄存器和 1 位状态位组成。在 S7-200 SMART PLC 中，按工作方式的不同，可将计数器分为三大类：加计数器、减计数器和加减计数器。

2.3.1 加计数器

1. 图说加计数器

加计数器（CTU）如图 2-11 所示。

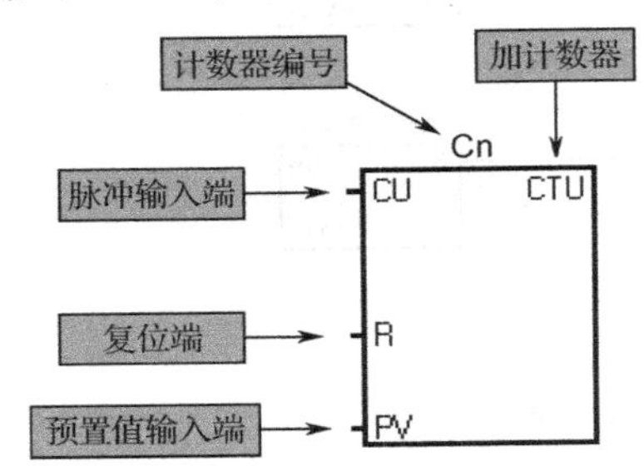

（1）语句表：CTU Cn，PV。
（2）计数器编号：C0～C255。
（3）预置值的数据类型：16位有符号整数。
（4）预置值的操作数：VW、T、C、IW、QW、MW、SMW、AC、AIW、常数；预置值允许最大值为32 767。

图 2-11 加计数器

2. 工作原理

复位端（R）的状态为 0 时，脉冲输入有效，计数器可以计时，当脉冲输入端（CU）有上升沿脉冲输入时，计数器的当前值加 1，当前值大于或等于预置值（PV）时，计数器的状态位被置 1，其常开触点闭合，常闭触点断开；当前值到达预置值后，脉冲输入依然有上升沿脉冲输入，计数器的当前值继续增加，直到最大值 32 767，在此期间计数器的状态位仍然处于置 1 状态；当复位端（R）状态为 1 时，计数器复位，当前值被清零，计数器的状态位置 0。

3. 应用案例

加计数器应用案例如图 2-12 所示。

当 R 端常开触点 I0.1=1 时，计数器脉冲输入无效；当 R 端常开触点 I0.1=0 时，计数器脉冲输入有效，CU 端常开触点 I0.0 每闭合一次，计数器 C1 的当前值加 1，当前值到达预置值 2 时，计数器 C1 的状态位置 1，其常开触点闭合，线圈 Q0.1 得电；当 R 端常开触点 I0.1=1 时，计时器 C1 被复位，其当前值清零，C1 状态位清零。

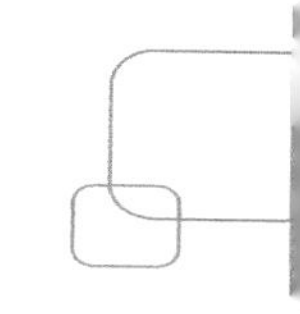

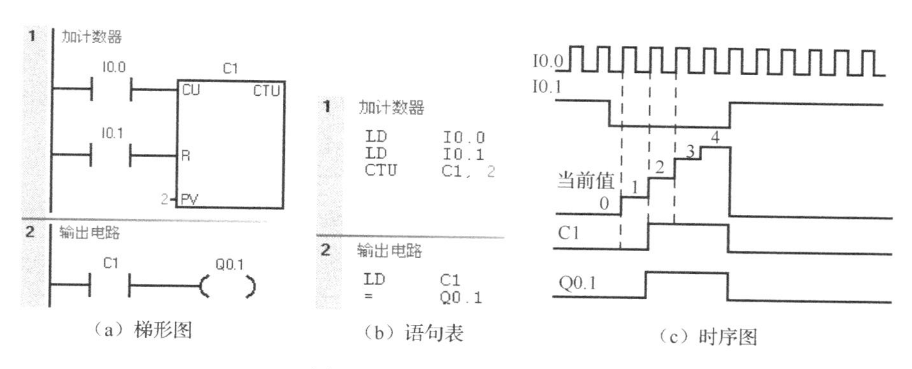

图 2-12　加计数器应用案例

2.3.2　减计数器

1. 图说减计数器

减计数器（CTD）如图 2-13 所示。

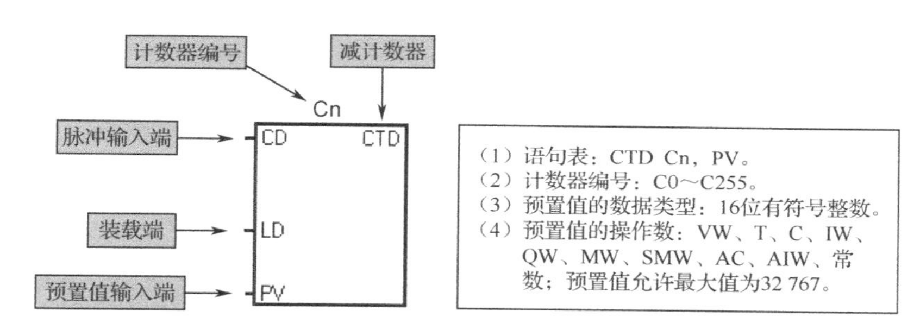

图 2-13　减计数器

2. 工作原理

当装载端 LD 的状态为 1 时，计数器被复位，计数器的状态位为 0，预置值被装载到当前值寄存器中；当装载端 LD 的状态为 0 时，脉冲输入端有效，计数器可以计数，当脉冲输入端（CD）有上升沿脉冲输入时，计数器的当前值从预置值开始递减计数，当前值减至 0 时，计数器停止计数，其状态位为 1。

3. 应用案例

减计数器应用案例如图 2-14 所示。

当 LD 端常开触点 I10.1 闭合时，减计数器 C1 被置 0，线圈 Q0.1 失电，其预置值被装载到 C1 当前值寄存器中；当 LD 端常开触点 I10.1 断开时，计数器脉冲输入有效，CD 端 I10.0 常开触点每闭合一次，其当前值就减 1，当前值减为 0 时，减计数器 C1 的状态位被置 1，其常开触点闭合，线圈 Q0.1 得电。

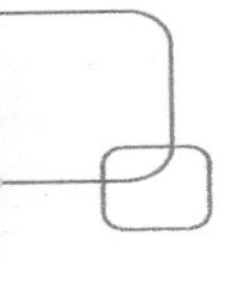

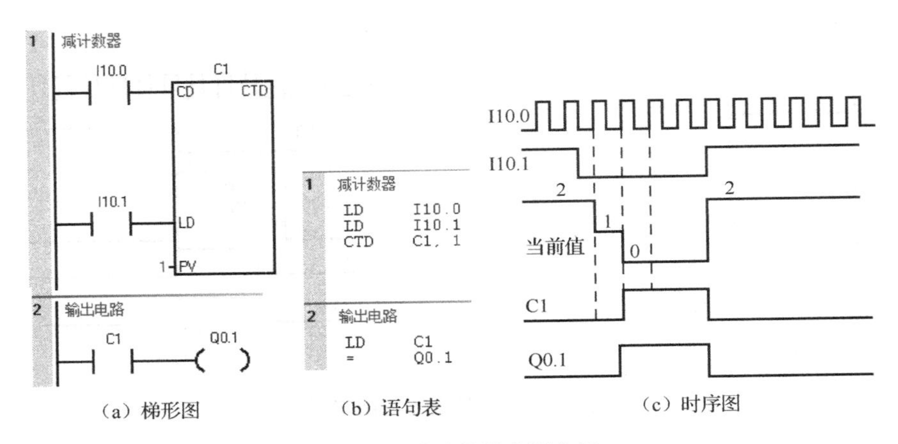

（a）梯形图　（b）语句表　（c）时序图

图 2-14　减计数器应用案例

2.3.3　加减计数器

1．图说加减计数器

加减计数器（CTUD）如图 2-15 所示。

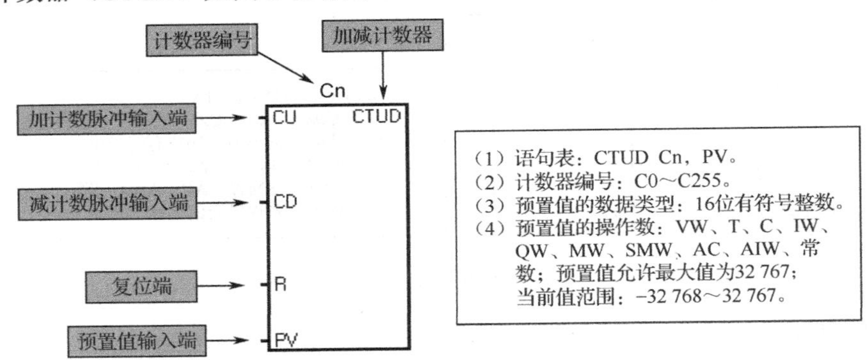

图 2-15　加减计数器

2．工作原理

当复位端（R）状态为 0 时，计数脉冲输入有效，当加计数输入端（CU）有上升沿脉冲输入时，计数器的当前值加 1，当减计数输入端（CD）有上升沿脉冲输入时，计数器的当前值减 1，当计数器的当前值大于或等于预置值时，计数器状态位被置 1，其常开触点闭合、常闭触点断开；当复位端（R）状态为 1 时，计数器被复位，当前值被清零；加减计数器当前值范围是-32 768～32 767，若加减计数器当前值为最大值 32 767，CU 端再输入一个上升沿脉冲，则其当前值立刻跳变为最小值-32 768；若加减计数器当前值为最小值-32 768，CD 端再输入一个上升沿脉冲，则其当前值立刻跳变为最大值 32 767。

3．应用案例

加减计数器应用案例如图 2-16 所示。

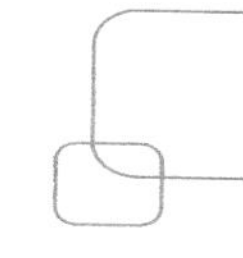

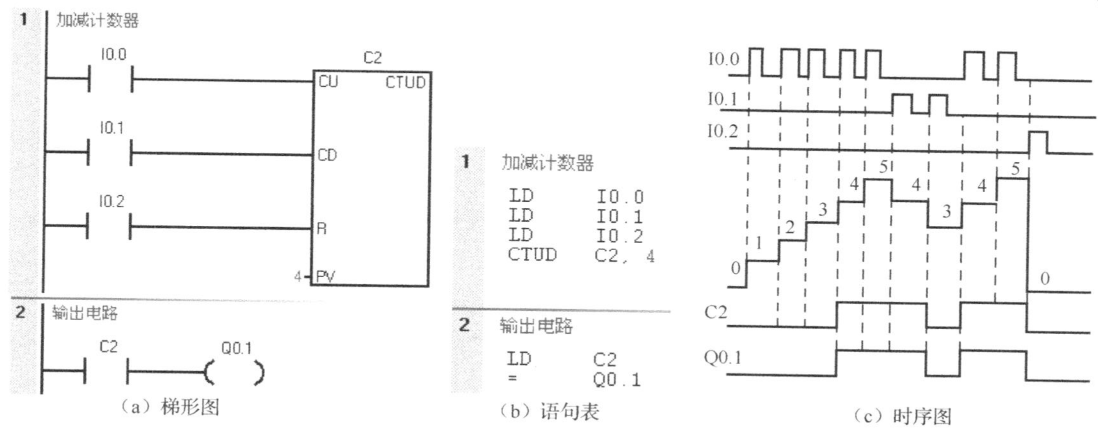

（a）梯形图　（b）语句表　（c）时序图

图 2-16　加减计数器应用案例

当与复位端（R）连接的常开触点 I0.2 断开时，脉冲输入有效，此时与加计数脉冲输入端连接的 I0.0 每闭合一次，计数器 C2 的当前值就会加 1，与减计数脉冲输入端连接的 I0.1 每闭合一次，计数器 C2 的当前值就会减 1，当前值大于或等于预置值 4 时，C2 的状态位置 1，C2 常开触点闭合，线圈 Q0.1 接通；当与复位端（R）连接的常开触点 I0.2 闭合时，C2 的状态位置 0，其当前值清零，线圈 Q0.1 断开。

2.3.4　计数器指令应用案例

1．控制要求

如图 2-17 所示，楼道里有一盏照明灯，用一个开关控制其亮灭。按开关一下，照明灯点亮；再按一下开关，照明灯熄灭。根据控制要求，试设计程序。

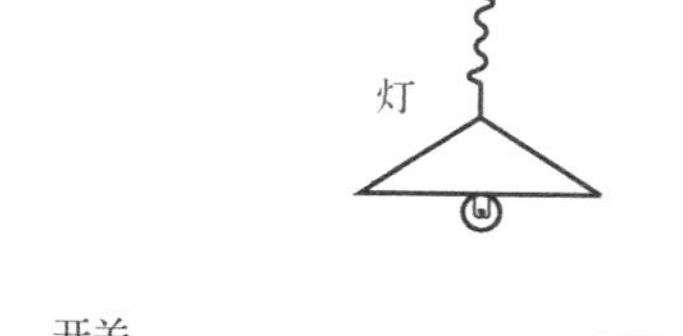

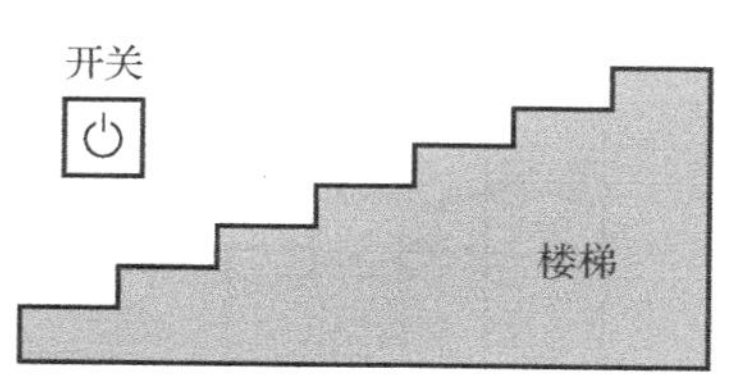

图 2-17　楼道照明控制示意图

2．解决方案

（1）I/O 分配：开关为 I0.0，照明灯为 Q0.0。

（2）程序编制：楼道照明控制程序如图 2-18 所示。

（3）程序解析：加计数器 C0 的复位端 R 与 Q0.0 的常开触点相连，其状态为 0，因此加计数器 C0 可以计数；加计数器 C1 的复位端 R 与 Q0.0 的常闭触点相连，其状态为 1，因此加计数器 C1 不能计数。当开关 I0.0 按一下时，加计数器 C0 的当前值由 0 变为 1，加计数器 C0 当前值等于预置值，其常开触点接通，Q0.0 得电并自锁，因此照明灯点亮。

Q0.0 得电使得其常开触点闭合、常闭触点断开，因此加计时器 C0 复位端 R 接通不能计数，加计时器 C1 复位端 R 断开可以计数。再按一下开关 I0.0，加计数器 C1 的当前值等于预置值，C1 的常闭触点断开，因此网络 3 中 Q0.0 所在的照明输出电路失电，照明灯熄灭。

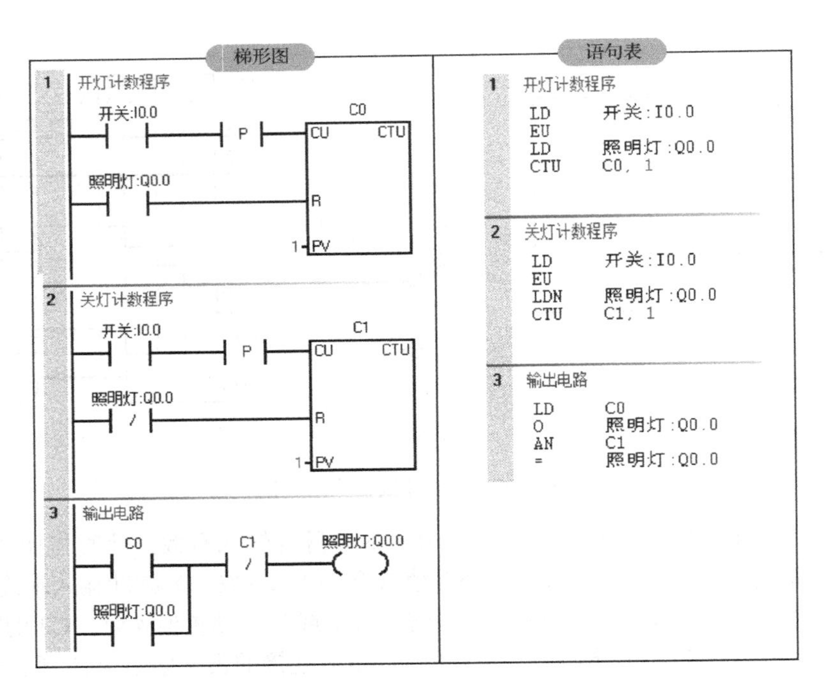

图 2-18　楼道照明控制程序

2.4　基本指令应用举例

2.4.1　启保停电路

启保停电路在梯形图中应用广泛，其最大的特点是利用自身的自锁（又称自保持）可以获得“记忆”功能。启保停电路如图 2-19 所示。

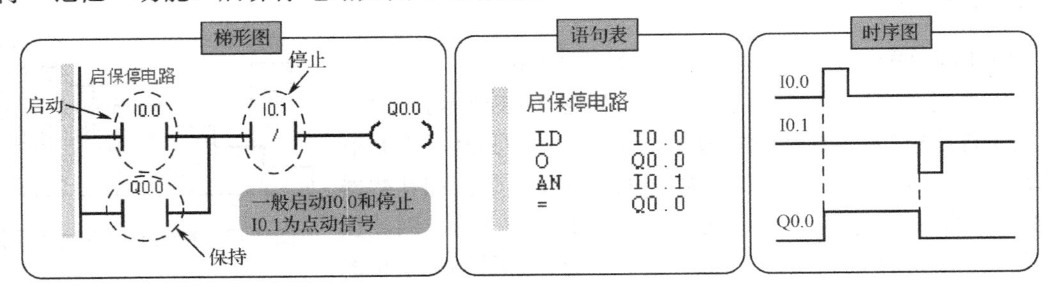

图 2-19　启保停电路

当按下启动按钮时，常开触点 I0.0 接通，在未按停止按钮的情况下（即常闭触点 I0.1 为 ON），线圈 Q0.0 得电，其常开触点闭合；松开启动按钮，常开触点 I0.0 断开，这时“能流”由常开触点 Q0.0 和常闭触点 I0.1 流至线圈 Q0.0，Q0.0 得电，这就是“自锁”和“自保持”功能。

当按下停止按钮时，其常闭触点 I0.1 断开，线圈 Q0.0 失电，其常开触点断开；松开停止按钮，线圈 Q0.0 仍保持断电状态。

编者有料

（1）启保停电路“自保持”功能实现条件：将输出线圈的常开触点并联于启动信号两端。

（2）在实际应用中，启动信号和停止信号可能由多个触点串联组成，形式如图 2-20 所示，请读者活学活用。

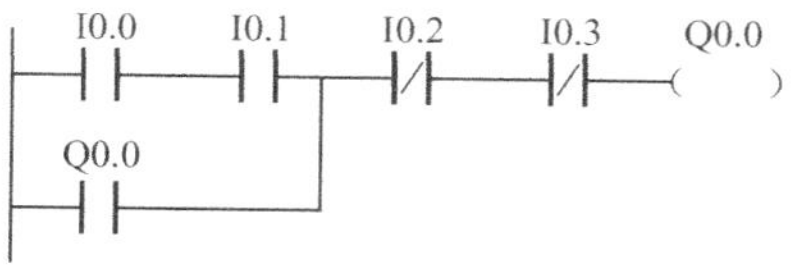

图 2-20　多个触点组成的启动信号和停止信号

（3）启保停电路是在三相异步电动机连续控制电路的基础上演绎过来的，如果参照连续控制电路来理解启保停电路是极其方便的。演绎过程如图 2-21 所示（翻译法）。

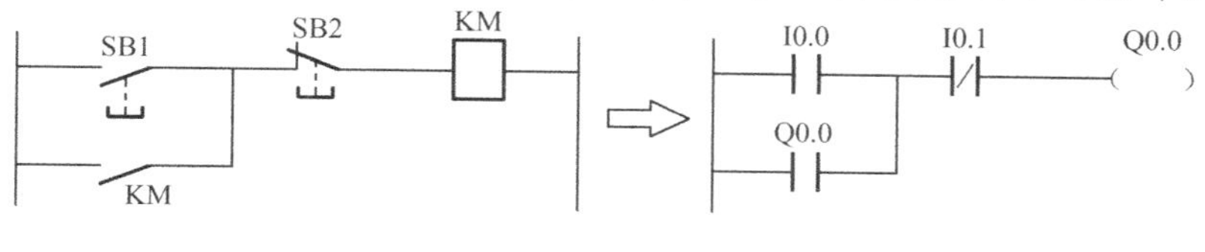

图 2-21　启保停电路的演绎过程

2.4.2　置位、复位电路

和启保停电路一样，置位、复位电路也具有“记忆”功能。置位、复位电路由置位、复位指令实现。置位、复位电路如图 2-22 所示。

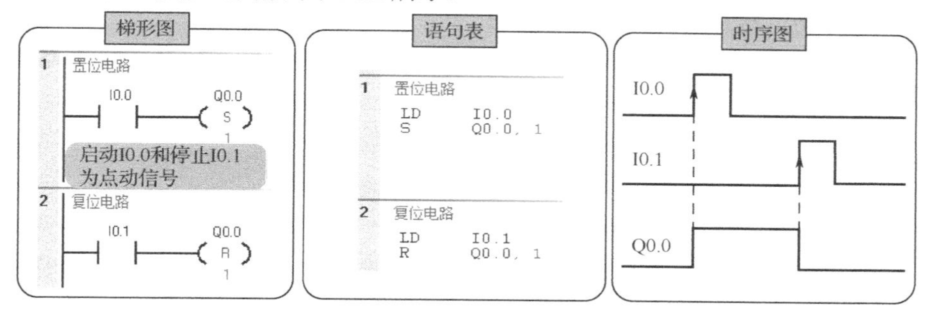

图 2-22　置位、复位电路

按下启动按钮，常开触点 I0.0 闭合，置位指令被执行，线圈 Q0.0 得电，当 I0.0 断开后，线圈 Q0.0 继续保持得电状态；按下停止按钮，常开触点 I0.1 闭合，复位指令被执行，线圈 Q0.0 失电，当 I0.1 断开后，线圈 Q0.0 继续保持失电状态。

2.4.3　互锁电路

在有些情况下，两个或多个继电器不能同时输出，为了避免它们同时输出，往往相互将自身的常闭触点串联在对方的电路中，这样的电路就是互锁电路。互锁电路如图 2-23 所示。

按下正向启动按钮，常开触点 I0.0 闭合，线圈 Q0.0 得电并自锁，其常闭触点 Q0.0 断开，

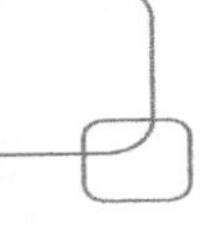

这时即使 I0.1 接通，线圈 Q0.1 也不会动作。

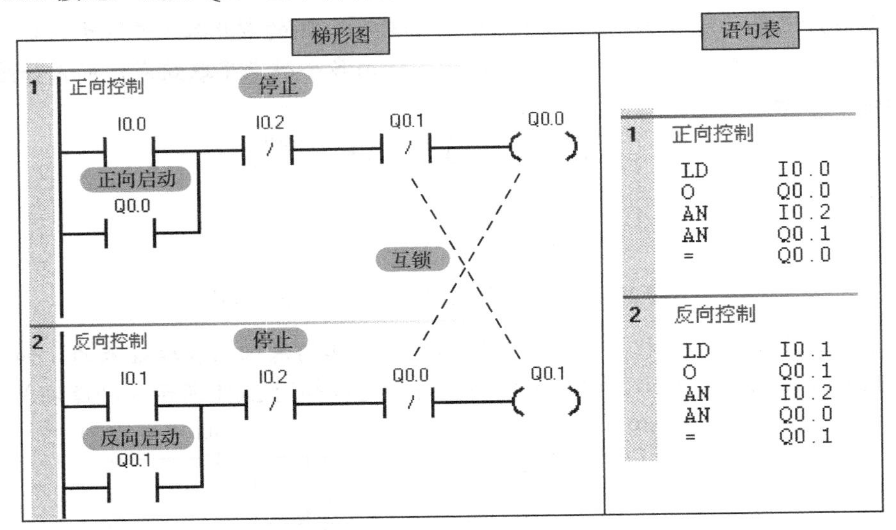

图 2-23　互锁电路

按下反向启动按钮，常开触点 I0.1 闭合，线圈 Q0.1 得电并自锁，其常闭触点 Q0.1 断开，这时即使 I0.0 接通，线圈 Q0.0 也不会动作。

按下停止按钮，常闭触点 I0.2 断开，线圈 Q0.0、Q0.1 均失电。

编者有料

（1）互锁实现：相互将自身的常闭触点串联在对方的电路中。

（2）互锁目的：防止两路线圈同时输出。

（3）和启保停电路的理解方法一样，可以通过正反转电路来理解互锁电路，具体如图 2-24 所示。

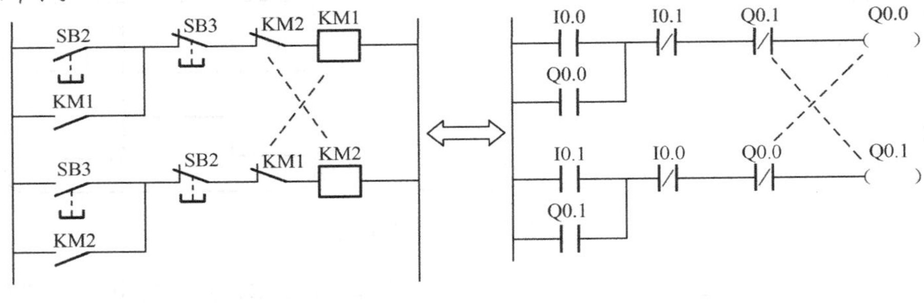

图 2-24　通过正反转电路来理解互锁电路

2.4.4　顺序脉冲发生电路

如图 2-25 所示为三个定时器顺序脉冲发生电路。

当按下启动按钮后，常开触点 I0.1 接通，辅助继电器 M0.1 得电并自锁，且其常开触点闭合，T37 开始定时，同时 Q0.0 接通，T37 定时 2s 时间到，T37 的常闭触点断开，Q0.0 断电；T37 常开触点闭合，T38 开始定时，同时 Q0.1 接通，T38 定时 3s 时间到，Q0.1 断电；T38 常开触点闭合，T39 开始定时，同时 Q0.2 接通，T39 定时 4s 时间到，Q0.2 断电。若 M0.1 线圈仍接通，则该电路重新开始产生顺序脉冲，直到按下停止按钮，常闭触点 I0.2 断开。当按下停止按钮后，常闭触点 I0.2 断开，线圈 M0.1 失电，定时器全部断电复位，线圈 Q0.0、Q0.1 和 Q0.2 全部断电。

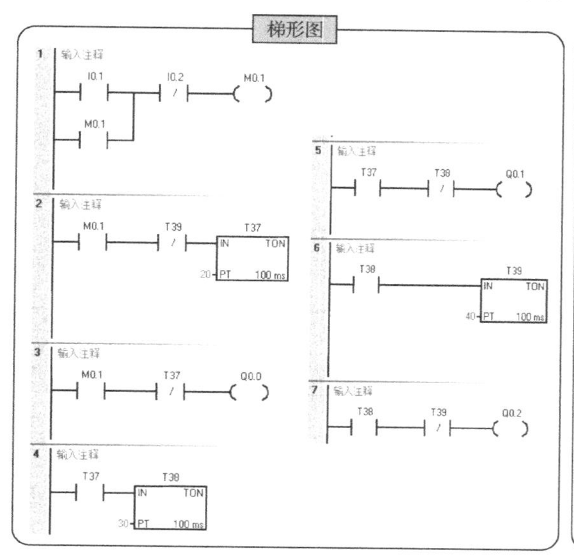

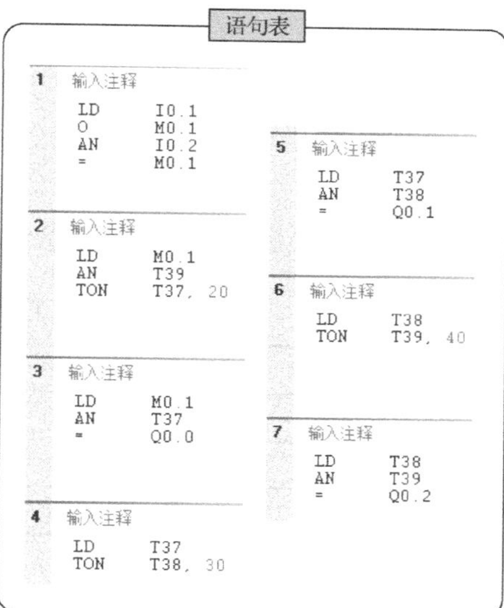

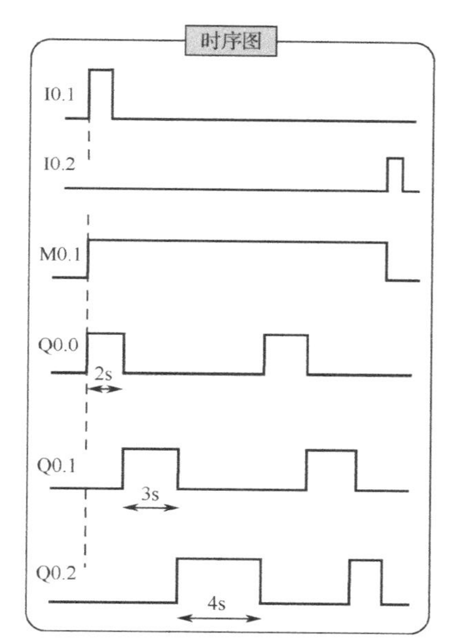

图 2-25　三个定时器顺序脉冲发生电路

2.4.5　产品数量检测控制

1．控制要求

产品数量检测控制示意图如图 2-26 所示。传送带传输工件，用传感器检测通过产品的数量，每凑够 12 个产品机械手动作一次，机械手动作后延时 3s，将机械手电磁铁断电。

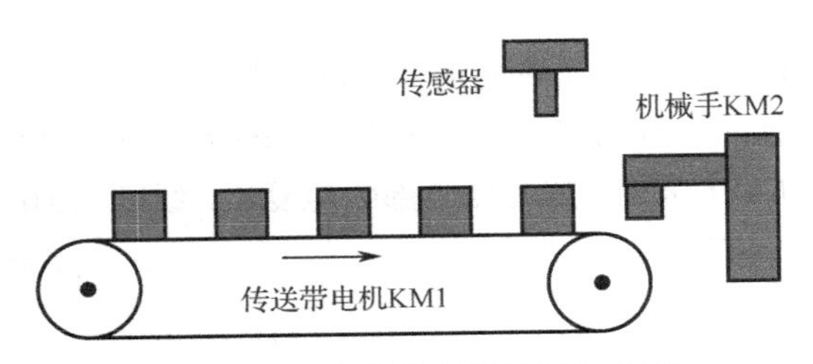

图 2-26　产品数量检测控制示意图

2. I/O 分配

产品数量检测控制 I/O 分配如表 2-7 所示。

表 2-7　产品数量检测控制 I/O 分配

输　入　量		输　出　量	
传送带启动开关	I0.1	传送带电动机	Q0.1
传送带停止开关	I0.2	机械手	Q0.2
传感器	I0.3		

3. 程序编制与解析

产品数量检测控制程序如图 2-27 所示。按下传送带启动按钮，I0.1 得电，线圈 Q0.1 得电并自锁，KM1 吸合，传送带电动机运行；随着传送带的运行，传感器每检测到一个工件都会给 C2 一个脉冲，当 C2 当前计数脉冲为 12 时，其当前值等于预置值，C2 状态置 1，其常开触点闭合，Q0.2 得电，机械手将货物抓走，与此同时 T38 定时，3s 后 Q0.2 断开，机械手断电复位。

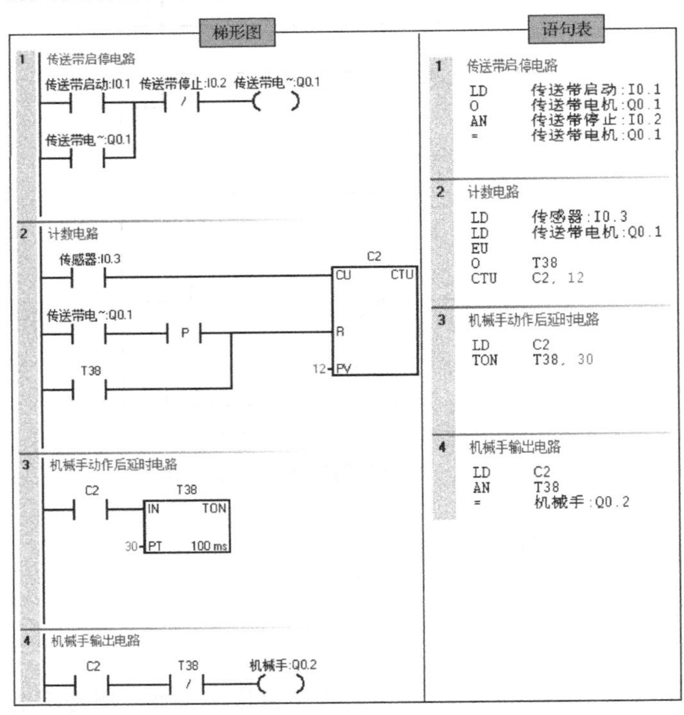

图 2-27　产品数量检测控制程序

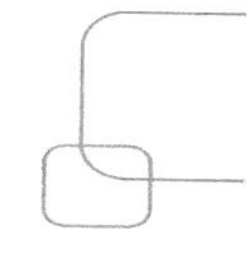

2.4.6　两种液体混合控制

1）控制要求

两种液体混合控制系统如图 2-28 所示。

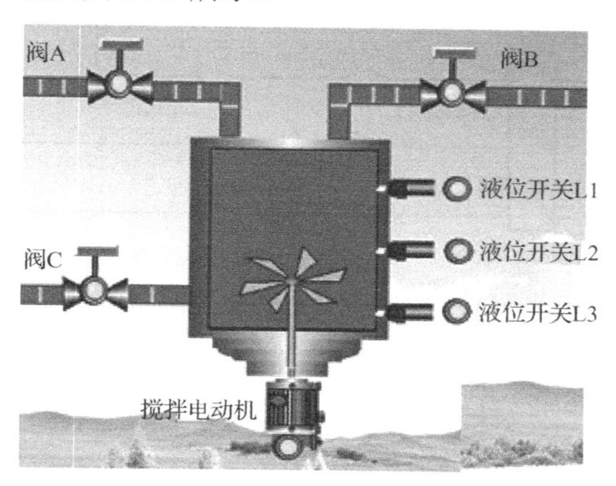

图 2-28　两种液体混合控制系统

按下启动按钮后，打开阀 A，注入液体 A；当液面到达 L2（L2=ON）时，关闭阀 A，打开阀 B，注入 B 液体；当液面到达 L1（L1=ON）时，关闭阀 B，同时搅拌电动机开始运行搅拌液体，30s 后电动机停止搅拌，阀 C 打开放出混合液体；当液面降至 L3 以下（L1=L2=L3=OFF）时，再过 6s 后，容器放空，阀 C 关闭。

按下停止按钮，系统停止工作。

2）设计步骤

（1）I/O 分配。根据任务控制要求，对输入/输出量进行 I/O 分配，如表 2-8 所示。

表 2-8　两种液体混合控制 I/O 分配表

输　入　量		输　出　量	
启动	I0.0	阀 A	Q0.0
上限	I0.1	阀 B	Q0.1
中限	I0.2	阀 C	Q0.2
下限	I0.3	电动机	Q0.3
停止	I0.4	—	—

（2）绘制接线图。两种液体混合控制系统接线如图 2-29 所示。

（3）设计梯形图程序，如图 2-30 所示。

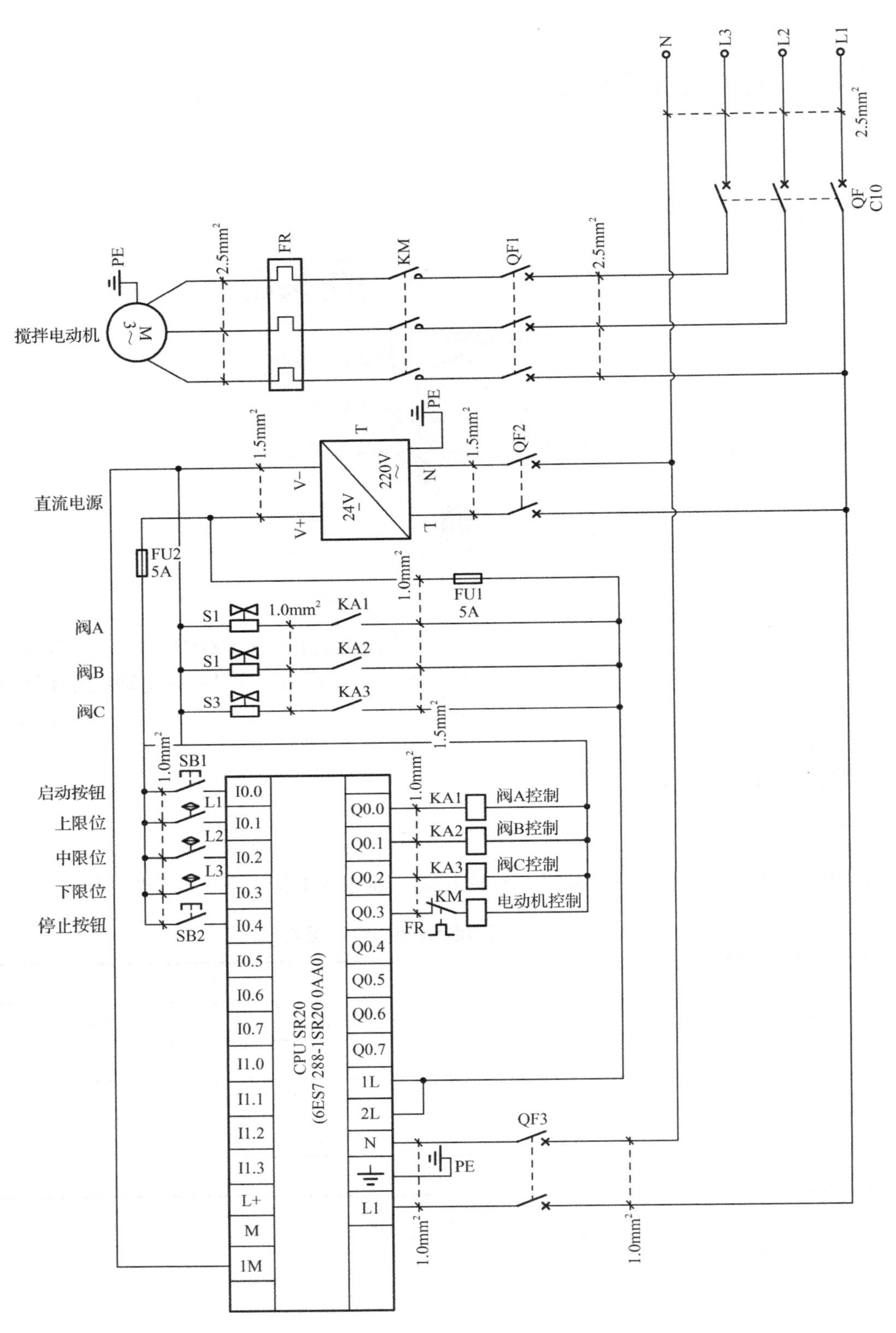

图 2-29　两种液体混合控制接线图

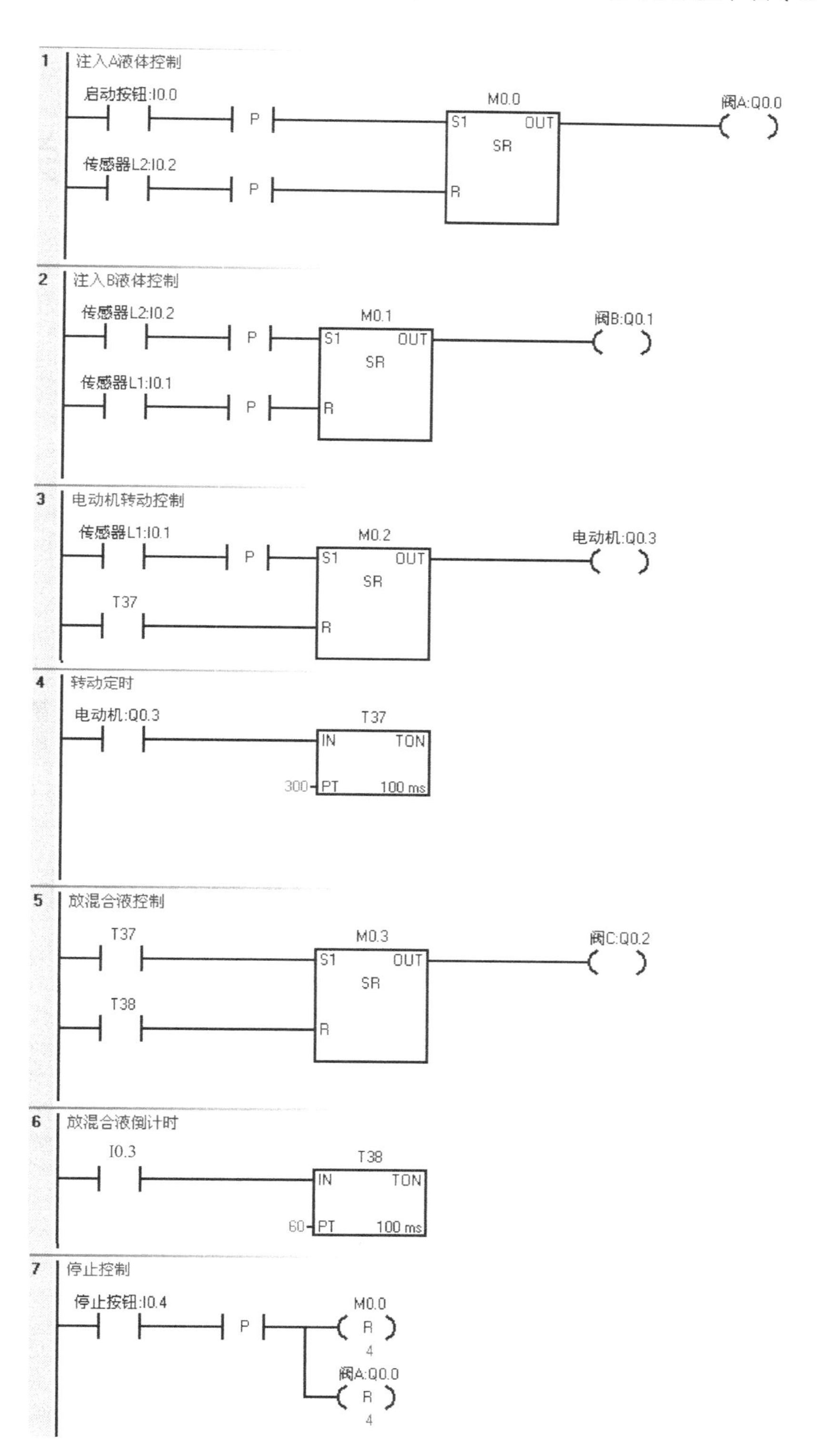

图 2-30　两种液体混合控制梯形图

第3章　S7-200 SMART PLC 开关量控制程序开发

本章要点

- ◆ 彩灯循环控制程序的设计
- ◆ 星三角减压启动控制程序的设计
- ◆ 顺序控制设计法与顺序功能图
- ◆ 送料小车控制程序的设计
- ◆ 水塔水位控制程序的设计
- ◆ 信号灯控制程序的设计

一个完整的 PLC 控制系统由硬件和软件两部分构成，其中软件程序的质量直接影响整个控制系统性能。因此，本书从第 3 章开始重点讲解开关量控制程序的开发、模拟量控制程序的开发，以及运动控制程序的开发和通信等内容。

3.1　彩灯循环控制程序的设计

3.1.1　控制要求

某实验室有三盏彩灯，现需进行如下控制：按下启动按钮，三盏彩灯以“红→绿→黄”的模式每隔 2s 循环点亮；按下停止按钮，三盏彩灯全部熄灭。根据上述要求，试设计程序。

由上述控制要求可知，该控制属于简单控制，因此用经验设计法就可以解决。

3.1.2　方法连接

1）经验设计法简介

经验设计法顾名思义是一种根据设计者的经验进行设计的方法。该方法需要在一些经典控制程序的基础上，根据被控对象的具体要求，不断地修改和完善梯形图。有时需多次反复调试和修改梯形图，增加一些辅助触点和中间编程元件，才能得到一个较为满意的结果。

该方法没有普遍的规律可循，具有很大的试探性和随意性，最后的结果不唯一，设计所用的时间、设计的质量与设计者的经验有很大关系。该方法适用于简单控制方案（如手动程序）的设计。

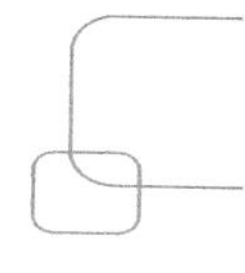

2）设计步骤

（1）准确了解系统的控制要求，合理确定输入/输出端子。

（2）根据输入/输出关系，表达出程序的关键点；关键点的表达往往需要通过一些典型的环节进行，如启保停电路、互锁电路、延时电路等，这些基本编程环节以前已经介绍过，这里不再重复。但需要强调的是，这些典型电路是掌握经验设计法的基础，需读者熟记。

（3）在完成关键点的基础上，针对系统的最终输出进行梯形图程序的编制，即初步绘出草图。

（4）检查完善梯形图程序。在草图的基础上，按梯形图的编制原则检查梯形图，补充遗漏功能，更改错误、合理优化，从而达到最佳的控制要求。

3.1.3　编程实现

（1）明确控制要求，确定 I/O 端子。彩灯循环控制的 I/O 端子分配如表 3-1 所示。

表 3-1　彩灯循环控制的 I/O 端子分配

输　入　量		输　出　量	
启动按钮	I0.0	红灯	Q0.0
停止按钮	I0.1	绿灯	Q0.1
—	—	黄灯	Q0.2

（2）确定关键点，针对最终输出设计梯形图程序并完善。

由彩灯循环控制的工作过程可知，该控制属于简单控制，因此首先构造启保停电路；又由于三盏彩灯每隔 2s 循环点亮，因此想到用三个定时器控制三盏彩灯。三盏彩灯循环点亮控制梯形图如图 3-1 所示。三盏彩灯循环控制程序解析如图 3-2 所示。

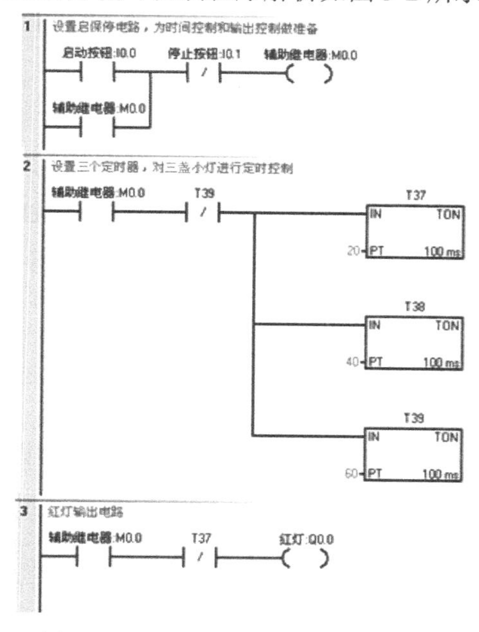

图 3-1　三盏彩灯循环点亮控制梯形图

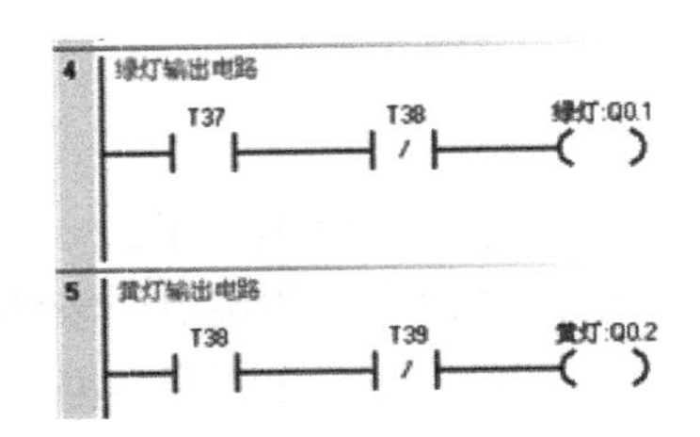

图 3-1　三盏彩灯循环点亮控制梯形图（续）

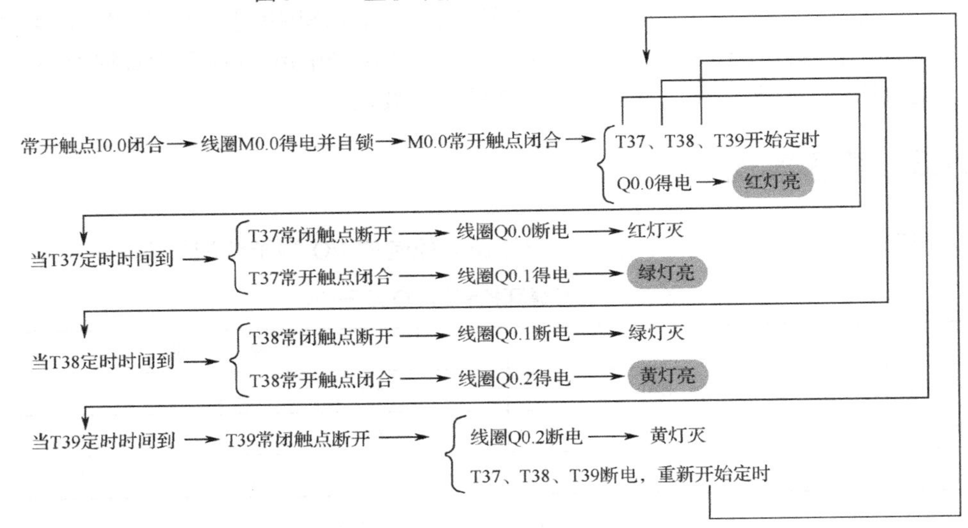

图 3-2　三盏彩灯循环控制程序解析

3.2　星三角减压启动控制程序的设计

3.2.1　控制要求

合上总断路器 QF，按下启动按钮 SB2，接触器 KM1、KM3 接通，电动机星接进行减压启动；过一段时间后，时间继电器 KT 动作，接触器 KM3 断开，KM2 接通，电动机进入角接状态；按下停止按钮 SB1，电动机停止运行，如图 3-3 所示。

3.2.2　方法解析

涉及将传统的继电器控制改为 PLC 控制的问题，多采用翻译设计法。

1．翻译设计法简介

PLC 使用与继电器电路极为相似的语言，如果将继电器控制改为 PLC 控制，根据继电器电路图设计梯形图是一条捷径。因为原有的继电器控制系统经长期的使用和考验，已有一套自己的完整方案。鉴于继电器电路图与梯形图有很多相似之处，因此可以将经过验证的继电

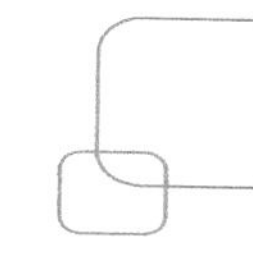

器电路直接转换为梯形图，这种方法被称为翻译设计法。

继电器电路符号与梯形图电路符号的对应关系如表 3-2 所示。

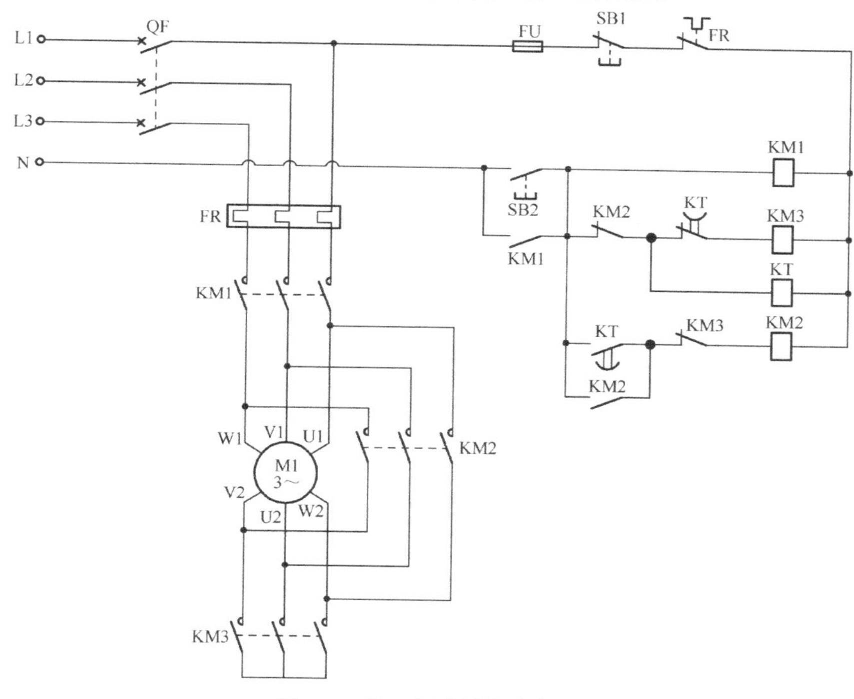

图 3-3 星三角减压启动电路

表 3-2 继电器电路符号与梯形图电路符号的对应关系

梯形图电路				继电器电路	
元件		符号	常用地址	元件	符号
常开触点		—| |—	I、Q、M、T、C	按钮、接触器、时间继电器、中间继电器的常开触点	
常闭触点		—|/|—	I、Q、M、T、C	按钮、接触器、时间继电器、中间继电器的常闭触点	
线圈		—( )	Q、M	接触器、中间继电器线圈	
功能框	定时器	Tn ON TON PT 10ms	T	时间继电器	
	计数器	Cn CU CTU R PV	C	—	—

编者有料

表 3-2 是翻译设计法的关键，请读者熟记此对应关系。

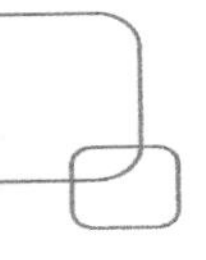

2. 设计步骤

（1）了解原系统的工艺要求，熟悉继电器电路图。

（2）确定 PLC 的输入信号和输出负载，以及与它们对应的梯形图中的输入位和输出位的地址，画出 PLC 外部接线图。

（3）将继电器电路图中的时间继电器、中间继电器用 PLC 的辅助继电器、定时器代替，并赋予它们相应的地址。以上两步建立了继电器电路元件与梯形图编程元件的对应关系。

（4）根据上述关系，画出全部梯形图并予以简化和修改。

3. 使用翻译设计法的几点注意事项

1）应遵守梯形图的语法规则

在继电器电路中触点可以在线圈的左边，也可以在线圈的右边，但在梯形图电路中，线圈必须在最右边，如图 3-4 所示。

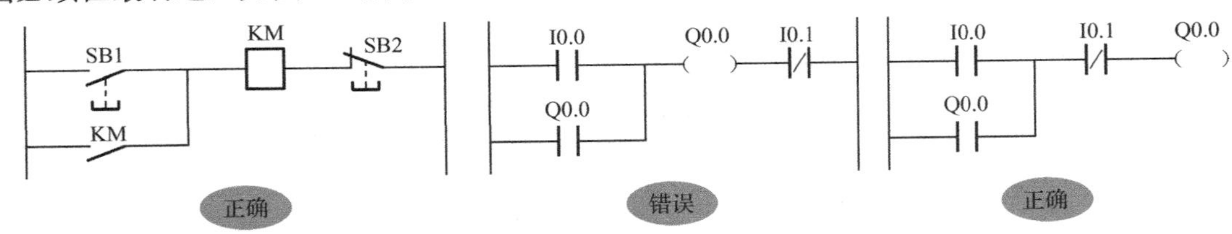

图 3-4 继电器电路与梯形图书写语法对照

2）设置中间单元

在梯形图中，若多个线圈受某一触点串联、并联电路控制，为了简化电路，可设置辅助继电器作为中间编程元件，如图 3-5 所示。

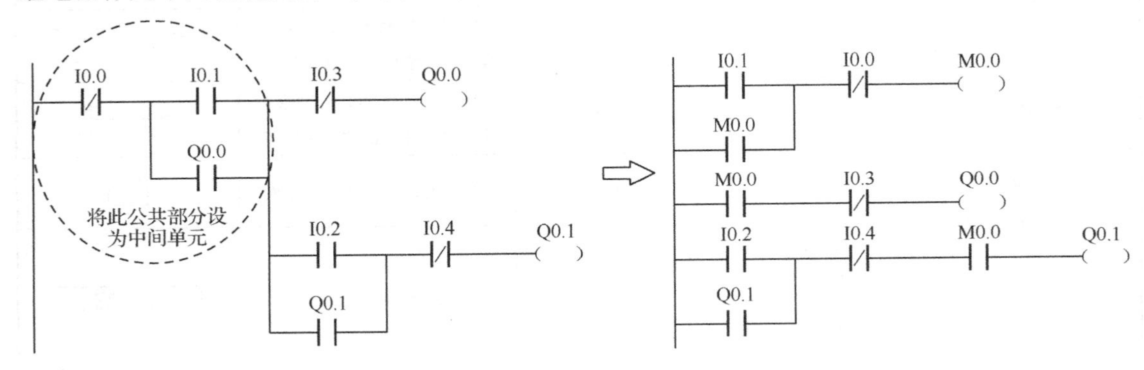

图 3-5 设置中间单元

3）尽量减少 I/O 点数

PLC 的价格与 I/O 点数有关，减少 I/O 点数可以降低成本，减少 I/O 点数的具体措施如下。

（1）几个常闭串联或常开并联的触点可合并后与 PLC 相连，只占一个输入点，如图 3-6 所示。

编者有料

图 3-7 给出了自动/手动的一种处理方案，值得读者学习，在工程中经常可见到这种方案。值得说明的是，此方案只适用于继电器输出型 PLC，晶体管输出型 PLC 采取这种自动/手动方案可能会导致晶体管的击穿，进而损坏 PLC。

（2）利用单按钮启停电路，使启停控制只通过一个按钮来实现，既可节省 PLC 的 I/O 点数，又可减少按钮和接线。

（3）系统某些输入信号功能简单、涉及面窄，没有必要作为 PLC 的输入，可将其设置在 PLC 外部硬件电路中，如热继电器的常闭触点 FR 等，如图 3-7 所示。

（4）通断状态完全相同的两个负载，可将其并联后公用一个输出点，如图 3-7 中的 KA3 和 HR。

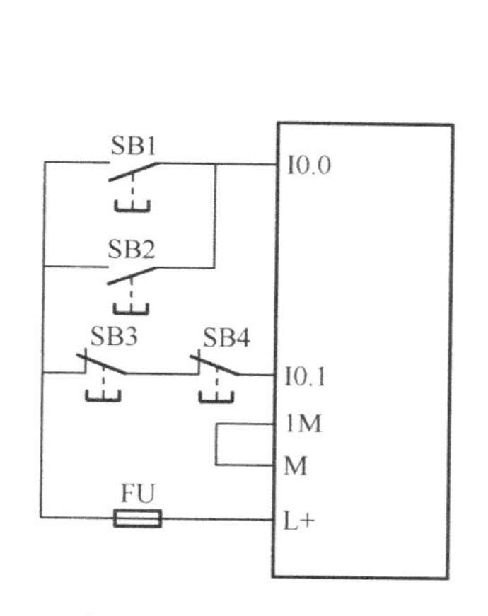

图 3-6 输入元件合并

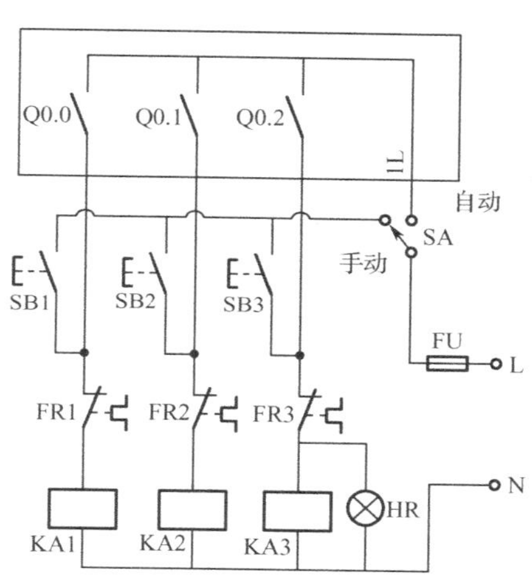

图 3-7 输入元件处理及并行输出

4）设立连锁电路

为了防止接触器相间短路，可以在软件和硬件上设置互锁电路，如正反转控制，如图 3-8 所示。

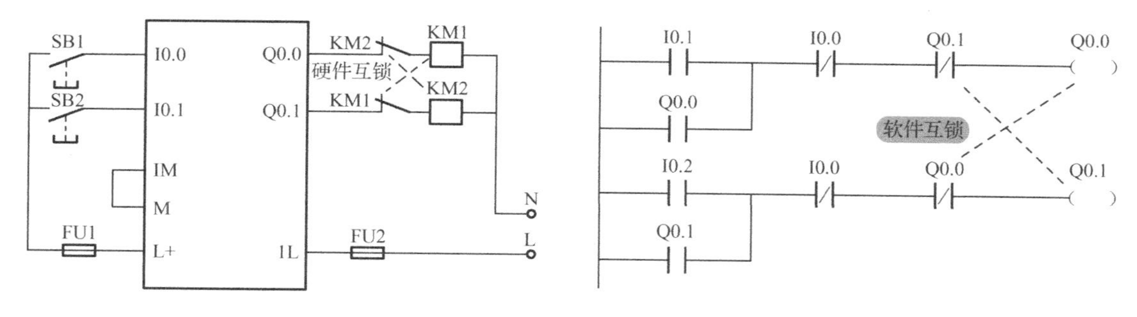

图 3-8 硬件互锁与软件互锁

5）外部负载额定电压

PLC 的输出模块（如继电器输出模块）只能驱动额定电压最高为 AC220V 的负载，若原系统中的接触器线圈为 AC380V，应将其改成线圈为 AC220V 的接触器或设置中间继电器。

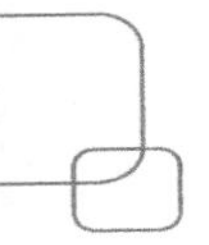

3.2.3 编程实现

第一步：根据控制要求，对输入/输出进行 I/O 分配，如表 3-3 所示。

表 3-3 电动机星三角减压启动 I/O 分配

输 入 量		输 出 量	
启动按钮 SB2	I0.1	接触器 KM1	Q0.0
停止按钮 SB1	I0.0	角接 KM2	Q0.1
—	—	星接 KM3	Q0.2

第二步：绘制接线图。星三角减压启动接线图如图 3-9 所示。

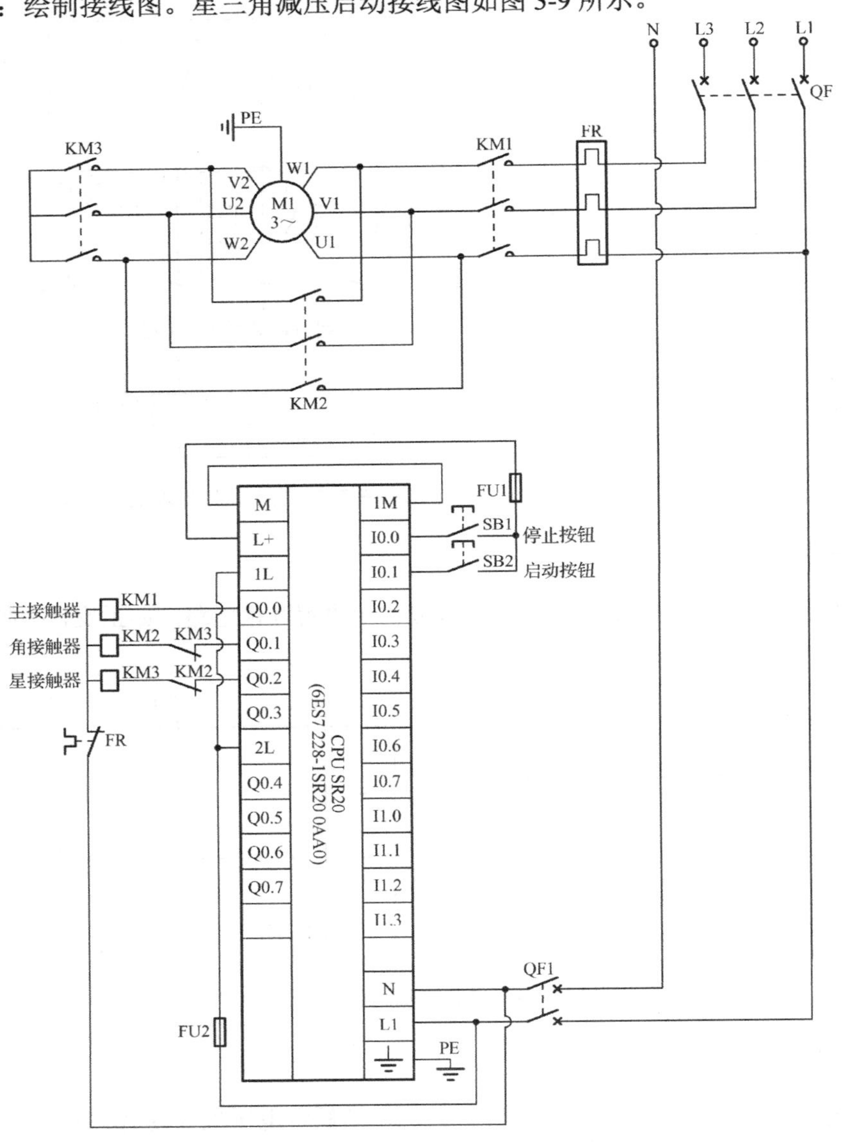

图 3-9 星三角减压启动接线图

第三步：设计梯形图。梯形图电路是在继电器电路的基础上演绎过来的，因此根据继电器电路设计梯形图电路是一条捷径。将继电器控制电路的元件用梯形图编程元件逐一替换，草图如图 3-10 所示。由于草图程序可读性不高，因此将其简化和修改，整理结果如图 3-11 所示。

第四步：案例解析。

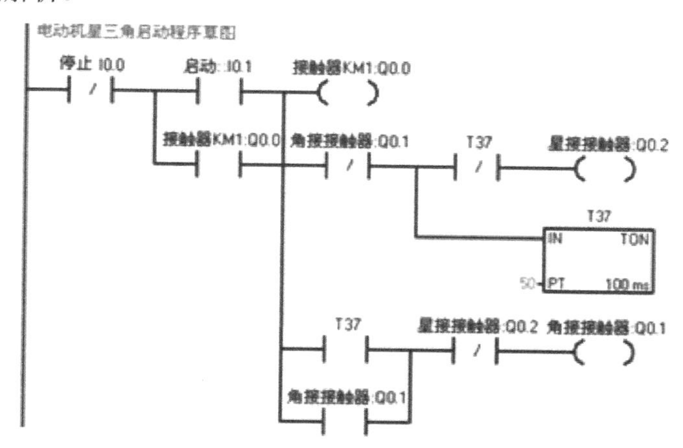

图 3-10　星三角减压启动程序草图

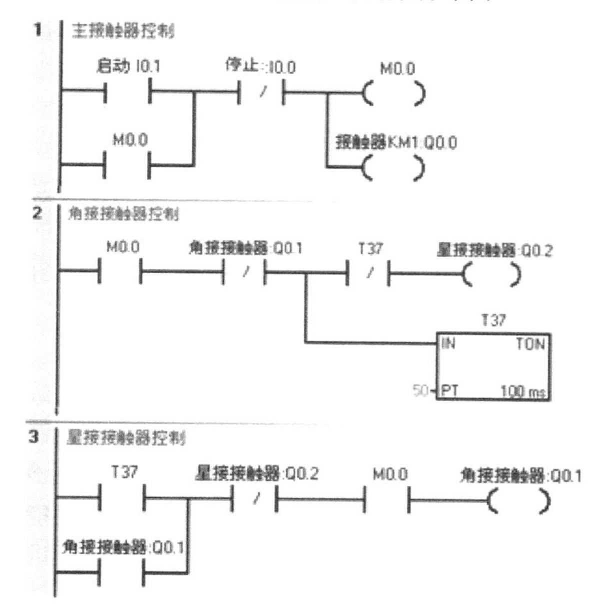

图 3-11　星三角减压启动程序最终程序

按下启动按钮 SB2，常开触点 I0.1 闭合，线圈 Q0.0、M0.0 得电且对应的常开触点闭合，因此线圈 Q0.2 得电且定时器 T37 开始定时，定时时间到，线圈 Q0.2 断开，Q0.1 得电并自锁，Q0.1 对应的常闭触点断开，定时器停止定时；当软线圈 Q0.0、Q0.2 闭合时，接触器 KM1、KM3 接通，电动机为星接；当软线圈 Q0.0、Q0.1 闭合时，接触器 KM1、KM2 接通，电动机为角接。

编者有料

涉及将传统继电器控制改为 PLC 控制的问题时，采用翻译设计法编写程序最方便。

3.3 顺序控制设计法与顺序功能图

3.3.1 顺序控制设计法

1. 顺序控制设计法简介

采用经验设计法设计梯形图程序时，由于经验设计法本身没有一套固定的方法可循，且在设计过程中存在较大的试探性和随意性，给一些复杂程序的设计带来了很大困难。即使勉强设计出来了，对于程序的可读性、时间的花费和设计结果来说，也不尽如人意。鉴于此，本章将介绍一种有规律且比较通用的方法——顺序控制设计法。

顺序控制设计法是指按照生产工艺预先规定顺序，在各输入信号作用下，根据内部状态和时间顺序，使生产过程各个执行机构自动有秩序进行操作的方法。该方法是一种比较简单且先进的方法，很容易被初学者接受，对于有经验的工程师来说，也会提高设计效率，对于程序的调试和修改来说也非常方便，可读性很高。

2. 顺序控制设计法的基本步骤

首先进行 I/O 分配；接着根据控制系统的工艺要求，绘制顺序功能图；最后，根据顺序功能图设计梯形图。在顺序功能图的绘制中，往往是根据控制系统的工艺要求，将生产过程的一个周期划分为若干个顺序相连的阶段，每个阶段对应顺序功能图的一步。

3. 顺序控制设计法的分类

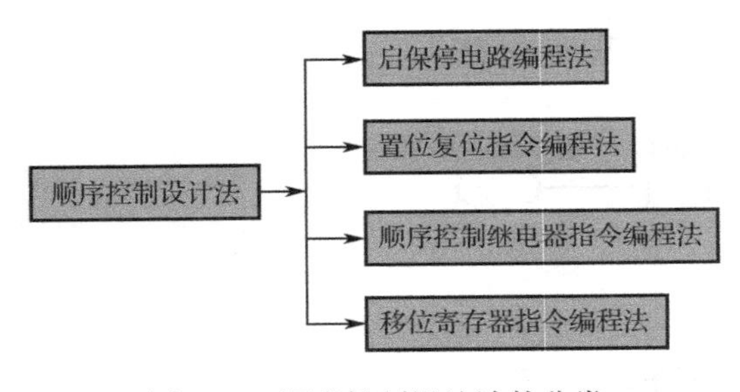

图 3-12　顺序控制设计法的分类

顺序控制设计法大致可分为启保停电路编程法、置位复位指令编程法、顺序控制继电器指令编程法和移位寄存器指令编程法，如图 3-12 所示。本章将根据顺序功能图基本结构的不同，对以上四种方法进行详细讲解。

使用顺序控制设计法时，绘制顺序功能图是关键，因此下面将对顺序功能图进行详细介绍。

编者有料

顺序控制设计法的基本步骤和方法分类是重点，读者需熟记。

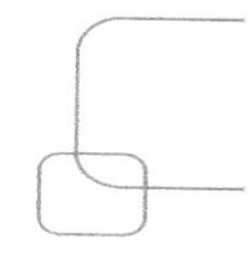

3.3.2　顺序功能图

1．顺序功能图的组成要素

顺序功能图是一种图形语言，用来编制顺序控制程序。在 IEC 的 PLC 编程语言标准（IEC61131-3）中，顺序功能图被确定为 PLC 位居首位的编程语言。在编写程序的时候，往往根据控制系统的工艺过程，先画出顺序功能图，然后根据顺序功能图写出梯形图。顺序功能图主要由步、有向连线、转换、转换条件和动作（或命令）五大要素组成，如图 3-13 所示。

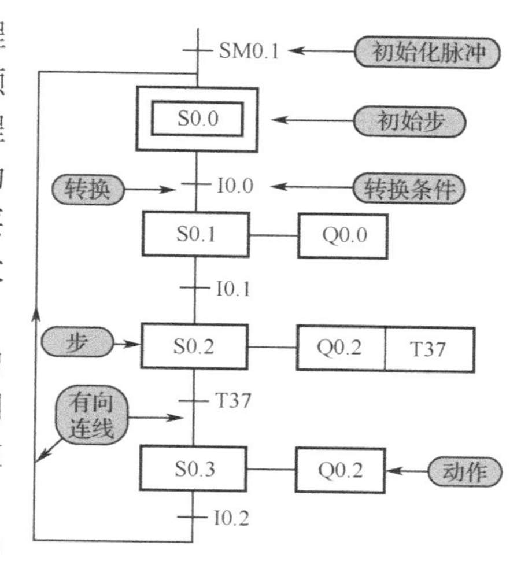

图 3-13　顺序功能图

（1）步：将系统的一个周期划分为若干个顺序相连的阶段，这些阶段就叫步。步是根据输出量的状态变化来划分的，通常用编程元件代表，编程元件是指辅助继电器 M 和状态继电器 S。步通常涉及以下几个概念。

① 初始步：一般在顺序功能图的最顶端，与系统的初始化有关，通常用双方框表示。注意每一个顺序功能图中至少有一个初始步，初始步一般由初始化脉冲 SM0.1 激活。

② 活动步：系统所处的当前步为活动状态，就称该步为活动步。当步处于活动状态时，相应的动作被执行，步处于不活动状态，相应的非记忆性动作被停止。

③ 前级步和后续步：前级步和后续步是相对的，如图 3-14 所示。对于 S0.2 步来说，S0.1 是它的前级步，S0.3 步是它的后续步；对于 S0.1 步来说，S0.2 是它的后续步，S0.0 步是它的前级步；需要指出，一个顺序功能图中可能存在多个前级步和多个后续步，如 S0.0 就有两个后续步，分别为 S0.1 和 S0.4；S0.7 也有两个前级步，分别为 S0.3 和 S0.6。

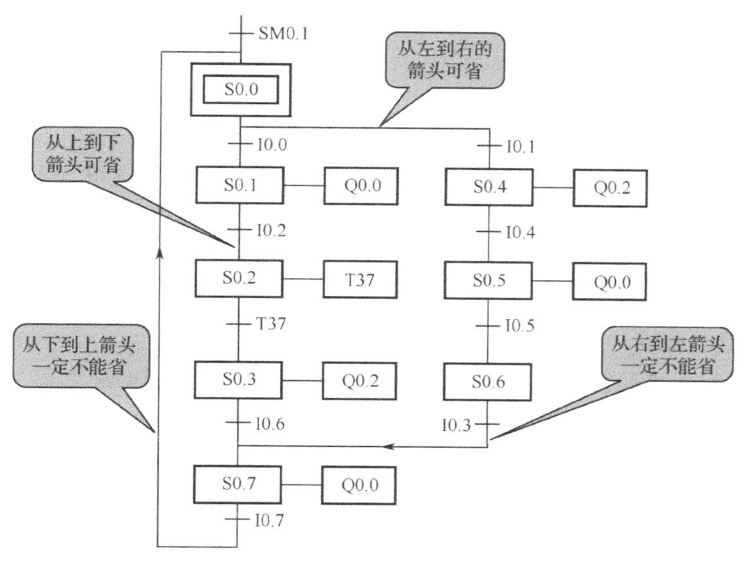

图 3-14　前级步、后续步与有向连线

（2）有向连线：即连接步与步之间的连线，有向连线规定了活动步的进展路径与方向。通常规定有向连线的方向从左到右或从上到下箭头可省，从右到左或从下到上箭头一定不可省，如图 3-14 所示。

（3）转换：转换用一条与有向连线垂直的短划线表示，转换将相邻的两步分隔开。步的活动状态的进展由转换的实现来完成，并与控制过程的发展相对应。

（4）转换条件：转换条件就是系统从上一步跳到下一步的信号。转换条件可以由外部信号提供，也可由内部信号提供。外部信号是按钮、传感器、接近开关、光电开关等的通断信号；内部信号是定时器和计数器常开触点的通断信号等。转换条件可以用文字语言、布尔代数表达式或图形符号标注在表示转换的短画线旁，使用较多的是布尔代数表达式，如图 3-15 所示。

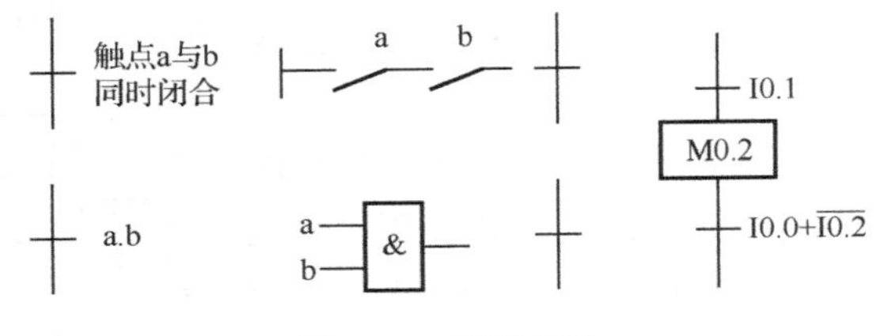

图 3-15　转换条件

（5）动作：被控系统每一个需要执行的任务或者是施控系统每一要发出的命令都叫动作。注意动作是指最终的执行线圈或定时器计数器等，一步中可能有一个动作或几个动作。通常动作用矩形框表示，矩形框内标有文字或符号，矩形框用相应的步符号相连。需要指出，涉及多个动作时，处理方案如图 3-16 所示。

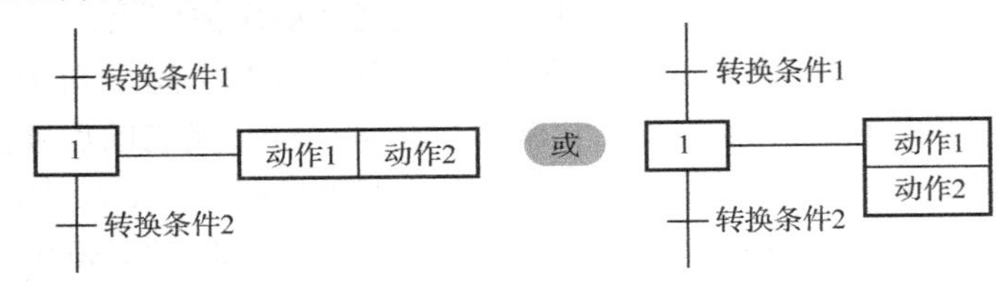

图 3-16　多个动作的处理方案

编者有料

对顺序功能图组成的五大要素进行梳理：

（1）步的划分是绘制顺序功能图的关键，划分标准根据输出量状态的变化确定。如小车开始右行，当碰到右限位转为左行，由此可见输出状态有明显变化，因此画顺序功能图时，一定要分为两步，即左行步和右行步。

（2）一个顺序功能图至少有一个初始步，初始步在顺序功能图的最顶端，用双方框表示，一般用 SM0.1 激活。

（3）动作是指最终的执行线圈 Q、定时器 T 和计数器 C，辅助继电器 M 和顺序控制继电器 S 只是中间变量不是最终输出，这点一定要注意。

2. 顺序功能图的基本结构

（1）单序列：所谓的单序列就是指没有分支和合并，步与步之间只有一个转换，每个转换两端仅有一个步，如图 3-17（a）所示。

（2）选择序列：选择序列既有分支又有合并，选择序列的开始叫分支，选择序列的结束叫合并，如图 3-17（b）所示。在选择序列的开始，转换符号只能标在水平连线之下，如 I0.0、I0.3 对应的转换就标在水平连线之下；选择序列的结束，转换符号只能标在水平连线之上，如 T37、I0.5 对应的转换就标在水平连线之上；当 S0.0 为活动步，并且转换条件 I0.0=1，则发生由步 S0.0→步 S0.1 的跳转；当 S0.0 为活动步，并且转换条件 I0.3=1，则发生由步 S0.0→步 S0.4 的跳转；当 S0.2 为活动步，并且转换条件 T37=1，则发生由步 S0.2→步 S0.3 的跳转；当 S0.5 为活动步，并且转换条件 I0.5=1，则发生由步 S0.5→步 S0.3 的跳转。

需要指出，在选择程序中，某一步可能存在多个前级步或后续步，如 S0.0 就有两个后续步 S0.1、S0.4、S0.3 就有两个前级步 S0.2、S0.5。

（3）并行序列：并行序列用来表示系统的几个同时工作的独立部分的工作情况，如图 3-17（c）所示。并行序列的开始叫分支，当转换满足的情况下，导致几个序列同时被激活，为了强调转换的同步实现，水平连线用双线表示，且水平双线之上只有一个转换条件，如步 S0.0 为活动步，并且转换条件 I0.0=1 时，步 S0.1、S0.4 同时变为活动步，步 S0.0 变为不活动步，水平双线之上只有转换条件 I0.0；并行序列的结束叫合并，当直接连在双线上的所有前级步 S0.2、S0.5 为活动步，并且转换条件 I0.3=1，才会发生步 S0.2、S0.5→S0.3 的跳转，即 S0.2、S0.5 为不活动步，S0.3 为活动步，在同步双水平线之下只有一个转换条件 I0.3。

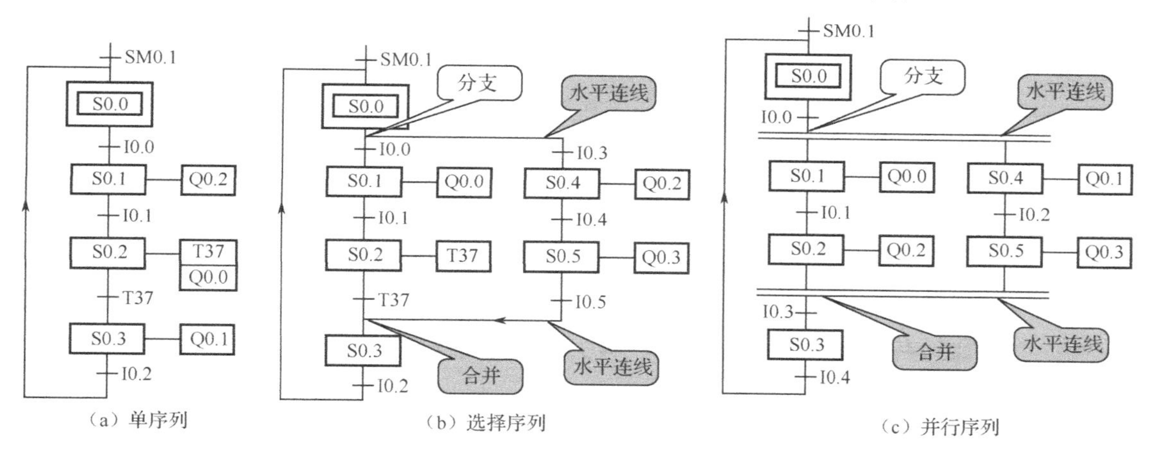

图 3-17　顺序功能图的基本结构

3. 梯形图中转换实现的基本原则

1）转换实现的基本条件

在顺序功能图中，步的活动状态的进展是由转换的实现来完成的。转换的实现必须同时满足两个条件：

该转换的所有前级步都为活动步；

相应的转换条件得到满足。

以上两个条件缺一不可，若转换的前级步或后续步大于一时，转换的实现称为同时实现，为了强调同时实现，有向连线的水平部分用双线表示。

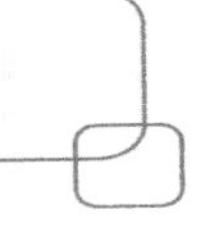

2）转换实现完成的操作

使所有由有向连线与相应转换符号连接的后续步都变为活动步。

使所有由有向连线与相应转换符号连接的前级步都变为不活动步。

编者有料

（1）转换实现的基本原则口诀。以上转换实现的基本条件和转换完成的基本操作，可简要的概括为：当前级步为活动步，满足转换条件，程序立即跳转到下一步；当后续步为活动步时，前级步停止。

（2）转换实现的基本原则是根据顺序功能图设计梯形图的基础，它适用于顺序功能图中的各种结构和各种顺序控制梯形图的编程方法。

4．绘制顺序功能图时的注意事项

两步绝对不能直接相连，必须用一个转换将其隔开。

两个转换也不能直接相连，必须用一个步将其隔开。

以上两条是判断顺序功能图绘制正确与否的依据。

顺序功能图中初始步必不可少，它一般对应于系统等待启动的初始状态，这一步可能没有什么动作执行，因此很容易被遗忘。若无此步，则无法进入初始状态，系统也无法返回停止状态。

自动控制系统应能多次重复执行同一工艺过程，因此在顺序功能图中，一般应有由步和有向连线组成的闭环，即在完成一次工艺过程的全部操作后，应从最后一步返回到初始步，系统停留在初始步（单周期操作）；在执行连续循环工作方式时，应从最后一步返回下一周期开始运行的第一步。

3.4　送料小车控制程序的设计

3.4.1　任务导入

图 3-18 为某送料小车控制示意图。送料小车初始位置在最右端，右限位 SQ1 压合；按下启动按钮，小车开始装料，25s 后，小车装料结束，开始左行；当碰到左限位 SQ2 后，小车停止左行开始卸料，20s 后，小车卸料完毕开始右行；当碰到右限位，小车停止右行开始装料，如此循环，试设计程序。

3.4.2　启保停电路编程法

本案例属于顺序控制，3.3 节讲到解决此类问题有四种方法，分别为启保停电路编程法、置位复位指令编程法、顺序控制继电器指令编程法和移位寄存器指令编程法，那么先看第一种方法。

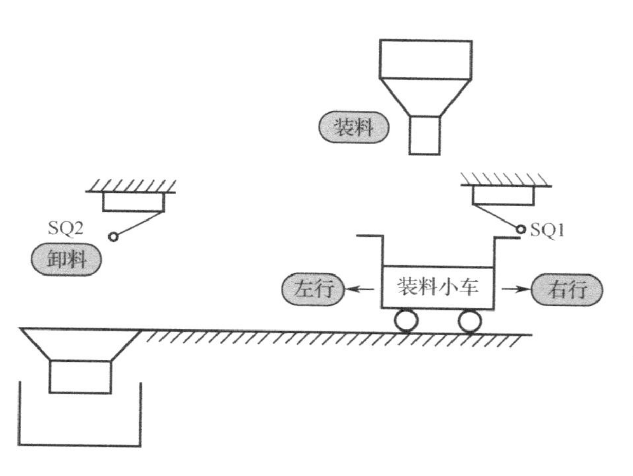

图 3-18　送料小车控制示意图

编者有料

启保停电路编程法，其中间编程元件为辅助继电器 M，在梯形图中，为了实现当前级步为活动步且满足转换条件成立时才进行步的转换，总是将代表前级步的辅助继电器的常开触点与对应的转换条件触点串联，作为激活后续步辅助继电器的启动条件；当后续步被激活，对应的前级步停止，所以用代表后续步的辅助继电器的常闭触点与前级步的电路串联作为停止条件。

3.3 节也讲到顺序功能图有三种基本结构，因此启保停电路编程法也因顺序功能图结构不同而不同，本节先看单序列启保停电路编程法。单序列顺序功能图与梯形图的对应关系如图 3-19 所示。在图 3-19 中，Ma−1，Ma，Ma+1 是顺序功能图中连续的三步。Ia，Ia+1 为转换条件。对于 Ma 步来说，它的前级步为 Ma−1，转换条件为 Ia，因此 Ma 的启动条件为辅助继电器的常开触点 Ma−1 与转换条件常开触点 Ia 的串联组合；对于 Ma 步来说，它的后续步为 Ma+1，因此 Ma 的停止条件为 Ma+1 的常闭触点。

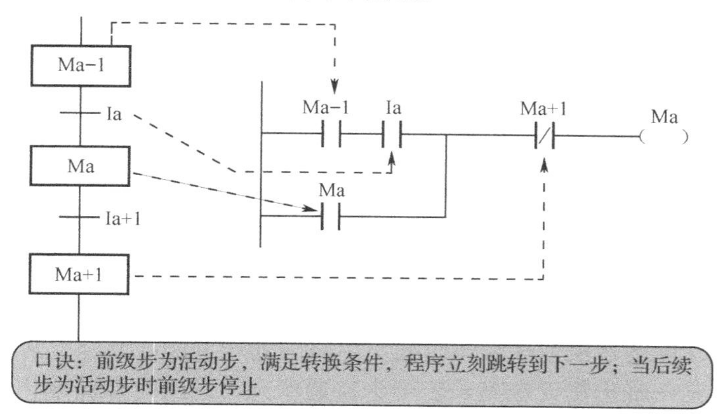

图 3-19　顺序功能图与梯形图的转换

3.4.3　启保停电路编程法任务实施

（1）根据控制要求，进行 I/O 分配，如表 3-4 所示。

表 3-4　送料小车控制的 I/O 分配

输　入　量		输　出　量	
启动按钮	I0.0	左行	Q0.0
停止按钮	I0.1	右行	Q0.1
右限位 SQ1	I0.2	装料	Q0.4
左限位 SQ2	I0.3	卸料	Q0.5

（2）根据控制要求，绘制顺序功能图，如图 3-20 所示。

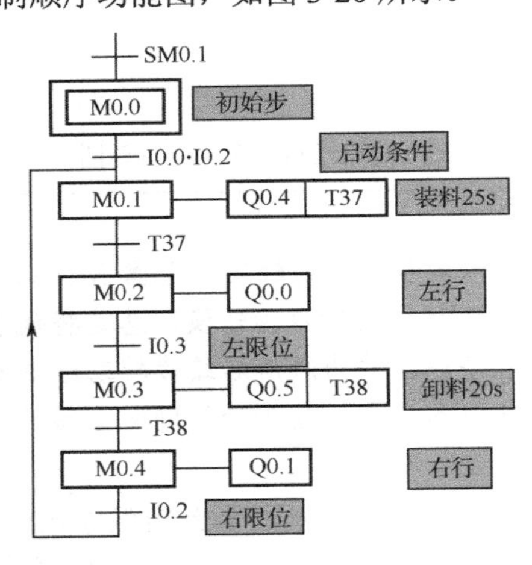

图 3-20　送料小车控制的顺序功能图

（3）将顺序功能图转换为梯形图，如图 3-21 所示。

（4）送料小车控制顺序功能图转换梯形图过程分析。

以 M0.0 步为例，介绍顺序功能图转换为梯形图的过程。PLC 刚运行时，应将初始步 M0.0 激活，否则系统无法工作，所以初始化脉冲 SM0.1 为 M0.0 的一个启动条件；当按下停止按钮，将 M0.1～M0.4 这四步中间编程元件及输出动作复位，同时给初始步 M0.0 一个启动信号，为下次使用该控制系统做准备，那么这个停止信号 I0.1 作为初始步的另一个启动条件；以上两个启动条件都能使初始步激活，二者是或的关系，因此这两个启动条件应并联。

为了保证活动状态能持续到下一步活动为止，还需并联上 M0.0 的自锁触点。当 M0.0、I0.0、I0.2 的常开触点同时为 1 时，步 M0.1 变为活动步，M0.0 变为不活动步，因此将 M0.1 的常闭触点串联入 M0.0 的回路中作为停止条件，此后 M0.1～M0.4 步梯形图的转换与 M0.0 步梯形图的转换一致，故不赘述。

下面介绍顺序功能图转换为梯形图时输出电路的处理方法，分以下两种情况讨论。

第一种情况：某一输出量仅在某一步中为接通状态，这时可以将输出量线圈与辅助继电器线圈直接并联，也可以用辅助继电器的常开触点与输出量线圈串联。在图 3-21 中，Q0.0、Q0.1、Q0.4、Q0.5 分别仅在 M0.2、M0.4、M0.1、M0.3 步出现一次，因此将 Q0.0、Q0.1、Q0.4、Q0.5 的线圈分别与 M0.2、M0.4、M0.1、M0.3 的线圈直接并联。

第二种情况：某一输出量在多步中都为接通状态，为了避免双线圈问题，将代表各步的辅助继电器的常开触点并联后，驱动该输出量线圈。

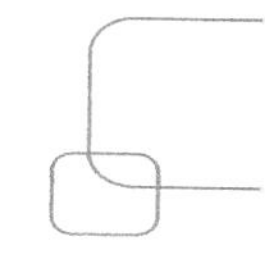

（5）送料小车控制梯形图程序解析如图 3-22 所示。

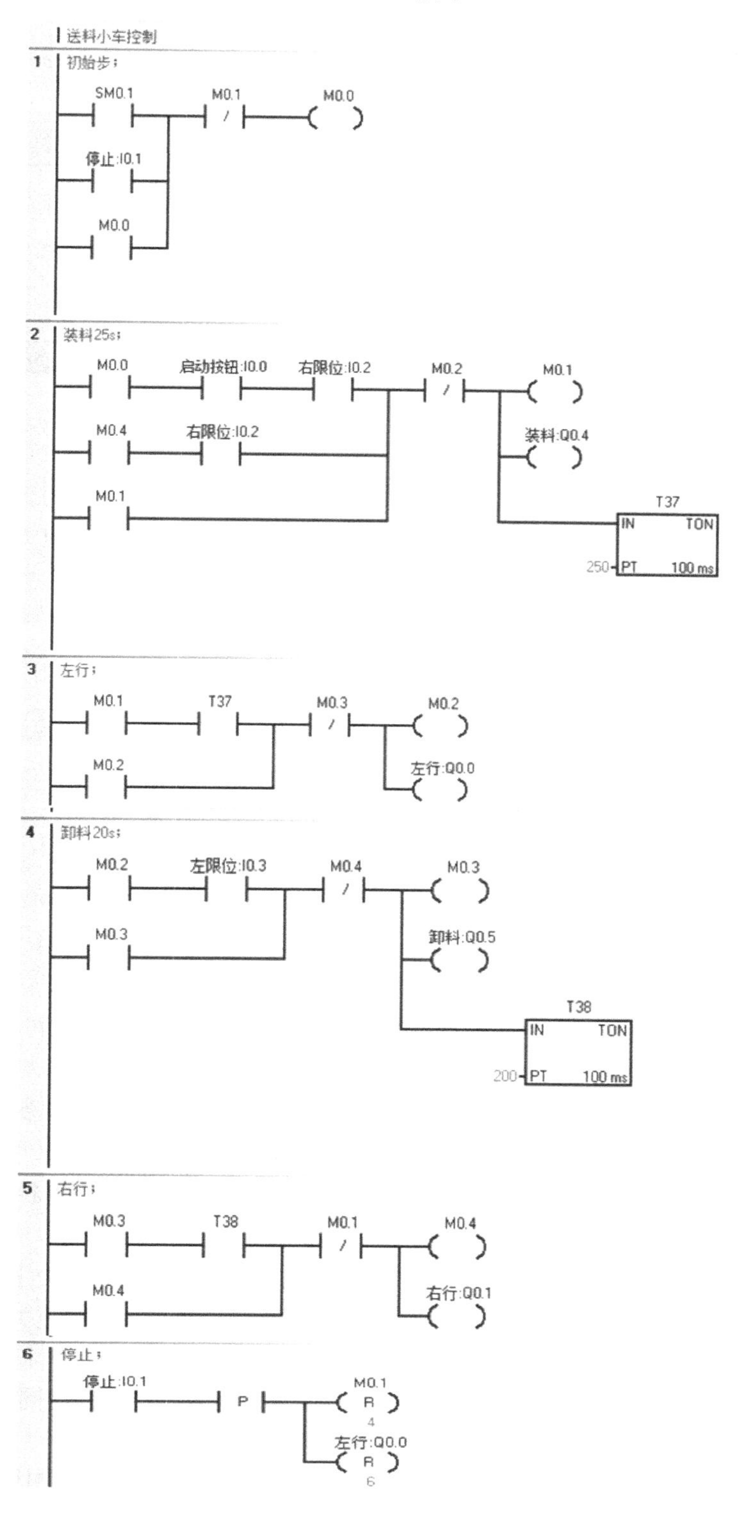

图 3-21　送料小车控制的梯形图

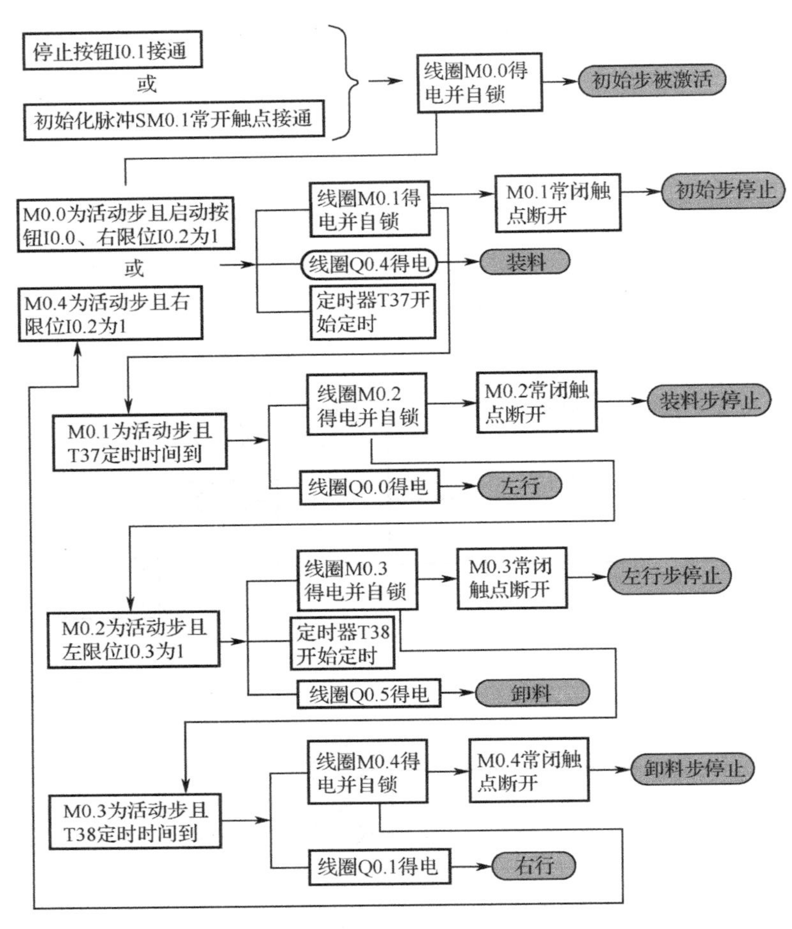

图 3-22　送料小车控制的梯形图解析

3.4.4　置位复位指令编程法

编者有料

置位复位指令编程法，其中间编程元件仍为辅助继电器 M，当前级步为活动步且满足转换条件的情况下，后续步被置位，同时本步被复位。

需要说明，置位复位指令也称以转换为中心的编程法，其中有一个转换就对应有一个置位复位电路块，有多少个转换就有多少个这样的电路块。

与启保停电路编程法一样，置位复位指令编程法同样因顺序功能图结构不同而不同，本节先看下单序列置位复位指令编程法。单序列顺序功能图与梯形图的对应关系，如图 3-23 所示。在图 3-23 中，当 Ma-1 为活动步，且转换条件 Ia 满足，Ma 被置位，同时 Ma-1 被复位，因此将 Ma-1 和 Ia 的常开触点组成的串联电路作为 Ma 步的启动条件，同时它有作为 Ma-1 步的停止条件。这里只有一个转换条件 Ia，故仅有一个置位复位电路块。

需要说明，输出继电器 Qa 线圈不能与置位、复位指令直接并联，原因在于 Ma-1 与 Ia 常开触点组成的串联电路接通时间很短，当转换条件满足后，前级步立即复位，而输出继电器至少应在某步为活动步的全部时间内接通。处理方法：用所需步的常开触点驱动输出线圈 Qa，如图 3-24 所示。

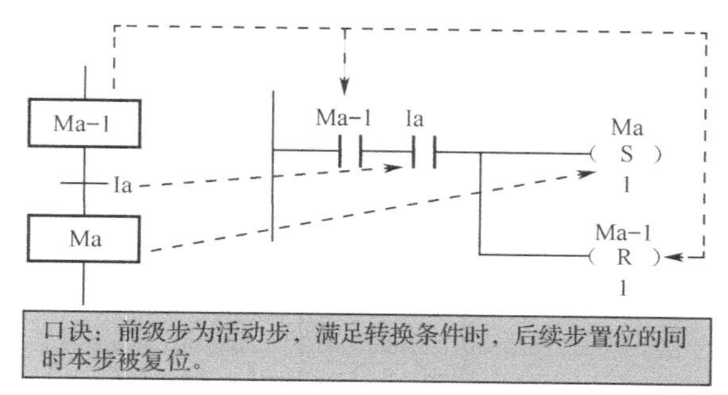

图 3-23　置位复位指令编程法顺序功能图与梯形图的转换

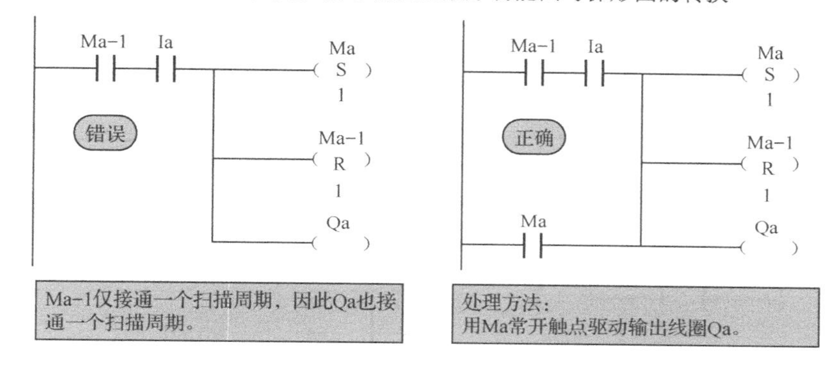

图 3-24　置位复位指令编程法的注意事项

3.4.5　置位复位指令编程法任务实施

置位复位指令编程法任务实施前两步与启保停电路编程法一样，这里不再赘述，关键是第三步，顺序功能图转换为梯形图与启保停电路编程法不同。

（1）将顺序功能图转换为梯形图，如图 3-25 所示。

（2）送料小车控制置位复位指令编程法的程序解析如图 3-26 所示。

下面以 M0.1 步为例，讲解置位复位指令编程法顺序功能图转换为梯形图的过程。由顺序功能图可知，M0.1 的前级步为 M0.0，转换条件为 I0.0 • I0.2，因此将 M0.0 的常开触点和转换条件 I0.0 • I0.2 的常开触点串联组成的电路作为 M0.1 的置位条件和 M0.0 的复位条件，当 M0.0 的常开触点和转换条件 I0.0 • I0.2 的常开触点都闭合时，M0.1 被置位，同时 M0.0 被复位。

使用置位复位指令编程法时，不能将输出量的线圈与置位复位指令直接并联，原因在于置位复位指令所在的电路只接通一个扫描周期，当转换条件满足后前级步马上被复位，该串联电路立即断开，这样一来输出量线圈不能在某步对应的全部时间内接通。鉴于此，在处理梯形图输出电路时，用代表步的辅助继电器的常开触点或者常开触点的并联电路来驱动输出线圈。

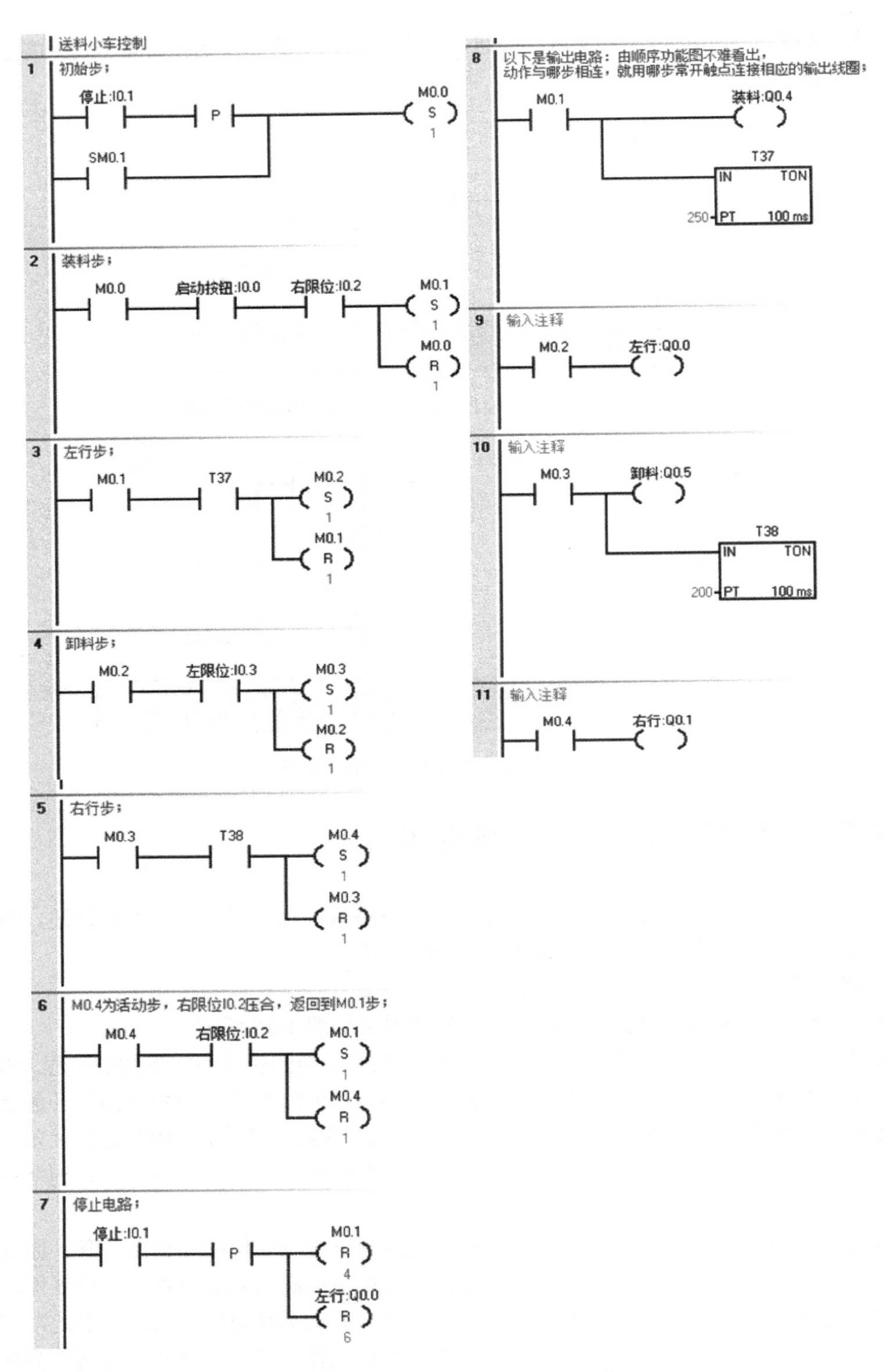

图 3-25 送料小车控制置位复位指令编程法的梯形图

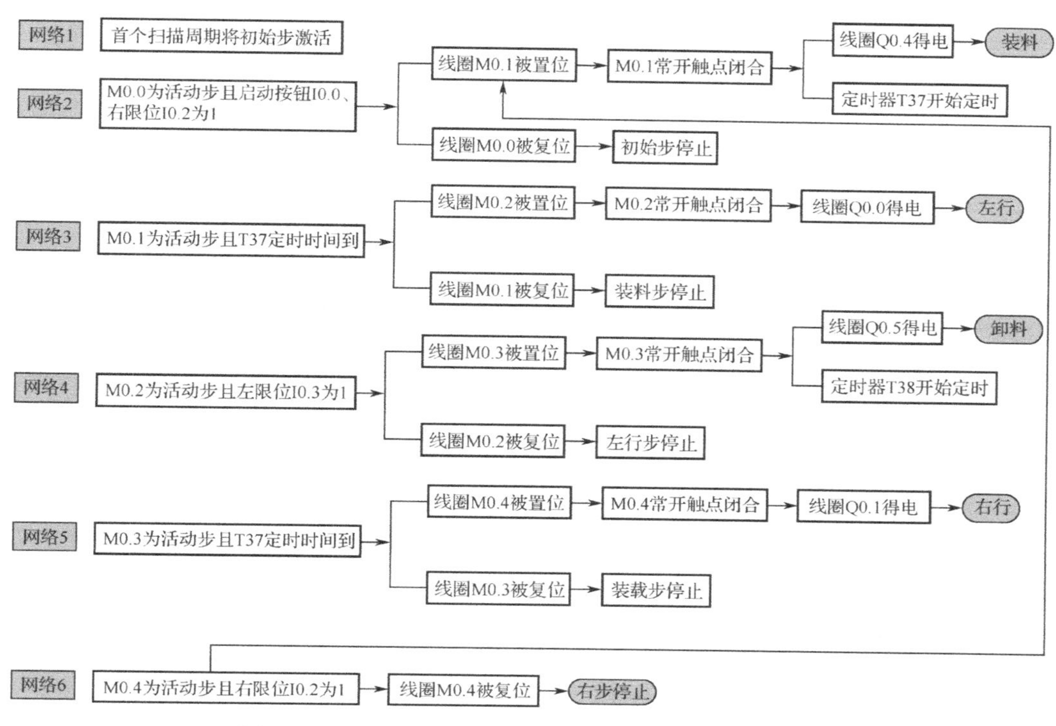

图 3-26　送料小车控制置位复位指令编程法的程序解析

编者有料

（1）使用置位复位指令编程法时，当前级步为活动步且满足转换条件的情况下，后续步被置位，同时前级步被复位；置位复位指令也称以转换为中心的编程法，其中有一个转换就对应有一个置位复位电路块，有多少个转换就有多少个这样的电路块。

（2）输出继电器 Q 线圈不能与置位复位指令并联，原因在于前级步与转换条件常开触点组成的串联电路接通时间很短，当转换条件满足后，前级步立即复位，而输出继电器至少应在某步为活动步的全部时间内接通。处理方法：用所需步的常开触点驱动输出线圈 Q。

3.4.6　SCR 指令编程法

与其他的 PLC 一样，西门子 S7-200 SMART PLC 也有一套自己专门编程法，即 SCR 指令编程法，它用来专门编制顺序控制程序。SCR 指令编程法通常由 SCR 指令实现。

SCR 指令不能与辅助继电器 M 联用，只能和状态继电器 S 联用才能实现顺控功能。

1）SCR 指令格式

SCR 指令格式如表 3-5 所示。

2）单序列 SCR 指令编程法

SCR 指令编程法单序列顺序功能图与梯形图的对应关系如图 3-27 所示。在图 3-27 中，当 Sa−1 为活动步，Sa−1 步开始，线圈 Qa−1 有输出；当转换条件 Ia 满足时，Sa 被置位，即转换到下一步 Sa 步，Sa−1 步停止。对于单序列程序，每步都是这样的结构。

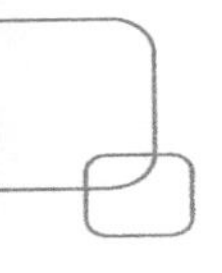

表 3-5 SCR 指令格式

指令名称	梯形图	语句表	功能说明	数据类型及操作数
顺序步开始指令	S bit SCR	SCR S bit	该指令标志着一个顺序控制程序段的开始，当输入为 1 时，允许 SCR 段动作，SCR 段必须用 SCRE 指令结束	BOOL，S
顺序步转换指令	S bit (SCRT)	SCRT S bit	SCRT 指令执行 SCR 段的转换。当输入为 1 时，对应的下一个 SCR 使能位被置位，同时本使能位被复位，即本 SCR 段停止工作	
顺序步结束指令	(SCRE)	SCRE	执行 SCRE 指令，结束由 SCR 开始到 SCRE 之间顺序控制程序段的工作	无

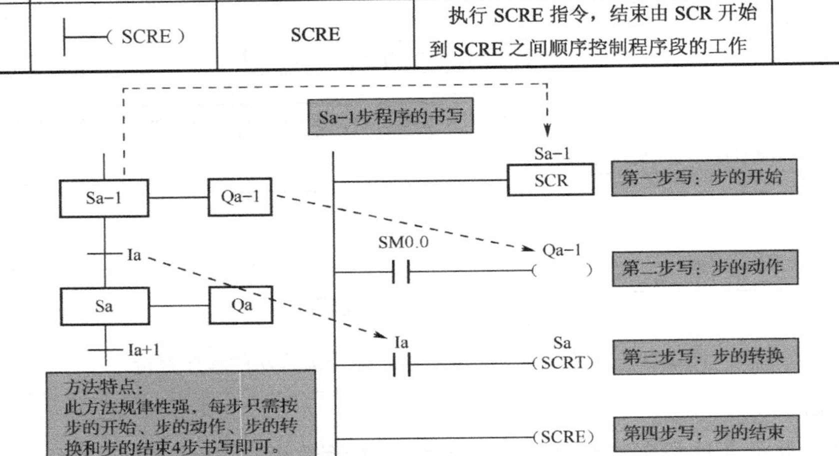

图 3-27 SCR 指令编程法单序列顺序功能图与梯形图的对应关系

3.4.7 SCR 指令编程法任务实施

SCR 指令编程法 I/O 分配与前两种方法一样，顺序功能图及其与梯形图的转换较前两种方法不同。

（1）送料小车控制的顺序功能图如图 3-28 所示。

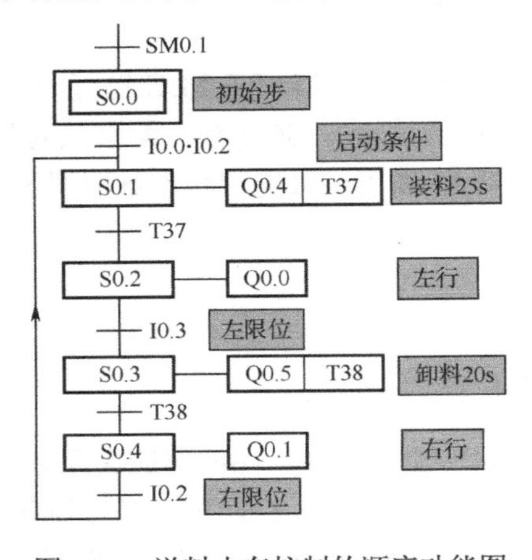

图 3-28 送料小车控制的顺序功能图

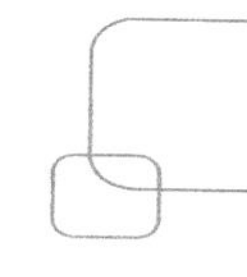

（2）将顺序功能图转换为梯形图，如图 3-29 所示。

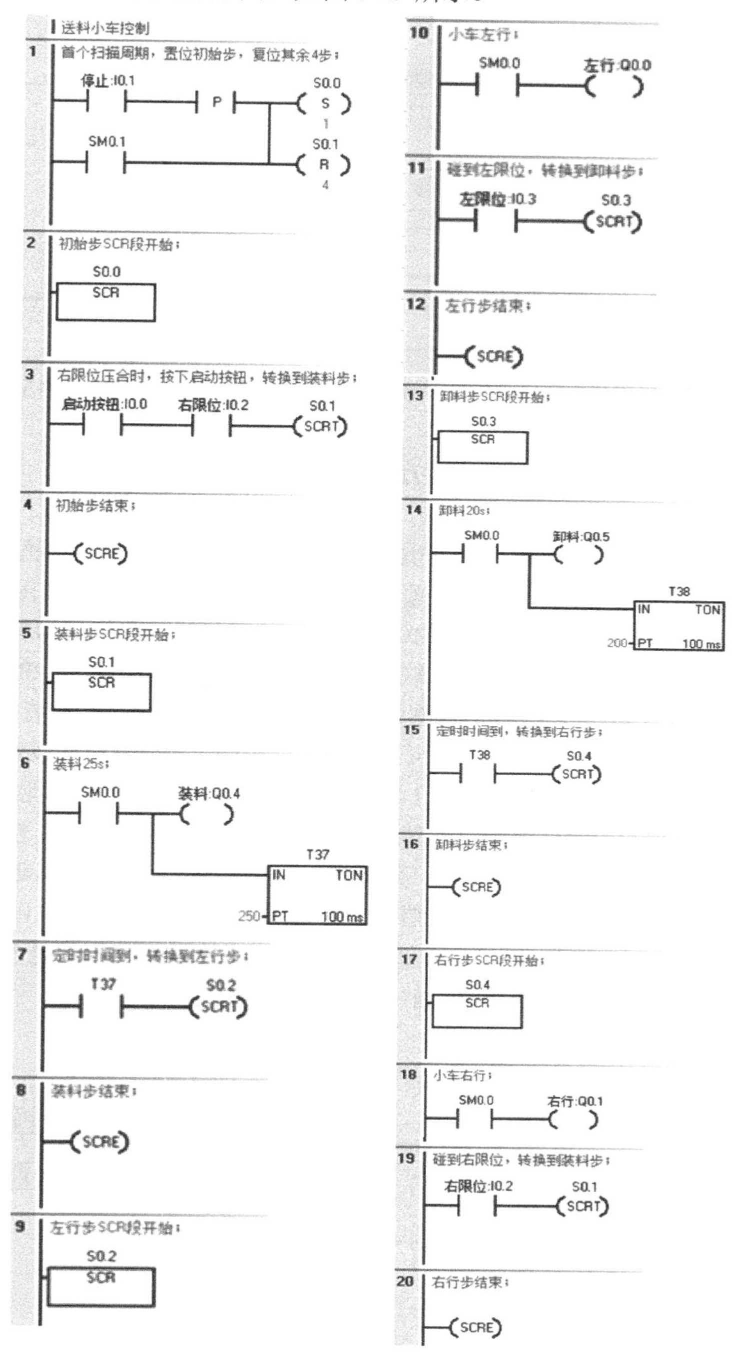

图 3-29　送料小车控制 SCR 指令编程法的梯形图

3.4.8　移位寄存器指令编程法

单序列顺序功能图中的各步总是顺序通断，且每一时刻只有一步接通，因此可以用移位寄存器指令进行编程。使用移位寄存器指令在顺序功能图转换为梯形图时需完成以下四步，如图 3-30 所示。

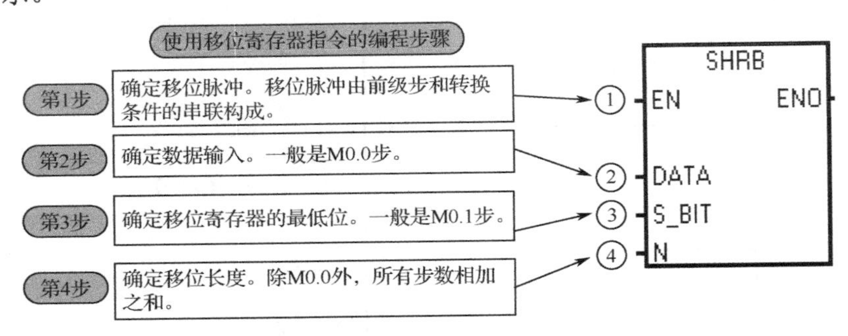

图 3-30　使用移位寄存器指令在顺序功能图转换为梯形图时需完成的步骤

3.4.9　移位寄存器指令编程法任务实施

送料小车控制的顺序功能图与启保停电路编程法、置位复位指令编程法的顺序功能图一致。送料小车控制移位寄存器指令编程法顺序功能图与梯形图的转换，如图 3-31 所示。

在图 3-31 中，用移位寄存器 M0.1～M0.4 这 4 位代表装料、左行、卸料、右行 4 步。移位寄存器的移位输入端由若干串联电路并联而成，每条串联电路由某一步的辅助继电器的常开触点和对应的转换条件组成。网络 1 和网络 2 的作用是使 M0.1～M0.4 清零，使 M0.0 置 1。M0.0 置 1 使数据输入端 DATA 移入 1。当右限位 I0.2 为 1 时，按下启动按钮 I0.0，移位输入电路第一行接通，使 M0.0 中的 1 移入 M0.1 中，M0.1 被激活，M0.1 的常开触点使输出量 T37、Q0.4 接通，送料小车装料 25s。同理，各转换条件 T37、I0.3、T38 和 I.2 接通产生的移位脉冲使 1 状态向下移动，并最终返回 M0.0。在整个过程中，M0.1～M0.4 接通，它们的相应常开触点断开，使接在移位寄存器数据输入端 DATA 的 M0.0 总是断开的，直到右限位 I0.2 接通产生移位脉冲使 1 溢出。右限位 I0.2 接通产生移位脉冲的另一个作用是使 M0.1～M0.4 清零，这时网络二 M0.0 所在的电路再次接通，使数据输入端 DATA 移入 1，当再按下启动按钮 I0.0 时，系统重新开始运行。

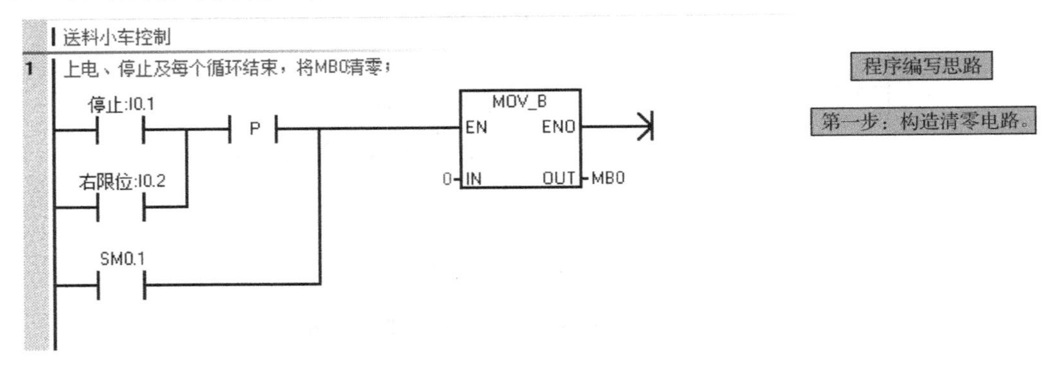

图 3-31　送料小车控制的移位寄存器指令编程法

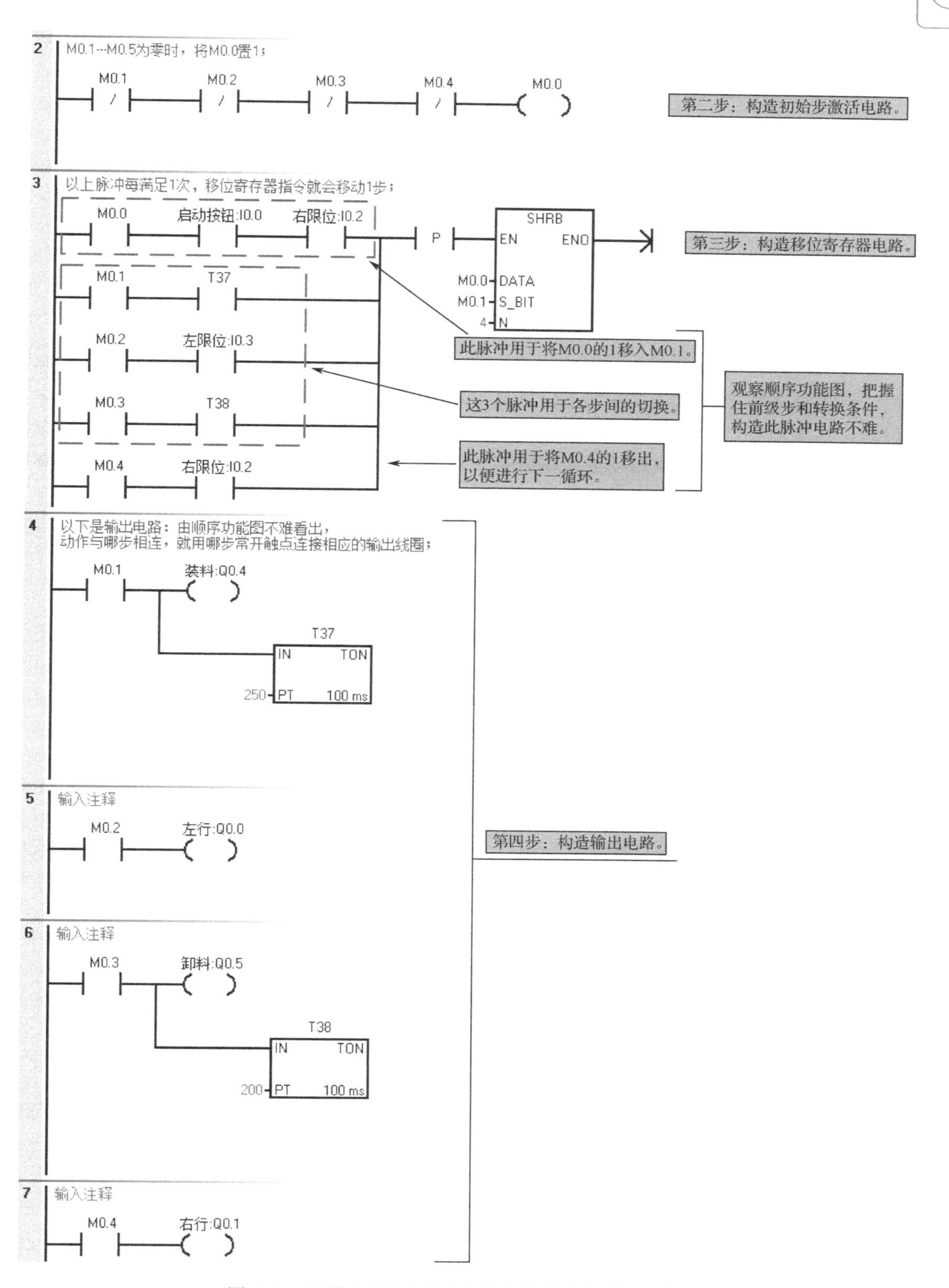

图 3-31　送料小车控制的移位寄存器指令编程法（续）

编者有料

移位寄存器指令编程法只适用于单序列程序，这一点读者需注意。

3.5 水塔水位控制程序的设计

3.5.1 任务导入

图 3-32 为某水塔水位控制示意图。在水池水位低于下限时，按下启动按钮，进水电磁阀开启，开始往水池中注水。当水池水位到达上限位时，进水电磁阀关闭。当水塔水位低于下限位时，水泵启动，为水塔补水。当水塔水位到达上限位时，水泵停止工作。当水塔水位再次低于下限位时，水泵再次启动为水塔补水。水塔补水两次后，水池水位不足，进水电磁阀再开启为水池补水，重复上边的循环。

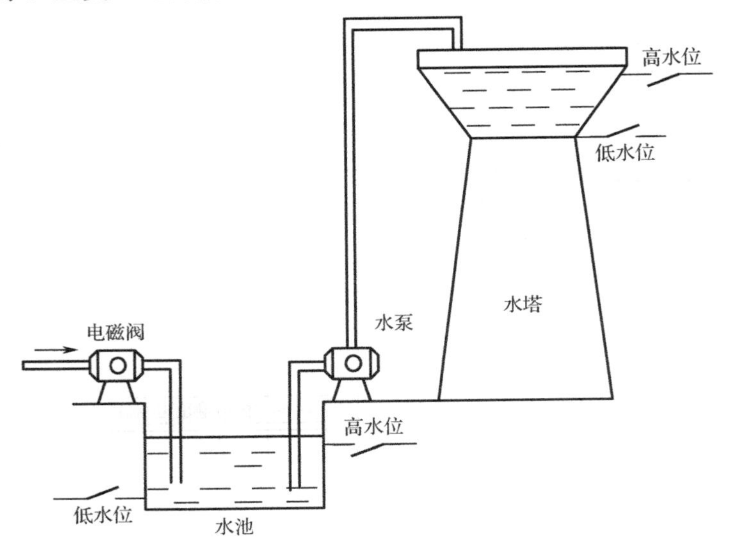

图 3-32　水塔水位控制示意图

3.5.2 选择序列启保停电路编程法

选择序列顺序功能图转换为梯形图的关键点在于分支处和合并处程序的处理，其余部分与单序列的处理方法一致。

编者有料

1）分支处编程

若某步后有一个由 N 条分支组成的选择程序，该步可能转换到不同的 N 步去，则应将这 N 个后续步对应的辅助继电器的常闭触点与该步线圈串联，作为该步的停止条件。

2）合并处编程

对于选择程序的合并，若某步之前有 N 个转换，即有 N 条分支进入该步，则控制代表该步的辅助继电器的启动电路由 N 条支路并联而成，每条支路都由前级步辅助继电器的常开触点与转换条件的触点构成的串联电路组成。

分支序列顺序功能图与梯形图的转换如图 3-33 所示。

合并序列顺序功能图与梯形图的转换如图 3-34 所示。

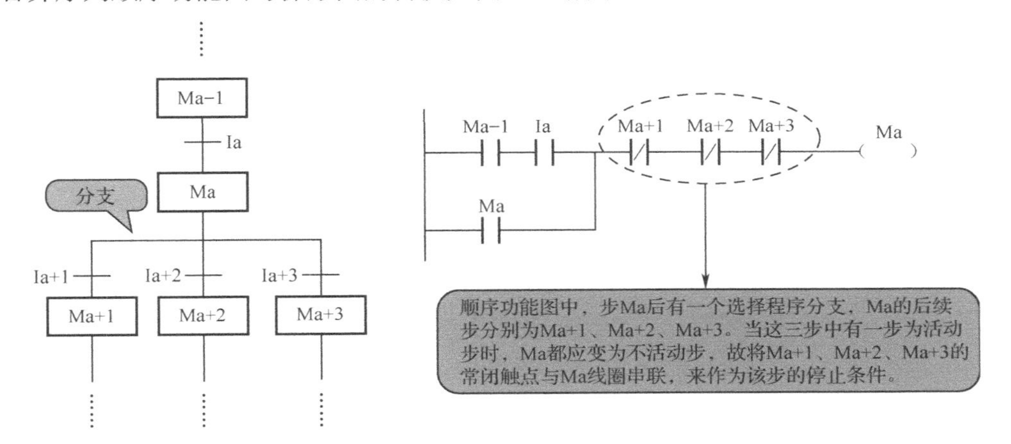

图 3-33　分支序列顺序功能图与梯形图的转换

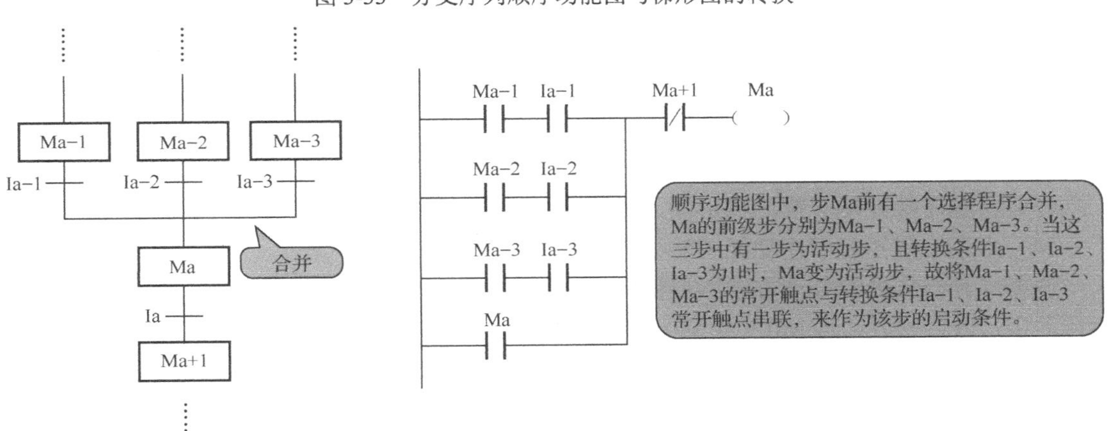

图 3-34　合并序列顺序功能图与梯形图的转换

3.5.3　选择序列启保停电路编程法任务实施

（1）根据控制要求进行 I/O 分配，如表 3-6 所示。

表 3-6　水塔水位控制的 I/O 分配

输　入　量		输　出　量	
启动按钮	I0.0	进水电磁阀	Q0.0
水池低水位	I0.1	水泵	Q0.1

续表

输入量		输出量	
水池高水位	I0.2	—	—
水塔低水位	I0.3	—	—
水塔高水位	I0.4	—	—
停止	I0.5	—	—

（2）根据控制要求绘制顺序功能图，如图 3-35 所示。

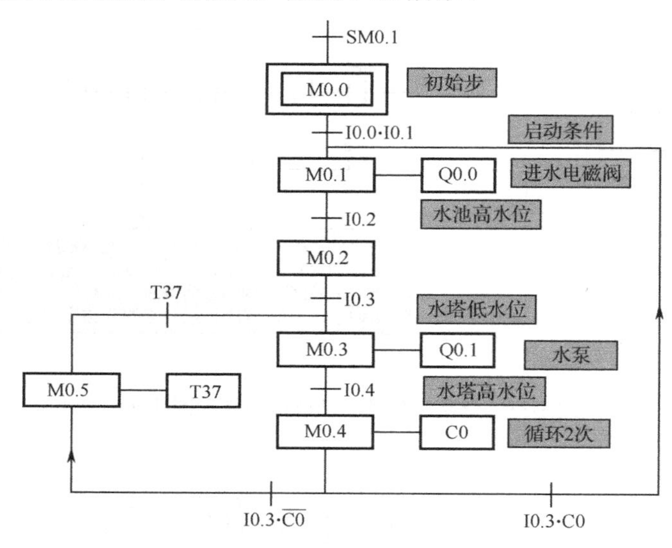

图 3-35　水塔水位控制的顺序功能图

（3）将顺序功能图转换为梯形图，如图 3-36 所示。

（4）水塔水位控制顺序功能图转换为梯形图过程分析。

选择序列分支处的处理方法：在图 3-35 中，步 M0.4 之后有一个选择序列的分支，设 M0.4 为活动步，当它的后续步 M0.5 或 M0.1 为活动步时，它应变为不活动步，故图 3-36 梯形图中将 M0.5 和 M0.1 的常闭触点与 M0.4 线圈串联。

在图 3-35 中，步 M0.1 之前有一个选择序列的合并，当步 M0.0 为活动步且转换条件 I0.0 • I0.1 为 1 满足或 M0.4 为活动步且转换条件 C0 • I0.3 满足，步 M0.1 应变为活动步，故图 3-36 梯形图中 M0.1 的启动条件为 M0.0 • I0.0 • I0.1+M0.4 • C0 • I0.3，对应的启动电路由两条并联分支组成，并联支路分别由 M0.0 • I0.0 • I0.1 和 M0.4 • C0 • I0.3 的触点串联组成。

编者有料

按道理实际控制中应该没有 M0.5 步，如果这样的话，M0.3 和 M0.4 间就存在小闭环，程序无法正常运行。处理方法：在 M0.3 和 M0.4 之间增加 M0.5 步，起到过渡作用，M0.5 步动作时间很短，仅 0.1s，故系统运行不受影响。

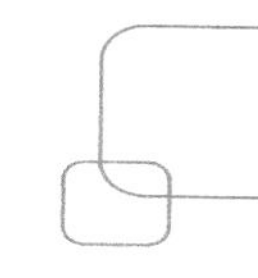

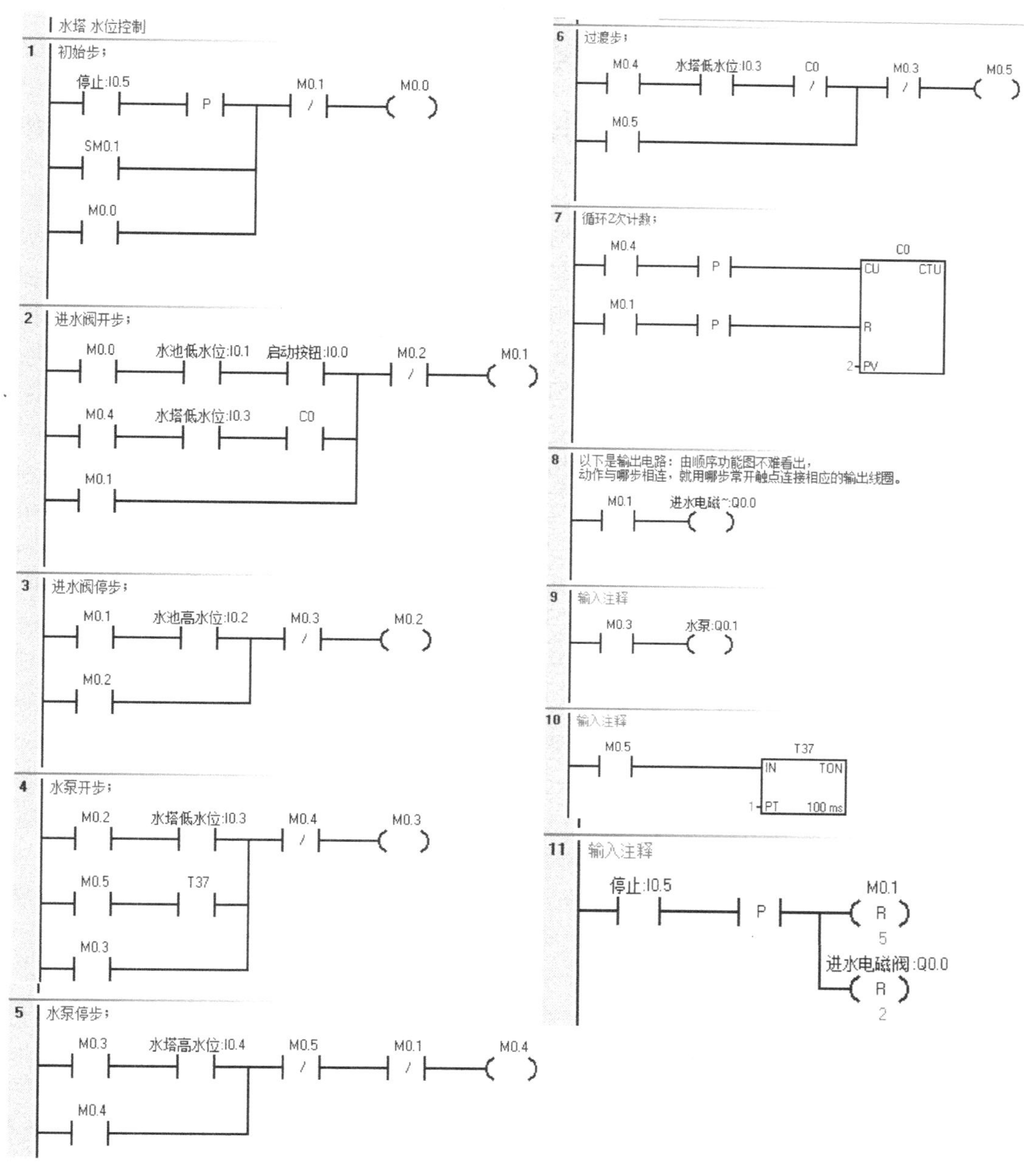

图 3-36　水塔水位控制启保停电路编程法梯形图

3.5.4　选择序列置位复位指令编程法

选择序列顺序功能图转换为梯形图的关键点在于分支处和合并处程序的处理，置位复位指令编程法核心是转换，因此选择序列在处理分支和合并处编程上与单序列的处理方法一致，无须考虑多个前级步和后续步的问题，只考虑转换即可。

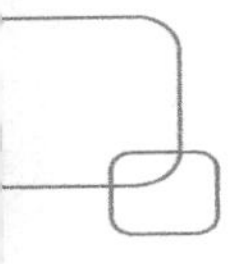

3.5.5 选择序列置位复位指令编程法任务实施

I/O 分配和绘制顺序功能图与选择序列启保停电路编程法一致，故不赘述。将顺序功能图转换为梯形图，如图 3-37 所示。

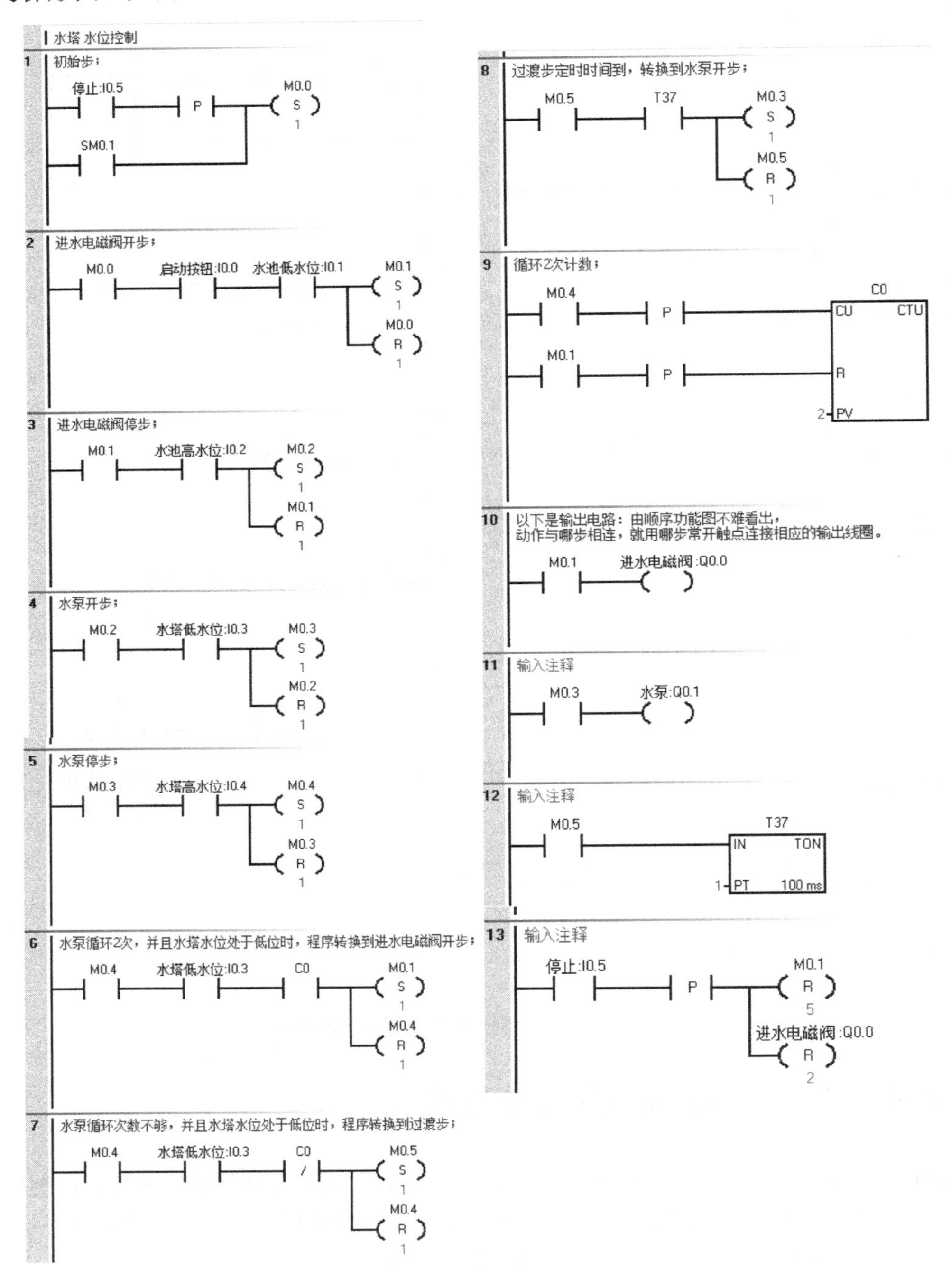

图 3-37 水塔水位控制置位复位指令编程法梯形图

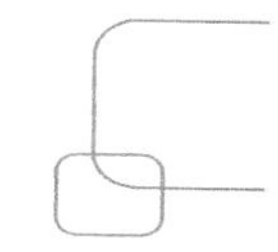

3.5.6　选择序列顺序控制继电器指令编程法

选择序列每个分支的动作由转换条件决定，但每次只能选择一条分支进行转移。

1）分支处编程

顺序控制继电器指令编程法选择序列分支处顺序功能图与梯形图的对应关系，如图 3-38 所示。

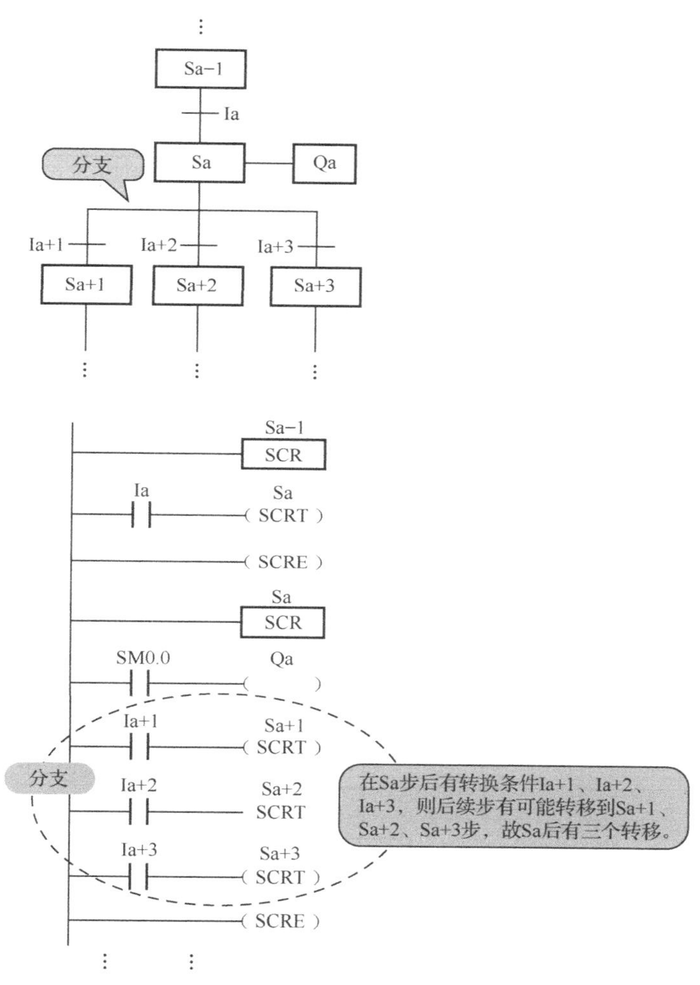

图 3-38　分支处顺序功能图与梯形图的对应关系

2）合并处编程

顺序控制继电器指令编程法选择序列合并处顺序功能图与梯形图的对应关系，如图 3-39 所示。

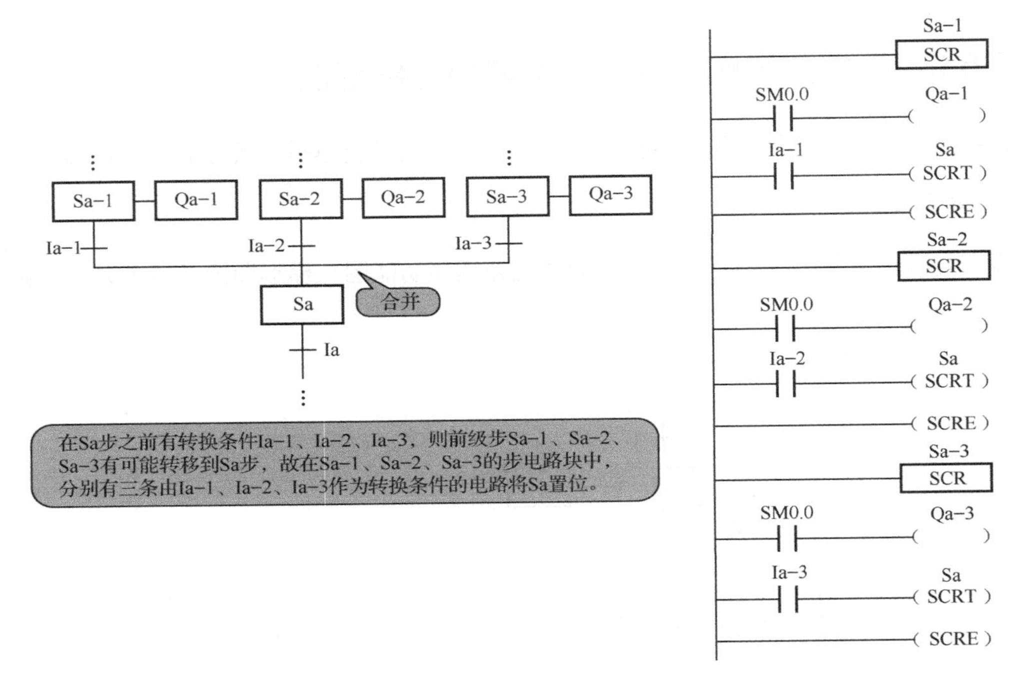

图 3-39　合并处顺序功能图与梯形图的对应关系

3.5.7　选择序列顺序控制继电器指令编程法任务实施

（1）根据控制要求，绘制顺序功能图，如图 3-40 所示。

（2）将顺序功能图转换为梯形图，如图 3-41 所示。

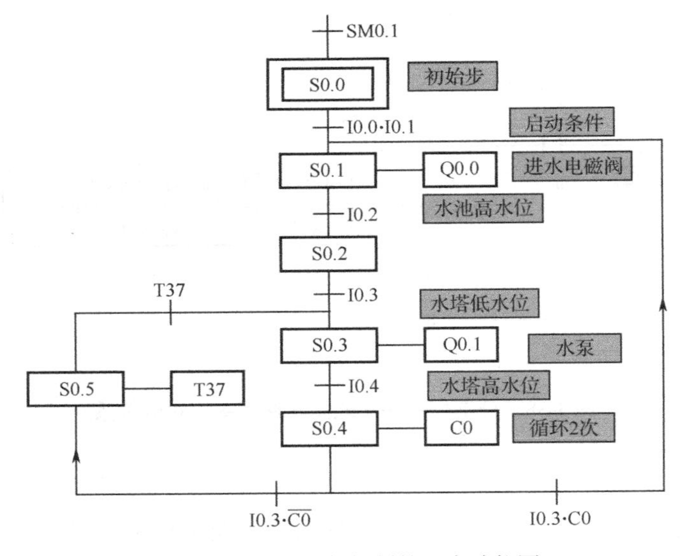

图 3-40　水塔水位控制的顺序功能图

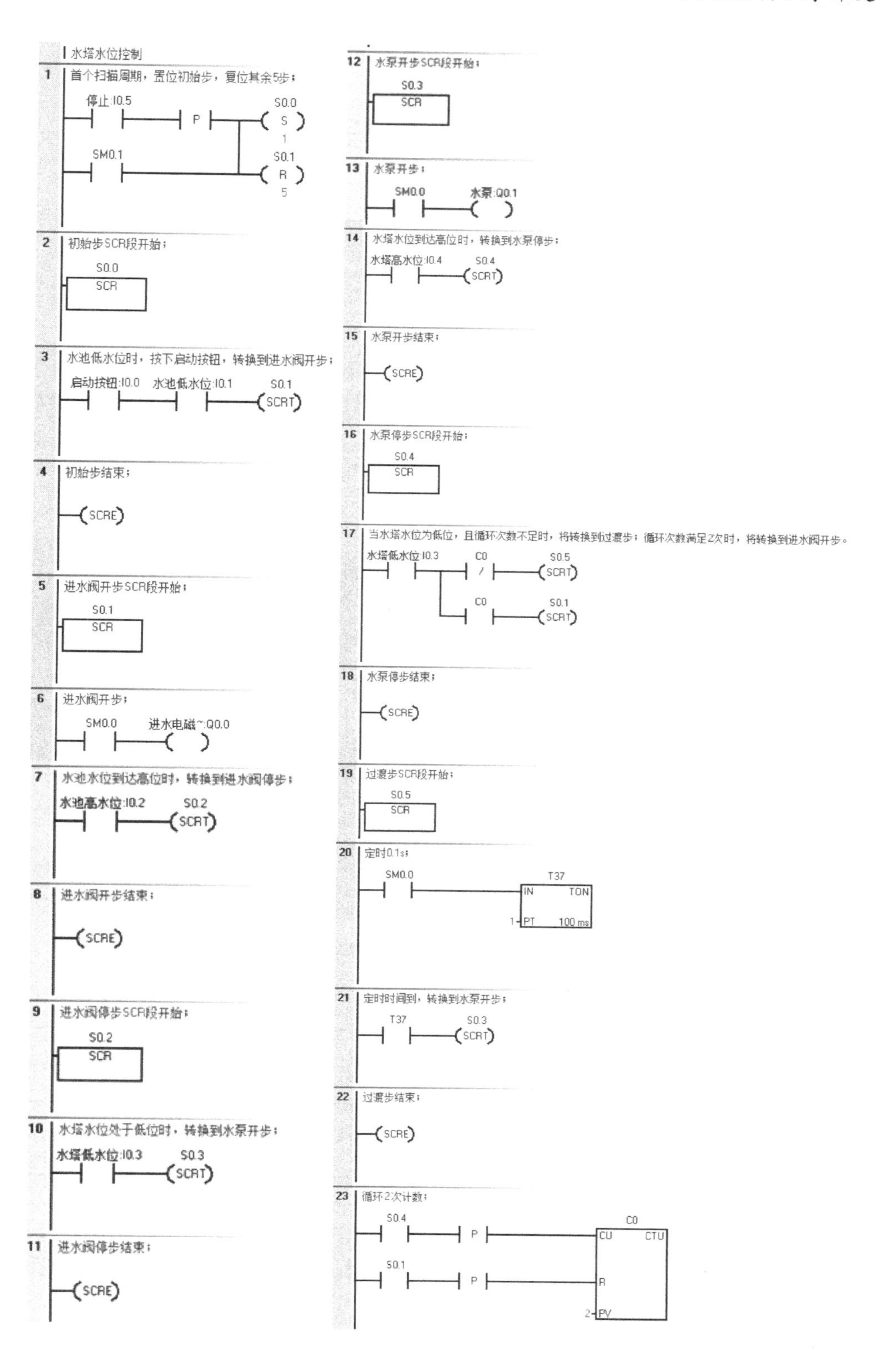

图 3-41　水塔水位控制顺序控制继电器指令编程法梯形图

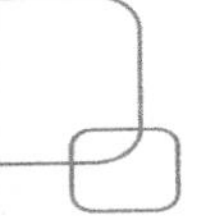

3.6 信号灯控制程序的设计

3.6.1 任务导入

1）控制要求

信号灯布置如图 3-42 所示。按下启动按钮，东西绿灯亮 20s 后闪烁 3s 后熄灭，然后黄灯亮 2s 后熄灭，紧接着红灯亮 25s 后再熄灭，再接着绿灯亮……如此循环；在东西绿灯亮的同时，南北红灯亮 25s，接着绿灯亮 20s 后闪烁 3s 熄灭，然后黄灯亮 2s 后熄灭，红灯亮……如此循环，具体如表 3-7 所示。

试根据上述控制要求，编制程序。

图 3-42　信号灯布置图

表 3-7　信号灯工作情况表

<table>
<tr><td rowspan="2">东西</td><td>绿灯</td><td>绿灯闪</td><td>黄灯</td><td colspan="3">红灯</td></tr>
<tr><td>20s</td><td>3s</td><td>2s</td><td colspan="3">25s</td></tr>
<tr><td rowspan="2">南北</td><td colspan="3">红灯</td><td>绿灯</td><td>绿灯闪</td><td>黄灯</td></tr>
<tr><td colspan="3">25s</td><td>20s</td><td>3s</td><td>2s</td></tr>
</table>

2）本例考察点

本例考察用启保停电路编程法、置位复位指令编程法和顺序控制继电器指令编程法设计并行序列程序。

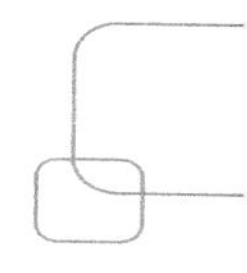

3.6.2 并行序列启保停电路编程法

1）分支处编程

并行程序某步后有 *N* 条并行分支，若转换条件满足，则并行分支的第一步同时被激活。这些并行分支第一步的启动条件均相同，都是前级步的常开触点与转换条件的常开触点组成的串联电路，不同的是各个并行分支的停止条件，串入各自后续步的常闭触点作为停止条件。

2）合并处编程

对于并行程序的合并，若某步之前有 *N* 条分支，即有 *N* 条分支进入该步，则并行分支的最后一步同时为 1，且转换条件满足，方能完成合并。因此合并处的启动电路为所有并行分支最后一步的常开触点串联和转换条件的常开触点的组合；停止条件仍为后续步的常闭触点。并行序列顺序功能图与梯形图的转换如图 3-43 所示。

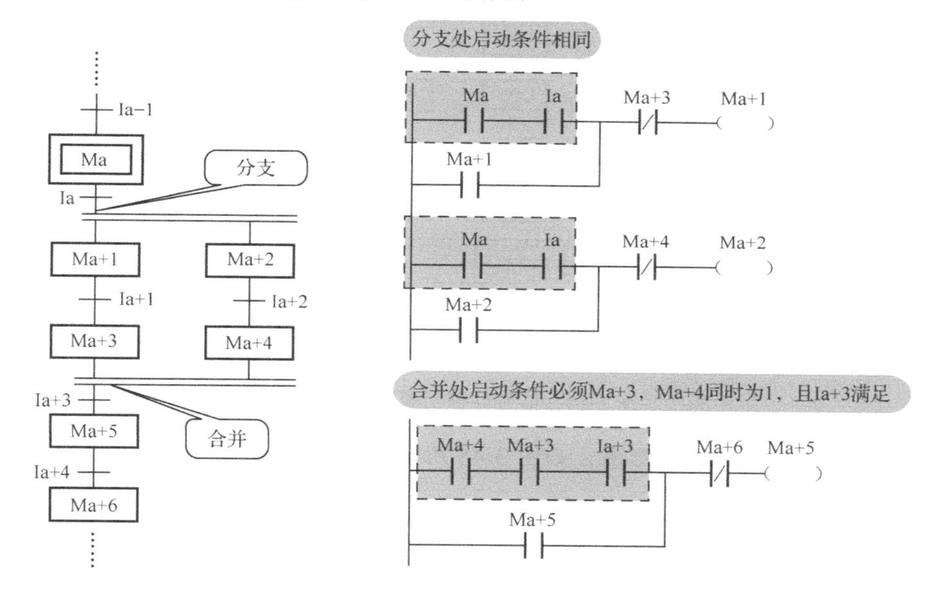

图 3-43　并行序列顺序功能图转换为梯形图

3.6.3 并行序列启保停电路编程法任务实施

1）根据控制要求，进行 I/O 分配，如表 3-8 所示。

表 3-8　信号灯 I/O 分配表

输　入　量		输　出　量	
启动按钮	I0.0	东西绿灯	Q0.0
停止按钮	I0.1	东西黄灯	Q0.1
		东西红灯	Q0.2

续表

输 入 量		输 出 量	
停止按钮	I0.1	南北绿灯	Q0.3
		南北黄灯	Q0.4
		南北红灯	Q0.5

2）根据控制要求，绘制顺序功能图，如图 3-44 所示。

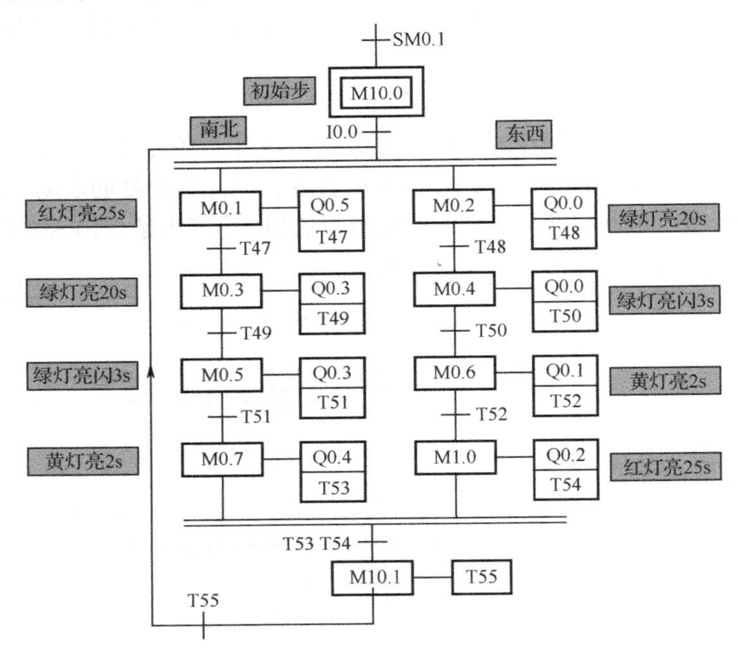

图 3-44　信号灯控制顺序功能图

3）将顺序功能图转换为梯形图，如图 3-45 所示。

4）信号灯控制顺序功能图转换梯形图过程分析

（1）并行序列分支处的处理方法：在图 3-44 中，步 M10.0 之后有一个并行序列的分支，设 M10.0 为活动步且 I0.0 为 1 时，则 M0.1，M0.2 步同时激活，故梯形图 3-45 中，M0.1，M0.2 的启动条件相同，都为 M10.0 • I0.0；其停止条件不同，M0.1 的停止条件 M0.1 步需串联 M0.3 的常闭触点，M0.2 的停止条件 M0.2 步需串联 M0.4 的常闭触点。M10.1 后也有一个并行分支，道理与 M10.0 步相同，这里不再赘述。

（2）并行序列合并处的处理方法：在图 3-44 中，步 M10.1 之前有一个并行序列的合并，当 M0.7，M1.0 同时为活动步且转换条件 T53 •T54 满足，M10.1 应变为活动步，故梯形图 3-45 中，M10.1 的启动条件为 M0.7 • M1.0 • T53 • T54，停止条件为 M10.1 步中应串联入 M0.1 和 M0.2 的常闭触点。这里的 M10.1 比较特殊，它既是并行分支又是并行合并，故启动和停止条件有些特别。顺便指出 M10.1 步本应没有，出于编程方便考虑，设置此步，T55 的时间非常短，仅为 0.1s，因此不影响程序的整体。

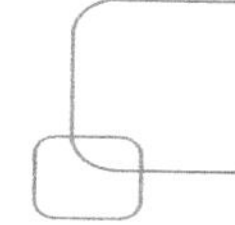

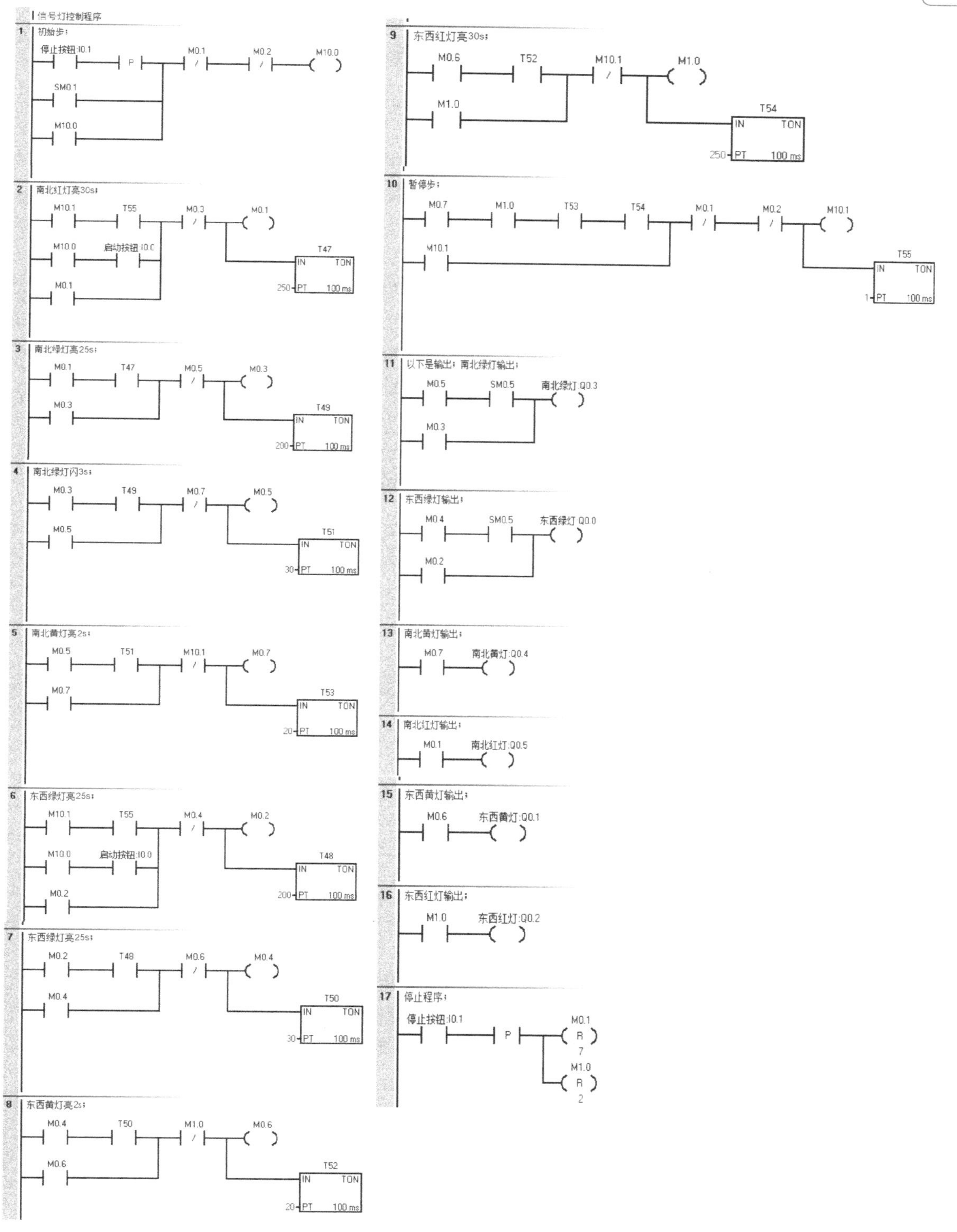

图 3-45　信号灯控制启保停电路编程法梯形图

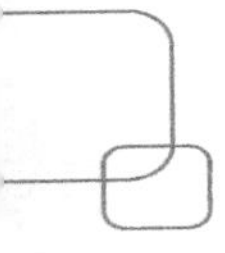

3.6.4 并行序列置位复位指令编程法

1）分支处编程

如果某一步 Ma 的后面由 *N* 条分支组成，当 Ma 为活动步且满足转换条件后，其后的 *N* 个后续步同时激活，故 Ma 与转换条件的常开触点串联来置位后 *N* 步，同时复位 Ma 步。

2）合并处编程

对于并行程序的合并，若某步之前有 *N* 条分支，即有 *N* 条分支进入该步，则并行 *N* 条分支的最后一步同时为 1，且转换条件满足，方能完成合并。因此合并处的 *N* 条分支最后一步常开触点与转换条件的常开触点串联，置位 Ma+5 步同时复位 Ma+5 的所有前级步，即 M a+2 和 Ma+4 步。并行序列顺序功能图与梯形图的转换如图 3-46 所示。

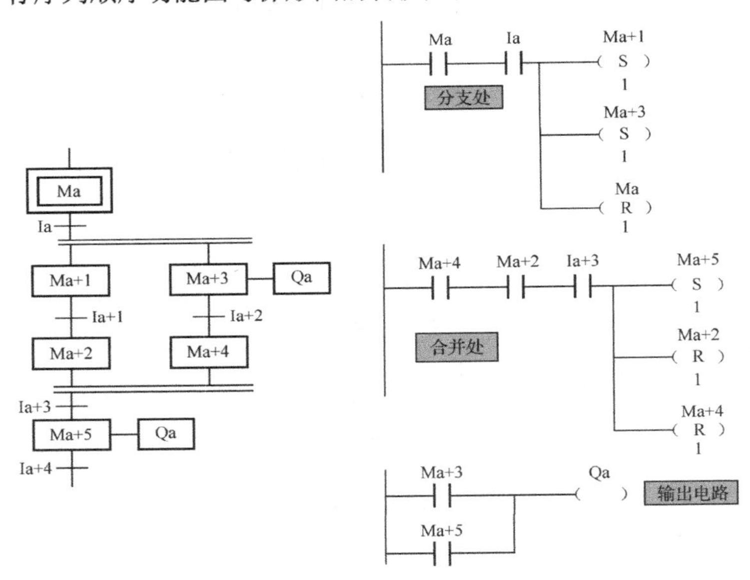

图 3-46 并行序列顺序功能图与梯形图的转换

编者有料

（1）使用置位复位指令编程法，当前级步为活动步且满足转换条件的情况下，后续步被置位，同时前级步被复位；对于并联序列来说，分支处有多个后续步，那么这些后续步都同时被置位，仅有一个前级步复位；合并处有多个前级步，那么这些前级步都同时复位，仅有一个后续步置位。

（2）输出继电器 Q 线圈不能与置位复位指令并联，原因在于前级步与转换条件常开触点组成的串联电路接通时间很短，当转换条件满足后，前级步立即复位，而输出继电器至少应在某步为活动步的全部时间内接通。处理方法：用所需步的常开触点驱动输出线圈 Q。

3.6.5 并行序列置位复位指令编程法任务实施

信号灯控制并行序列用置位复位指令编程法将顺序功能图转换为梯形图，如图 3-47 所示。

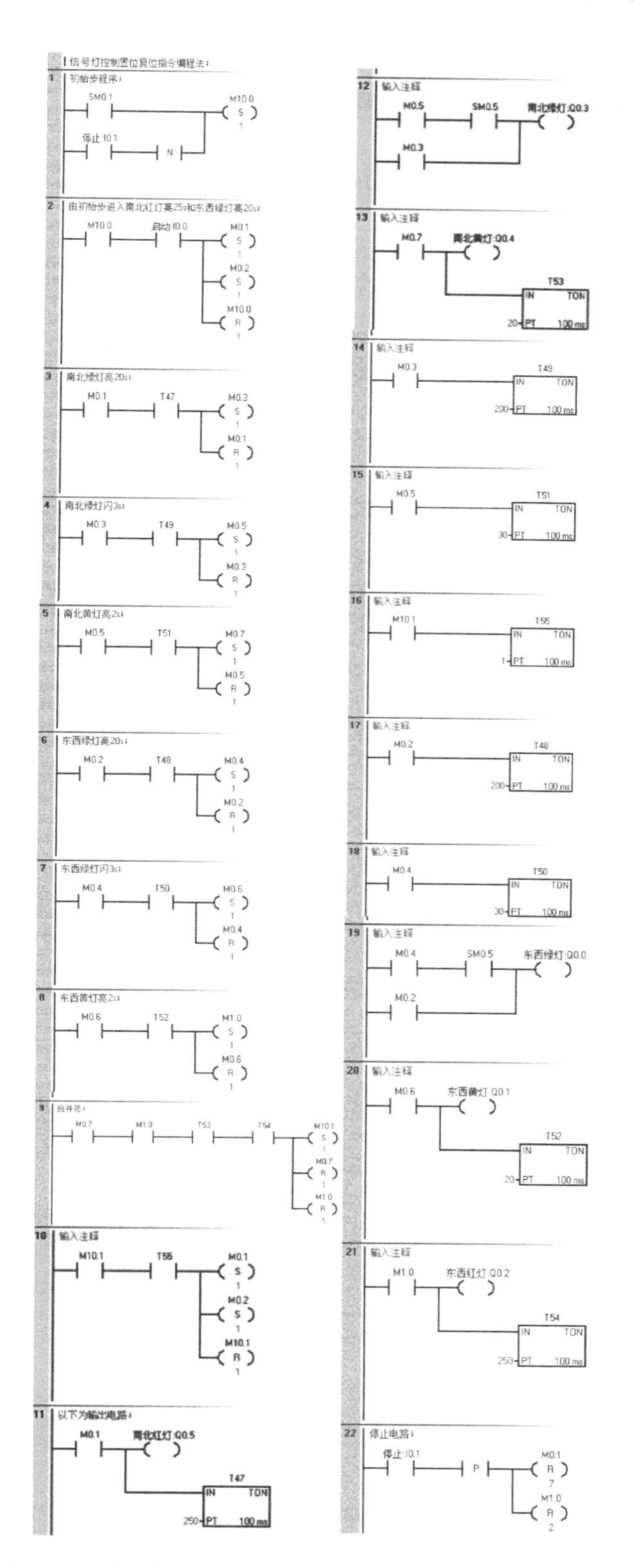

图 3-47　信号灯控制并行序列置位复位指令编程法的梯形图

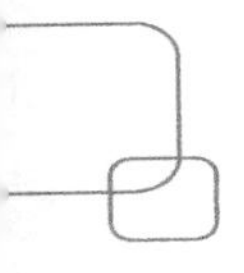

3.6.6 并行序列顺序控制继电器指令编程法

用顺序控制继电器指令编程法将并行序列顺序功能图转换为梯形图，也有两个关键点。

1）分支处编程

并行序列分支处顺序功能图与梯形图的转换如图 3-48 所示。

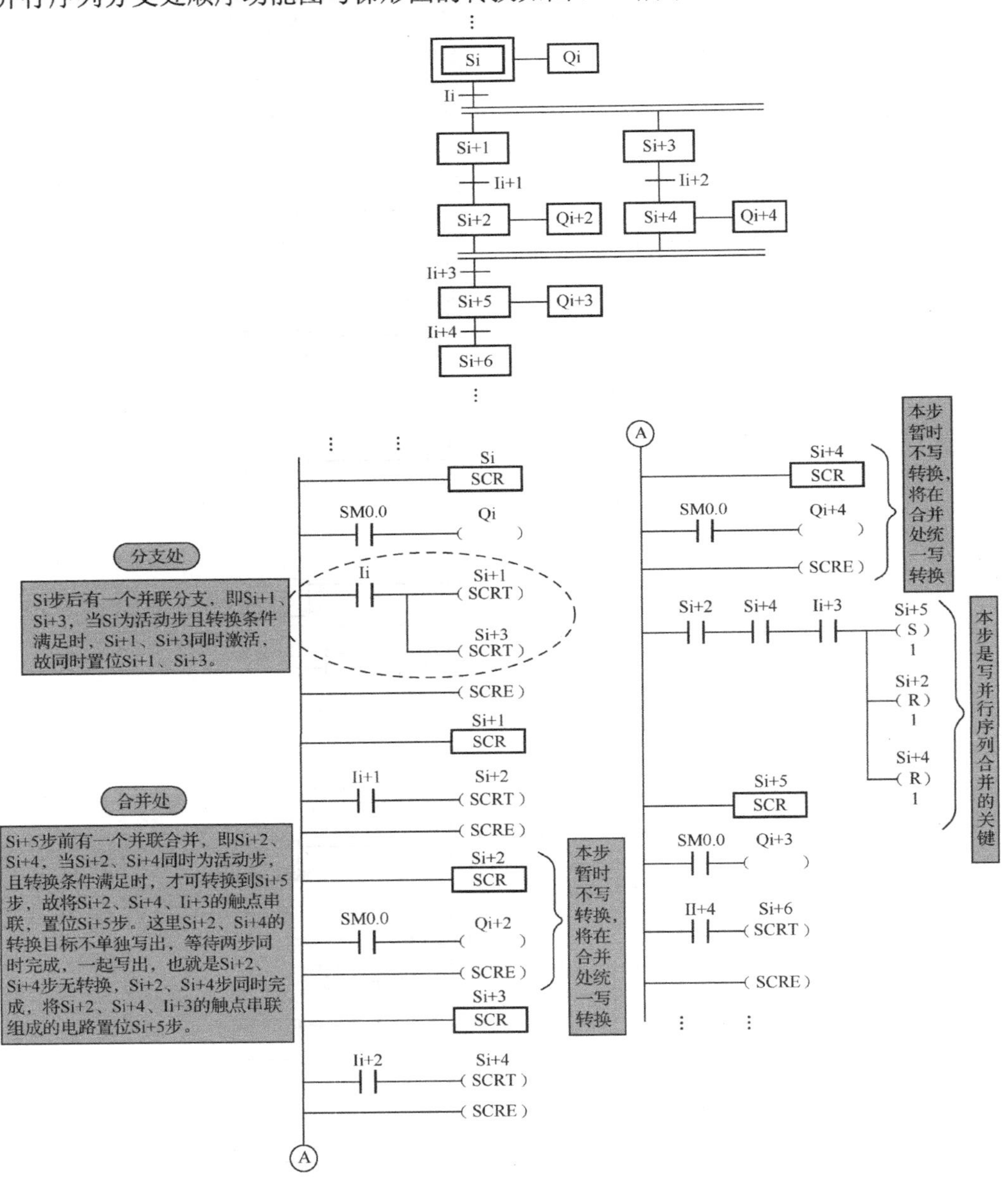

图 3-48 并行序列分支处顺序功能图与梯形图的转换

2）合并处编程

并行序列合并处顺序功能图与梯形图的转换如图 3-48 所示。

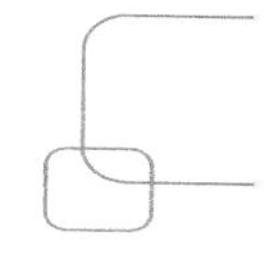

3.6.7　并行序列顺序控制继电器指令编程法任务实施

信号灯控制并行序列，用顺序控制继电器指令编程法将顺序功能图转换为梯形图，如图 3-49 所示。

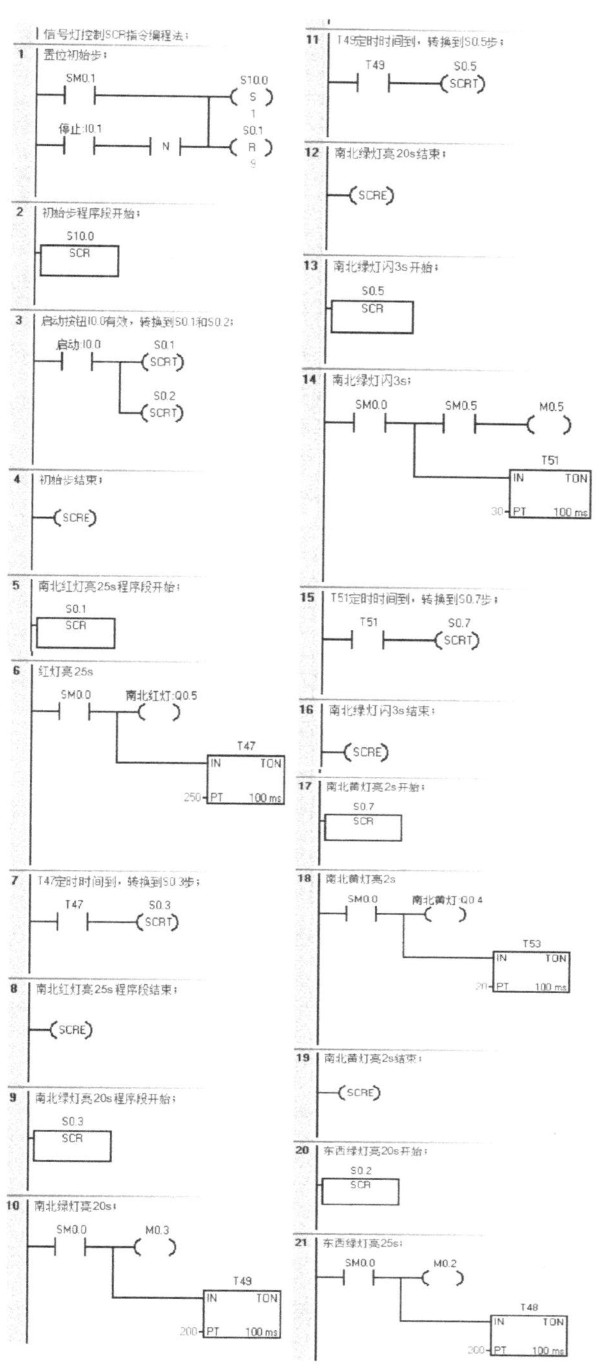

图 3-49　信号灯控制并行序列顺序控制继电器指令编程法的梯形图

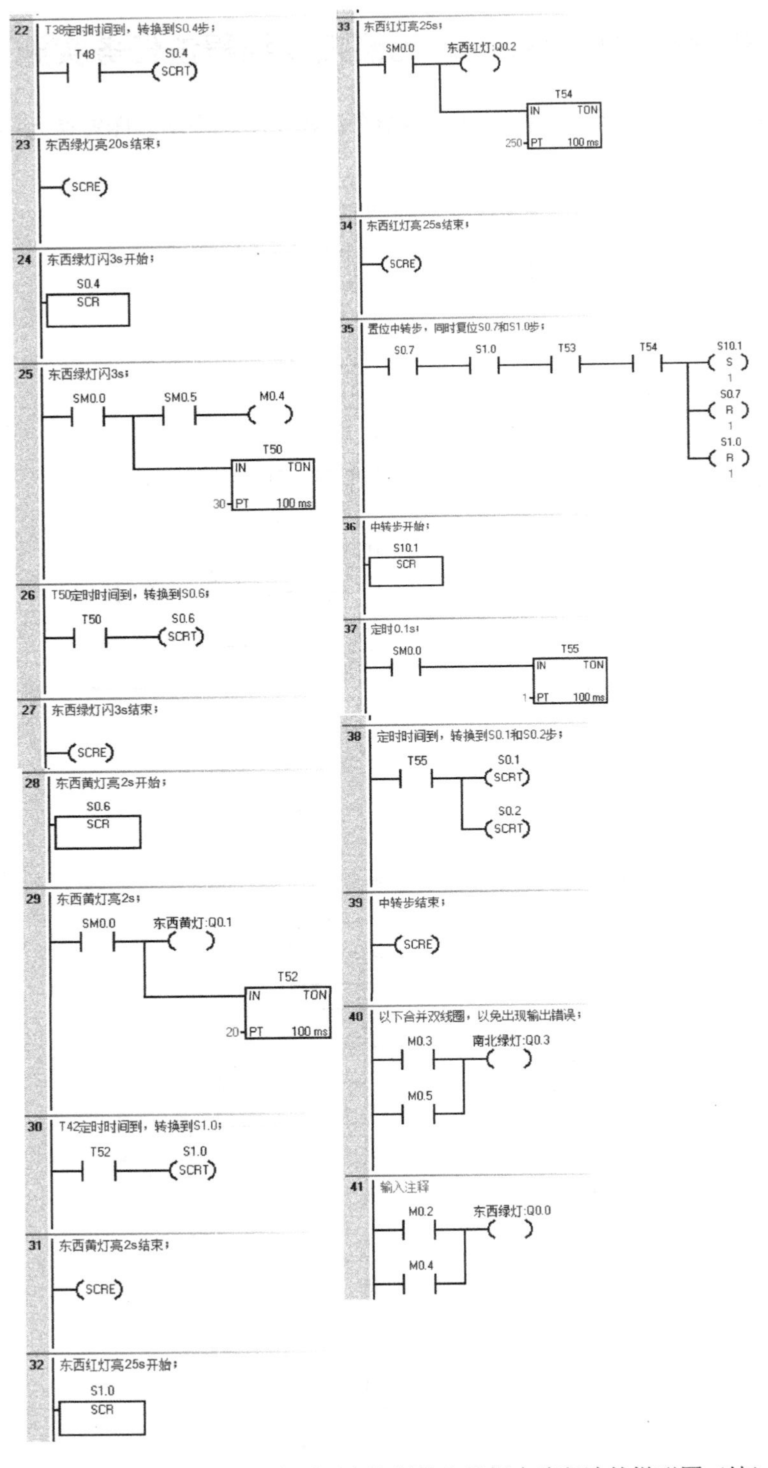

图 3-49　信号灯控制并行序列顺序控制继电器指令编程法的梯形图（续）

编者有料

顺序控制继电器指令编程法也需注意合并双线圈问题，以免输出出错。

第 4 章　S7-200 SMART PLC 功能指令及案例

本章要点

- ◆ 功能指令
- ◆ 比较指令及应用举例
- ◆ 跳转/标号指令及应用举例
- ◆ 数据传送指令及应用举例
- ◆ 移位与循环指令及应用举例
- ◆ 数据转换指令及应用举例
- ◆ 数学运算类指令及应用举例
- ◆ 逻辑运算类指令及应用举例

4.1　功能指令

4.1.1　功能指令用途及分类

基本指令基于继电器、定时器和计数器类的软元件，主要用于逻辑处理。作为工业控制计算机，PLC 仅有基本指令是不够的，在工业控制的很多场合需要对数据进行处理，因而 PLC 制造商逐步引入了功能指令。功能指令主要用于数据传送、运算、变换、程序控制及通信等。一般来说，一条功能指令可以实现以往一大段程序才能完成的某一控制任务。功能指令有比较指令、数据传送指令及移位与循环指令等，本章将分别进行讲解。

4.1.2　功能指令的表达形式及使用要素

与基本指令一样，功能指令常用的语言表达形式也有两种，即梯形图表达形式和语句表表达形式。功能指令的内涵主要是指令完成的功能，其梯形图多以功能框的形式出现，往往一条功能指令能够实现以往一大段程序才能实现的控制任务。下面以数据传送指令为例，就功能指令的表达形式及使用要素进行讲解，具体如图 4-1 所示。

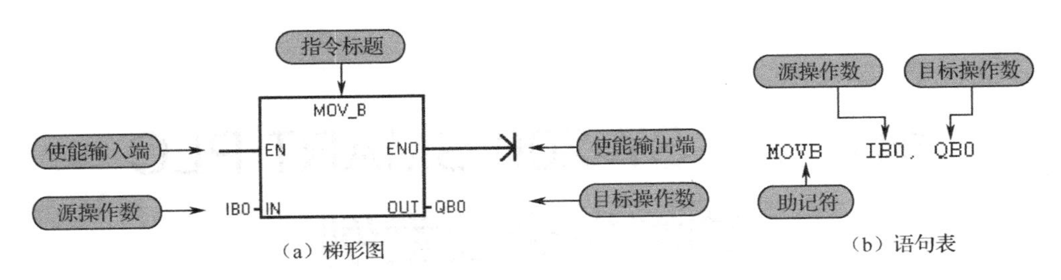

图 4-1　功能指令的表达形式及使用要素

1）功能框及指令标题

功能指令的梯形图表达形式多采用功能框来表示。功能框顶部标有该指令标题，标题一般分为两部分，前一部分为助记符，多为英文缩写；后一部分为参与运算的数据类型，如“B”表示字节，“W”表示字，“DW”表示双字，“I”表示整数，“DI”表示双整数，“R”表示实数等。

2）语句表表达形式

语句表表达式一般也包括两部分：一部分为助记符，通常与功能框中的指令标题一致，也可能不一致；另一部分为参与运算的数据地址或数据，也有无数据的功能指令语句。

3）操作数

操作数是功能指令涉及或产生的数据，一般分为源操作数和目标操作数两种。当指令执行源操作数后不改变其内容，一般位于功能框的左侧，用“IN”表示；当指令执行目标操作数后将改变其内容，一般位于功能框的右侧，用“OUT”表示。有时源操作数和目标操作数可以使用同一个存储单元。操作数的类型长度必须和指令相匹配。S7-200 SMART PLC 的数据存储单元有 I、Q、M、SM、V、S 等多种类型，其长度有字节、字、双字等多种表达形式。

4）指令执行条件

功能框中用“EN”表示指令执行条件。在梯形图中，与“EN”连接的编程触点或触点组合，从能流的角度讲，当触点组合满足能流到达功能框的条件时，该指令功能就要执行，如图 4-2 所示。

5）ENO 状态

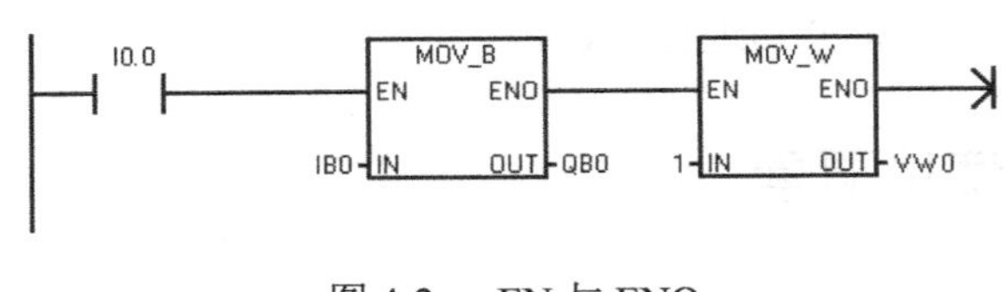

图 4-2　EN 与 ENO

某些功能指令右侧设有 ENO 使能输出，如果使能输入 EN 有能流，并且指令被正常执行，ENO 输出将会使能流传递给下一个元素，如果指令输出出错，则 ENO 输出为 0，如图 4-2 所示。

6）指令执行结果对特殊标志位的影响

为了方便用户更好地了解机内运行的情况，并为控制及故障自诊断提供方便，PLC 中设

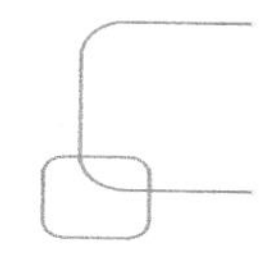

立了许多特殊标志位，如负值位、溢出位等。

4.2　比较指令及应用举例

比较指令是将两个操作数或字符串按指定条件进行比较，当比较条件成立时，其触点闭合，后面的电路接通；当比较条件不成立时，比较触点断开，后面的电路不接通。

4.2.1　指令格式

比较指令的运算符有 6 种，其操作数可以为字节、双字、整数或实数，指令格式如图 4-3 所示。

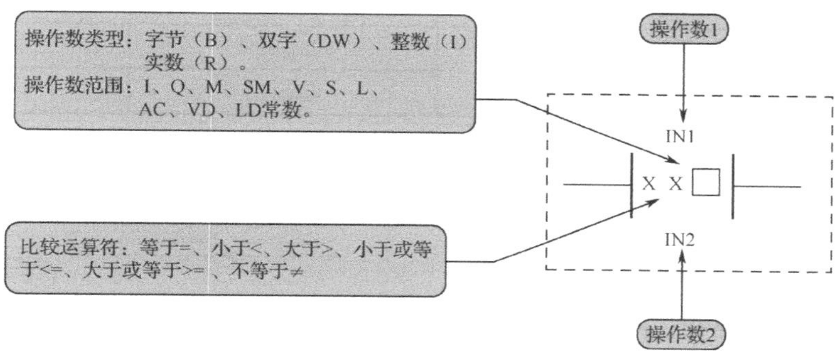

图 4-3　比较指令的指令格式

4.2.2　指令用法

比较指令的触点和普通触点一样，可以装载、串联和并联，如表 4-1 所示。

表 4-1　比较指令的用法

指 令 用 途	梯形图形式	语句表形式	说　　明
比较触点的装载	IN1 XX□ IN2	LD□　XX　IN1，IN2	比较触点与左母线相连
普通触点与比较触点的串联	bit　IN1 XX□ IN2	LD　bit A□　XX　IN1，IN2	—
普通触点与比较触点的并联	bit IN1 XX□ IN2	LD　bit O　□　XX　IN1，IN2	—

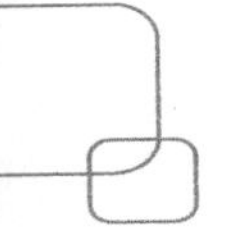

4.2.3 应用举例

1）控制要求

按下启动按钮，三台电动机每隔 3s 分时启动；按下停止按钮，三台电动机全部停止，试设计程序。

2）程序设计

（1）三台电动机分时启动控制 I/O 分配，如表 4-2 所示。

表 4-2 三台电动机分时启动控制 I/O 分配

输 入 量		输 出 量	
启动按钮	I0.0	电动机 1	Q0.0
停止按钮	I0.1	电动机 2	Q0.1
		电动机 3	Q0.2

（2）三台电动机分时启动控制梯形图如图 4-4 所示。

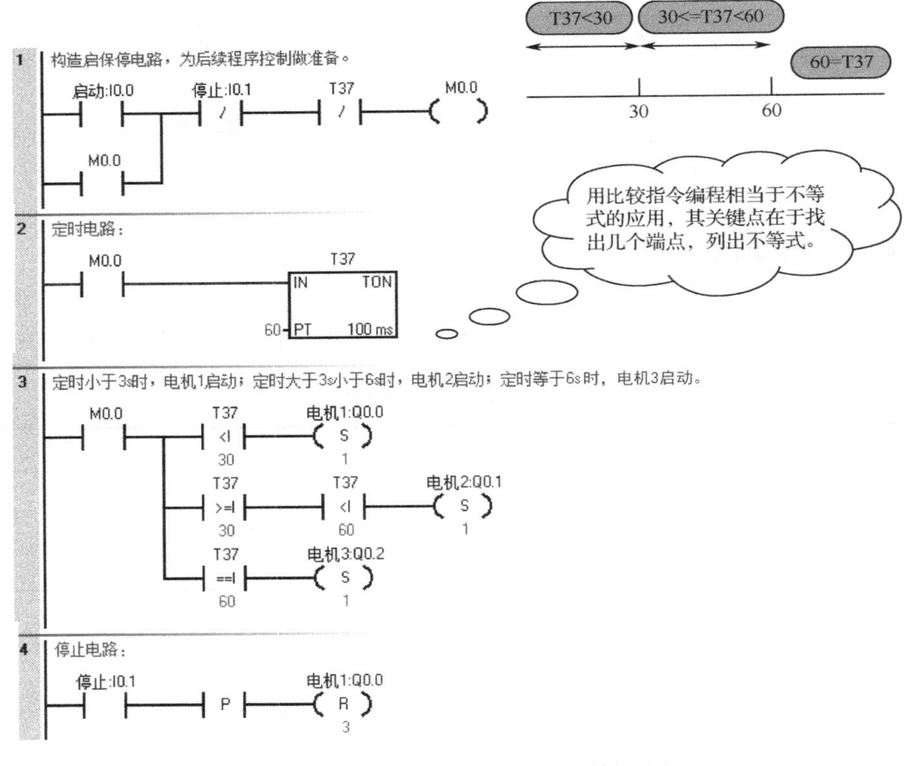

图 4-4 三台电动机分时启动控制梯形图

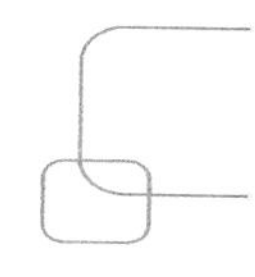

4.3　跳转/标号指令及应用举例

1）指令格式

跳转/标号指令用来跳过部分程序使其不执行，必须用在同一程序块内部实现跳转。跳转/标号指令有两条，即跳转指令（JMP）和标号指令（LBL），如图 4-5 所示。

2）工作原理

跳转/标号指令的工作原理如图 4-6 所示。

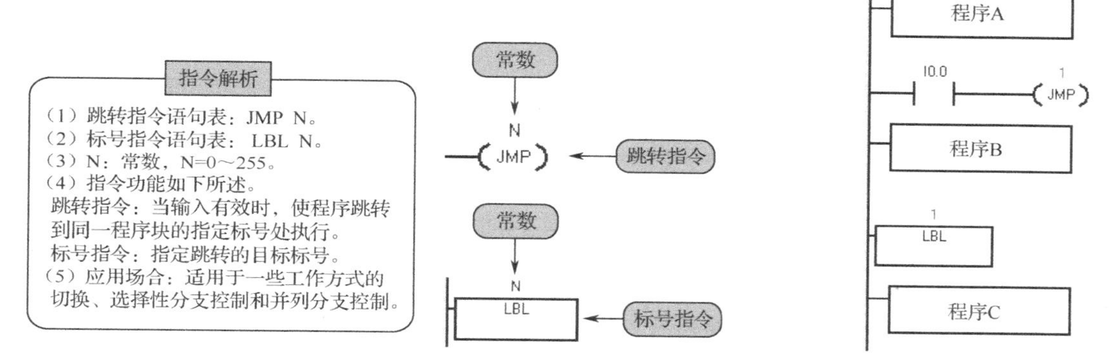

图 4-5　跳转/标号指令的指令格式　　图 4-6　跳转/标号指令的工作原理

当跳转条件成立时（常开触点 I0.0 闭合），执行程序 A，跳过程序 B，然后执行程序 C；当跳转条件不成立时（常开触点 I0.0 断开），执行程序 A，接着执行程序 B，然后执行程序 C。

3）应用举例

跳转/标号指令应用案例如图 4-7 所示。

当 I0.0 闭合时，跳过 Q0.0 所在的程序段，执行标号指令后边的程序；当 I0.0 断开时，执行完 Q0.0 所在的程序段后，再执行 Q0.1 所在的程序段。

值得注意的是，发生跳转时，一定要将 Q0.0 清零（网络 4），否则 Q0.0 会保持跳转前的状态。例如，跳转前 Q0.0 状态为 1，则没有 Q0.0 的清零电路，I0.0 接通发生跳转，Q0.0 状态还会保持为 1。

4）使用说明

跳转/标号指令必须匹配使用，并且只能使用在同一程序块中，如主程序、同一子程序或同一中断程序。不能在不同的程序块中互相跳转。

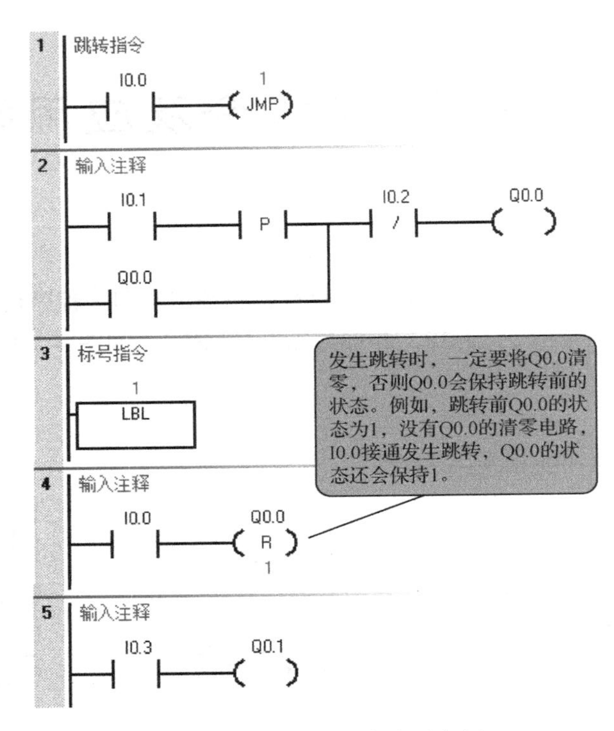

图 4-7 跳转/标号指令应用案例

执行跳转后，被跳转程序段中各元器件的状态为：

Q、M、S、C 等元器件的位保持跳转前的状态。

计数器 C 停止计数，当前值存储器保持跳转前的计数值。

对于定时器来说，因刷新方式不同而工作状态不同。在跳转期间，分辨率为 1ms 和 10ms 的定时器会一直保持跳转前的工作状态，原来工作的继续工作，到预置值后，其位的状态也会改变，输出触点动作，其当前值存储器一直累计到最大值 32 767 才停止；对于分辨率为 100ms 的定时器来说，跳转期间停止工作，但不会复位，存储器里的值为跳转时的值，跳转结束后，若输入条件允许，可继续计时，但已失去准确值的意义，所以在跳转段里的定时器要慎用。

由于跳转指令具有选择程序段的功能，所以在同一程序且位于因跳转而不会被同时执行程序段中的同一线圈，不被视为双线圈。

跳转指令和标号指令必须成对出现，且可以有多条跳转指令使用同一标号，但不允许一个跳转指令对应两个标号的情况发生，即在同一程序中不允许存在两个相同的标号。

4.4 数据传送指令及应用举例

数据传送指令用来完成各存储单元之间一个或多个数据的传送，传送过程中数值保持不变。根据每次传送数据的多少，可将其分为单一传送指令和数据块传送指令，无论是单一传送指令还是数据块传送指令，都有字节、字、双字和实数等几种数据类型。为了满足立即传送的要求，设有字节立即传送指令，为了方便实现在同一字内高低字节的交换，还设有字节交换指令。

在 STEP 7- Micro/WIN SMART 编程软件项目树的“指令”文件夹下的“传送”文件夹中，会找到上述相应的数据传送指令。编程软件中的数据传送指令如图 4-8 所示。

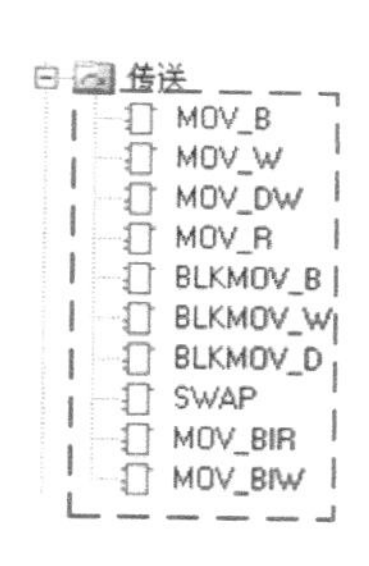

图 4-8　编程软件中的数据传送指令

在程序设计时，如果用到了相应的数据传送指令，则可将“传送”文件夹下相应的数据传送指令拖曳到“程序编辑器”中，也可以将光标定位在“程序编辑器”中，再按 F9 键会出现下拉菜单，检索相应“指令标题”(如 MOV_B)，这样也能输入相应的数据传送指令。上述数据传送指令在“程序编辑器”中的插入方法如图 4-9 所示。

数据传送指令适用于存储单元的清零、程序的初始化等场合。

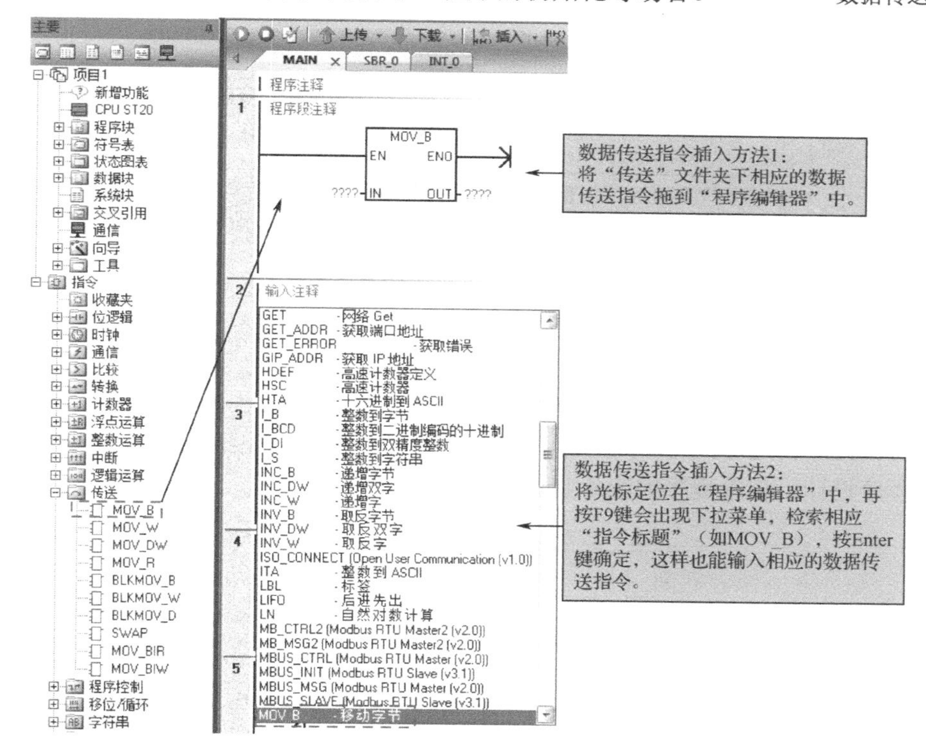

图 4-9　数据传送指令在“程序编辑器”中的插入方法

4.4.1　单一传送指令及应用举例

1）指令格式

单一传送指令用来传送一个数据，其数据类型可以为字节、字、双字和实数。当指令的使能端 EN 有效时，将一个输入 IN 的字节、字、双字或实数传送到 OUT 的指定存储单元输出，传送过程中数据内容保持不变。单一传送指令的指令格式如图 4-10 所示。

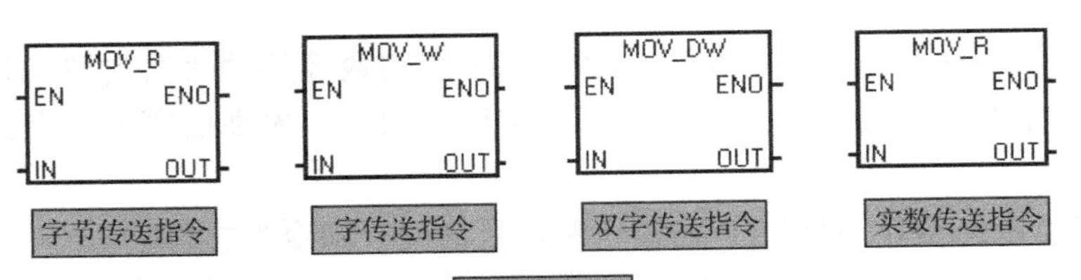

指令解析

① EN：使能输入端，数据类型为BOOL，存储区域为I、Q、M、SM、T、C、V、S、L。

② 字节传送指令MOV_B：IN/OUT数据类型为字节（BYTE），IN操作数为IB、QB、VB、MB、SB、SMB、LB、AC、常数；OUT操作数为IB、QB、VB、MB、SB、SMB、LB、AC。

③ 字传送指令MOV_W：IN/OUT数据类型为字（WORD），IN操作数为IW、QW、VW、MW、SW、SMW、LW、AC、T、C、AIW、常数；OUT操作数为 IW、QW、VW、MW、SW、SMW、LW、AC、T、C、AQW。

④ 双字传送指令MOV_DW：IN/OUT数据类型为双字（DWORD），IN操作数为ID、QD、VD、MD、SD、SMD、LD、AC、HC、常数；OUT操作数为 ID、QD、VD、MD、SD、SMD、LD、AC。

⑤ 实数传送指令MOV_R：IN/OUT数据类型为实数（REAL），IN操作数为ID、QD、VD、MD、SD、SMD、LD、AC、常数，OUT操作数为ID、QD、VD、MD、SD、SMD、LD、AC。

⑥ 指令功能：当指令的使能端EN有效时，将一个输入IN的字节、字、双字或实数传送到OUT的指定存储单元输出，传送过程中数据内容保持不变。

图 4-10　单一传送指令的指令格式

2）应用举例

（1）将常数 255 传送 QW0 中，观察 Q0.0～Q0.7 是否有输出。

（2）将常数 0 传送 QB0 和 QB1 中，再观察 Q0.0～Q0.7 输出情况。

（3）程序设计：相关程序如图 4-11 所示。

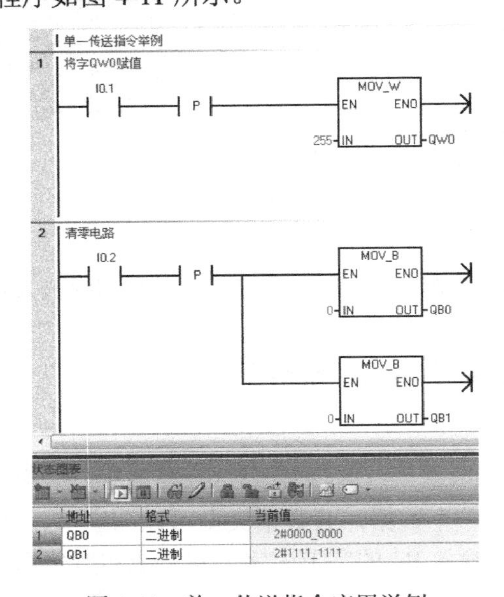

图 4-11　单一传送指令应用举例

（4）程序解析：按下按钮 I0.1 接通，字传送指令 MOV_W 将 255 传入 QW0 中，现在 QW0 中的数据为 255，即 QB0 中的数据为 2#0000,0000，QB1 中的数据为 2#1111,1111，因此 Q0.0 到 Q0.7 没有输出，Q1.0 到 Q1.7 有输出，即 PLC 小灯 Q0.0 到 Q0.7 不亮，Q1.0 到 Q1.7 点亮。

按下按钮 I0.2 接通，字节传送指令 MOV_B 将 0 传入 QB0 和 QB1 中，现在 QB0 和 QB1 中的数据都为 0，因此 PLC 小灯 Q1.0 到 Q1.7 会熄灭。

4.4.2　数据块传送指令及应用举例

1）指令格式

数据块传送指令用来一次性传送多个数据，块传送包括字节的块传送、字的块传送和双字的块传送。当使能端 EN 有效时，把从输入 IN 开始的 *N* 个字节、字、双字传送到 OUT 的起始地址中，传送过程中数据内容保持不变。数据块传送指令的指令格式如图 4-12 所示。

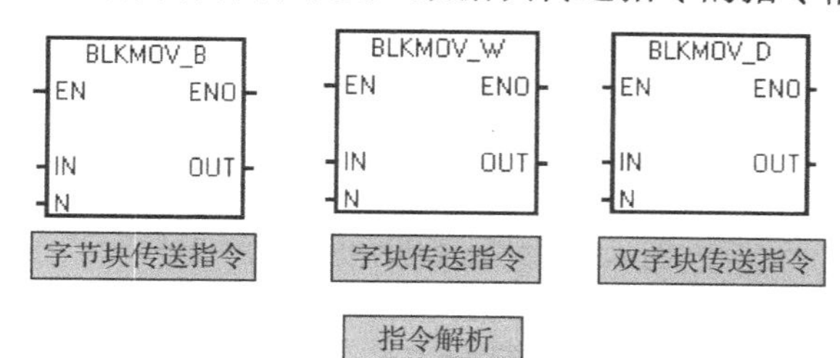

① EN：使能输入端，数据类型为BOOL，存储区域为I、Q、M、SM、T、C、V、S、L。

② 字节块传送指令：IN/OUT数据类型为字节（BYTE），IN操作数为IB、QB、VB、MB、SB、SMB、LB、AC、常数；OUT操作数为IB、QB、VB、MB、SB、SMB、LB、AC。

③ 字块传送指令：IN/OUT数据类型为字（WORD），IN操作数为IW、QW、VW、MW、SW、SMW、LW、AC、T、C、AIW、常数；OUT操作数为IW、QW、VW、MW、SW、SMW、LW、AC、T、C、AQW。

④ 双字块传送指令：IN/OUT数据类型为双字（DWORD），IN操作数为ID、QD、VD、MD、SD、SMD、LD、AC、HC、常数；OUT操作数为 ID、QD、VD、MD、SD、SMD、LD、AC。

⑤ 指令功能
当使能端EN有效时，把从输入IN开始的*N*个字节、字、双字传送到OUT的起始地址中，传送过程中数据内容保持不变。

图 4-12　数据块传送指令的指令格式

2）应用举例

控制要求：将 VB0 开始的两字节（VB0～VB1）中的数据移至 QB0 开始的两字节（QB0～QB1）中，观察 PLC 小灯的点亮情况。

程序设计：数据块传送指令程序设计如图 4-13 所示。

程序解析：按下按钮 I0.1，字节传送指令 MOV_B 将 8 传入 VB0 中，将 6 传入 VB1 中，现在 VB0 中的数据为 8（2#0000,1000），VB1 中的数据为 6（2#0000,0110）。按下按钮 I0.2，数据块传送指令将以 VB0 开始的 2 字节（VB0 到 VB1）数据传送到以 QB0 开始的 2 字节（QB0

到 QB1）中，PLC 小灯 Q0.3、Q1.1 和 Q1.2 会点亮。

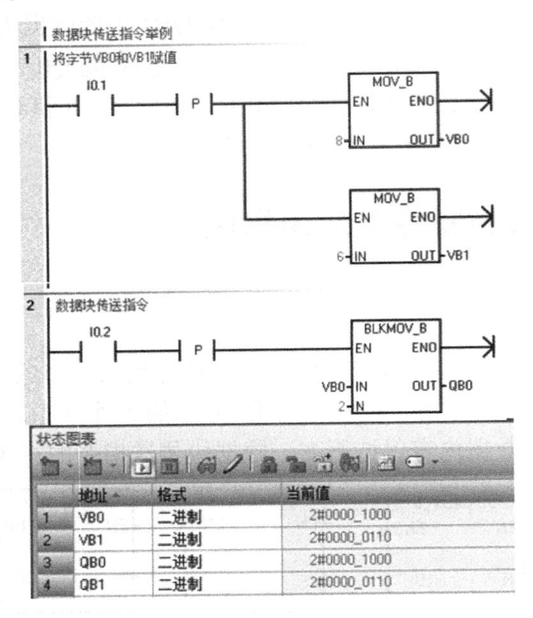

	地址	格式	当前值
1	VB0	二进制	2#0000_1000
2	VB1	二进制	2#0000_0110
3	QB0	二进制	2#0000_1000
4	QB1	二进制	2#0000_0110

图 4-13　数据块传送指令程序设计

4.4.3　字节交换指令及应用举例

1）指令格式

字节交换指令用来交换输入字 IN 的最高字节和最低字节，具体指令格式如图 4-14 所示。

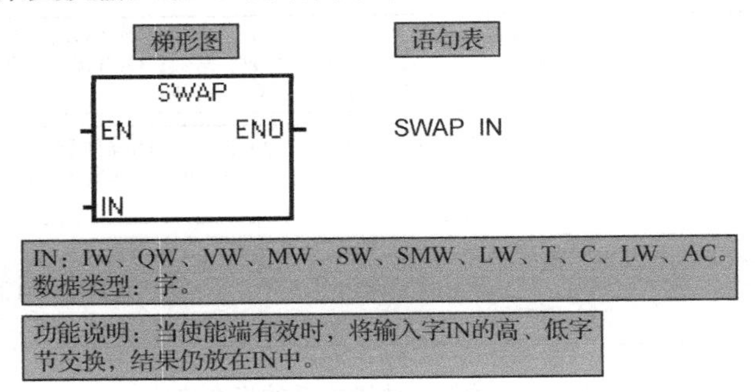

图 4-14　字节交换指令的指令格式

2）应用举例

控制要求：将字 QW0 中高、低字节的数据交换。

程序设计：字节交换指令程序设计如图 4-15 所示。

程序解析：按下按钮 I0.1，字节传送指令 MOV_W 将 255 传入 QW0 中，QW0 中有 QB0 和 QB1 两字节，未交换前，QW0 低字节 QB1 中的数据为 255（2#1111,1111），高字节 QB0 中的数据为 0（2#0000,0000）；按下按钮 I0.2，高、低字节数据进行交换，QW0 低字节 QB1

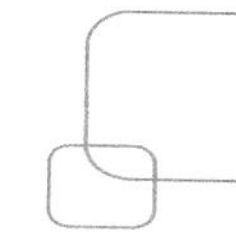

中的数据为 0（2#0000,0000），高字节 QB0 中的数据为 255（2#1111,1111）；如果断开按钮 I0.2，网络 3 程序满足，QW0 中的高、低字节数据再次进行交换，又回到第一次交换前的状态，即低字节 QB1 中的数据为 255（2#1111,1111），高字节 QB0 中的数据为 0（2#0000, 0000）。

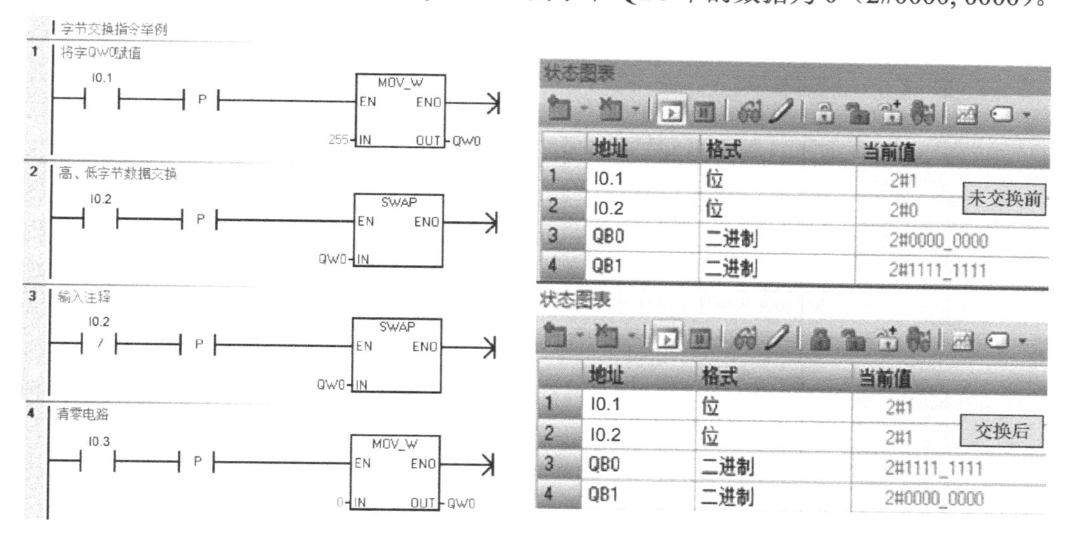

图 4-15　字节交换指令的程序设计

4.4.4　数据传送指令综合举例

1）控制要求

二级传送带启停控制示意图如图 4-16 所示。按下启动按钮后，电动机 M1 接通；当货物到达 I0.1 时，I0.1 接通并启动电动机 M2；当货物到达 I0.2 时，M1 停止；当货物到达 I0.3 时，M2 停止。试设计程序。

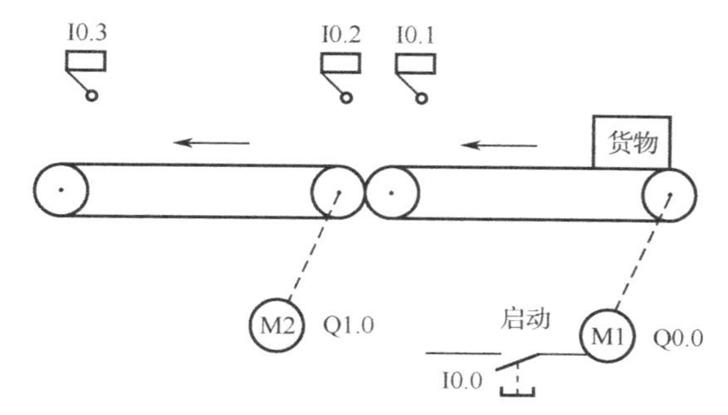

图 4-16　二级传送带启停控制示意图

2）程序设计

二级传送带启停控制程序设计如图 4-17 所示。

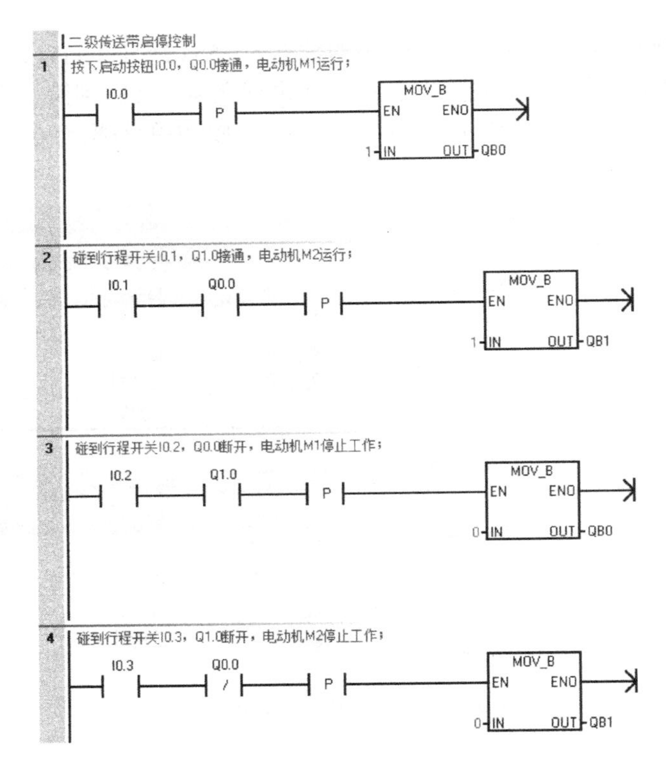

图 4-17　二级传送带启停控制程序

4.5　移位与循环移位指令及应用举例

移位与循环移位指令主要有三大类，分别为移位指令、循环移位指令和移位寄存器指令，其中前两类根据移位数据长度的不同，可分为字节型、字型和双字型三种。

移位与循环指令在程序中可方便地实现某些运算，也可以用于取出数据中的有效位数字。移位寄存器指令多用于顺序控制程序的编制。

4.5.1　移位指令及应用举例

1）工作原理

移位指令分为两种，分别为左移位指令和右移位指令。该指令是指在满足使能条件的情况下，将 IN 中的数据向左或向右移 N 位后，把结果送到 OUT 的指定地址。移位指令对移出位自动补 0，如果移动位数 N 大于允许值（字节操作为 8，字操作为 16，双字操作为 32）时，实际移动的位数为最大允许值。移位数据存储单元的移位端与溢出位 SM1.1 相连，若移位次数大于 0 时，最后移出位的数值将保存在溢出位 SM1.1 中；若移位结果为 0，零标志位 SM1.0 将被置 1，具体如图 4-18 所示。

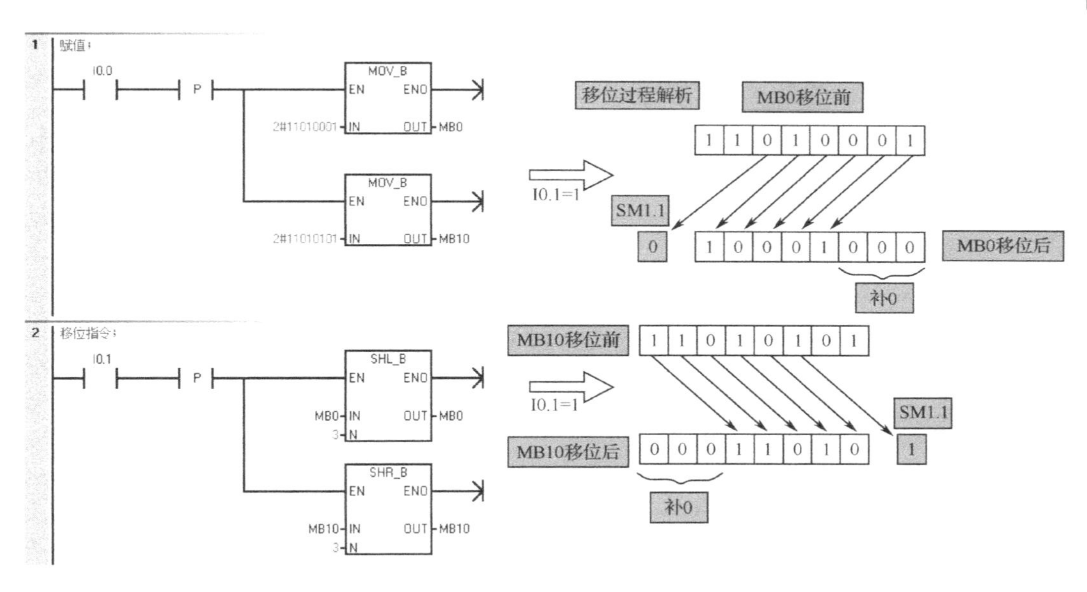

图 4-18　移位指令的工作原理

2）指令格式

移位指令的指令格式如表 4-3 所示。

表 4-3　移位指令的指令格式

指令名称	编程语言		操作数类型及操作范围
	梯形图	语句表	
字节左移位指令	SHL_B（EN ENO IN OUT N）	SLB　OUT,N	IN：IB、QB、VB、MB、SB、SMB、LB、AC、常数。 OUT：IB、QB、VB、MB、SB、SMB、LB、AC。 IN/OUT 数据类型：字节
字节右移位指令	SHR_B（EN ENO IN OUT N）	SRB　OUT,N	
字左移位指令	SHL_W（EN ENO IN OUT N）	SLW　OUT,N	IN：IW、QW、VW、MW、SW、SMW、LW、AC、T、C、AIW、常数。 OUT：IW、QW、VW、MW、SW、SMW、LW、AC、T、C、AQW。 IN/OUT 数据类型：字
字右移位指令	SHR_W（EN ENO IN OUT N）	SRW　OUT,N	
双字左移位指令	SHL_DW（EN ENO IN OUT N）	SLD　OUT,N	IN：ID、QD、VD、MD、SD、SMD、LD、AC、HC、常数。 OUT：ID、QD、VD、MD、SD、SMD、LD、AC。 IN/OUT 数据类型：双字
双字右移位指令	SHR_DW（EN ENO IN OUT N）	SRD　OUT,N	
EN	I、Q、M、T、C、SM、V、S、L。　EN 数据类型：位		
N	IB、QB、VB、MB、SB、SMB、LB、AC、常数。　N 数据类型：字节		

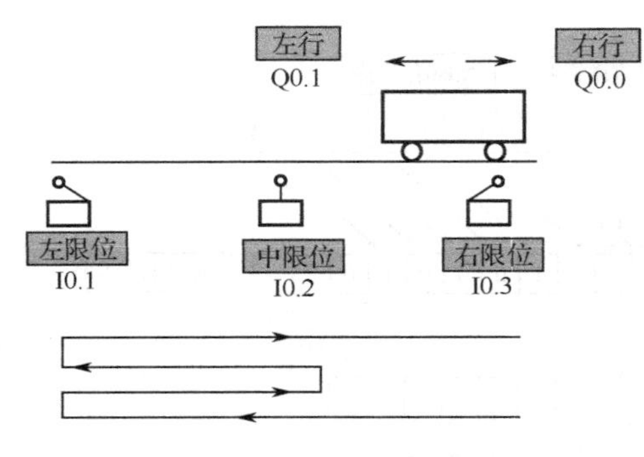

图 4-19　小车运动的示意图

3）应用举例：小车自动往返控制

控制要求：设小车初始状态停止在最右端，当按下启动按钮，小车按图 4-19 所示的轨迹运动；当再次按下启动按钮，小车又开始了新的一轮运动。

程序设计结果如图 4-20 所示。

（1）绘制顺序功能图。

（2）将顺序功能图转换为梯形图。

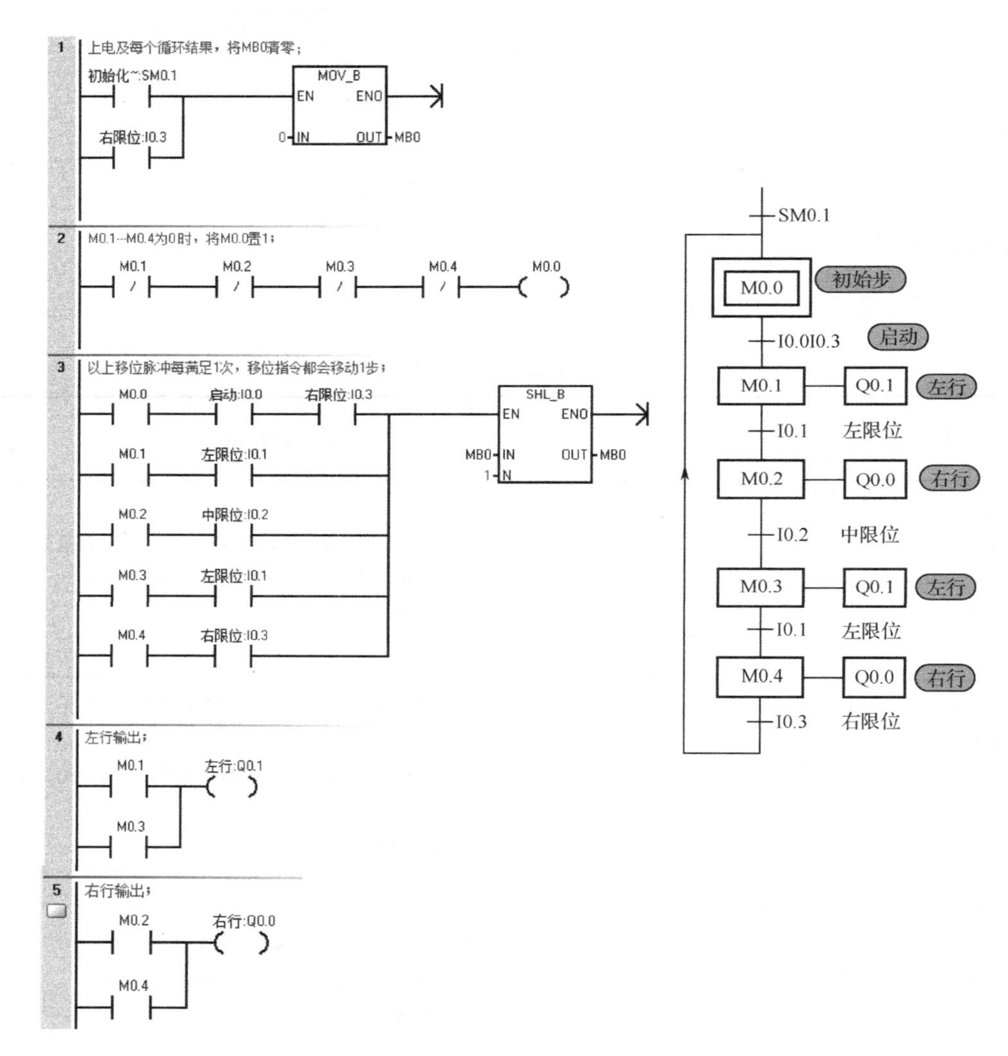

图 4-20　小车自动往返控制顺序功能图与梯形图

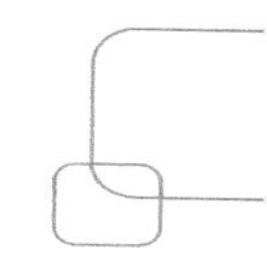

4.5.2　循环移位指令及应用举例

1）工作原理

循环移位指令分为两种，分别为循环左移位指令和循环右移位指令。该指令是指在满足使能条件的情况下，将 IN 中的数据向左或向右移 *N* 位后，把结果输出到 OUT 得指定地址。循环移位是一个环形，即被移出来的位将返回另一端空出的位置。若移动的位数 *N* 大于允许值（字节操作为 8，字操作为 16，双字操作为 32）时，执行循环移位之前先对 *N* 进行取模操作，例如字节移位，将 *N* 除以 8 以后取余数，从而得到一个有效的移位次数。取模的结果对于字节操作是 0～7，对于字操作是 0～15，对于双字操作是 0～31，若取模操作为 0，则不能进行循环移位操作。

若执行循环移位操作，移位的最后一位的数值存放在溢出位 SM1.1 中；若实际移位次数为 0，零标志位 SM1.0 被置 1；字节操作是无符号的，对于有符号的双字移位时，符号位也被移位，如图 4-21 所示。

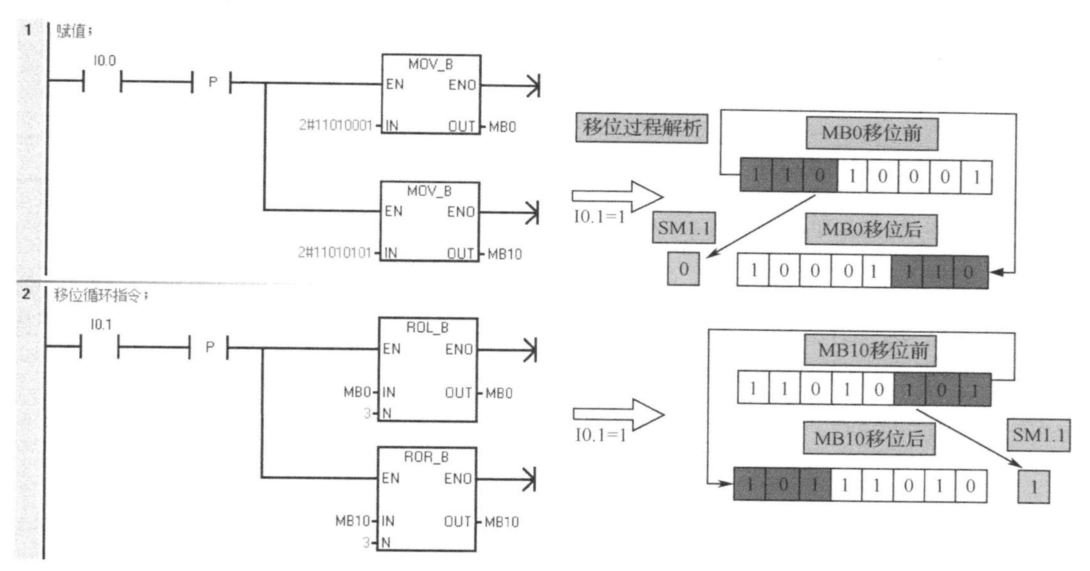

图 4-21　循环移位指令的工作原理

2）指令格式

循环移位指令的指令格式如表 4-4 所示。

表 4-4　循环移位指令的指令格式

指令名称	编程语言		操作数类型及操作范围
	梯形图	语句表	
字节循环左移位指令	ROL_B（EN ENO IN OUT N）	RLB　OUT,N	IN：IB、QB、VB、MB、SB、SMB、LB、AC、常数； OUT：IB、QB、VB、MB、SB、SMB、LB、AC。 IN/OUT 数据类型：字节

续表

指令名称	编程语言		操作数类型及操作范围
	梯形图	语句表	
字节循环右移位指令	ROR_B EN ENO IN OUT N	RRB OUT,N	IN：IB、QB、VB、MB、SB、SMB、LB、AC、常数； OUT：IB、QB、VB、MB、SB、SMB、LB、AC。 IN/OUT 数据类型：字节
字循环左移位指令	ROL_W EN ENO IN OUT N	RLW OUT,N	IN：IW、QW、VW、MW、SW、SMW、LW、AC、T、C、AIW、常数。 OUT: IW、QW、VW、MW、SW、SMW、LW、AC、T、C、AQW。 IN/OUT 数据类型：字
字循环右移位指令	ROR_W EN ENO IN OUT N	RRW OUT,N	
双字循环左移位指令	ROL_DW EN ENO IN OUT N	RLD OUT,N	IN：ID、QD、VD、MD、SD、SMD、LD、AC、HC、常数。 OUT：ID、QD、VD、MD、SD、SMD、LD、AC。 IN/OUT 数据类型：双字
双字循环右移位指令	ROR_DW EN ENO IN OUT N	RRD OUT,N	
N	IB、QB、VB、MB、SB、SMB、LB、AC、常数。 N 数据类型：字节		

3）双向移动流水灯控制

控制要求：按下启动按钮 I0.0 且选择开关处于 1 位置（I0.2 常闭处于闭合状态），小灯左移且反复循环；选择开关处于 2 位置（I0.2 常开处于闭合状态），小灯右移且循环；按下停止按钮 I0.1，小灯停止循环；试设计程序。

双向移动流水灯控制程序如图 4-22 所示。

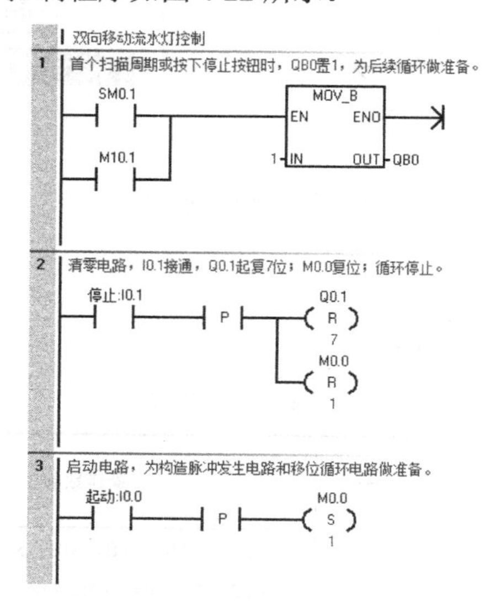

图 4-22 双向移动流水灯控制程序

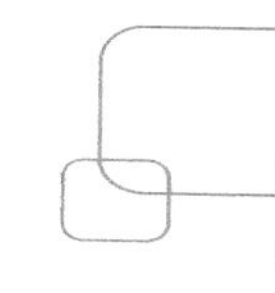

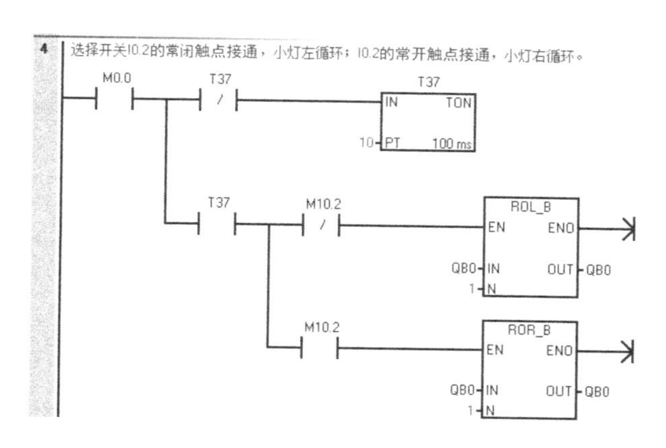

图 4-22　双向移动流水灯控制程序（续）

4.5.3　移位寄存器指令及应用举例

移位寄存器指令是移位长度和移位方向可调的移位指令。在顺序控制、物流及数据流控制等场合应用广泛。

1）移位寄存器指令格式

移位寄存器指令格式如图 4-23 所示。

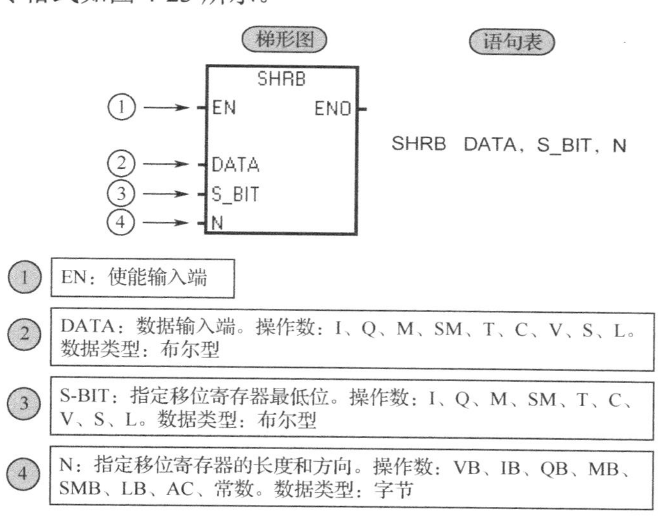

图 4-23　移位寄存器指令格式

2）工作过程

当使能输入端 EN 有效时，位数据 DATA 实现装入移位寄存器的最低位 S_BIT，此后使能端每当有一个脉冲输入时，移位寄存器都会移动 1 位。需要说明移位长度和方向与 N 有关，移位长度范围 1～64；移位方向取决于 N 的符号，当 $N>0$ 时，移位方向向左，输入数据 DATA 移入移位寄存器的最低位 S_BIT，并移出移位寄存器的最高位；当 $N<0$ 时，移位方向向右，输入数据移入移位寄存器的最高位，并移出最低位 S_BIT，移出的数据被放置在溢出位 SM1.1

中，具体如图 4-24 所示。

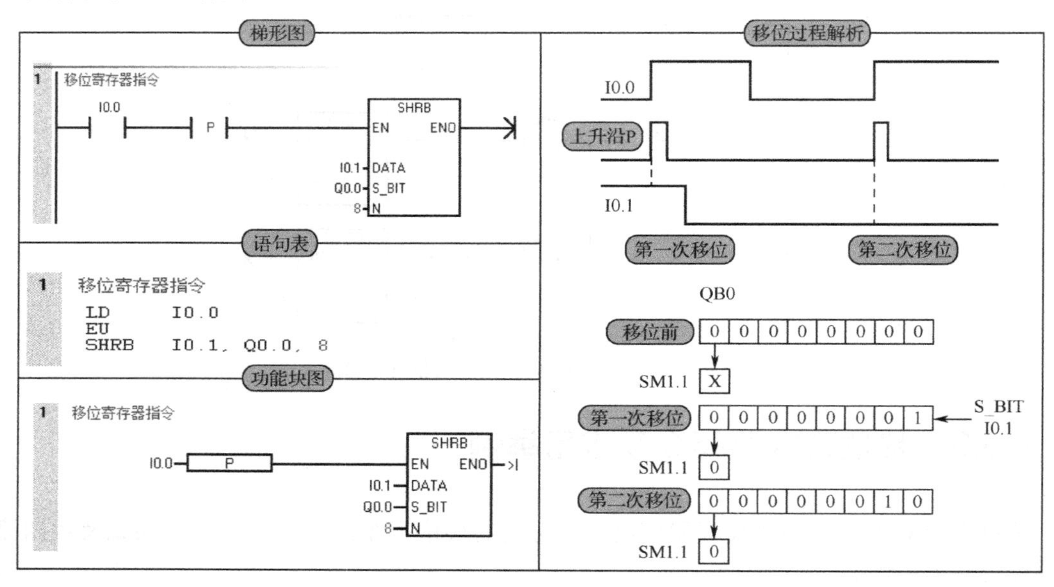

图 4-24 移位寄存器指令的工作过程

编者有料

移位寄存器中的 *N* 是移位总的长度，即一共移动了多少位；左右移位（循环）指令中的 *N* 是每次移位的长度。

3）应用举例

彩灯循环点亮控制应用举例如下所述。

控制要求：某彩灯有 10 盏，彩灯排布及循环花样示意图如图 4-25 所示。按下启动按钮，彩灯按图 4-25 花样循环点亮；按下停止按钮，彩灯全部停止。

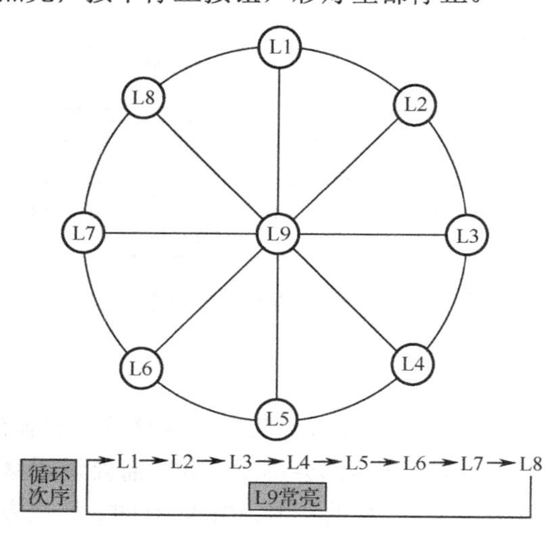

图 4-25 彩灯排布及循环花样示意图

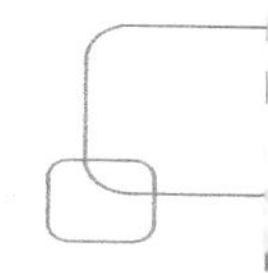

程序设计介绍如下。

（1）I/O 分配：彩灯循环点亮 I/O 分配如表 4-5 所示。

表 4-5　彩灯循环点亮 I/O 分配表

输 入 量		输 出 量	
启动按钮	I0.0	L1 彩灯	Q0.0
停止按钮	I0.1	L2 彩灯	Q0.1
		L3 彩灯	Q0.2
		L4 彩灯	Q0.3
		L5 彩灯	Q0.4
		L6 彩灯	Q0.5
		L7 彩灯	Q0.6
		L8 彩灯	Q0.7
		L9 彩灯	Q1.0

（2）控制程序如图 4-26 所示。

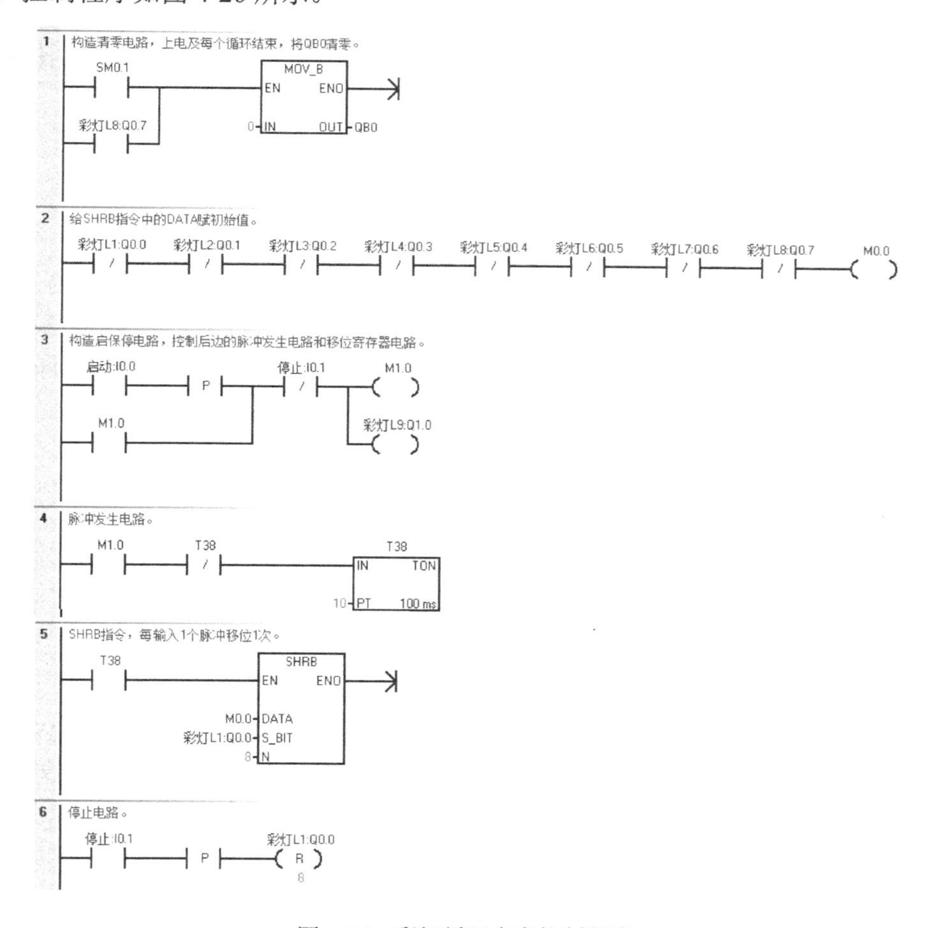

图 4-26　彩灯循环点亮控制程序

编者有料

（1）将输入数据 DATA 置 1，可以采用启保停电路置 1，也可采用传送指令。

（2）构造脉冲发生器，用脉冲控制移位寄存器的移位。

（3）通过输出的第一位确定 S_BIT，有时还可能需要中间编程元件。

（4）通过输出个数确定移位长度。

4.6 数学运算类指令及应用举例

PLC 普遍具有较强的运算功能，其中数学运算指令是实现运算的主体，它包括四则运算指令、数学功能指令和递增、递减指令，其中四则运算指令包括整数四则运算指令、双整数四则运算指令、实数四则运算指令；数学功能指令包括三角函数指令、对数函数指令和平方根指令等。S7-200 SMART PLC 对于数学运算指令来说，在使用时需注意存储单元的分配，在梯形图中，源操作数 IN1、IN2 和目标操作数 OUT 可以使用不一样的存储单元，这样编写程序比较清晰且容易理解。在使用语句表时，其中的一个源操作数需要和目标操作数 OUT 的存储单元一致，因此给理解和阅读带来不便，在使用数学运算指令时，建议读者使用梯形图。

4.6.1 四则运算指令及应用举例

1. 加法/乘法运算

整数、双整数、实数的加法/乘法运算时将源操作数运算后产生的结果存储在目标操作数 OUT 中，操作数数据类型不变。常规乘法两个 16 位整数相乘，产生一个 32 的结果。

梯形图表示：IN1+IN2=OUT（IN1×IN2=OUT），其含义为当加法（乘法）允许信号 EN=1 时，被加数（被乘数）IN1 与加数（乘数）IN2 相加（乘）送到 OUT 中。

1）指令格式

加法运算指令格式如图 4-27 所示。乘法运算指令格式如图 4-28 所示。

2）应用举例

按下启动按钮，小灯 Q0.0 会点亮吗？

程序如图 4-29 所示。

程序解析：按下按钮 I0.0，字传送指令分别将 200 和 850 传送到 MW0 和 MW10 中；按钮 I0.1 接通，MW0 和 MW10 的数值相加，结果存入 VW0 中，即 200+850，结果 1050 存入 VW0 中；VW0 中的 1050 再乘以 2 结果存入 VW10 中，VW10 中的数值为 2100，比较条件成立，输出线圈 Q0.0 为 1，故 PLC 的 Q0.0 灯点亮。

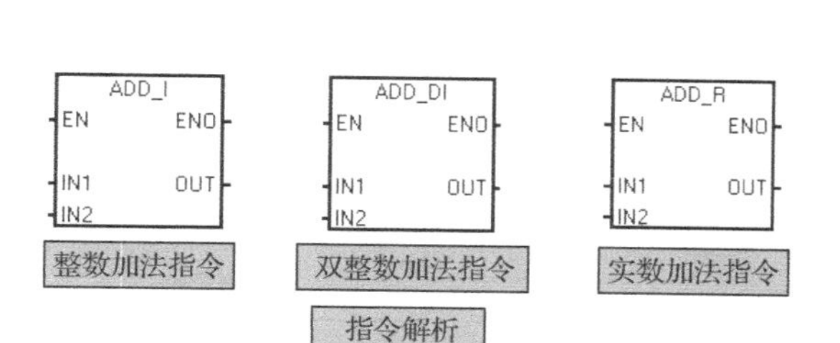

① EN：使能输入端，数据类型为BOOL，存储区域为I、Q、M、SM、T、C、V、S、L。

② 整数加法指令（ADD_I）：IN/OUT数据类型为整数。IN操作数为IW、QW、VW、MW、SW、SMW、LW、AC、T、C、AIW、常数。OUT操作数为IW、QW、VW、MW、SW、SMW、LW、AC、T、C、AQW。

③ 双整数加法指令（ADD_DI）：IN/OUT数据类型为双整数。IN操作数为ID、QD、VD、MD、SD、SMD、LD、AC、HC、常数。OUT操作数为 ID、QD、VD、MD、SD、SMD、LD、AC。

④ 实数加法指令（ADD_R）：IN/OUT数据类型为实数。IN操作数为ID、QD、VD、MD、SD、SMD、LD、AC、常数。OUT操作数为ID、QD、VD、MD、SD、SMD、LD、AC。

⑤ 指令功能：当指令的使能端EN有效时，被加数IN1与加数IN2相加，结果送到OUT中。

图 4-27　加法指令格式

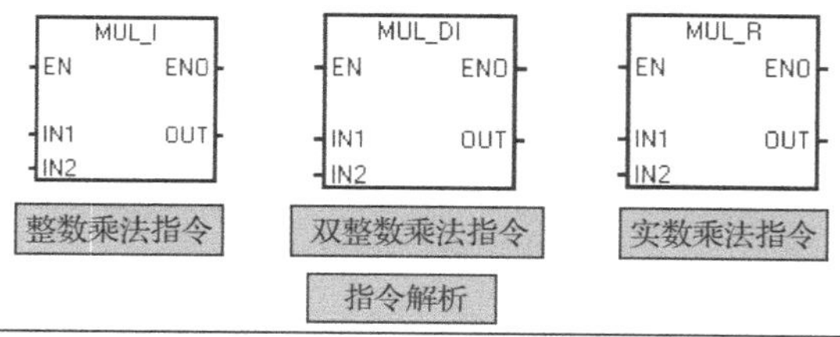

① EN：使能输入端，数据类型为BOOL，存储区域为I、Q、M、SM、T、C、V、S、L。

② 整数乘法指令（MUL_I）：IN/OUT数据类型为整数。IN操作数为IW、QW、VW、MW、SW、SMW、LW、AC、T、C、AIW、常数。OUT操作数为IW、QW、VW、MW、SW、SMW、LW、AC、T、C、AQW。

③ 双整数乘法指令（MUL_DI）：IN/OUT数据类型为双整数。IN操作数为ID、QD、VD、MD、SD、SMD、LD、AC、HC、常数。OUT操作数为 ID、QD、VD、MD、SD、SMD、LD、AC。

④ 实数乘法指令（MUL_R）：IN/OUT数据类型为实数。IN操作数为ID、QD、VD、MD、SD、SMD、LD、AC、常数。OUT操作数为ID、QD、VD、MD、SD、SMD、LD、AC。

⑤ 指令功能：当指令的使能端EN有效时，被乘数IN1与乘数IN2相加，结果送到OUT中。

图 4-28　乘法指令格式

2. 减法/除法运算

整数、双整数、实数的减法/除法运算时将源操作数运算后产生的结果存储在目标操作数OUT 中，整数、双整数除法不保留小数，而常规除法两个 16 位整数相除，产生一个 32 的结果，其中高 16 位存储余数，低 16 位存储商。

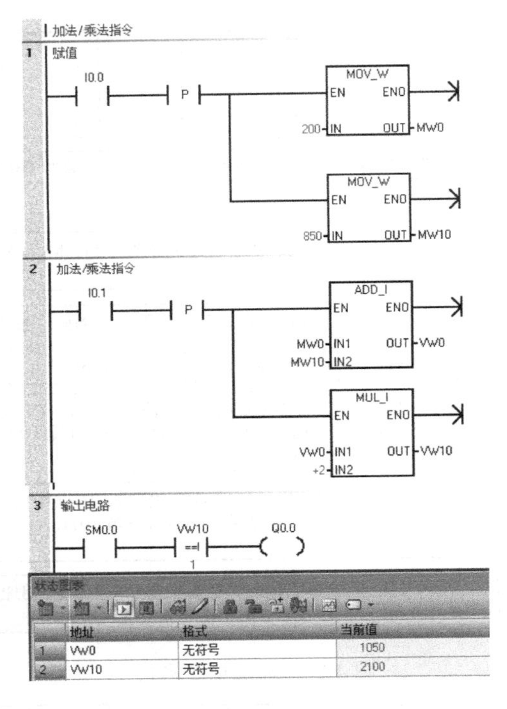

图 4-29　加法/乘法指令应用举例

梯形图表示：IN1−IN2=OUT（IN1/IN2=OUT），其含义为当减法（除法）允许信号 EN=1 时，被减数（被除数）IN1 与减数（除数）IN2 相减（除）送到 OUT 中。

1）指令格式

减法运算指令格式如图 4-30 所示，除法运算指令格式如图 4-31 所示。

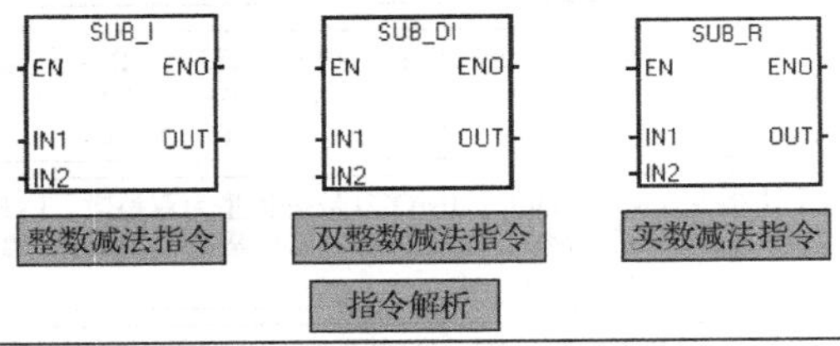

① EN：使能输入端。数据类型为BOOL，存储区域为I、Q、M、SM、T、C、V、S、L。

② 整数减法指令（SUB_I）：IN/OUT数据类型为整数。IN操作数为IW、QW、VW、MW、SW、SMW、LW、AC、T、C、AIW、常数。OUT操作数为IW、QW、VW、MW、SW、SMW、LW、AC、T、C、AQW。

③ 双整数减法指令（SUB_DI）：IN/OUT数据类型为双整数。IN操作数为ID、QD、VD、MD、SD、SMD、LD、AC、HC、常数。OUT操作数为 ID、QD、VD、MD、SD、SMD、LD、AC。

④ 实数减法指令（SUB_R）：IN/OUT数据类型为实数。IN操作数为ID、QD、VD、MD、SD、SMD、LD、AC、常数。OUT操作数为ID、QD、VD、MD、SD、SMD、LD、AC。

⑤ 指令功能：当指令的使能端EN有效时，被减数IN1与减数IN2相加，结果送到OUT中。

图 4-30　减法指令格式

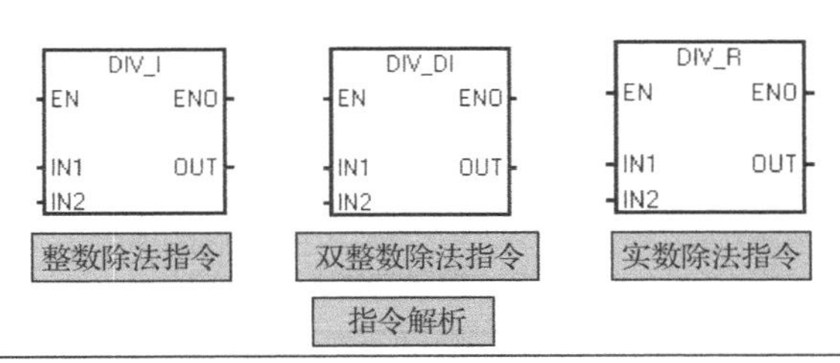

指令解析

① EN：使能输入端。数据类型为BOOL，存储区域为I、Q、M、SM、T、C、V、S、L。

② 整数除法指令（DIV_I）：IN/OUT数据类型为整数。IN操作数为IW、QW、VW、MW、SW、SMW、LW、AC、T、C、AIW、常数。OUT操作数为IW、QW、VW、MW、SW、SMW、LW、AC、T、C、AQW。

③ 双整数除法指令（DIV_DI）：IN/OUT数据类型为双整数。IN操作数为ID、QD、VD、MD、SD、SMD、LD、AC、HC、常数。OUT操作数为 ID、QD、VD、MD、SD、SMD、LD、AC。

④ 实数除法指令（DIV_R）：IN/OUT数据类型为实数。IN操作数为ID、QD、VD、MD、SD、SMD、LD、AC、常数。OUT操作数为ID、QD、VD、MD、SD、SMD、LD、AC。

⑤ 指令功能：当指令的使能端EN有效时，被除数IN1与除数IN2相加，结果送到OUT中。

图 4-31　除法指令格式

2）应用案例

按下启动按钮，小灯 Q0.1 会点亮吗？

程序如图 4-32 所示。

程序解析：按下按钮 I0.0，实数传送指令分别将 20.0 和 2.0 传送到 MD0 和 MD10 中；按下按钮 I0.1，MD0 中的 20.0 和 MD10 中 2.0 相减得到的结果再与 6.0 相除，得到的结果存入 VD10 中，此时运算结果为 3.0，比较指令条件成立，故小灯 Q0.1 点亮。

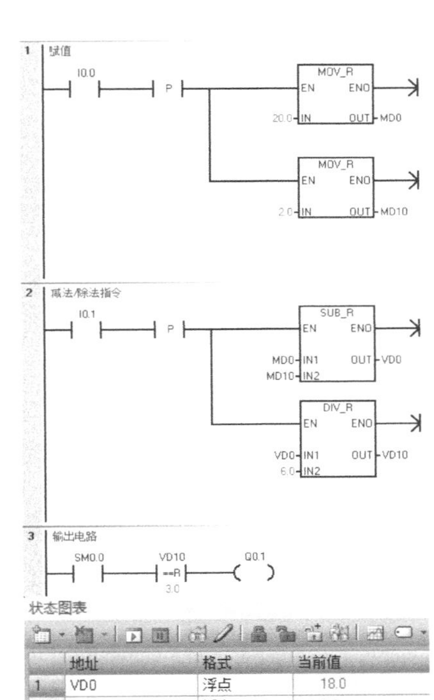

图 4-32　减法/除法指令应用举例

4.6.2　数学功能指令及应用举例

S7-200 SMART PLC 的数学函数指令有平方根指令、自然对数指令、指数指令、正弦指令、余弦指令和正切指令。平方根指令将一个双字长（32 位）的实数 IN 开平方，得到 32 位的实数结果送到 OUT；自然对数指令将一个双字长（32 位）的实数 IN 取自然对数，得到 32 位的实数结果送到 OUT；指数指令将一个双字长（32 位）的实数 IN 取以 e 为底的指数，得到 32 位的实数结果送到 OUT；正弦、余弦和正切指令将一个弧度值 IN 分别求正弦、余弦和正切，得到 32 位的实数结果送到 OUT；以上运算输入/输出数据都为实数，结果大于 32 位二进制数表示的范围时产生溢出。

1）指令格式

数学功能指令格式如表 4-6 所示。

表 4-6　数学功能指令格式

指令名称		平方根指令	自然对数指令	指数指令	正弦指令	余弦指令	正切指令
编程语言	梯形图	SQRT EN ENO IN OUT	EXP EN ENO IN OUT	LN EN ENO IN OUT	SIN EN ENO IN OUT	COS EN ENO IN OUT	TAN EN ENO IN OUT
	语句表	SQRT IN,OUT	EXP IN,OUT	LN IN,OUT	SIN IN,OUT	COS IN,OUT	TN IN,OUT
操作数类型及操作范围		IN：ID、QD、VD、MD、SD、SMD、LD、AC、常数。 OUT：ID、QD、VD、MD、SD、SMD、LD、AC。 IN/OUT 数据类型：实数。					

2）应用案例

按下启动按钮，观察哪些灯亮，哪些灯不亮，为什么？程序如图 4-33 所示。

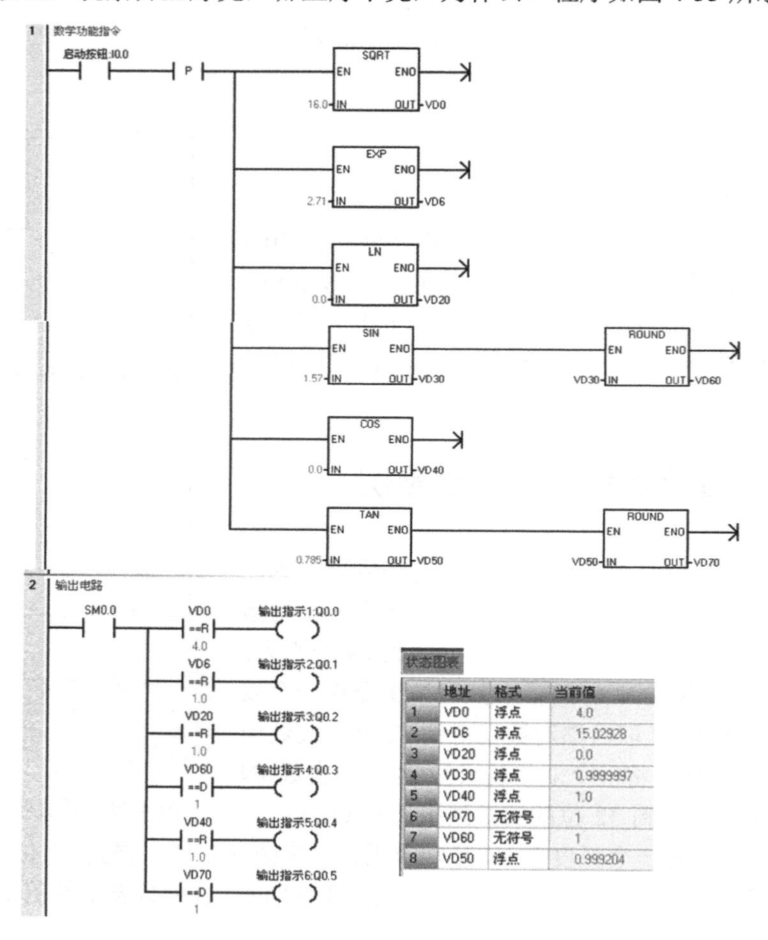

图 4-33　数学功能指令应用举例

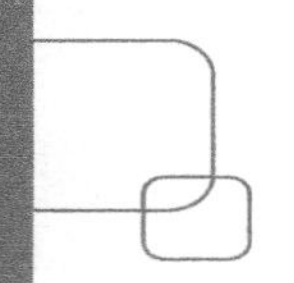

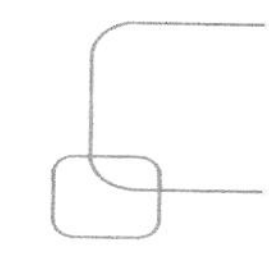

4.6.3　递增、递减指令及应用举例

1）指令格式

字节、字、双字的递增/递减指令是源操作数加 1 或减 1，并将结果存放到 OUT 中，其中字节增减是无符号的，字和双字增减是有符号的数。

梯形图表示：IN+1=OUT，IN−1=OUT；

语句表表示：OUT+1=OUT，OUT−1=OUT；

值得说明的是，IN 和 OUT 使用相同的存储单元。递增、递减指令格式如表 4-7 所示。

表 4-7　递增、递减指令格式

指令名称		字节递增指令	字节递减指令	字递增指令	字递减指令	双字递增指令	双字递减指令
编程语言	梯形图	INC_B EN ENO IN OUT	DEC_B EN ENO IN OUT	INC_W EN ENO IN OUT	DEC_W EN ENO IN OUT	INC_DW EN ENO IN OUT	DEC_DW EN ENO IN OUT
	语句表	INCB OUT	DECB OUT	INCW OUT	DECW OUT	INCD OUT	DECD OUT
操作数范围		IN：IB、QB、VB、MB、SB、SMB、LB、AC、常数。OUT：IB、QB、VB、MB、SB、SMB、LB、AC。		IN：IW、QW、VW、MW、SW、SMW、LW、AC、T、C、AIW、常数。OUT：IW、QW、VW、MW、SW、SMW、LW、AC、T、C。		IN1/IN2：ID、QD、VD、MD、SD、SMD、LD、AC、HC、常数。OUT：ID、QD、VD、MD、SD、SMD、LD、AC。	

2）应用举例

按下启动按钮，观察 Q0.1 灯是否会点亮？

程序如图 4-34 所示。

程序解析：按下按钮 I0.0，3 加 1 减 1 再减 1，将得到的结果 2 存入 VB20 中，比较条件成立，Q0.1 点亮。

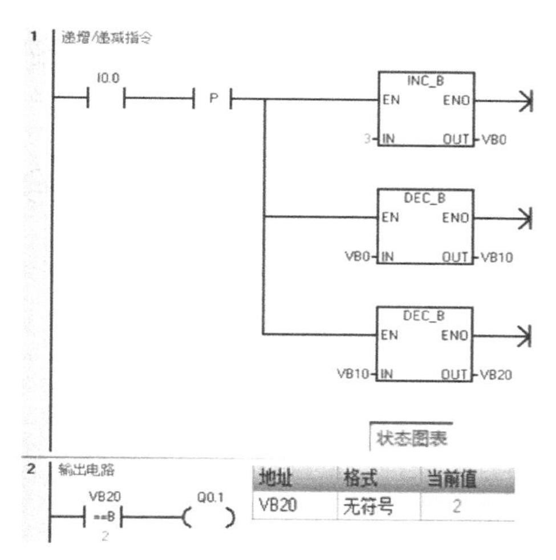

图 4-34　递增/递减指令应用举例

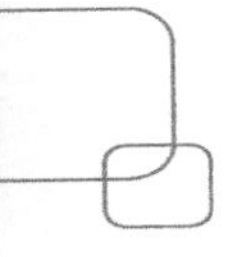

4.6.4 综合应用举例

例 1 试用编程计算(8+2)×10−19 再开方的值。

具体程序如图 4-35 所示。程序编制并不难，按照数学(8+2)×10−19，一步步用数学运算指令表达出来即可。这里考虑到 SQRT 指令输入/输出操作数均为实数，故加、减和乘指令也都选择了实数型。如果结果等于 9，Q0.1 灯会亮。

例 2 试构造一个自加 1 和自减 1 循环切换电路，当数值小于 1 时启动自加 1 电路，当数值大于 29 时启动自减 1 电路。

具体程序如图 4-36 所示。

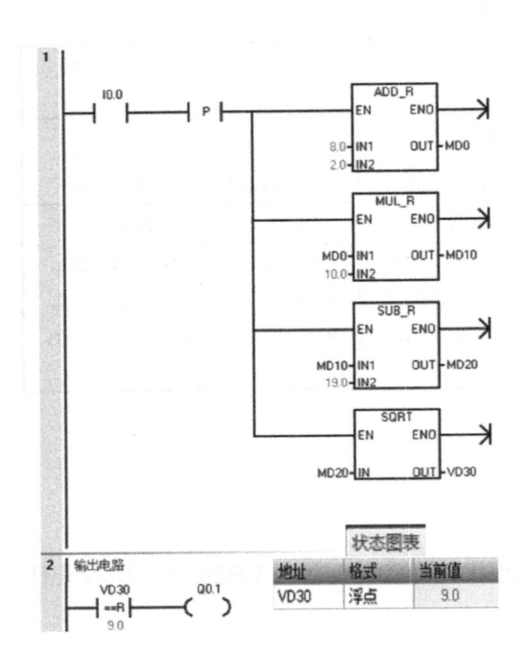

图 4-35 综合案例程序

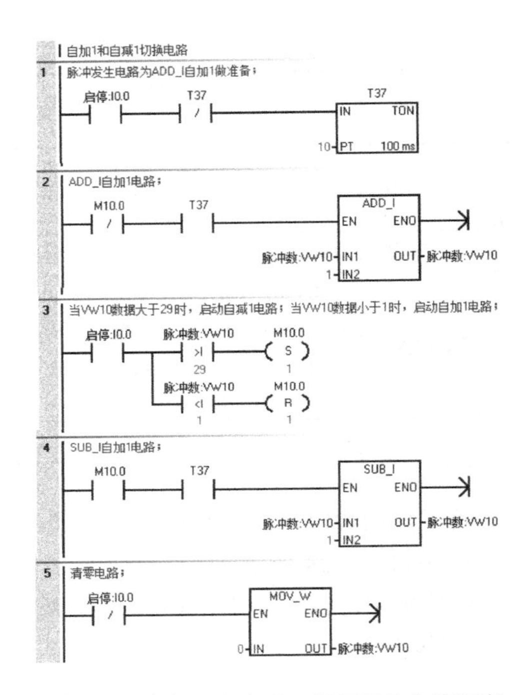

图 4-36 自加 1 和自减 1 循环切换电路程序

4.7 逻辑操作指令

逻辑操作指令对逻辑数（无符号数）对应位间的逻辑操作，它包括逻辑与、逻辑或、逻辑异或和取反指令。

4.7.1 逻辑与指令

在梯形图中，当逻辑与条件满足时，IN1 和 IN2 按位与，其结果传送到 OUT 中。

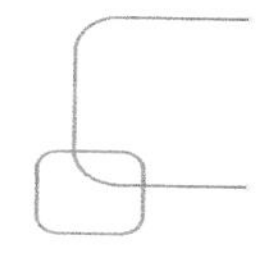

1）指令格式

逻辑与指令格式如图 4-37 所示。

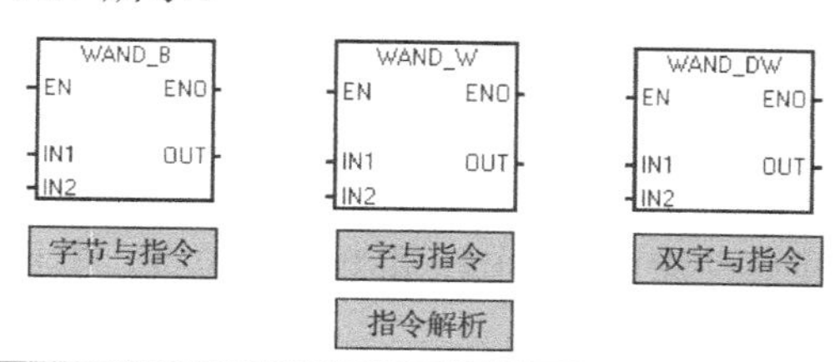

① EN：使能输入端，数据类型为BOOL，存储区域为I、Q、M、SM、T、C、V、S、L。

② 字节与指令（WAND_B）：IN/OUT数据类型为字节（BYTE）。IN操作数为IB、QB、VB、MB、SB、SMB、LB、AC、常数。OUT操作数为IB、QB、VB、MB、SB、SMB、LB、AC。

③ 字与指令（WAND_W）：IN/OUT数据类型为字（WORD）。IN操作数为IW、QW、VW、MW、SW、SMW、LW、AC、T、C、AIW、常数。OUT操作数为IW、QW、VW、MW、SW、SMW、LW、AC、T、C、AQW。

④ 双字与指令（WAND_DW）：IN/OUT数据类型为双字（DWORD）。IN操作数为ID、QD、VD、MD、SD、SMD、LD、AC、HC、常数。OUT操作数为ID、QD、VD、MD、SD、SMD、LD、AC。

⑤ 指令功能：当逻辑与条件满足时，IN1和IN2按位与，其结果传送到OUT中。

图 4-37　逻辑与指令格式

2）应用举例

按下按钮 I0.1，观察灯 Q0.1 是否会点亮，为什么？
程序如图 4-38 所示。

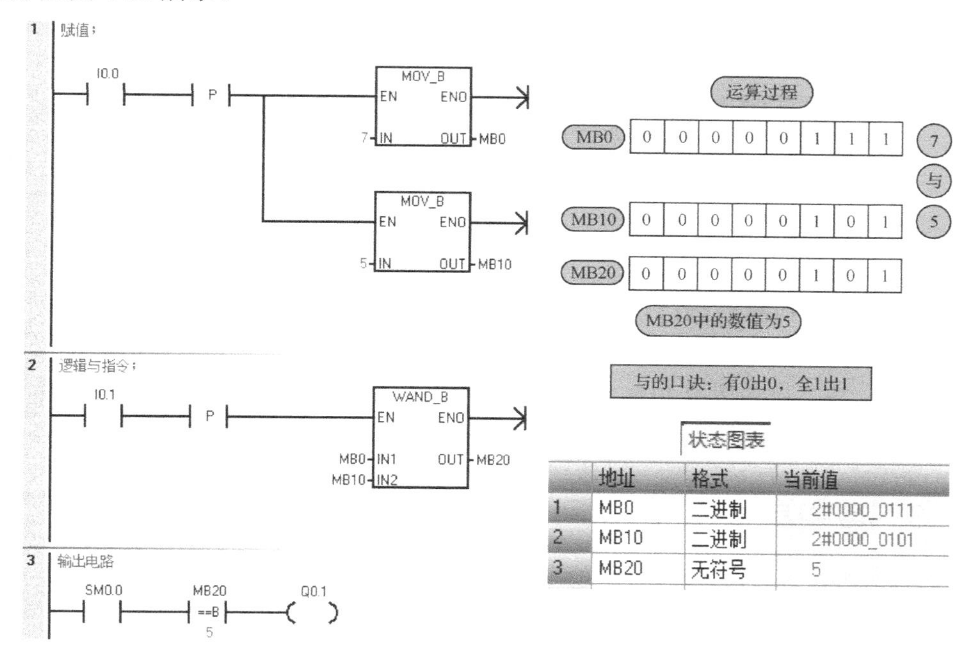

图 4-38　逻辑与指令应用举例

程序解析：按下启动按钮 I0.0，字节传送指令分别将 7 和 5 传送到 MB0 和 MB10 中；7（2#111）与 5（2#101）逐位进行与，根据有 0 出 0，全 1 出 1 的原则，得到的结果恰好为 5（2#101），故比较指令成立，因此 Q0.1 为 1。

4.7.2 逻辑或指令

在梯形图中，当逻辑或条件满足时，IN1 和 IN2 按位或，其结果传送到 OUT 中。

1）指令格式

逻辑或指令格式如图 4-39 所示。

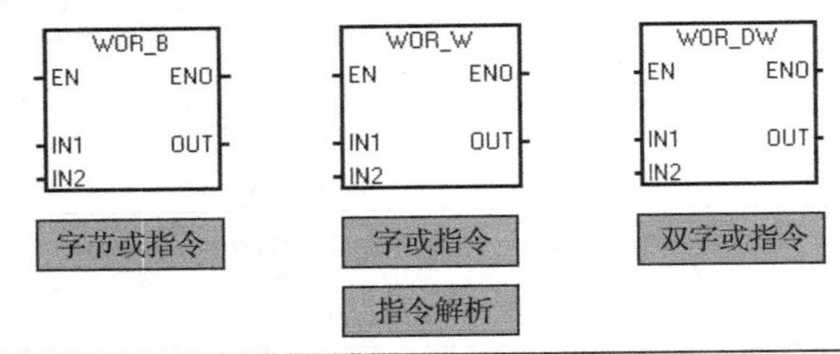

① EN：使能输入端，数据类型为BOOL，存储区域为I、Q、M、SM、T、C、V、S、L。

② 字节或指令（WOR_B）：IN/OUT数据类型为字节（BYTE）。IN操作数为IB、QB、VB、MB、SB、SMB、LB、AC、常数。OUT操作数为IB、QB、VB、MB、SB、SMB、LB、AC。

③ 字或指令（WOR_W）：IN/OUT数据类型为字（WORD）。IN操作数为IW、QW、VW、MW、SW、SMW、LW、AC、T、C、AIW、常数。OUT操作数为IW、QW、VW、MW、SW、SMW、LW、AC、T、C、AQW。

④ 双字或指令（WOR_DW）：IN/OUT数据类型为双字（DWORD）。IN操作数为ID、QD、VD、MD、SD、SMD、LD、AC、HC、常数。OUT操作数为ID、QD、VD、MD、SD、SMD、LD、AC。

⑤ 指令功能：当逻辑或条件满足时，IN1和IN2按位或，其结果传送到OUT中。

图 4-39 逻辑或指令格式

2）应用举例

按下按钮 I0.1，观察灯 Q0.1 是否会点亮，为什么？

程序如图 4-40 所示。

程序解析：按下启动按钮 I0.0，1（2#001）与 6（2#110）逐位进行或，根据有 1 出 1，全 0 出 0 的原则，得到的结果恰好为 7（2#111），故比较指令成立，因此 Q0.0 为 1。

4.7.3 逻辑异或指令

在梯形图中，当逻辑异或条件满足时，IN1 和 IN2 按位异或，其结果传送到 OUT 中。

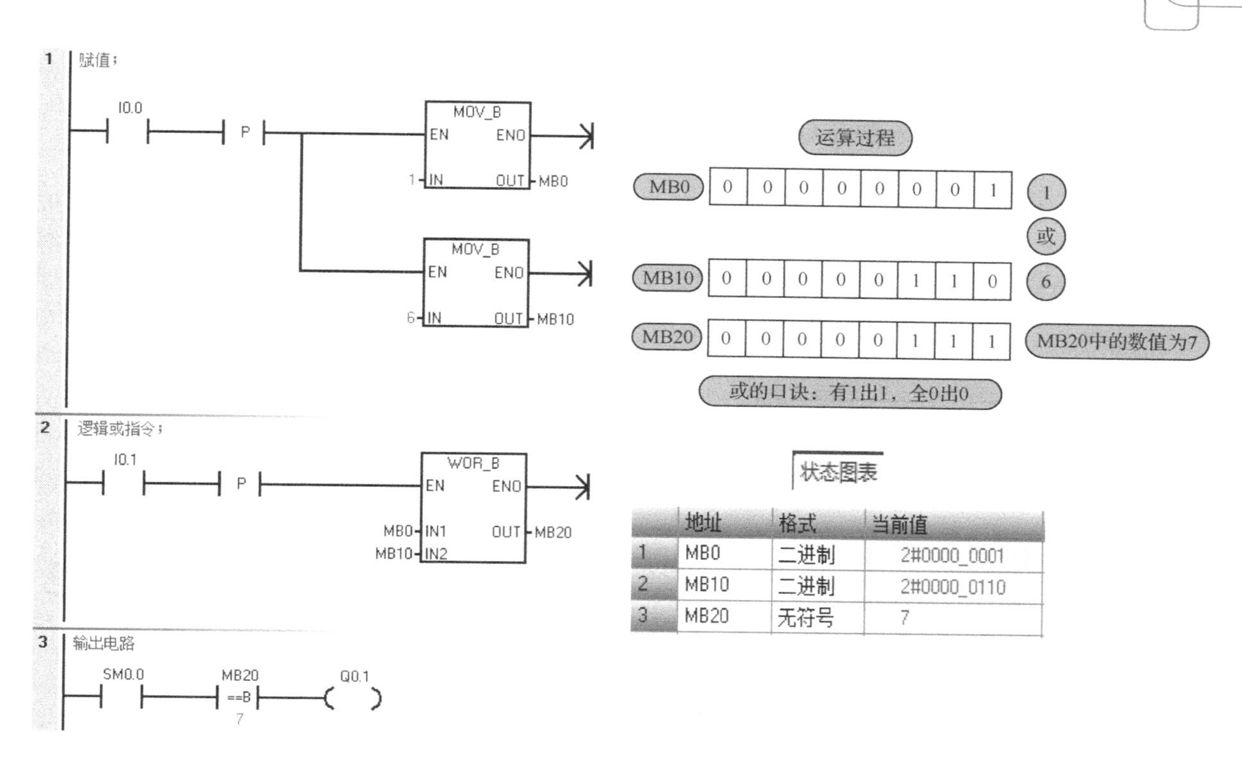

图 4-40　逻辑或指令应用举例

1）指令格式

逻辑异或指令格式如图 4-41 所示。

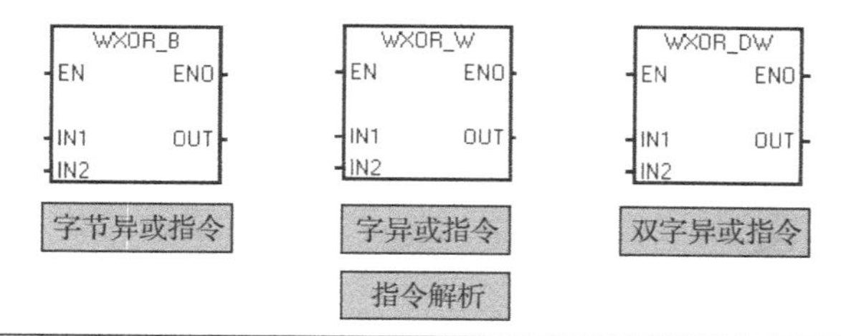

① EN：使能输入端，数据类型为BOOL，存储区域为I、Q、M、SM、T、C、V、S、L。

② 字节异或指令（WXOR_B）：IN/OUT数据类型为字节（BYTE）。IN操作数为IB、QB、VB、MB、SB、SMB、LB、AC、常数。OUT操作数为IB、QB、VB、MB、SB、SMB、LB、AC。

③ 字异或指令（WXOR_W）：IN/OUT数据类型为字（WORD）。IN操作数为IW、QW、VW、MW、SW、SMW、LW、AC、T、C、AIW、常数。OUT操作数为 IW、QW、VW、MW、SW、SMW、LW、AC、T、C、AQW。

④ 双字异或指令（WXOR_DW）：IN/OUT数据类型为双字（DWORD）。IN操作数为ID、QD、VD、MD、SD、SMD、LD、AC、HC、常数。OUT操作数为ID、QD、VD、MD、SD、SMD、LD、AC。

⑤ 指令功能：当逻辑异或条件满足时，IN1和IN2按位异或，其结果传送到OUT中。

图 4-41　逻辑异或指令格式

2）应用举例

按下启动按钮，观察灯 Q0.1 是会否点亮，为什么？

程序如图 4-42 所示。

程序解析：按下启动按钮 I0.0，字节传送指令分别将 5 和 6 传送到 MB0 和 MB10 中；按钮 I0.1 接通，5（2#101）与 6（2#110）逐位进行异或，根据相同出 0，相异出 1 的原则，得到的结果恰好为 3（2#011），故比较指令成立，因此 Q0.1 为 1。

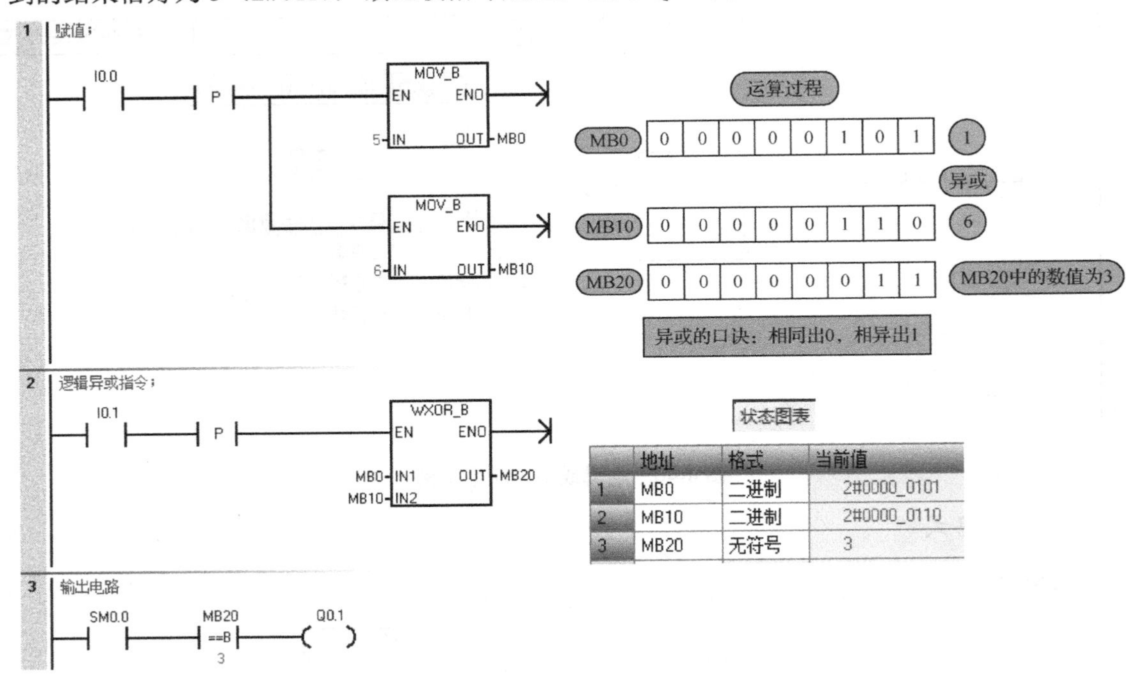

图 4-42 逻辑异或指令应用举例

4.7.4 取反指令

在梯形图中，当逻辑与条件满足时，IN 按位取反，其结果传送到 OUT 中；在语句表中，OUT 按位取反，结果传送到 OUT 中，IN 和 OUT 使用同一存储单元。

1）指令格式

取反指令的指令格式如表 4-8 所示。

2）应用举例

按下启动按钮，观察哪些灯点亮，哪些灯不亮，为什么？

程序如图 4-43 所示。

程序解析：按下启动按钮 I0.0，15（2#00001111）逐项取反，得到的结果为 2#11110000，故 Q0.0～Q0.3 不亮，Q0.4～Q0.7 亮。

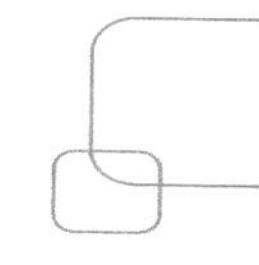

表 4-8 取反指令的指令格式

指令名称	编程语言		操作数类型及操作范围
	梯形图	语句表	
字节取反指令	INV_B EN ENO IN OUT	INVB OUT	IN：IB、QB、VB、MB、SB、SMB、LB、AC、常数。 OUT：IB、QB、VB、MB、SB、SMB、LB、AC。 IN/OUT 数据类型：字节。
字取反指令	INV_W EN ENO IN OUT	INVW OUT	IN：IW、QW、VW、MW、SW、SMW、LW、AC、T、C、AIW、常数。 OUT：IW、QW、VW、MW、SW、SMW、LW、AC、T、C、AQW。 IN/OUT 数据类型：字。
双字取反指令	INV_DW EN ENO IN OUT	INVD OUT	IN：ID、QD、VD、MD、SD、SMD、LD、AC、HC、常数。 OUT：ID、QD、VD、MD、SD、SMD、LD、AC。 IN/OUT 数据类型：双字。

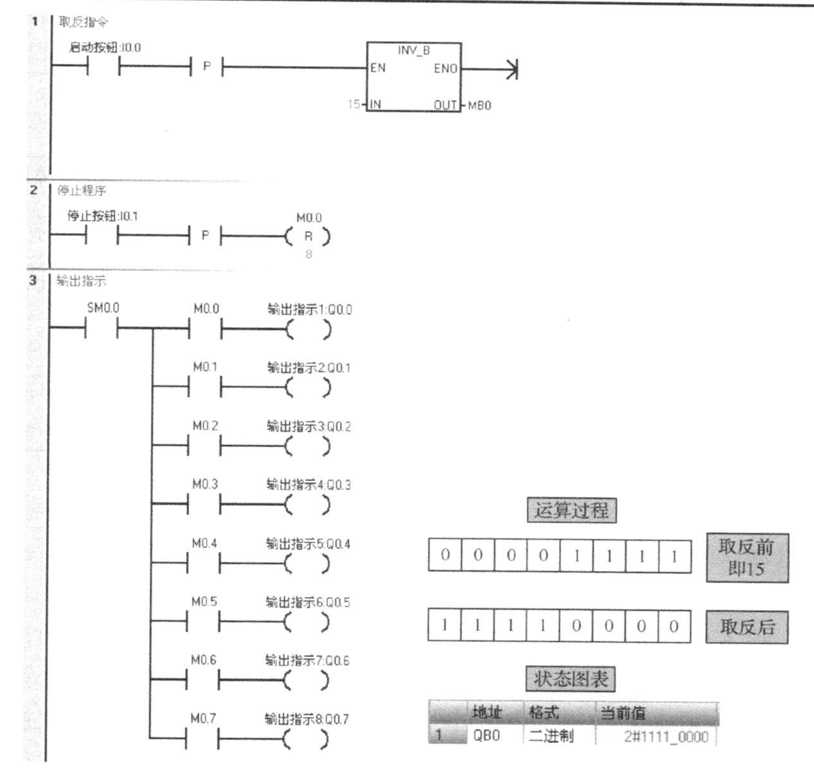

图 4-43 取反指令应用举例

4.8 数据转换指令

编程时，当实际的数据类型与需要的数据类型不符时，就需要对数据类型进行转换，数据转换指令就是完成这类任务的指令。

数据转换指令将操作数类型转换后，把输出结果存入指定的目标地址中。数据转换指令包括数据类型转换指令、编码与译码指令及字符串类型转换指令等。

4.8.1 数据类型转换指令

数据类型转换指令包括字节与字整数间的转换指令、字整数与双字整数间的转换指令、双整数与实数间的转换指令及 BCD 码与整数间的转换指令。

1. 字节与字整数间的转换指令

1）指令格式

字节与字整数间的转换指令格式如表 4-9 所示。

表 4-9 字节与字整数间的转换指令格式

指令名称	编程语言		操作数类型及操作范围
	梯形图	语句表	
字节转换成字整数指令	B_I EN ENO IN OUT	BTI IN,OUT	IN：IB、QB、VB、MB、SB、SMB、LB、AC、常数。 OUT：IW、QW、VW、MW、SW、SMW、LW、AC、T、C。 IN 数据类型：字节。OUT 数据类型：整数
字整数转换成字节指令	I_B EN ENO IN OUT	ITB IN,OUT	IN：IW、QW、VW、MW、SW、SMW、LW、AC、T、C、常数。 OUT：IB、QB、VB、MB、SB、SMB、LB、AC。 IN 数据类型：整数。OUT 数据类型：字节
功能说明	（1）字节转换成字整数指令将字节（IN）转换成整数值，并将结果存入目标地址（OUT）中。 （2）字整数转换成字节指令将字整数（IN）转换成字节，并将结果存入目标地址（OUT）中。		

2）应用举例

按下启动按钮，小灯 Q0.0 和 Q0.1 会不会点亮？

程序如图 4-44 所示。

程序解析：按下启动按钮 I0.0，字节传送指令 MOV_B 将 3 传入 MB0 中，通过字节转换成整数指令 B_I，MB0 中的 3 会存储到 MW10 中的低字节 MB11 中，通过比较指令 MB11 中的数恰好为 3，因此 Q0.0 亮；Q0.1 点亮过程与 Q0.0 点亮过程相似，故不赘述。

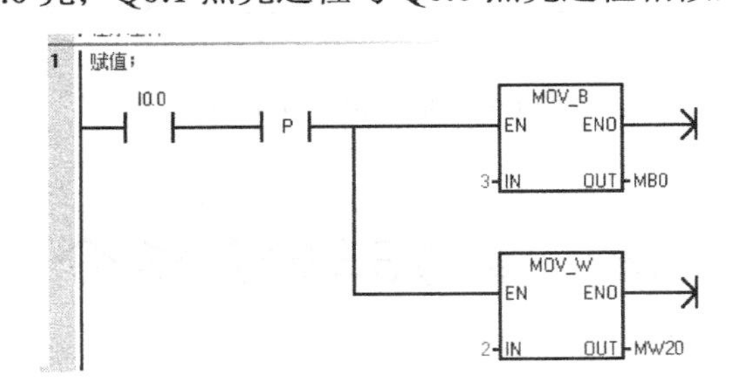

图 4-44 字节与字整数间转换指令应用举例

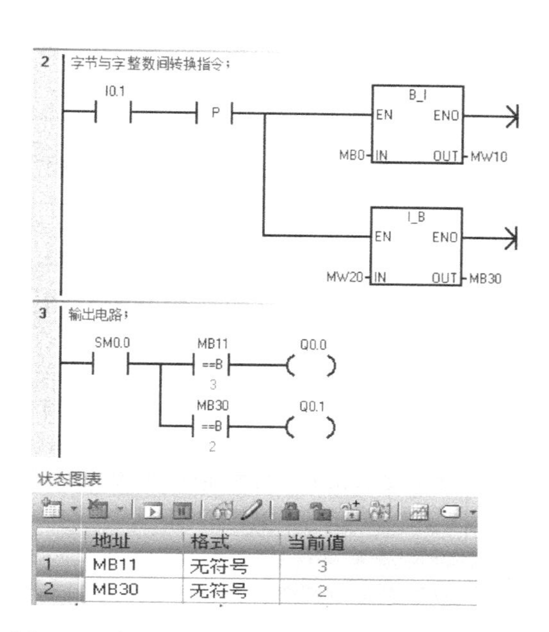

图 4-44　字节与字整数间转换指令应用举例（续）

2. 字整数与双字整数间的转换指令

字整数与双字整数间的转换指令格式如表 4-10 所示。

表 4-10　字整数与双字整数间的转换指令格式

指令名称	编程语言		操作数类型及操作范围
	梯形图	语句表	
字整数转换成双字整数指令	I_DI（EN ENO IN OUT）	ITD IN,OUT	IN：IW、QW、VW、MW、SW、SMW、LW、AC、T、C、AIW、常数。 OUT：ID、QD、VD、MD、SD、SMD、LD、AC。 IN 数据类型：整数。OUT 数据类型：双整数
双字整数转换成字整数指令	DI_I（EN ENO IN OUT）	DTI IN,OUT	IN：ID、QD、VD、MD、SD、SMD、LD、AC、HC、常数。 OUT：IW、QW、VW、MW、SW、SMW、LW、AC、T、C。 IN 数据类型：双整数。OUT 数据类型：整数
功能说明	（1）字整数转换成双字整数指令将字整数值（IN）转换成双字整数值，并将结果存入目标地址（OUT）中。 （2）双字整数转换成字整数指令将双字整数值转换成字整数值，并将结果存入目标地址（OUT）中。		

3. 双整数与实数间的转换指令

1）指令格式

双整数与实数间的转换指令格式如表 4-11 所示。

2）应用举例

按下启动按钮，小灯 Q0.0 和 Q0.1 会不会点亮？
程序如图 4-45 所示。

表 4-11　双整数与实数间的转换指令格式

指令名称	编程语言		操作数类型及操作范围
	梯形图	语句表	
双整数转换成实数指令	DI_R EN ENO IN OUT	DIR IN,OUT	IN：ID、QD、VD、MD、SD、SMD、LD、HC、AC、常数。 OUT：ID、QD、VD、MD、SD、SMD、LD、AC。 IN 数据类型：双整数。OUT 数据类型：实数
四舍五入取整指令	ROUND EN ENO IN OUT	ROUND IN,OUT	IN：ID、QD、VD、MD、SD、SMD、LD、AC、常数。 OUT：ID、QD、VD、MD、SD、SMD、LD、AC。 IN 数据类型：实数。 OUT 数据类型：双整数
截位取整指令	TRUNC EN ENO IN OUT	TRUNC IN,OUT	IN：ID、QD、VD、MD、SD、SMD、LD、HC、AC、常数。 OUT：ID、QD、VD、MD、SD、SMD、LD、AC。 IN 数据类型：实数。 OUT 数据类型：双整数
功能说明	（1）DIR 指令将 32 位带符号整数（IN）转换成 32 位实数，并将结果存入目标地址中（OUT）。 （2）ROUND 指令按小数部分四舍五入的原则，将实数（IN）转换成双整数，并将结果存入目标地址中（OUT）。 （3）TRUNC 指令按小数部分直接舍去原则，将 32 位实数（IN）转换成 32 位双整数值，并将结果存入目标地址中（OUT）。		

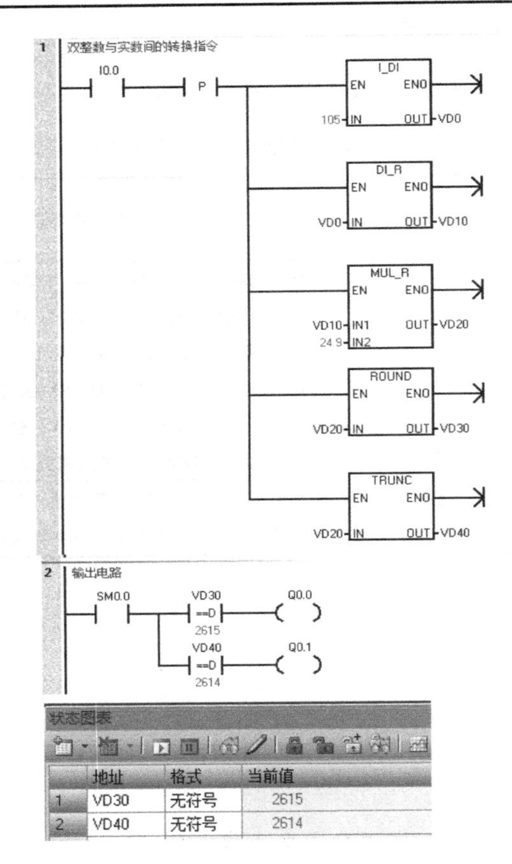

图 4-45　双整数与实数间的转换指令应用举例

程序解析：按下启动按钮 I0.0，I_DI 指令将 105 转换为双整数传入 VD0 中，通过 DI_R 指令将双整数转换为实数送入 VD10 中，VD10 中的 105.0 乘以 24.9 存入 VD20 中，ROUND 指令将 VD20 中的数四舍五入，存入 VD30 中，VD30 中的数为 2615；TRUNC 指令将 VD20 中的数舍去小数部分，存入 VD40 中，VD40 中的数为 2614，因此 Q0.0 和 Q0.1 都亮。

编者有料

以上转换指令是实现模拟量等复杂计算的基础，读者需予以重视。

4. BCD 码与整数的转换指令

BCD 码与整数的转换指令格式如表 4-12 所示。

表 4-12　BCD 码与整数的转换指令格式

指令名称	编程语言		操作数类型及操作范围
	梯形图	语句表	
BCD 码转换整数指令	BCD_I EN ENO IN OUT	BCDI,OUT	IN：IW、QW、VW、MW、SW、SMW、LW、AC、T、C、AIW、常数。 OUT：IW、QW、VW、MW、SW、SMW、LW、AC、T、C。 IN/OUT 数据类型：字
整数转换 BCD 码指令	I_BCD EN ENO IN OUT	IBCD,OUT	IN：IW、QW、VW、MW、SW、SMW、LW、AC、T、C、AIW、常数。 OUT：IW、QW、VW、MW、SW、SMW、LW、AC、T、C。 IN/OUT 数据类型：字
功能说明	（1）BCD 码转换整数指令将二进制编码的十进制数 IN 转换成整数，并将结果存入目标地址中（OUT）。IN 的有效范围是 BCD 码 0～9999。 （2）整数转换 BCD 码指令将输入整数 IN 转换成二进制编码的十进制数，并将结果存入目标地址中（OUT）。IN 的有效范围是 BCD 码 0～9999。		

4.8.2　译码与编码指令

1. 译码与编码指令

1）指令格式

译码与编码指令格式如表 4-13 所示。

表 4-13　译码与编码指令格式

指令名称	编程语言		操作数类型及操作范围
	梯形图	语句表	
译码指令	DECO EN ENO IN OUT	DEC0 IN,OUT	IN：IB、QB、VB、MB、SB、SMB、LB、AC、常数。 OUT：IW、QW、VW、MW、SW、SMW、LW、AC、T、C、AQW。 IN 数据类型：字节。OUT 数据类型：字

续表

指令名称	编程语言		操作数类型及操作范围
	梯形图	语句表	
编码指令	ENCO EN ENO IN OUT	ENCO IN,OUT	IN：IW、QW、VW、MW、SW、SMW、LW、AC、T、C、AIW。 OUT：IB、QB、VB、MB、SB、SMB、LB、AC、常数。 IN 数据类型：字。OUT 数据类型：字节
功能说明	（1）译码指令根据输入字节 IN 的低 4 位表示的输出字的位号，将输出字的相应位置 1。 （2）编码指令将输入字 IN 最低有效位的位号写入输出字节的低 4 位中。		

2）应用举例

按下启动按钮，小灯 Q0.0 和 Q0.1 会不会点亮？程序如图 4-46 所示。

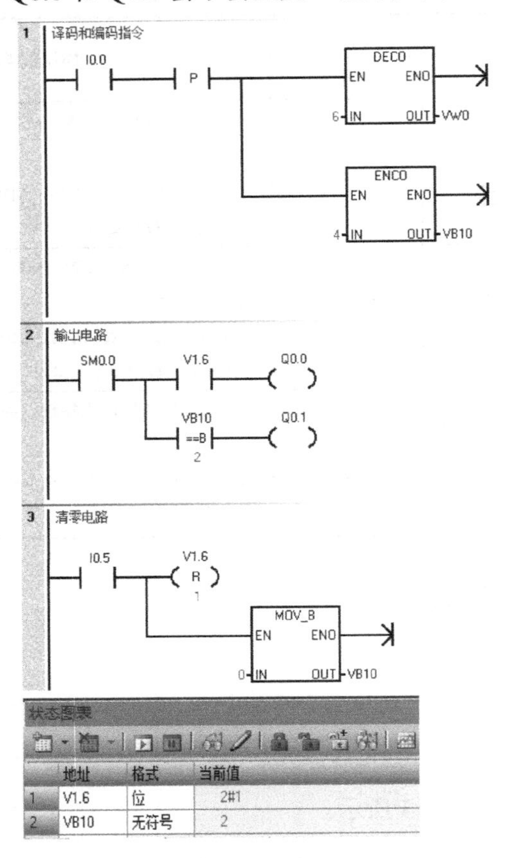

图 4-46　译码与编码指令应用举例

2. 段译码指令

段译码指令将输入字节中的 16#0～F 转换成点亮七段数码管各段代码并送到输出（OUT）。

1）指令格式

段译码指令格式如图 4-47 所示。

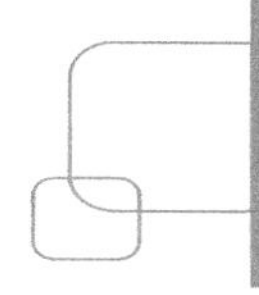

段译码指令转换表

IN	段显示	OUT a	b	c	d	e	f	g		IN	段显示	OUT a	b	c	d	e	f	g
0	0	1	1	1	1	1	1	0		8	8	1	1	1	1	1	1	1
1	1	0	1	1	0	0	0	0	a	9	9	1	1	1	0	0	1	1
2	2	1	1	0	1	1	0	1	f g b	A	A	1	1	1	0	1	1	1
3	3	1	1	1	1	0	0	1	e c	B	b	0	0	1	1	1	1	1
4	4	0	1	1	0	0	1	1	d	C	C	1	0	0	1	1	1	0
5	5	1	0	1	1	0	1	1		D	d	0	1	1	1	1	0	1
6	6	1	0	1	1	1	1	1		E	E	1	0	0	1	1	1	1
7	7	1	1	1	0	0	0	0		F	F	1	0	0	0	1	1	1

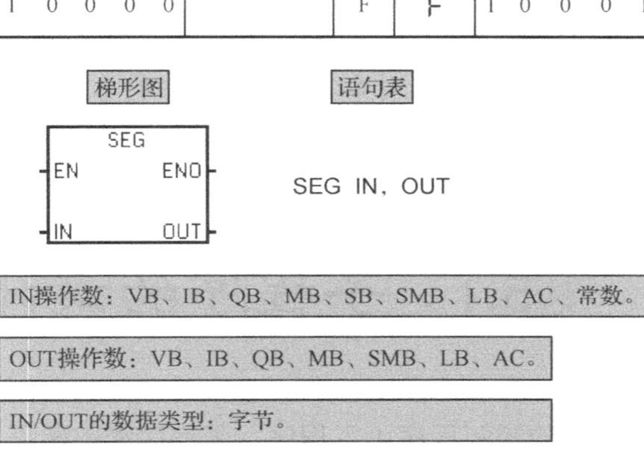

图 4-47　段译码指令的指令格式

2）应用举例

编写显示数字 6 的七段显示码程序，如图 4-48 所示。

按下启动按钮 I0.0，SEG 指令 6 传给 QB0，除 Q0.1 外，Q0.0，Q0.2～Q0.6 均点亮。

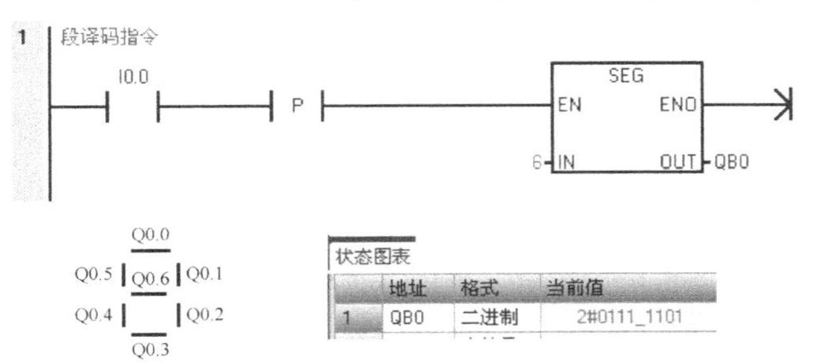

图 4-48　段译码指令应用举例

第 5 章　子程序与中断程序的设计

本章要点

- ◆ 子程序的设计
- ◆ 两台电动机分时启动控制
- ◆ 中断程序的设计
- ◆ 汽缸伸缩控制与压力定时采集

5.1　子程序的设计

S7-200 SMART PLC 的控制程序由主程序、子程序和中断程序组成。

5.1.1　S7-200 SMART PLC 程序结构

1）主程序

主程序（OB1）是程序的主体。每个项目都必须且只能有一个主程序，在主程序中可以调用子程序和中断程序。

2）子程序

子程序是指具有特定功能且多次使用的程序段。子程序仅在被其他程序调用时执行，同一个子程序可在不同的地方多次被调用，使用子程序可以简化程序代码和减少扫描时间。

3）中断程序

中断程序用来及时处理与用户程序的执行无关的操作或不能事先预测何时发生的中断事件。中断程序是由用户编制的，它不由用户程序来调用，在中断事件发生时由操作系统来调用。

图 5-1 是主程序、子程序和中断程序在编程软件 STEP 7- Micro/WIN SMART 中的位置，主程序在先，接下来是子程序和中断程序。

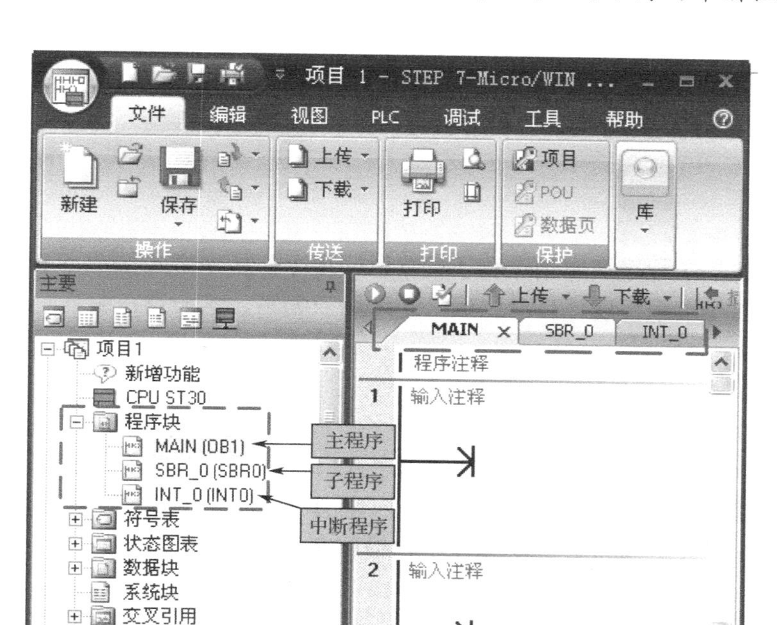

图 5-1　软件中的主程序、子程序和中断程序

5.1.2　子程序编写与调用

1）子程序的作用与优点

子程序常用于需要多次反复执行相同任务的地方，只需要写一次子程序，当别的程序需要时可以调用它，而无须重新编写该程序了。

子程序的调用是有条件的，未调用子程序时不会执行子程序中的指令，因此使用子程序可以减少程序扫描时间；子程序使程序结构简单清晰，易于调试、检查错误和维修，因此在编写复杂程序时，建议将全部功能划分为几个符合控制工艺的子程序。

2）子程序的创建

打开编程软件，通常会有一个主程序、一个子程序和一个中断程序，如果需要多个，则可以采用下列方法之一创建子程序。

（1）双击项目树中程序块前边的 ⊞，将程序块展开，单击右键执行“插入→子程序”命令。

（2）在编辑菜单栏中执行“编辑→对象→子程序”命令。

（3）在程序编辑器窗口上方的标签中单击右键执行“插入→子程序”命令。

3）子程序重命名

可以右击项目树中的子程序图标，在弹出的菜单中选择“重命名”选项，修改子程序的名称。

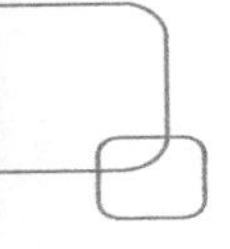

5.1.3 子程序指令格式及调用

1）指令格式

子程序指令包括子程序调用指令和子程序返回指令，指令格式如图 5-2 所示。需要指出的是，程序返回指令由编程软件自动生成，无须用户编写，这一点在编程时需要注意。

2）子程序调用

子程序调用由主程序内调用指令完成。当子程序调用允许时，调用指令将程序控制转移给子程序（SBR_n），程序扫描将转移到子程序入口处执行。当执行子程序时，子程序将执行全部指令直到满足条件才返回，或者执行到子程序末尾返回。当子程序返回时，返回到原主程序出口的下一条指令执行，并继续往下扫描程序，如图 5-3 所示。

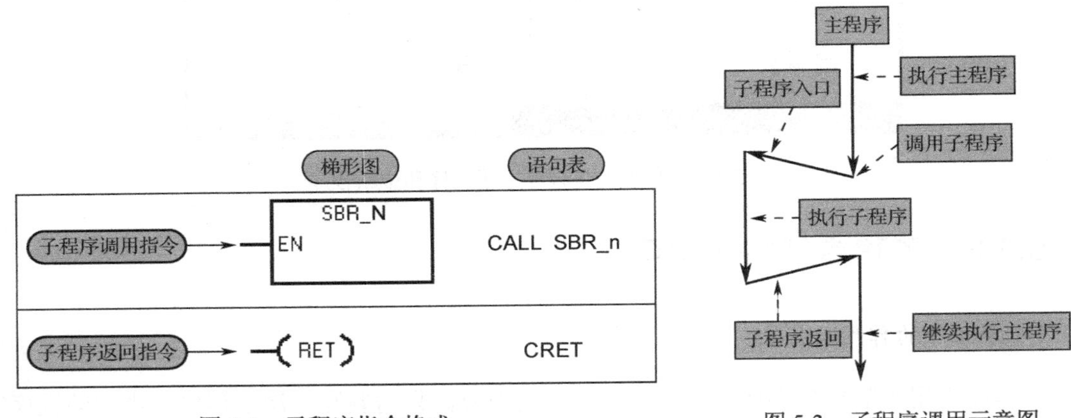

图 5-2　子程序指令格式

图 5-3　子程序调用示意图

5.1.4 子程序指令应用举例

1）控制要求

系统设有启停按钮，当选择开关常开点接通时，电动机 M1 工作；当选择开关常闭点接通时，电动机 M2 工作；按下停止按钮，两台电动机都停止工作；用子程序指令实现以上控制功能。

2）程序设计

两台电动机选择启停控制 I/O 分配如表 5-1 所示。

表 5-1　两台电动机选择启停控制 I/O 分配

输　入　量		输　出　量	
启停按钮	I0.0	电动机 M1	Q0.0
选择开关	I0.1	电动机 M2	Q0.1

程序设计：两台电动机选择启停控制梯形图，如图 5-4 所示。

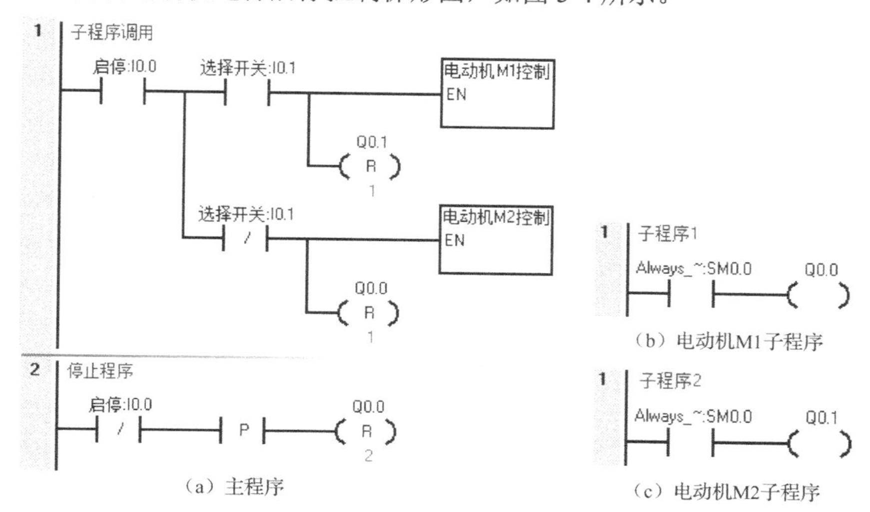

（a）主程序

（b）电动机M1子程序

（c）电动机M2子程序

图 5-4　两台电动机选择启停控制梯形图

5.2　两台电动机分时启动控制

1．控制要求

某车间有两台电动机，为了避免启动时对电网的干扰，现对其进行如下控制：按下启停按钮，电动机 M1 先启动，3s 后电动机 M2 再启动；再次按下启停按钮，电动机 M1、M2 同时停止。试用子程序指令和跳转/标号指令两种方案编制上述程序。

2．程序设计

两台电动机分时启动控制 I/O 分配如表 5-2 所示。

表 5-2　两台电动机分时启动控制 I/O 分配

输　入　量		输　出　量	
启停按钮	I0.0	电动机 M1	Q0.0
—	—	电动机 M2	Q0.1

梯形图程序如下所述。

解法一　用子程序指令编程

图 5-5 为用子程序指令设计两台电动机分时启动控制梯形图，该程序分为主程序、电动机分时启动和停止的子程序。

解法二　用跳转/标号指令编程

图 5-6 为用跳转/标号指令设计两台电动机分时启动控制梯形图。

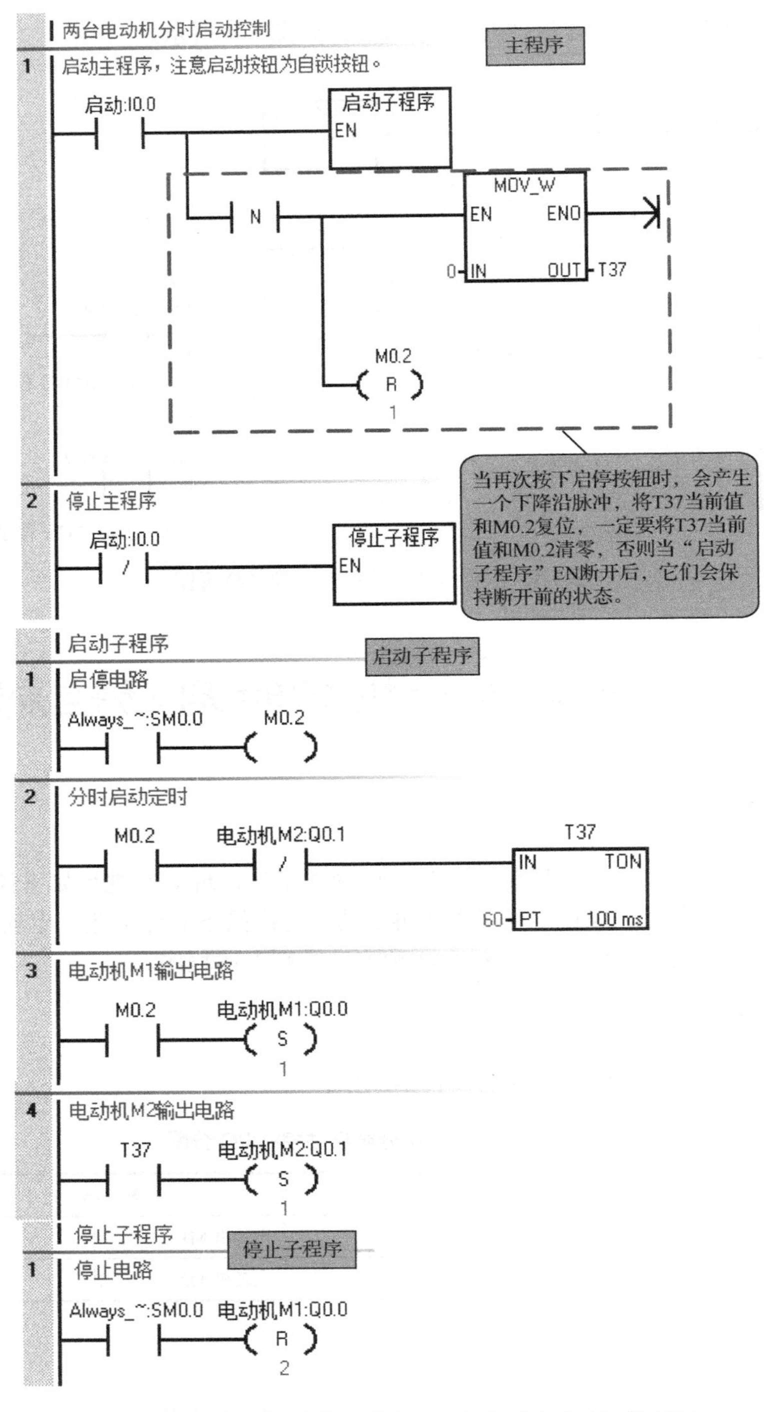

图 5-5　用子程序指令设计两台电动机分时启动控制梯形图

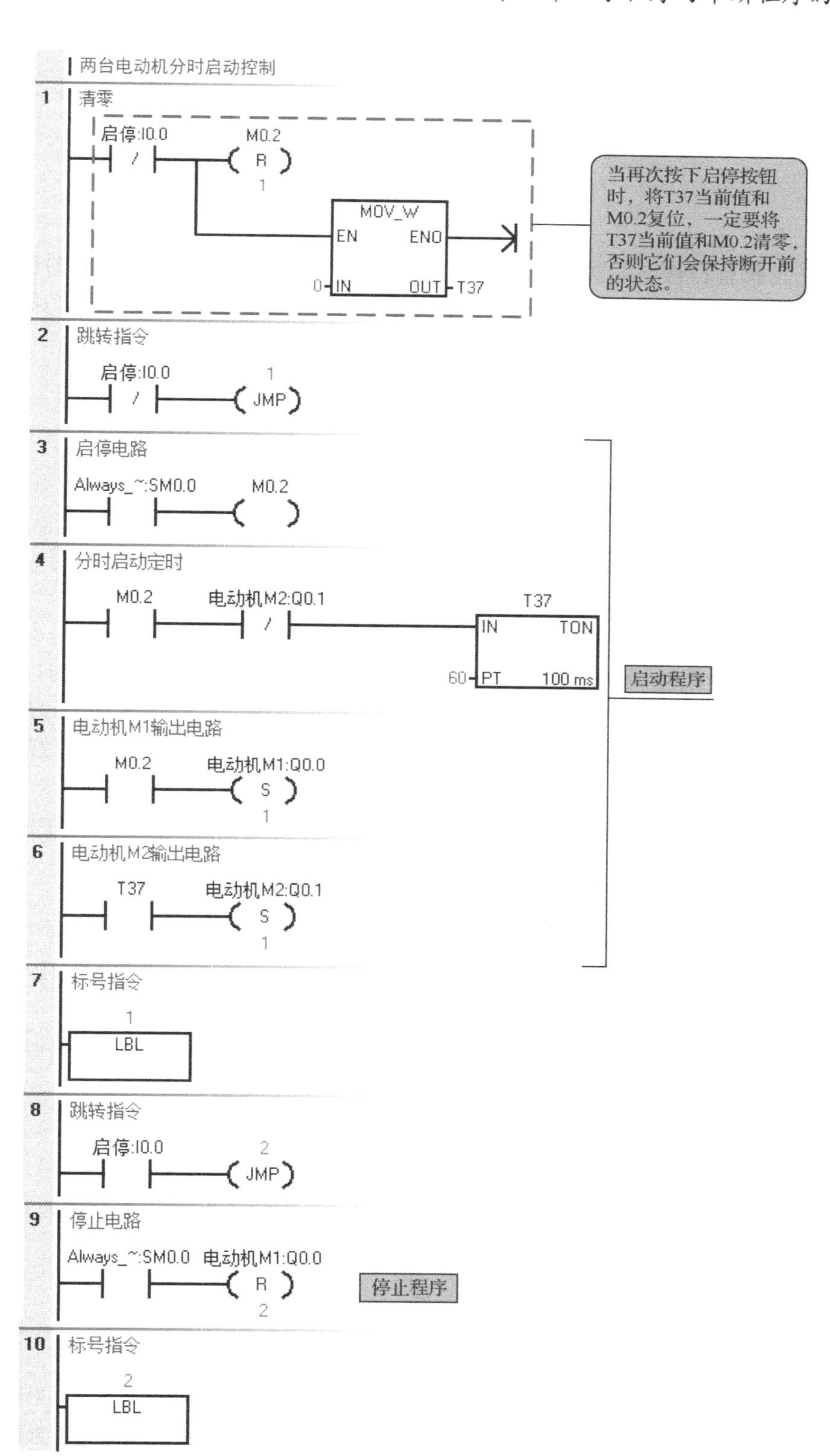

图 5-6　用跳转/标号指令设计两台电动机分时启动控制梯形图

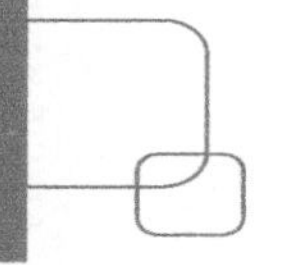

5.3 中断程序的设计

当 PLC 正执行程序时，如果有中断输入，它会停止执行当前正在执行的程序，转而立即去执行中断程序，执行完毕后，返回原先被中止的程序并继续运行。中断功能用于实时控制、通信控制和高速处理等场合。

5.3.1 中断事件

1）中断事件分类

发生中断请求的事件称为中断事件。每个中断事件都有自己固定的编号，叫中断事件号。中断事件可分为三大类：基于时间的中断、I/O 中断、通信端口中断。

（1）基于时间的中断，包括定时中断和定时器 T32/T96 中断。

定时中断支持周期性活动，周期时间为 1～255ms，时基为 1ms。使用定时中断 0 或 1，必须在 SMB34 或 SMB35 中写入周期时间。将中断程序连在定时中断事件上，如定时中断允许，则开始定时，没到达定时时间，会一直执行中断程序。此项可用于 PID 控制和模拟量定时采样。

定时器 T32/T96 中断只能用时基为 1ms 的定时器 T32 和 T96 构成。当中断启动，当前值等于预设值时，在执行 1ms 定时器更新过程中执行连接中断程序。

（2）I/O 中断，包括输入上升/下降沿中断和高速计数器中断。

输入上升/下降沿中断用于捕捉立即处理的事件。

高速计数器中断是指对高速计数器运行时产生的事件实时响应，这些事件包括计数方向改变产生的中断和当前值等于预设值产生的中断等。

（3）通信端口中断：在自由口通信模式下，用户可通过编程来设置波特率和通信协议等。

2）中断优先级、中断事件号及意义

中断优先级、中断事件号及意义如表 5-3 所示，其中优先级是指中断同时执行时有先后顺序。

表 5-3　中断优先级、中断事件号及意义

1	优先级分组	优　先　级	中断事件号	备　　注
2	定时中断	最低	10	定时中断 0，使用 SMB34
3			11	定时中断 1，使用 SMB35
4			21	定时器 T32 CT=PT 中断
5			22	定时器 T96 CT=PT 中断

续表

1	优先级分组	优 先 级	中断事件号	备 注
6	通信中断	最高	8	通信口 0：接收字符
7			9	通信口 0：发送完成
8			23	通信口 0：接收信息完成
9			24	通信口 1：接收信息完成
10			25	通信口 1：接收字符
11			26	通信口 1：发送完成
12			0	I0.0 上升沿中断
13			2	I0.1 上升沿中断
14			4	I0.2 上升沿中断
15			6	I0.3 上升沿中断
16			1	I0.0 下降沿中断
17			3	I0.1 下降沿中断
18			5	I0.2 下降沿中断
19			7	I0.3 下降沿中断
20			12	HSC0 当前值=预设值中断
21			27	HSC0 计数方向改变中断
22			28	HSC0 外部复位中断
23			13	HSC1 当前值=预设值中断
24			16	HSC2 当前值=预设值中断
25			17	HSC2 计数方向改变中断
26			18	HSC2 外部复位中断
27			32	HSC3 当前值=预设值中断
28			35	I7.0 上升沿（信号板）
29			37	I7.1 上升沿（信号板）
30			36	I7.0 下降沿（信号板）
31			38	I7.1 下降沿（信号板）

5.3.2 中断指令及中断程序

1. 中断指令

中断指令有四条，分别为开中断指令、关中断指令、中断连接指令和分离中断指令。中断指令格式如表 5-4 所示。

表 5-4 中断指令格式

指 令 名 称	编 程 语 言		操作数类型及操作范围
	梯 形 图	语 句 表	
开中断指令	—(ENI)	ENI	无

续表

指令名称	编程语言		操作数类型及操作范围
	梯形图	语句表	
关中断指令	—(DISI)	DISI	无
中断连接指令	ATCH EN ENO INT EVNT	ATCH INT，EVNT	INT：常数 0～127。 EVNT：常数。CPU CR40、CR60：0～13、16～18、21～23、27、28 和 32。CPU SR20/ST20、SR30/ST30、SR40/ST40、SR60/ST60：0～13、16～18、21～28、32 和 35～38
分离中断指令	DTCH EN ENO EVNT	DTCH EVNT	
功能说明	（1）开中断指令：全局允许所有中断事件。 （2）关中断指令：全局禁止所有中断事件。 （3）中断连接指令：将中断事件（EVNT）与中断程序码（INT）相连接，并启动中断事件。 （4）分离中断指令：取消中断事件（EVNT）与所有程序之间的连接，并禁止该中断事件。		

2. 中断程序

1）简介

中断程序是为了处理中断事件而由用户事先编制好的程序，它不由用户程序调用，而由操作系统调用，因此它与用户程序执行的时序无关。

用户程序将中断程序和中断事件连接在一起，当中断条件满足时，执行中断程序。

2）建立中断的方法

插入中断程序的方法如图 5-7 所示。

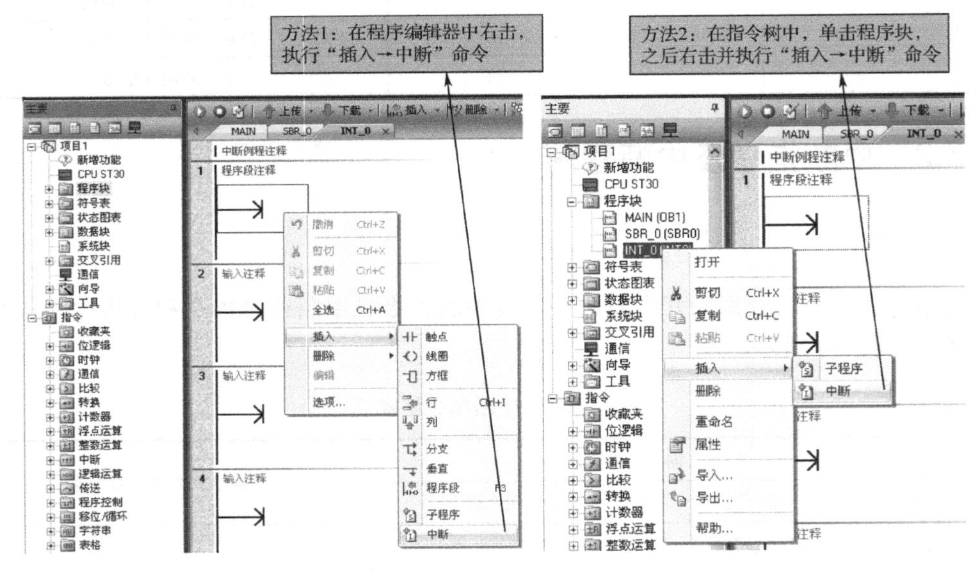

图 5-7　插入中断程序的方法

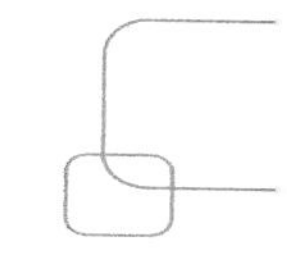

5.4　汽缸伸缩控制与压力定时采样

5.4.1　汽缸伸缩控制

1）控制要求

对某系统汽缸进行如下控制：当光电开关 I0.0 检测到物料时，汽缸 Q0.0 得电伸出；汽缸限位开关 I0.1 得电，汽缸 Q0.0 失电缩回。根据上述要求，利用 I/O 中断设计程序。

2）程序设计

汽缸伸缩控制程序如图 5-8 所示。本例用到了 I/O 中断，首个扫描周期将中断程序与相应的中断事件连接，查表 5-3，I0.0 上升沿中断对应的中断事件号为 0，I0.1 上升沿中断对应的中断事件号为 2，故有第一和第二个中断连接指令；接着启动中断，用到开中断指令 ENI；最后编写汽缸启动和停止中断程序。

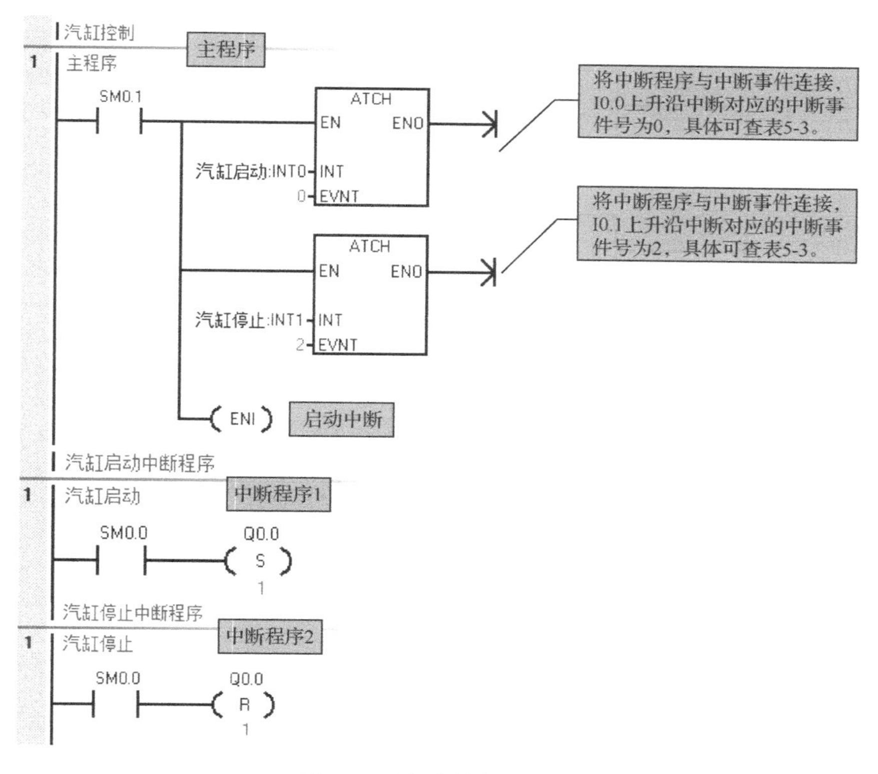

图 5-8　汽缸伸缩控制程序

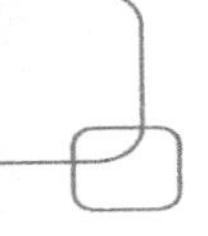

5.4.2 压力定时采样

1）控制要求

某系统需要压力采集，要求每 3ms 采样 1 次。根据上述要求，利用定时中断设计程序。

2）程序设计

每 3ms 采样 1 次，用到了定时中断。首先设置采样周期，接着用中断连接指令连接中断程序和中断事件，最后编写中断程序，具体程序如图 5-9 所示。

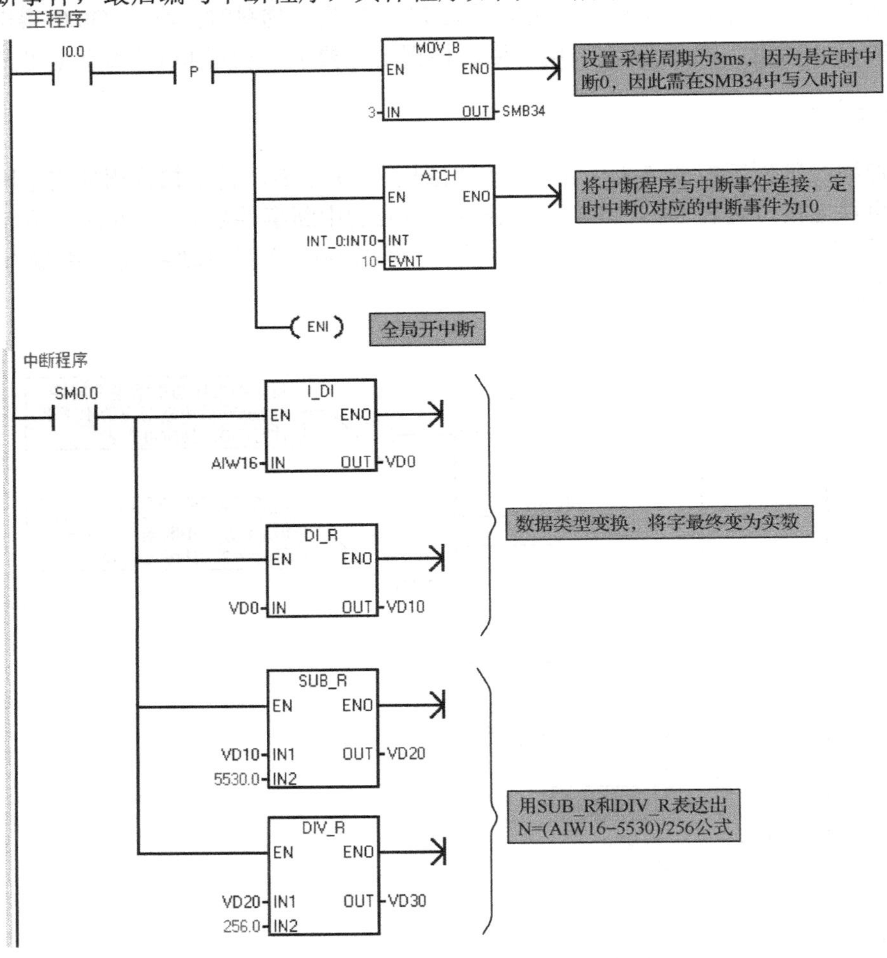

图 5-9 压力定时采样中断程序

编者有料

中断程序有一点子程序的意思，但中断程序由操作系统调用，不是由用户程序调用，关键是不受用户程序执行时序的影响；子程序是由用户程序调用，这是二者区别所在。举个形象的例子，中断程序相当于 VIP 会员，而其余所有的程序包括子程序相当于普通会员，办业务时普通会员需要排队，而 VIP 会员不需要排队。

第6章 S7-200 SMART PLC 模拟量开环控制与 PID 控制

本章要点

- 模拟量控制概述
- 模拟量扩展模块技术指标与接线
- 工程量与内码的转换方法及应用举例
- 模拟量转换库的添加及应用举例
- 压力容器充气启停控制案例
- PID 控制及应用案例
- 恒温控制
- PID 向导及应用案例

6.1 模拟量控制概述

6.1.1 模拟量控制简介

在工业控制中，某些输入量（如压力、温度、流量和液位等）是连续变化的模拟量信号，某些被控对象也需模拟信号控制，因此要求 PLC 有处理模拟信号的能力。

PLC 内部执行的均为数字量，因此模拟量处理需要完成两方面任务：其一是将模拟量转换成数字量（A/D 转换）；其二是将数字量转换为模拟量（D/A 转换）。

模拟量处理过程如图 6-1 所示，这个过程分为以下几个阶段：

（1）模拟量信号的采集由传感器来完成。传感器将非电信号（如温度、压力、液位和流量等）转换为电信号，注意此时的电信号为非标准信号。

（2）非标准信号转换为标准信号。此项任务由变送器来完成。传感器输出的非标准信号传送给变送器，经变送器将非标准信号转换为标准信号。根据国际标准，标准信号有两种类型，即电压输出型和电流输出型。电压输出型的标准信号为 DC 1～5V；电流输出型的标准信号为 DC 4～20mA。

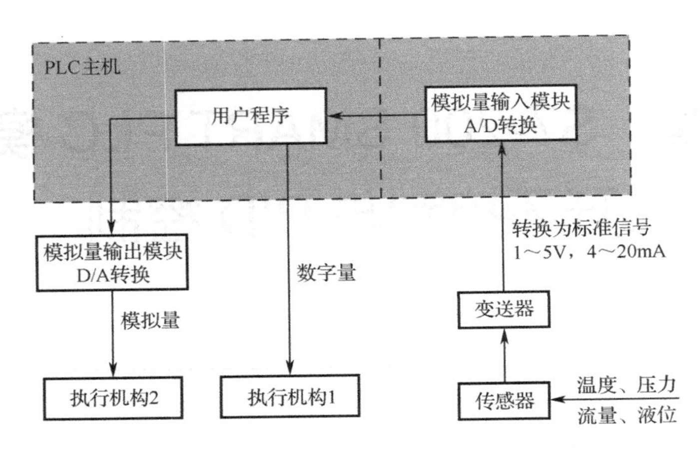

图 6-1　模拟量处理过程

（3）A/D 转换和 D/A 转换。变送器将其输出的标准信号传送给模拟量输入扩展模块，模拟量输入扩展模块将模拟量信号按照一定的比例关系转换为数字量信号，再经过 PLC 运算，将其输出或直接驱动输出继电器，从而驱动开关量负载，或经模拟量输出模块实现 D/A 转换后，输出模拟量信号控制模拟量负载。

6.1.2　模块扩展连接

S7-200 SMART PLC 本机有一定数量的 I/O 点，其地址分配也是固定的。当 I/O 点数不够时，通过连接 I/O 扩展模块或安装信号板，可以实现 I/O 点数的扩展。扩展模块一般安装在本机的右端，最多可以扩展 6 个模块；扩展模块可以分为数字量输入模块、数字量输出模块、数字量输入/输出模块、模拟量输入模块、模拟量输出模块、模拟量输入/输出模块、热电阻输入模块和热电偶输入模块。

扩展模块的地址分配由 I/O 模块的类型和模块在 I/O 链中的位置决定。数字量 I/O 模块的地址以字节为单位，某些 CPU 和信号板的数字量 I/O 点数如不是 8 的整数倍，最后一字节中未用的位不会分配给 I/O 链中的后续模块。

CPU、信号板和各扩展模块的起始地址分配如表 6-1 所示。用系统块组态硬件时，编程软件 STEP 7- Micro/WIN SMART 会自动分配各模块和信号板的地址。

表 6-1　CPU、信号板和各扩展模块的起始地址分配

	CPU	信号板	信号模块0	信号模块1	信号模块2	信号模块3
起始地址	I0.0 Q0.0	I7.0 Q7.0 AIW12 AQW12	I8.0 Q8.0 AIW16 AQW16	I12.0 Q12.0 AIW32 AQW32	I16.0 Q16.0 AIW48 AQW48	I20.0 Q20.0 AIW64 AQW64

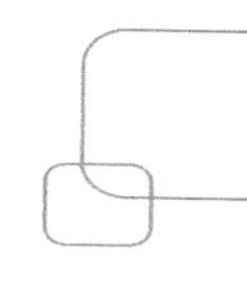

6.2　模拟量扩展模块技术指标与接线

6.2.1　模拟量输入模块技术指标与接线

1）概述

模拟量输入模块包括 4 路模拟量输入模块 EM AE04 和 8 路模拟量输入模块 EM AE08 两种，其功能是将输入的模拟量信号按照一定的比例关系转换为数字量，并将结果存入模拟量输入映像寄存器 AI 中。AI 中的数据以字（一个字 16 位）的形式存取。电压模式的分辨率为 12 位+符号位，电流模式的分辨率为 12 位。

模拟量输入模块有 4 种量程，分别为 0～20mA、±10V、±5V、±2.5V。选择哪个量程可以通过编程软件 STEP 7- Micro/WIN SMART 来设置。

单极性满量程输入范围对应的数字量输出为 0～27 648，双极性满量程输入范围对应的数字量输出为-27 648～+27 648。

通过查阅西门子 S7-200 SMART PLC 手册发现，模拟量输入模块 EM AE04 和 EM AE08 仅模拟量通道数量上有差异，其余特性不变。下面将以 4 路模拟量输入模块 EM AE04 为例，对相关问题进行展开。

编者有料

（1）在 S7-200 SMART PLC 上市之初，仅有 4 路模拟量输入模块 EM AE04，后来又陆续推出 8 路模拟量输入模块 EM AE08，二者仅有模拟量通道数量上的差别，其余性质一致。

（2）随着 S7-200 SMART PLC 技术的更新，分辨率由原来的 11 位更新为现在的 12 位。

2）技术指标

模拟量输入模块 EM AE04 的技术参数如表 6-2 所示。

表 6-2　模拟量输入模块 EM AE04 的技术参数

参数名称	参　　数
功耗	1.5W（空载）
电流消耗（SM 总线）	80mA
电流消耗（24V DC）	40mA（空载）
满量程范围	-27 648～+27 648
过冲/下冲范围（数据字）	电压：27 649～32 511/-32 512～-27 649 电流：27 649～32 511/-4864～0
上溢/下溢（数据字）	电压：32 512～32 767/-32 768～-32 513 电流：32 512～32 767/-32 768～-4865
输入阻抗	≥9MΩ（电压输入） 250Ω（电流输入）

续表

参数名称	参数
最大耐压/耐流	±35V DC/±40mA
输入范围	±5V，±10V，±2.5V，或 0～20mA
分辨率	电压模式：12 位+符号位 电流模式：12 位
隔离	无
精度（25℃/0～55℃）	电压模式：满程的±0.1%/±0.2% 电流模式：满程的±0.2%/±0.3%
电缆长度（最大值）	100m，屏蔽双绞线

3）模拟量输入模块 EM AE04 的外形与接线

模拟量输入模块 EM AE04 的外形与接线图如图 6-2 所示。

模拟量输入模块 EM AE04 需要 24V DC 电源供电，可以外接开关电源，也可由来自 PLC 的传感器电源（L+、M 之间 24V DC）提供；在扩展模块及外围元件较多的情况下，不建议使用 PLC 的传感器电源供电，具体电源需要量计算请查阅第 1 章的内容。模拟量输入模块安装时，将其连接器插入 CPU 模块或其他扩展模块的插槽里，不再是 S7-200 PLC 那种采用扁平电缆的连接方式。

模拟量输入模块支持电压信号和电流信号输入，对于模拟量电压信号、电流信号的类型及量程的选择由编程软件 STEP 7- Micro/WIN SMART 设置完成，不再是 S7-200 PLC 那种 DIP 开关设置，这样更加便捷。

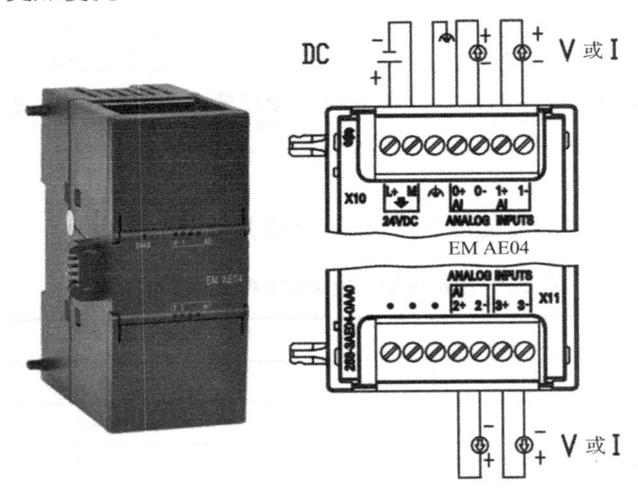

图 6-2 模拟量输入模块 EM AE04 的外形与接线图

4）模拟量输入模块 EM AE04 接线应用举例

接线要求：现有 2 线制、3 线制和 4 线制传感器各一个，1 块模拟量输入模块 EM AE04，2 线制、3 线制和 4 线制传感器要接到模拟量输入模块 EM AE04 上，试设计电路。

接线图：模拟量输入模块 EM AE04 与传感器的接线图如图 6-3 所示。

接线解析：传感器按接线方式的不同可分为 2 线制、3 线制和 4 线制。2 线制传感器两根线既是电源线又是信号线，和模拟量输入模块 EM AE04 对接，选择 0 通道，将标有+的一根线接到 24V+上，将标有-的一根线接到 AI0+上，AI0-直接和电源线的 0V 对接即可；3 线制和 4 线制传感器电源线和信号线是分开的，标有①的接到 24V+上，标有②的接到 0V 上，以上两根是电源线；3 线制传感器信号线③接到模块的 AI1+上，信号负和电源负公用；4 线制传感器信号线③接到模块的 AI2+上，信号④接到模块 AI2-上。

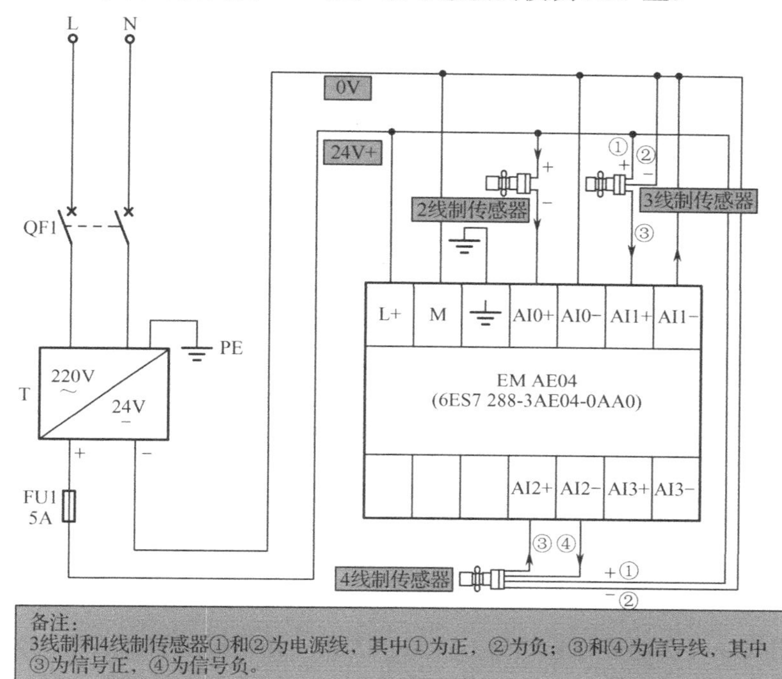

图 6-3　模拟量输入模块 EM AE04 与传感器的接线图

5）模拟量输入模块 EM AE04 组态模拟量输入

在编程软件中，先选中模拟量输入模块，再选中要设置的通道。模拟量的类型有电压和电流两种。电压范围有 3 种：±2.5V、±5V、±10V。电流范围只有 1 种：0～20mA。

值得注意的是，通道 0 和通道 1 的类型相同，通道 2 和通道 3 的类型相同，具体设置如图 6-4 所示。

编者有料

（1）模拟量输入模块接线应用案例抽象出了实际工程中所有模拟量传感器与模拟量输入模块的对接方法，读者应细细品味本例。

（2）典型的 2 线制模拟量传感器有压力变送器；常见的 3 线制模拟量传感器有温度传感器、光电传感器、红外线传感器和超声波传感器等；常见的 4 线制传感器有电磁流量计和磁滞位移传感器等。

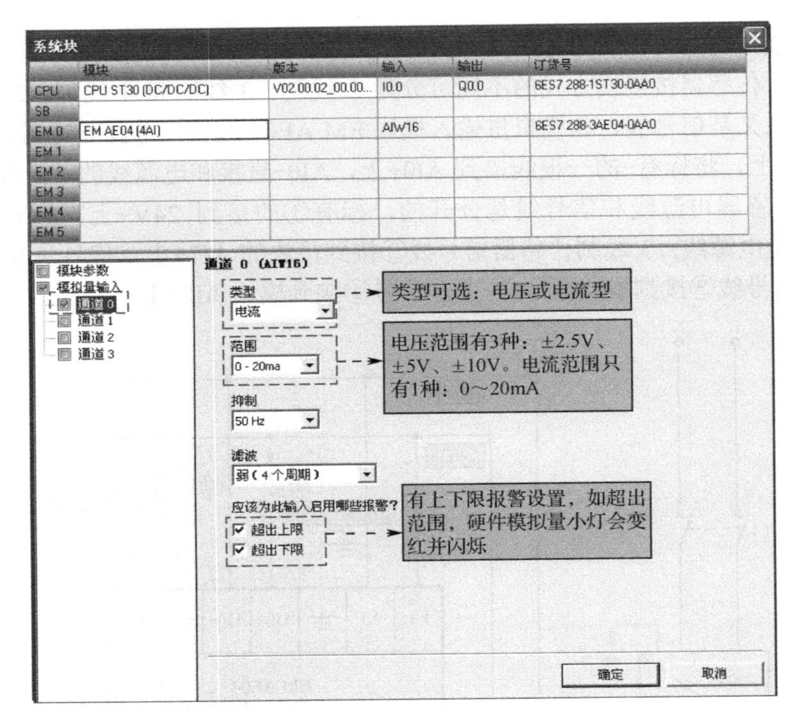

图 6-4　组态模拟量输入

6.2.2　模拟量输出模块技术指标与接线

1）概述

模拟量输出模块有 2 路模拟量输出 EM AQ02 和 4 路模拟量输出 EM AQ04 两种，其功能是将模拟量输出映像寄存器 AQ 中的数字量按照一定的比例关系转换为可用于驱动执行元件的模拟量。此模块有两种量程，分别为±10V 和 0～20mA，对应的数字量分别为-27 648～+27 648 和 0～27 648。

AQ 中的数据以字（一个字 16 位）的形式存取，电压模式分辨率为 11 位+符号位，电流模式分辨率为 11 位。

通过查阅西门子 S7-200 SMART PLC 手册发现，模拟量输出模块 EM AQ02 和 EM AQ04 仅模拟量通道数量上有差异，其余性质不变。本节将以 2 路模拟量输出 EM AQ02 为例，对相关问题进行展开。

2）技术指标

模拟量输出模块 EM AQ02 的技术参数如表 6-3 所示。

表 6-3　模拟量输出模块 EM AQ02 的技术参数

参 数 名 称	参　　数
功耗	1.5W（空载）
电流消耗（SM 总线）	80mA

续表

参数名称	参数
电流消耗（24VDC）	50mA（空载）
信号范围 电压输出 电流输出	 ±10V 0～20mA
分辨率	电压模式：11 位+符号位 电流模式：11 位
满量程范围	电压：-27 648～+27 648 电流：0～+27 648
精度（25℃/0～55℃）	满程的±0.5%/±1.0%
负载阻抗	电压：≥1000Ω；电流：≤500Ω
电缆长度（最大值）	100m，屏蔽双绞线

编者有料

（1）在 S7-200 SMART PLC 上市之初，仅有 2 路模拟量输出模块 EM AQ02，后来又陆续推出了 4 路模拟量输出模块 EM AQ04，二者仅有模拟量通道数量上的差别，其余性质一致。

（2）随着 S7-200 SMART PLC 技术的更新，分辨率由原来的 10 位更新为现在的 11 位。

3）模拟量输出模块 EM AQ02 端子与接线

模拟量输出模块 EM AQ02 的外形及接线图如图 6-5 所示。

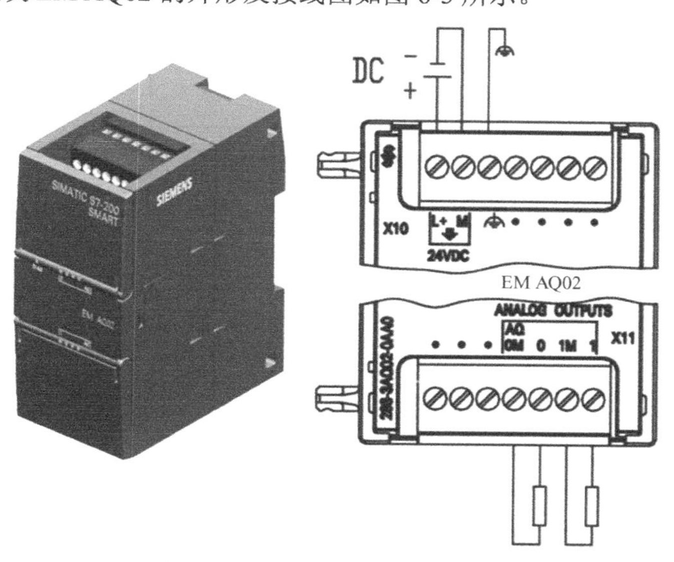

图 6-5　模拟量输出模块 EM AQ02 的外形及接线图

模拟量输出模块需要 24V DC 电源供电，可以外接开关电源，也可由来自 PLC 的传感器电源（L+，M 之间 24V DC）提供；在扩展模块及外围元件较多的情况下，不建议使用 PLC 的传感器电源供电，具体电源需要量计算请查阅第 1 章的内容。

通道的两个端子直接对接到设备（比例阀和调节阀等）的两端即可，通道的 0 接设备端子的正，通道的 0M 接设备端子的负。

模拟量输出模块安装时，将其连接器插入 CPU 模块或其他扩展模块的插槽里。

4）模拟量输出模块 EM AQ02 接线应用案例

接线要求：某工业现场有比例阀、西门子 V20 变频器和模拟量输出模块 EM AQ02 各一个，现要将比例阀和西门子 V20 变频器的模拟量控制通道与模拟量输出模块 EM AQ02 对接，试设计电路。

接线图：模拟量输出模块 EM AQ02 与比例阀和西门子 V20 变频器的模拟量控制接线图如图 6-6 所示。

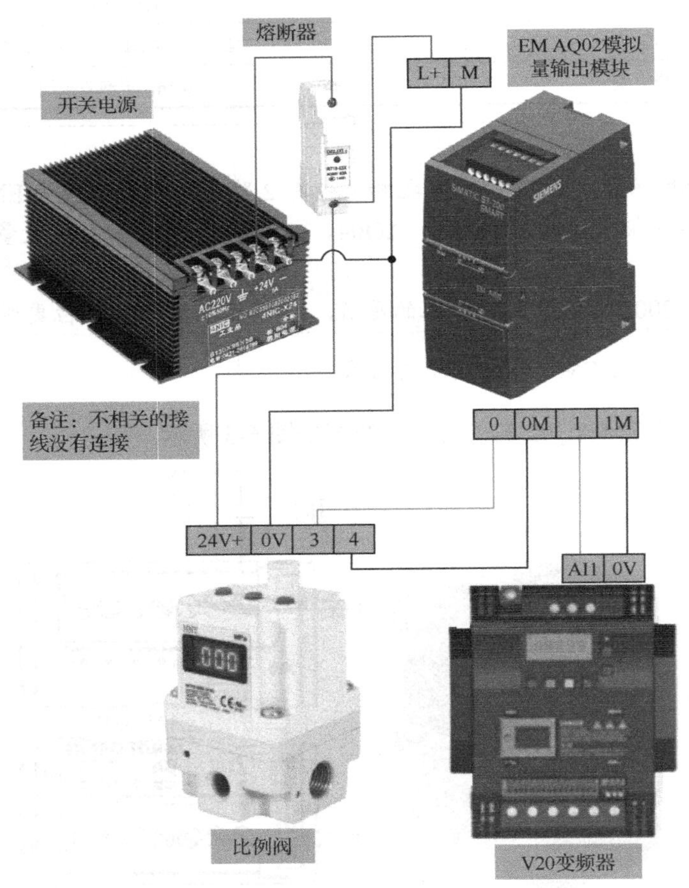

图 6-6　EM AQ02 与比例阀和西门子 V20 变频器的模拟量控制接线图

接线解析：模拟量输出模块 EM AQ02 的模拟量通道的端子直接对接设备（比例阀和调节阀）的两端即可，即模拟量通道 0 或 1 接设备端子的正端，模拟量通道 0M 或 1M 接设备端子的负端。

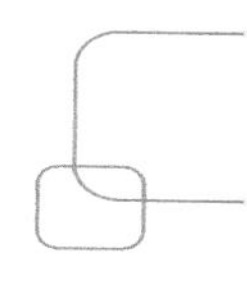

5）模拟量输出模块 EM AQ02 组态模拟量输出

先选中模拟量输出模块，再选中要设置的通道。模拟量的类型有电压和电流两种。电压范围只有一种：±10V。电流范围也只有一种：0～20mA。具体设置如图 6-7 所示。

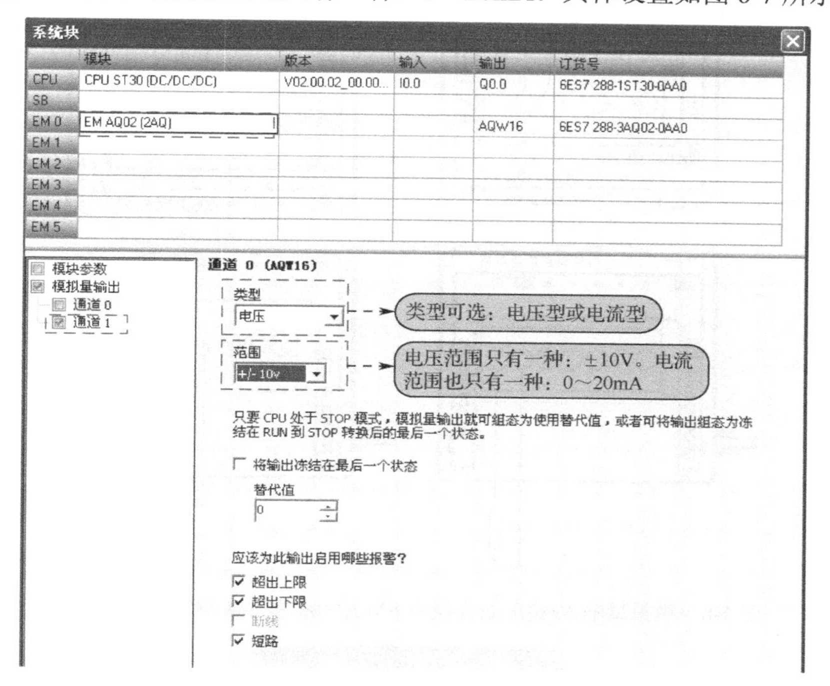

图 6-7 组态模拟量输出

6.2.3 模拟量输入/输出混合模块技术指标与接线

1）模拟量输入/输出混合模块

模拟量输入/输出混合模块有两种，一种是 EM AM06，即 4 路模拟量输入和 2 路模拟量输出；另一种是 EM AM03，即 2 路模拟量输入和 1 路模拟量输出。

2）模拟量输入/输出混合模块的接线

模拟量输入/输出混合模块 EM AM06 和 EM AM03 的接线图如图 6-8 所示。模拟量输入/输出混合模块 EM AM06 的外形图如图 6-9 所示。

模拟量输入/输出混合模块实际上是模拟量输入模块和模拟量输出模块的叠加，故技术参数上可以参考表 6-2 和表 6-3，组态模拟量输入/输出可以参考图 6-4 和图 6-7，这里不再赘述。

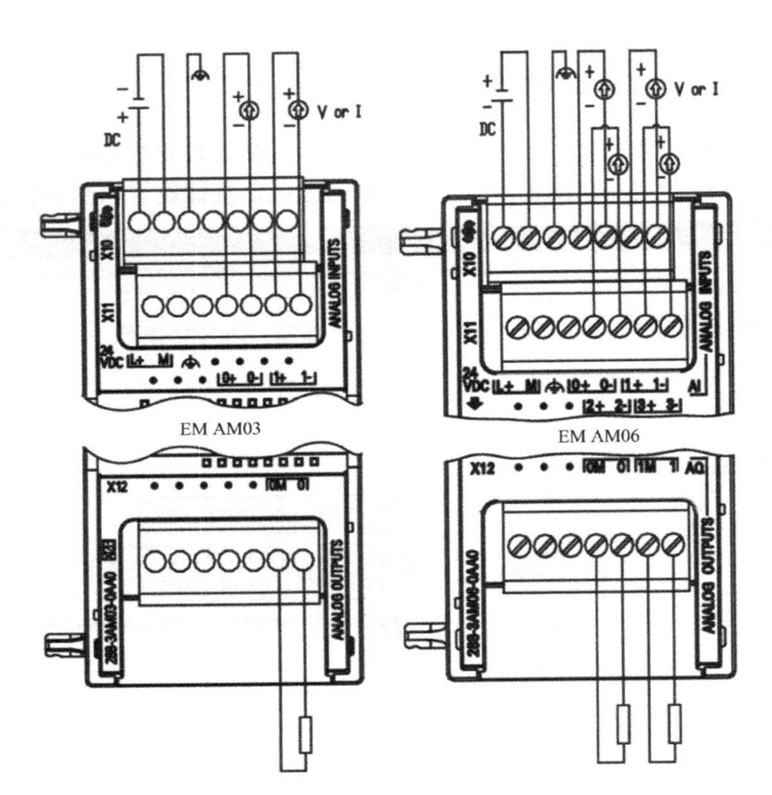

图 6-8　模拟量输入/输出混合模块 EM AM06 和 EM AM03 的接线图

图 6-9　模拟量输入/输出混合模块 EM AM06 的外形图

6.2.4　热电偶模块技术指标与接线

EM AT04 是热电偶专用模块，可以连接多种热电偶（J、K、E、N、S、T、R、B、C、TXK 和 XK），还可以测量范围为±80mV 的低电平模拟量信号。组态时，温度测量类型可选择“热电偶”，也可以选择“电压”。选择“热电偶”时，内码（模拟量信号转换为数字量）与实际温度的对应关系是，实际温度乘以 10 得到内码；选择“电压”时，额定范围的满量程值将是 27 648。

热电偶模块有冷端补偿电路，可以对测量数据进行修正，以补偿基准温度和模块温度差。

1）热电偶模块 EM AT04 的技术参数

热电偶模块 EM AT04 的技术参数如表 6-4 所示，给出了热电偶模块 EM AT04 支持热电偶的类型，那么各种热电偶精度和测量范围是多少呢？具体如表 6-5 所示。

表 6-4　热电偶模块 EM AT04 的技术参数

参数名称		参数
输入范围		热电偶类型：S、T、R、E、N、K、J。电压范围：±80mV
分辨率	温度	0.1℃/0.1℉
	电阻	15 位+符号位
导线长度		到传感器最长为 100m
电缆电阻		最大 100Ω
数据字格式		电压值测量：−27 648～+27 648
阻抗		≥10MΩ
最大耐压		±35V DC
重复性		±0.05%FS
冷端误差		±1.5℃
24V DC 电压范围		20.4～28.8V DC（开关电源或来自 PLC 的传感器电源）

表 6-5　热电偶选型表

类型	低于范围最小值	额定范围下限	额定范围上限	超出范围最大值	25℃时的精度	−20～55℃时的精度
J	−210.0℃	−150.0℃	1200.0℃	1450.0℃	±0.3℃	±0.6℃
K	−270.0℃	−200.0℃	1372.0℃	1622.0℃	±0.4℃	±1.0℃
T	−270.0℃	−200.0℃	400.0℃	540.0℃	±0.5℃	±1.0℃
E	−270.0℃	−200.0℃	1000.0℃	1200.0℃	±0.3℃	±0.6℃
R & S	−50.0℃	100.0℃	1768.0℃	2019.0℃	±1.0℃	±2.5℃
B	0.0℃	200.0℃	800.0℃	—	±2.0℃	±2.5℃
	—	800.0℃	1820.0℃	1820.0℃	±1.0℃	±2.3℃
N	−270.0℃	−200℃	1300.0℃	1550.0℃	±1.0℃	±1.6℃
C	0.0℃	100.0℃	2315.0℃	2500.0℃	±0.7℃	±2.7℃
TXK/XK（L）	−200.0℃	−150.0℃	800.0℃	1050.0℃	±0.6℃	±1.2℃
电压	−32 512mV	−27 648 −80mV	27 648～ 80mV	32 511mV	±0.05℃	±0.1℃

2）热电偶 EM AT04 的接线

热电偶 EM AT04 的接线图如图 6-10 所示。

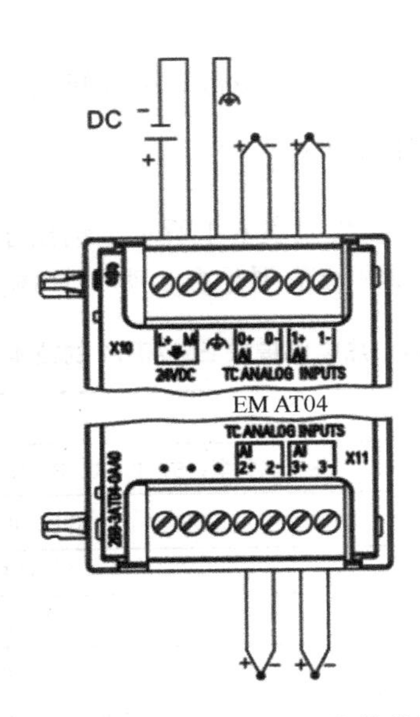

图 6-10　热电偶 EM AT04 的接线图

热电偶模块 EM AT04 需要 DC 24V 电源供电，可以外接开关电源，也可由来自 PLC 的传感器电源（L+，M 之间 24V DC）提供；热电偶模块通过连接器与 CPU 模块或其他模块连接，将热电偶直接接到热电偶模块的相应通道上即可。

3）热电偶 EM AT04 组态

热电偶模块 EM AT04 的组态如图 6-11 所示。

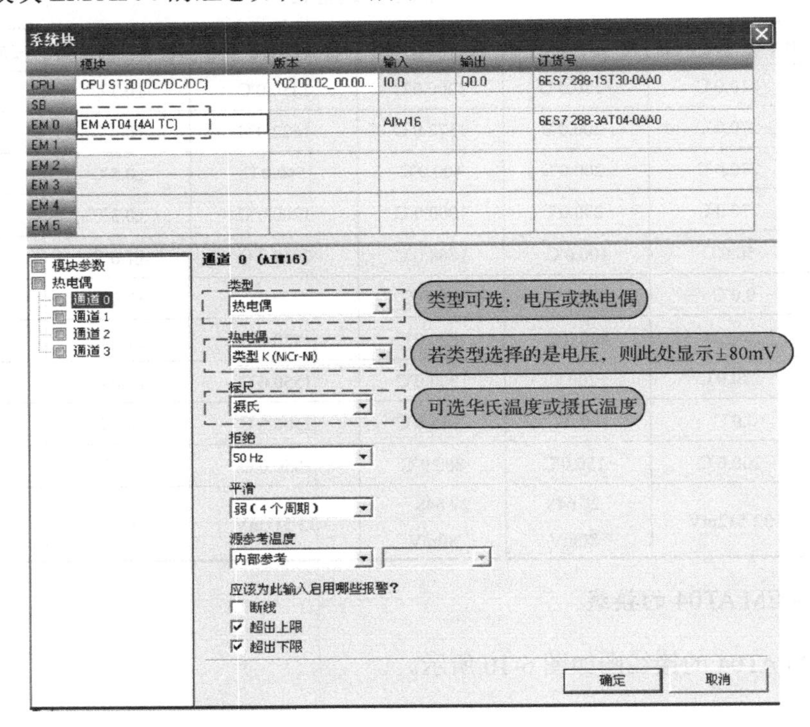

图 6-11　热电偶模块 EM AT04 的组态

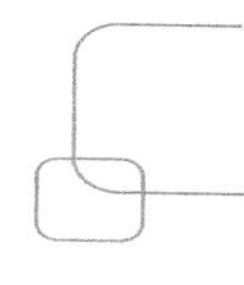

6.2.5　热电阻模块技术指标与接线

热电阻模块是热电阻专用模块，可以连接 Pt、Cu、Ni 等热电阻，热电阻用于采集温度信号，热电阻模块则将采集来的温度信号转换为数字量。热电阻模块有两种，分别为两路输入热电阻模块 EM AR02 和四路输入热电阻模块 EM AR04。热电阻模块的温度测量分辨率为 0.1℃/0.1℉，电阻测量精度为 15 位+符号位。

鉴于两路输入热电阻模块 EM AR02 和四路输入热电阻模块 EM AR04 只是输入通道上有差别，其余性质不变，故本节以两路输入热电阻模块 EM AR02 为例，对相关问题进行展开。

1）热电阻模块 EM AR02 技术指标

热电阻模块 EM AR02 的技术指标如表 6-6 所示。

表 6-6　热电阻模块 EM AR02 的技术指标

参数名称		参　数
分辨率	温度	0.1℃/0.1℉
	电阻	15 位+符号位
导线长度		到传感器最长为 100m
电缆电阻		最大 20Ω；对于 Cu10，最大为 2.7Ω
阻抗		≥10MΩ
最大耐压		±35V DC
重复性		±0.05%FS
24V DC 电压范围		20.4～28.8V DC（开关电源，或来自 PLC 的传感器电源）

2）热电阻 EM AR02 接线

热电阻模块 EM AR02 接线如图 6-12 所示。

热电阻模块 EM AR02 需要 DC 24V 电源供电，可以外接开关电源，也可由来自 PLC 的传感器电源（L+、M 之间 24V DC）提供；热电阻模块通过连接器与 CPU 模块或其他模块连接。热电阻因有 2 线制、3 线制和 4 线制，故接法略有差异，其中以 4 线制接法精度最高。

3）热电阻模块 EM AR02 组态

热电阻模块 EM AR02 组态如图 6-13 所示。

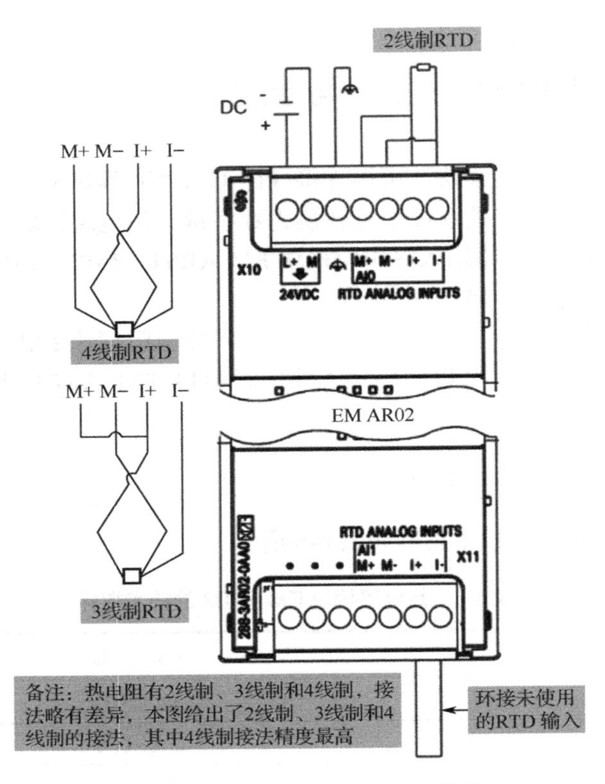

图 6-12　热电阻模块 EM AR02 接线

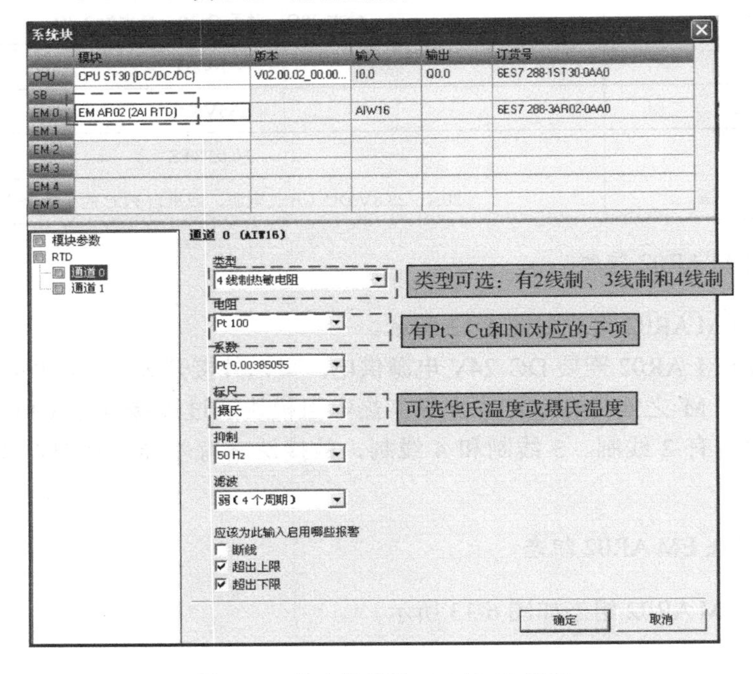

图 6-13　热电阻模块 EM AR02 组态

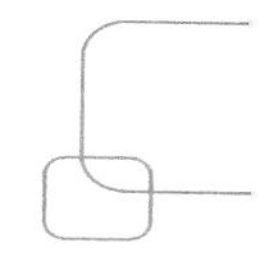

6.3　工程量与内码的转换方法及应用举例

很多初学者觉得模拟量编程很难，其实只要把握住模拟量编程的关键点，就可以轻松解决，这个关键点就在于找到工程量与内码的转换关系。

所谓的工程量是指工业控制中的实际物理量，如压力、温度、流量和液位等，这些物理量通过变送器能够产生标准的连续变化的模拟量信号。所谓的内码是指外部输入的连续变化的模拟量信号在模拟量输入模块内部对应产生的数字量信号（我们知道在 PLC 及其模块内部实现运算的都是数字量信号）。那么归根结底，找工程量与内码的转换关系，就是找实际物理量与模拟量模块内部数字量的对应关系。在找对应关系时，应考虑变送器输出量程和模拟量输入模块的量程。下面我们将通过两个例子，详细讲解找工程量与内码的转换关系，以及其模拟量程序的编写。

6.3.1　压力与内码的转换应用举例

例 1　某压力变送器量程为 0～10MPa，输出信号为 0～10V，模拟量输入模块 EM AE04 量程为-10～10V，转换后数字量范围为 0～27 648，设转换后的数字量为 X，试编程求压力值。

1）找到实际物理量与模拟量输入模块内部数字量比例关系

此例中，压力变送器的输出信号的量程 0～10V 恰好和模拟量输入模块 EM AE04 的量程一半 0～10V 一一对应，因此对应关系为正比例，实际物理量 0MPa 对应模拟量模块内部数字量 0，实际物理量 10MPa 对应模拟量模块内部数字量 27 648，具体如图 6-14 所示。

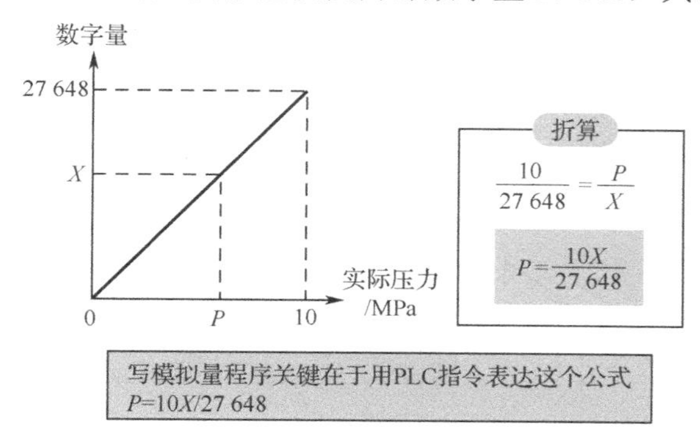

图 6-14　实际物理量与数字量的对应关系

2）程序编写

通过上步找到比例关系后，可以进行模拟量程序的编写了，编写的关键在于用 PLC 指令表达 P=10X/27 648，程序如图 6-15 所示。

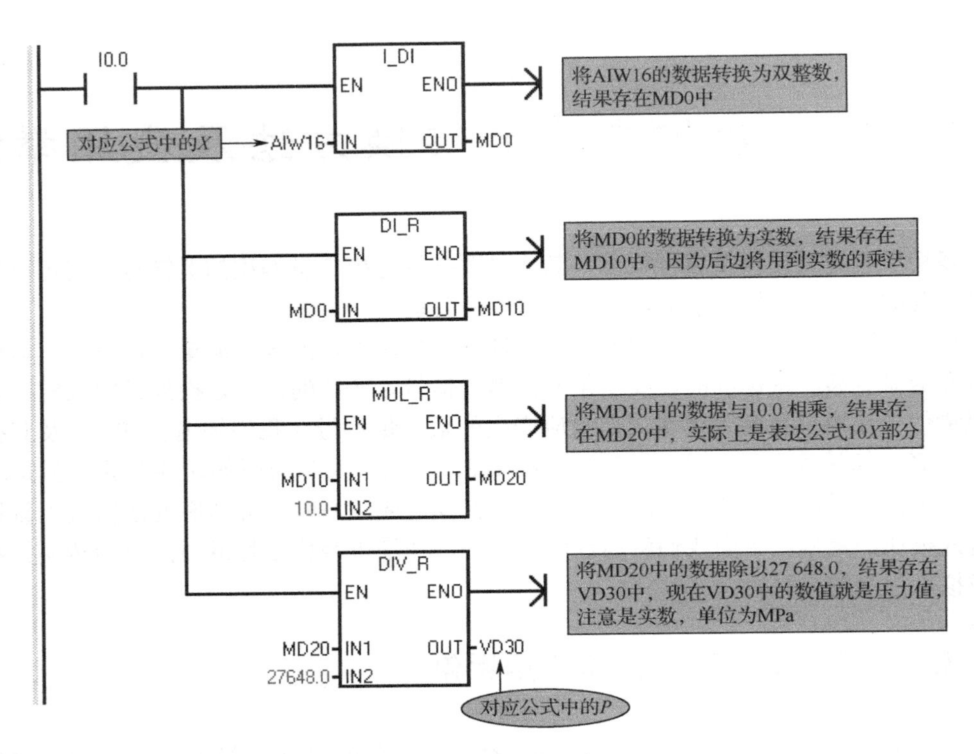

图 6-15　例 1 的程序

6.3.2　温度与内码的转换应用举例

例 2　某温度变送器量程为 0～100℃，输出信号为 4～20mA，模拟量输入模块 EM AE04 量程为 0～20mA，转换后数字量为 0～27 648，设转换后的数字量为 X，试编程求温度值。

1）找到实际物理量与模拟量输入模块内部数字量比例关系

此例中，温度变送器的输出信号的量程为 4～20mA，模拟量输入模块 EM AE04 的量程为 0～20mA，二者不完全对应，因此实际物理量 0℃对应模拟量模块内部数字量 5530，实际物理量 100℃对应模拟量模块内部数字量 27 648，具体如图 6-16 所示。

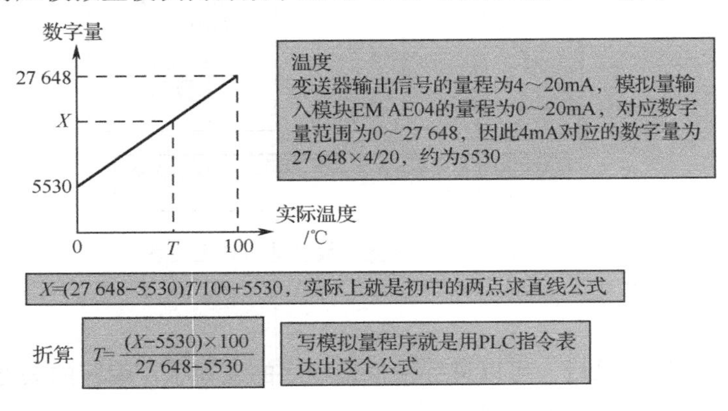

图 6-16　实际物理量与数字量的对应关系

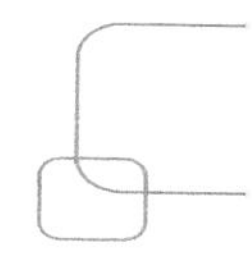

2）程序编写

通过上步找到比例关系后，可以进行模拟量程序的编写了，编写的关键在于用 PLC 指令表达 T=100(X−5530)/(27 648−5530)，程序如图 6-17 所示。

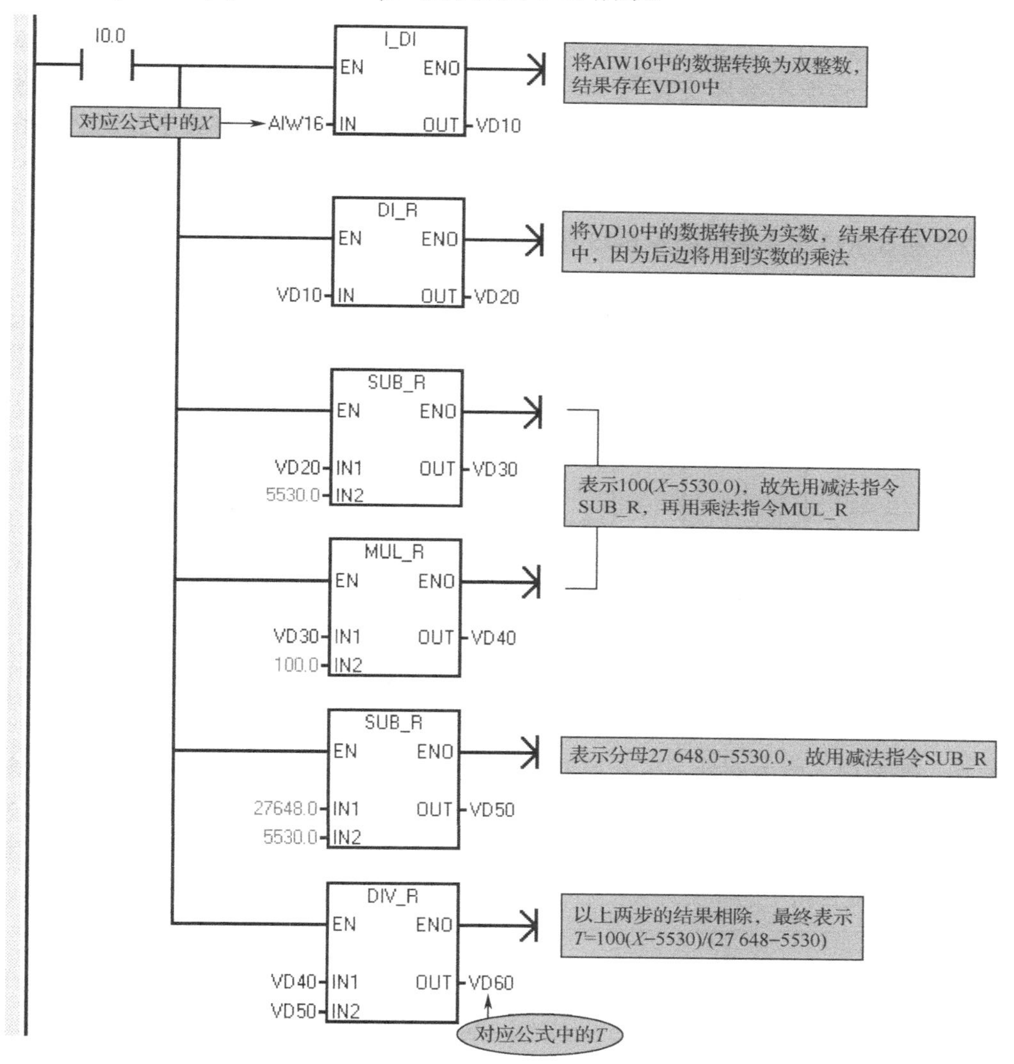

图 6-17　例 2 的程序

编者有料

（1）读者应细细品味以上两个例子的异同点，真正理解内码与实际物理量的对应关系，才是掌握模拟量编程的关键；一些初学者不会模拟量编程，原因就在这。

（2）用热电阻和热电偶模块采集温度时，实际温度=内码/10，这一点容易被读者忽略。

6.4 模拟量转换库的添加及应用举例

前面已详细阐述了工程量与内码的转换关系，西门子公司为便于用户编程，官方网站提供了模拟量比例转换指令库文件 scale.smartlib，利用库文件中的模拟量比例转换指令 S_ITR 和 S_RTI，可以非常方便地将实际物理量与模拟量输入模块内部数字量建立联系。

1. 指令解析

S_ITR 和 S_RTI 指令解析如图 6-18 所示。

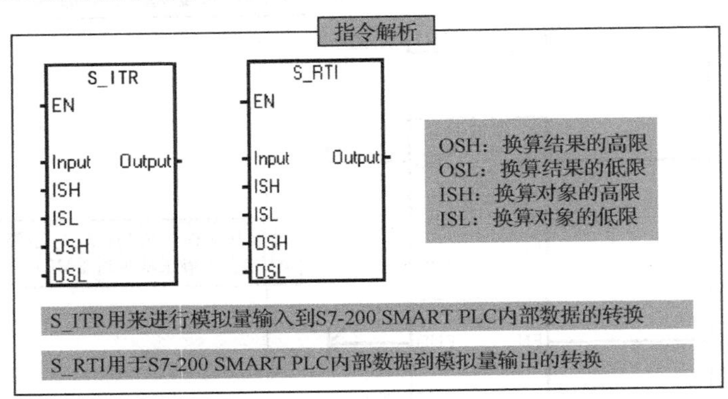

图 6-18 指令解析

2. 在 STEP 7_Micro/WIN 编程软件中添加模拟量比例转换指令库

首先，在西门子官方网站上下载模拟量比例转换指令库文件 scale.smartlib；接着打开 STEP 7_Micro/WIN 编程软件，在项目树中的库文件夹上，右键单击并选择“打开库文件夹”命令，打开库文件夹所在的路径，将模拟量比例转换指令库文件 scale.smartlib 文件复制到该路径下，之后在项目树中的库文件夹上右键单击并“刷新库”即可，具体如图 6-19 所示。

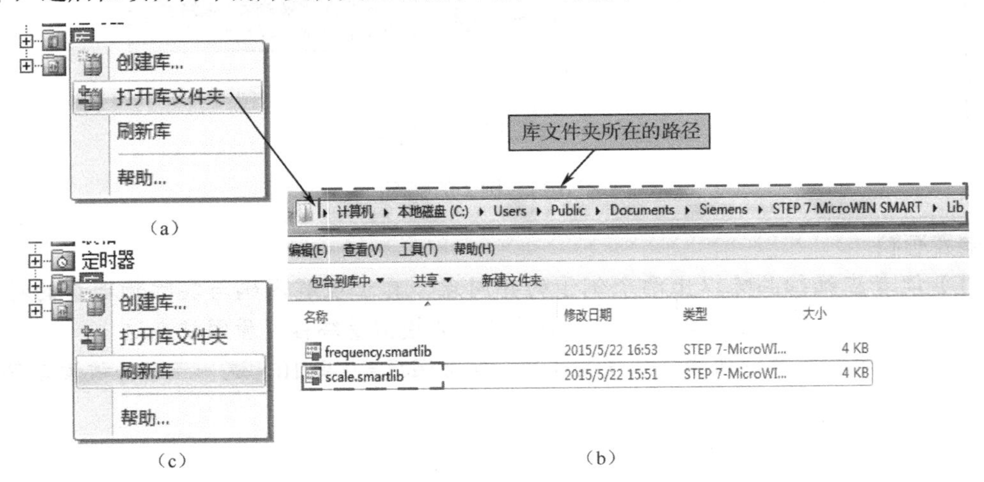

图 6-19 添加模拟量比例转换指令库

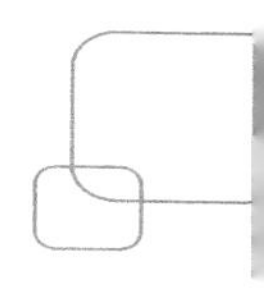

3. 模拟量比例转换指令库应用案例

1）控制要求

将 6.3 节例 1 和例 2 用模拟量比例转换指令库进行编程。

2）程序编制及解析

6.3 节例 1 用模拟量比例转换指令库的编程结果如图 6-20 所示。6.3 节例 2 用模拟量比例转换指令库的编程结果如图 6-21 所示。

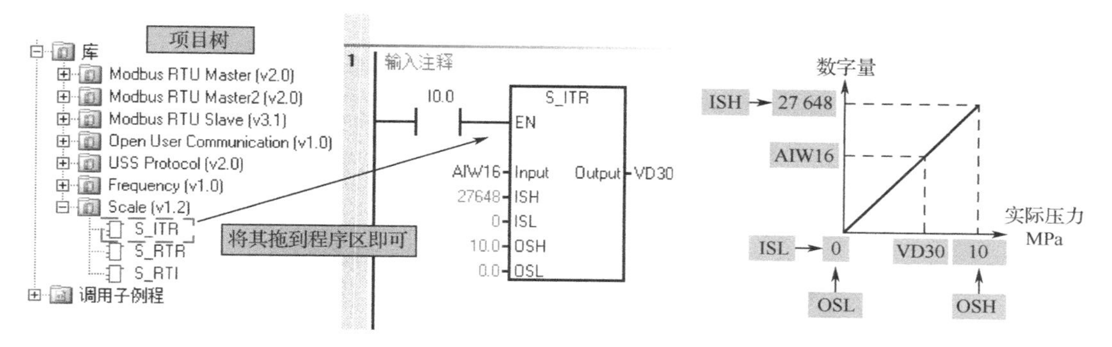

图 6-20　6.3 节例 1 用模拟量比例转换指令库得到的程序

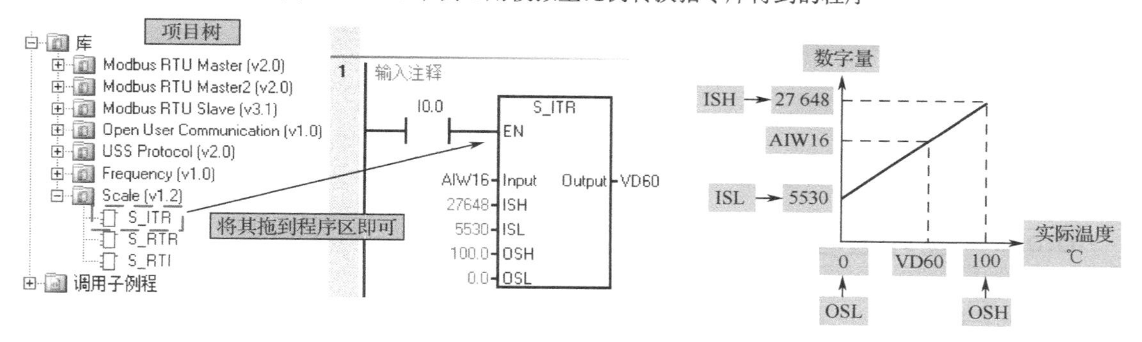

图 6-21　6.3 节例 2 用模拟量比例转换指令库得到的程序

编者有料

用模拟量比例转换指令编程非常便捷，读者应熟练利用该指令，并学会添加指令库，在模拟量编程中建议使用该方法编程，好处是占用的网络资源少并且编程快速。

6.5　压力容器充气启停控制案例

6.5.1　控制要求

某车间有 2 台空气压缩机，为了增加压缩空气的储存量，现增加一个大的储气罐，因此需对原有 2 台独立空气压缩机进行改造，空气压缩机改造装置如图 6-22 所示，具体控制要求如下所述。

（1）气压低于 0.4MP，2 台空气压缩机工作。

（2）气压高于 0.8MP，2 台空气压缩机停止工作。

（3）2 台空气压缩机要求分时启动。

（4）为了生产安全，必须设有气压报警装置。一旦出现气压高报警故障，要求立即报警，并且 2 台空气压缩机立即停止工作。

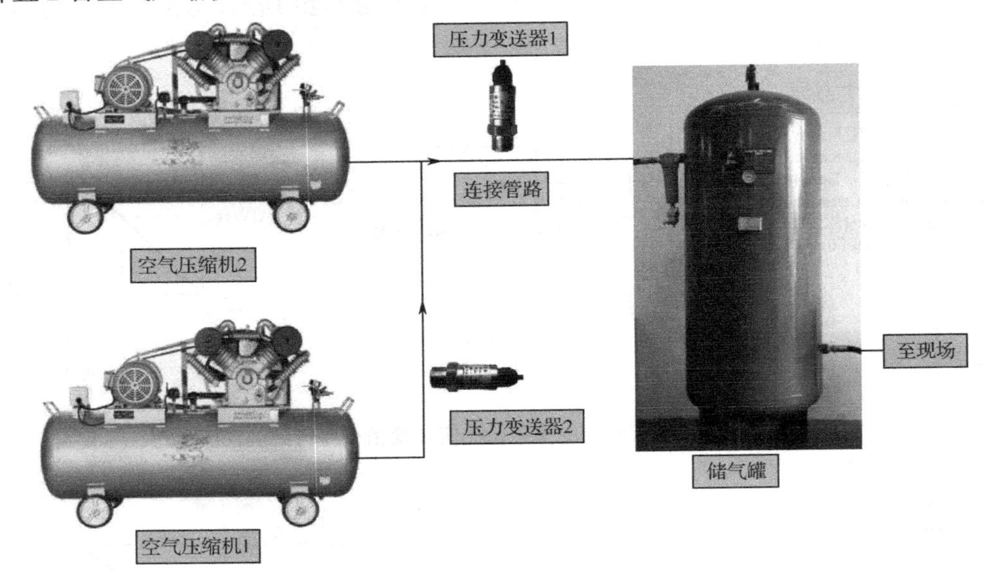

图 6-22　空气压缩机改造装置

6.5.2　设计过程

1）设计方案

本项目采用 CPU SR20 模块进行相关控制，现场压力信号和报警信号由压力变送器采集。

2）硬件设计

本项目硬件设计包括以下几部分：

（1）2 台空气压缩机主电路设计；

（2）CPU SR20 模块供电和控制设计；

（3）模拟量信号采集、空气压缩机状态指示及报警电路设计。

以上各部分的相应图纸如图 6-23 所示。

3）I/O 分配及硬件组态

（1）明确控制要求后确定 I/O 端子，如表 6-7 所示。

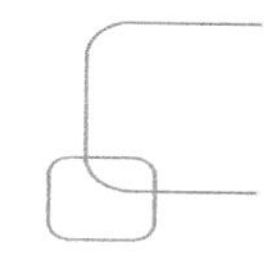

表 6-7　空气压缩机控制 I/O 分配

输　入　量		输　出　量	
启动按钮	I0.0	空气压缩机 1	Q0.0
停止按钮	I0.1	空气压缩机 2	Q0.1

（2）空气压缩机控制硬件组态如图 6-24 所示。

4）空气压缩机控制解法一程序

（1）空气压缩机控制解法一程序如图 6-25 所示。

（2）空气压缩机编程思路及程序解析：

本程序主要分为三大部分，模拟量信号采集程序，空气压缩机分时启动程序和压力比较程序。

本例中，压力变送器输出信号为 4～20mA，对应压力为 0～1MPa，若 AIW16<5530，此时信号输出小于 4mA，采集结果无意义，故有模拟量采集清零程序。

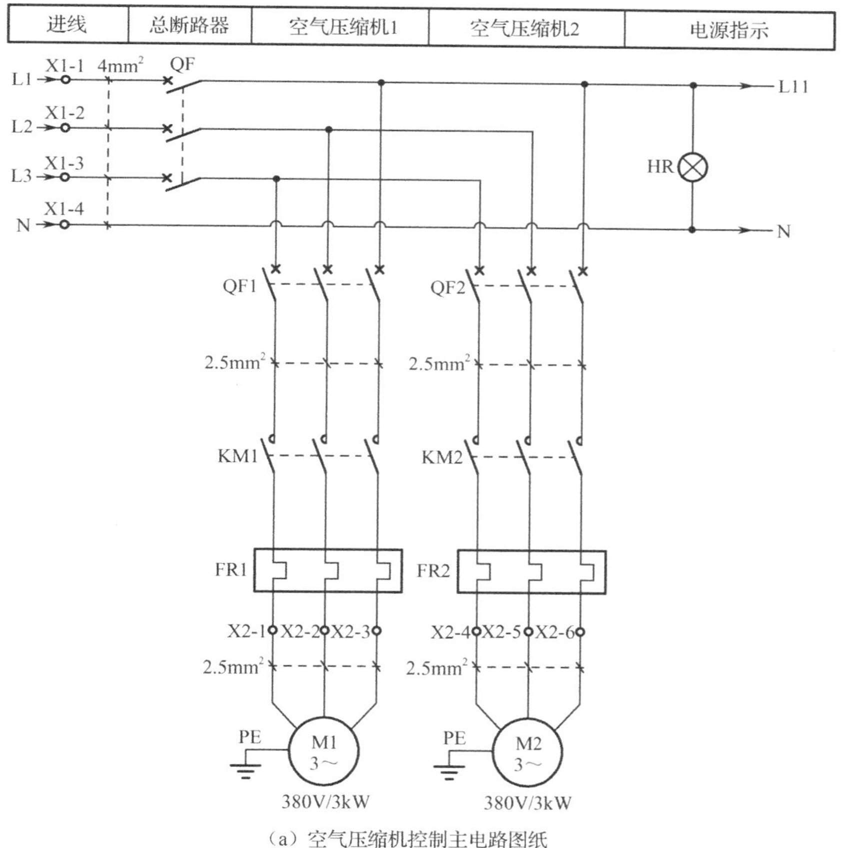

（a）空气压缩机控制主电路图纸

图 6-23　空气压缩机控制图纸

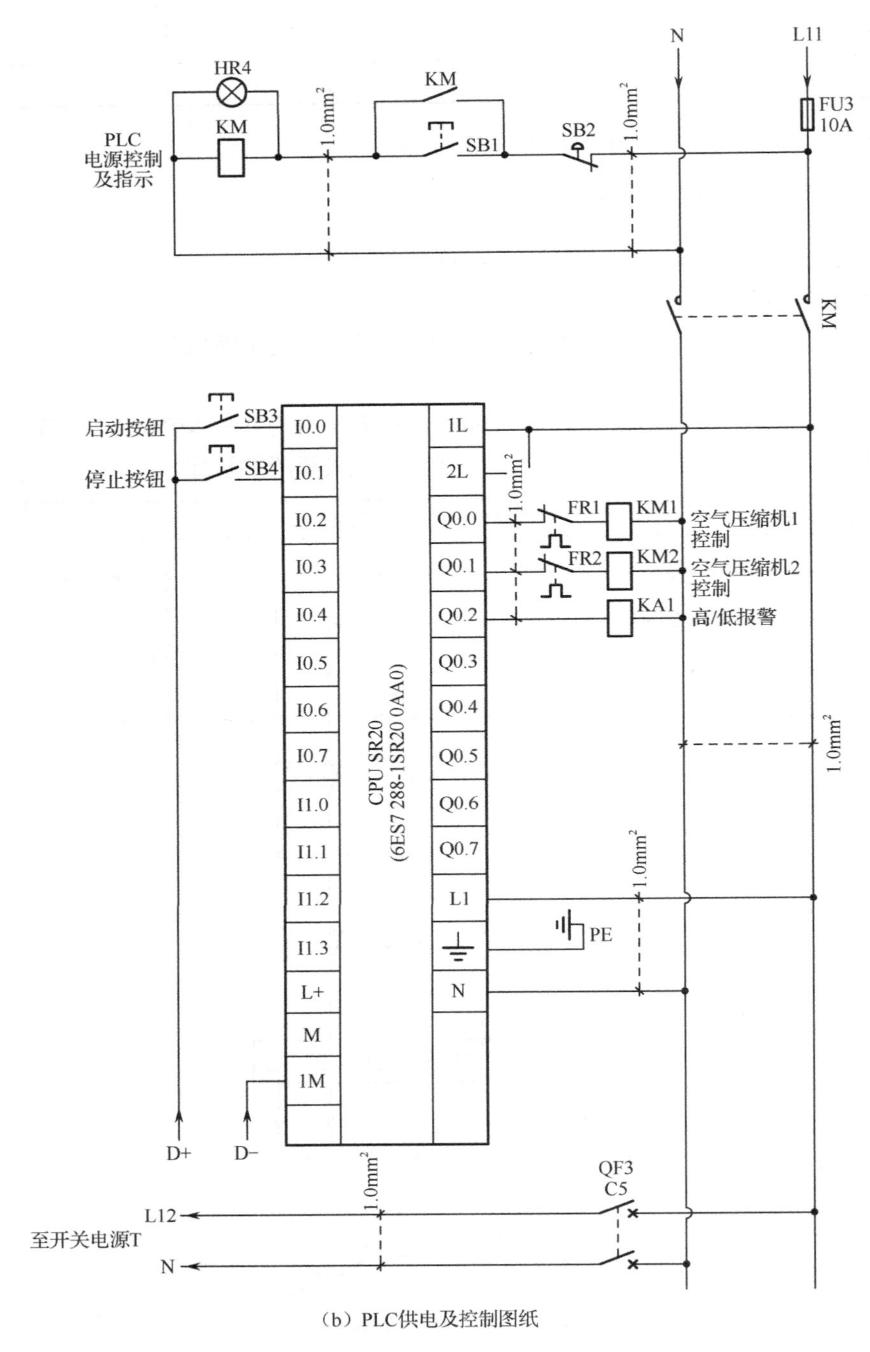

（b）PLC供电及控制图纸

图 6-23　空气压缩机控制图纸（续）

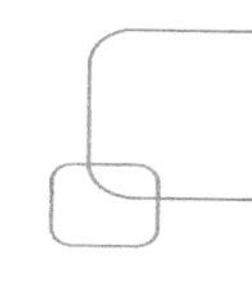

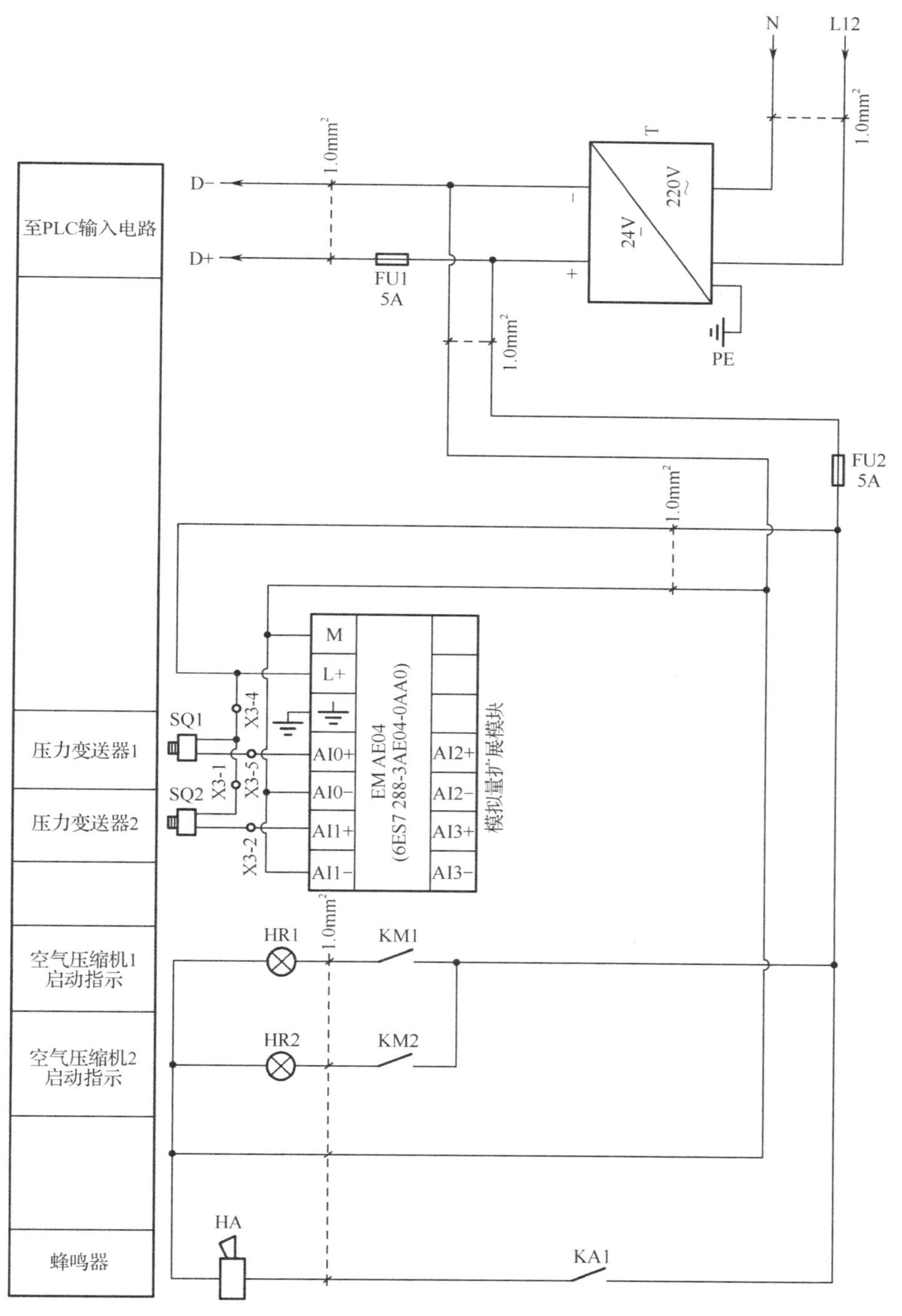

（c）压力采集、指示及报警图纸

图 6-23 空气压缩机控制图纸（续）

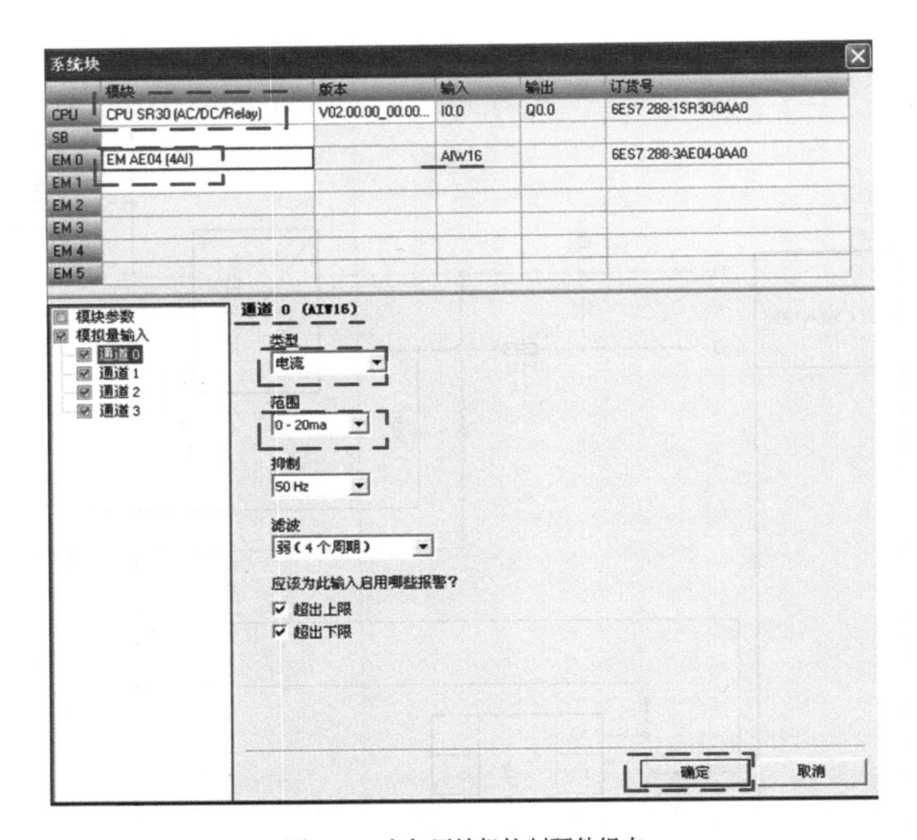

图 6-24　空气压缩机控制硬件组态

当 AIW16>5530 时，采集结果有意义。模拟量信号采集程序的编写：先将数据类型由字转换为实数，这样得到的结果更精确；接下来，找到实际压力与数字量转换之间的比例关系，这是编写模拟量程序的关键，其比例关系为 *P*=(AIW16−5530)/(27 648−5530)，这里压力的单位取 MPa。用 PLC 指令表达压力 *P* 与 AIW16（现在的 AIW16 中的数值以实数形式，存在 VD40 中）之间的关系，即 *P*=(VD40−5530)/(27 648−5530)，因此模拟量信号采集程序用 SUB-R 指令表示（VD40−5530.0）做表达式的分子，用 SUB-R 指令表示（27 648.0−5530.0）做表达式的分母，此时得到的结果为 MPa，再将 MPa 转换为 kPa，故用 MUL-R 指令表示 1000.0VD50，这样得到的结果更精确，便于调试。

空气压缩机分时启动程序采用定时电路，当定时器定时时间到后，激活下一个线圈，同时将此定时器断电。

当 350kPa<*P*<400kPa 时，启保停电路重新得电，中间编程元件 M0.0 得电，Q0.0 和 Q0.1 分时得电；当压力大于 800kPa 时，启保停电路断电，Q0.0 和 Q0.1 同时断电。

5）空气压缩机控制解法二程序

空气压缩机控制解法二程序如图 6-26 所示。

编者有料

模拟量编程的几个注意点：

（1）找到实际物理量与对应数字量的关系是编程的关键，之后用 PLC 功能指令表示这个关系即可。

（2）硬件组态输入/输出地址编号是软件自动生成的，需严格遵照此编号，不可自己随便编号，否则编程会出现错误，如本例中，模拟量通道的地址就为 AIW16，而不是 AWI0。

（3）S7-200 SMART PLC 编程软件比较智能，模拟量模块组态时有超出上限、超出下限及断线报警，若模拟量通道红灯不停闪烁，需考虑以上几点。

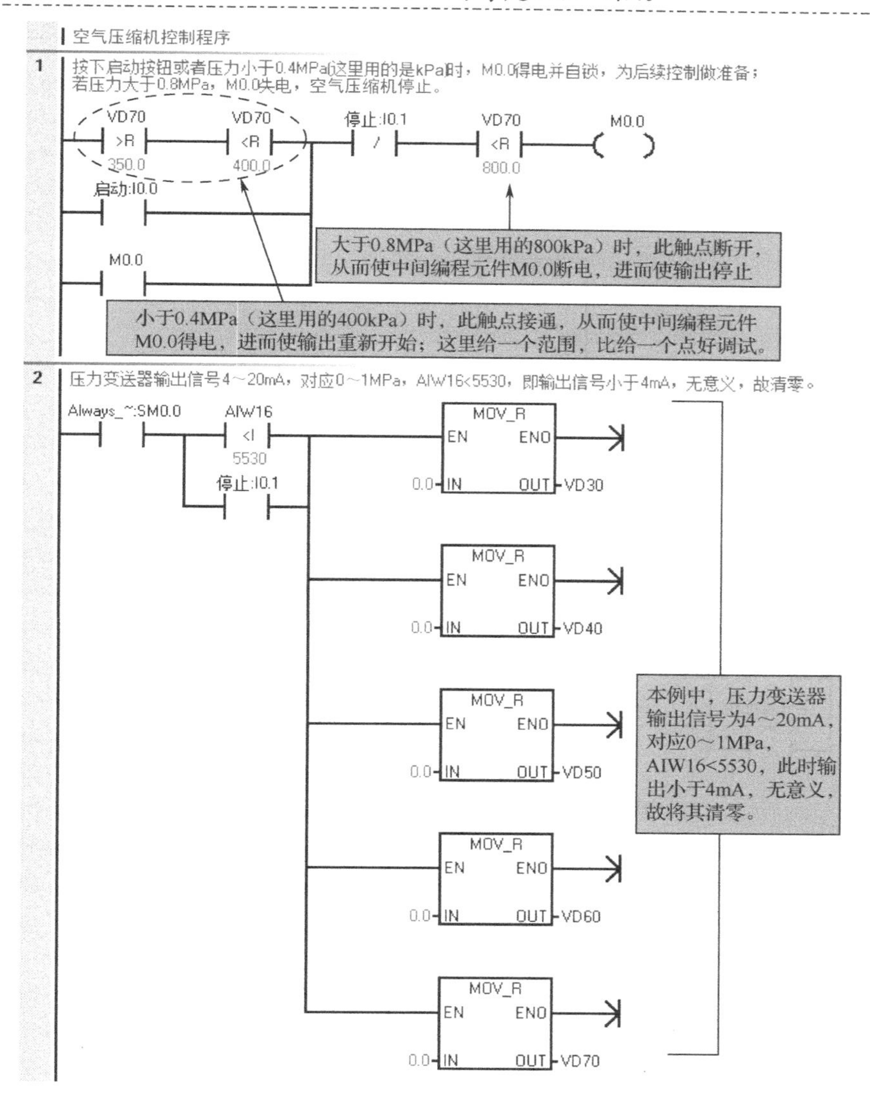

图 6-25　空气压缩机控制解法一程序

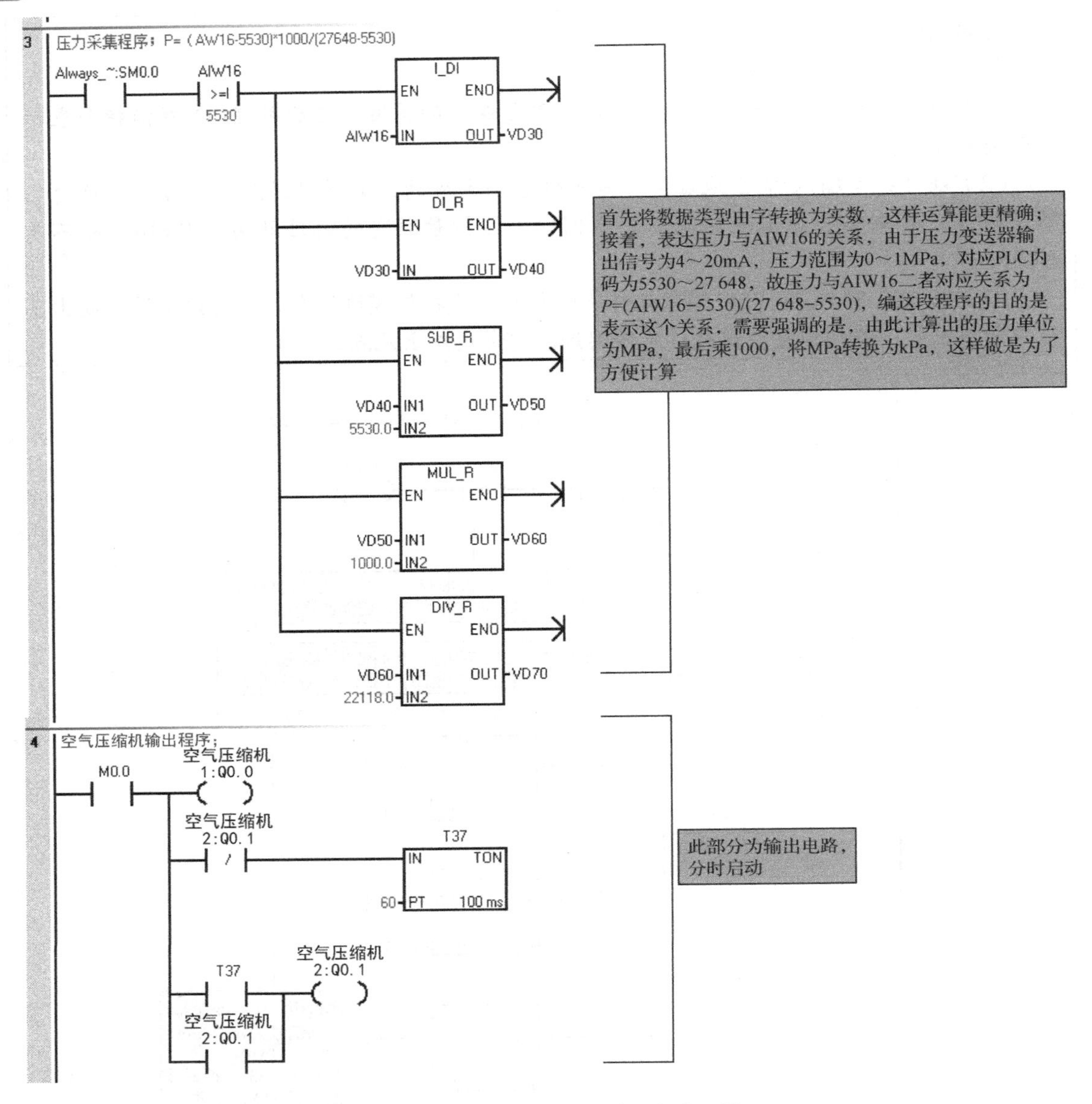

图 6-25　空气压缩机控制解法一程序（续）

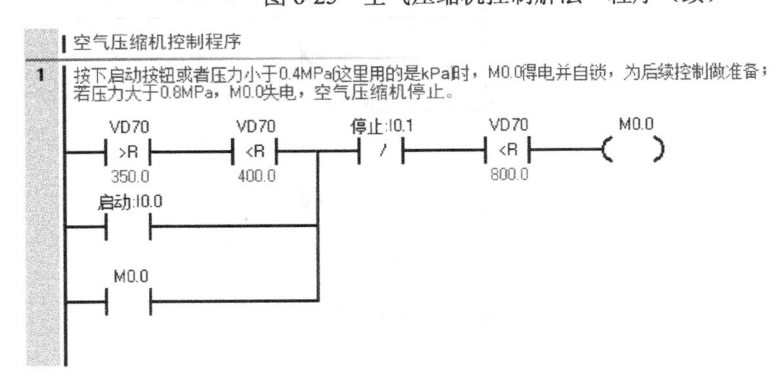

图 6-26　空气压缩机控制解法二程序

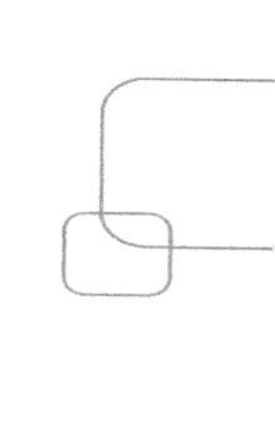

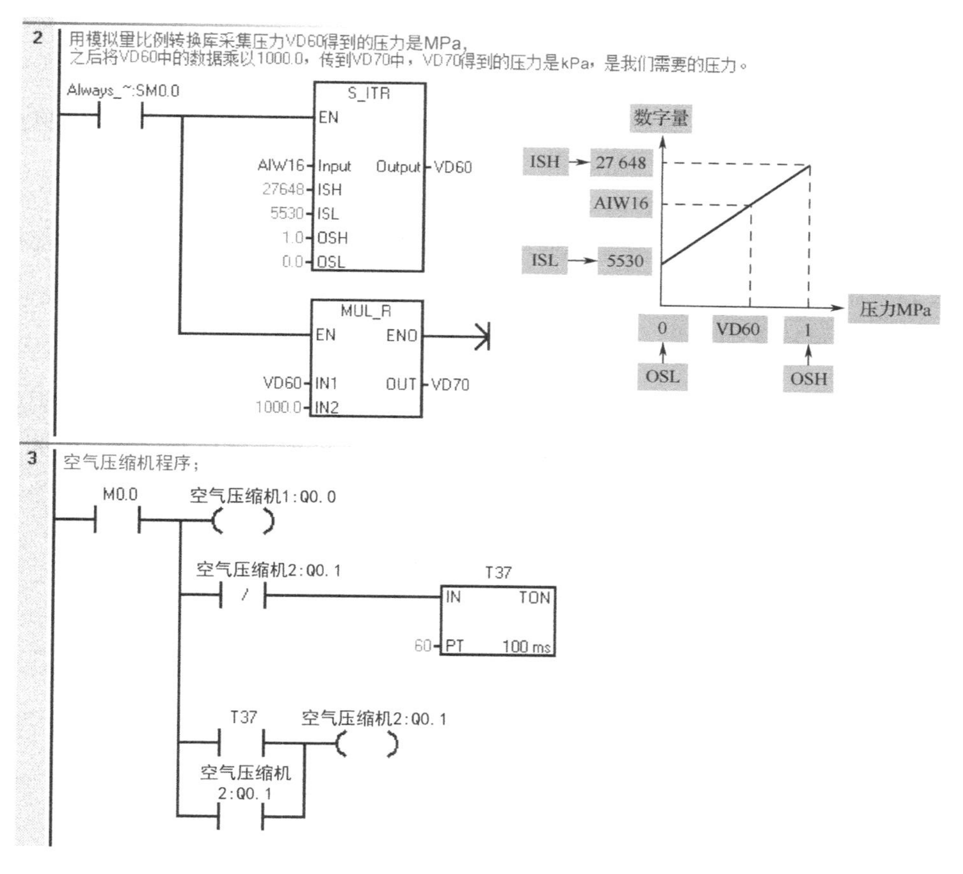

图 6-26　空气压缩机控制解法二程序（续）

6.6　PID 控制及应用案例

6.6.1　PID 控制简介

1）PID 控制简介

PID 是闭环控制系统的比例-积分-微分控制算法。PID 控制器根据设定值（给定值）与被控对象的实际值（反馈）的差值，按照 PID 算法计算出控制器的输出量，控制执行机构去影响被控对象的变化。PID 控制是负反馈闭环控制，能够抑制系统闭环内的各种因素所引起的扰动，使反馈跟随给定值变化。

典型的 PID 算法包括三个部分：比例项、积分项和微分项，即输出=比例项+积分项+微分项。下面以离散系统的 PID 控制为例，对 PID 算法进行说明。离散系统的 PID 算法如下所述。

$M_n=K_c(\mathrm{SP}_n-\mathrm{PV}_n)+K_c(T_s/T_i)(\mathrm{SP}_n-\mathrm{PV}_n)+M_x+K_c(T_d/T_s)(\mathrm{PV}_{n-1}-\mathrm{PV}_n)$，其中，$M_n$ 为在采样时刻 n 计算出来的回路控制输出值；K_c 为回路增益；SP_n 为在采样时刻 n 的给定值；PV_n 为在采样时刻 n 的过程变量值；PV_{n-1} 为在采样时刻 $n-1$ 的过程变量值；T_s 为采样时间；T_i 为积分时

间常数；T_d为微分时间常数，M_x为在采样时刻 n-1 的积分项。

比例项 $K_c(SP_n-PV_n)$：将偏差信号按比例放大，提高控制灵敏度；

积分项 $K_c(T_s/T_i)(SP_n-PV_n)+M_x$：积分控制对偏差信号进行积分处理，缓解比例放大量过大引起的超调和振荡；

微分项$(T_d/T_s)(PV_{n-1}-PV_n)$：对偏差信号进行微分处理，提高控制的迅速性。

根据具体项目的控制要求，在实际应用中，PID 控制有可能只用到其中的一部分，比如常用的是 PI（比例-积分）控制，这时没有微分控制部分。

2）PID 控制举例

炉温控制采用 PID 控制方式，炉温控制系统的示意图如图 6-27 所示。在炉温控制系统中，热电偶为温度检测元件，其信号传至变送器转换为标准电压或电流信号，标准信号再送至 A/D 模块，经 A/D 转换后的数字量与 CPU 设定值比较，二者的差值进行 PID 运算，将运算结果送给 D/A 模块，D/A 模块输出相应的电压或电流信号，对电动阀进行控制，从而实现了温度的闭环控制。

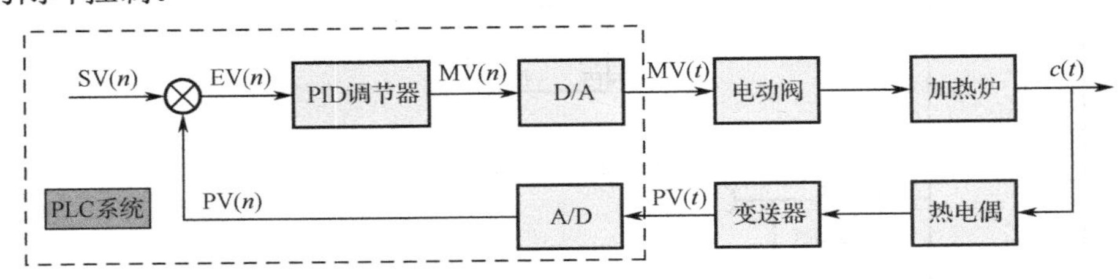

图 6-27　炉温控制系统示意图

图中 SV(n)为给定量；PV(n)为反馈量，此反馈量经 A/D 已经转换为数字量了；MV(t)为控制输出量；令 ΔX=SV(n)-PV(n)，如果 $\Delta X>0$，表明反馈量小于给定量，则控制器输出量 MV(t)将增大，使电动阀开度变大，进入加热炉的天然气流量增大，进而炉温上升；如果 $\Delta X<0$，表明反馈量大于给定量，则控制器输出量 MV(t)将减小，使电动阀开度变小，进入加热炉的天然气流量变小，进而炉温降低；如果 $\Delta X=0$，表明反馈量等于给定量，则控制器输出量 MV(t)不变，电动阀开度不变，进入加热炉的天然气流量不变，进而炉温不变。

3）PID 算法在 S7-200 SMART PLC 中的实现

S7-200 SMART PLC 能够进行 PID 控制。S7-200 SMART CPU 最多可以支持 8 个 PID 控制回路（8 个 PID 指令功能块）。

PID 控制算法有几个关键的参数 K_c（Gain，增益）、T_i（积分时间常数）、T_d（微分时间常数）、T_s（采样时间）。

在 S7-200 SMART PLC 中，PID 功能是通过 PID 指令功能块实现。通过定时（按照采样时间）执行 PID 功能块，按照 PID 运算规律，根据当时的给定值、反馈、比例-积分-微分数据，计算出控制量。

PID 功能块通过一个 PID 回路表交换数据，这个表是在 V 数据存储区中开辟的，长度为 36 字节。因此每个 PID 功能块在调用时需要指定两个要素：PID 控制回路号，以及控制回路表的起始地址（以 VB 表示）。

由于 PID 可以控制温度、压力等许多对象，它们各自都是由工程量表示，因此有一种通用的数据表示方法才能被 PID 功能块识别。S7-200 SMART PLC 中的 PID 功能使用占调节范围的百分比的方法抽象地表示被控对象的数值大小。在实际工程中，这个调节范围往往被认为与被控对象（反馈）的测量范围（量程）一致。

PID 功能块只接收 0.0～1.0 的实数（实际上就是百分比）作为反馈、给定与控制输出的有效数值，如果是直接使用 PID 功能块编程，必须保证数据在这个范围之内，否则会出错。其他如增益、采样时间、积分时间、微分时间都是实数。

因此，必须在外围实际的物理量与 PID 功能块需要的（或者输出的）数据之间进行转换，这就是所谓输入/输出的转换与标准化处理。

S7-200 SMART PLC 的编程软件 Micro/WIN SMART 提供了 PID 指令向导，以方便地完成这些转换/标准化处理。除此之外，PID 指令也同时会被自动调用。

6.6.2 PID 指令

PID 指令格式如图 6-28 所示。

说明：

（1）运行 PID 指令前，需要对 PID 控制回路参数进行设定，参数共 9 个，均为 32 位实数，共占 36 字节，具体如表 6-8 所示。

（2）程序中可使用 8 条 PID 指令，分别编号 0～7，不能重复使用。

（3）使 ENO=0 的错误条件：0006（间接地址），SM1.1（溢出，参数表起始地址或指令中指定的 PID 回路指令号码操作数超出范围）。

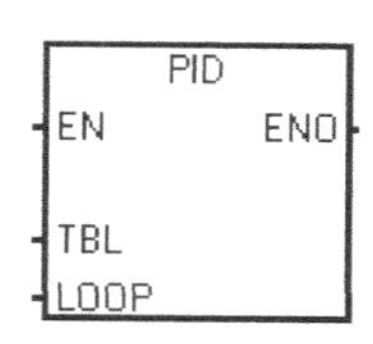

语句表：PID TBL，LOOP
TBL：参数表起始地址
数据类型：字节
LOOP：回路号，常数（0～7）
数据类型：字节

指令功能解析

当使能端有效时，根据回路参数表（TAL）中的输入测量值、控制设定值及PID参数进行计算。

图 6-28　PID 指令格式

表 6-8　PID 控制回路参数表

地址（VD）	参　数	数据格式	参数类型	说　明
0	过程变量当前值 PV_n	实数	输入	取值范围：0.0～1.0
4	给定值 SP_n	实数	输入	取值范围：0.0～1.0
8	输出值 M_n	实数	输入/输出	取值范围：0.0～1.0
12	增益 K_c	实数	输入	比例常数，可为正数可为负数
16	采用时间 T_s	实数	输入	单位为秒，必须为正数
20	积分时间 T_i	实数	输入	单位为分钟，必须为正数
24	微分时间 T_d	实数	输入	单位为分钟，必须为正数
28	上次积分值 M_x	实数	输入/输出	取值范围：0.0～1.0
32	上次过程变量 PV_{n-1}	实数	输入/输出	最近一次 PID 运算值

6.6.3 PID 控制编程思路

1）PID 初始化参数设定

在运行 PID 指令前，必须根据 PID 控制回路参数表对初始化参数进行设定，一般需要

给增益 K_c、采样时间 T_s、积分时间 T_i 和微分时间 T_d 这 4 个参数赋相应的数值，数值以满足控制要求为目的。当不需要比例项时，将增益 K_c 设置为 0；当不需要积分项时，将积分参数 T_i 设置为无限大，即 9999.99；当不需要微分项时，将微分参数 T_d 设置为 0。

需要指出，能设置出合适的初始化参数并不是一件简单的事，需要工程技术人员对控制系统极其熟悉。往往是多次调试，最后找到合适的初始化参数。第一次试运行参数时，一般将增益设置小一点，积分时间不要太小，以保证不会出现较大的超调量，微分一般都设置为 0。

2）输入量的转换和标准化

每个回路的给定值和过程变量都是实际的工程量，其大小、范围和单位不尽相同，在进行 PID 之前，必须将其转换成标准格式。

第一步，将 16 位整数转换为工程实数，可以参考 4.2 节内码与实际物理量的转换参考程序，这里不再赘述。

第二步，在第一步的基础上，将工程实数值转换为 0.0～1.0 的标准数值，往往是第一步得到的实际工程数值（如 VD30 等）比上其最大量程。

3）编写 PID 指令

4）将 PID 回路输出转换为成比例的整数

程序执行后，要将 PID 回路输出 0.0～1.0 的标准化实数值转换为 16 位整数值，方能驱动模拟量输出。转换方法：将 PID 回路输出 0.0～1.0 的标准化实数值乘以 27 648.0 或 55 296.0；若单极型乘以 27 648.0，若双极型乘以 55 296.0。

6.6.4 恒温控制

1）控制要求

某加热炉需要恒温控制，温度应维持在 60℃。按下加热启动按钮，全温开启加热（加热管受模拟量固态继电器控制，模拟量信号 0～10V），当加热到 80℃时，开始进入 PID 模式，将温度维持在 60℃；当低于 40℃时，全温加热；温度检测传感器为热电阻，经变送器转换输出信号为 4～20mA，对应温度为 0～100℃，试编程。

2）硬件组态

恒温控制硬件组态如图 6-29 所示。

系统块

	模块	版本	输入	输出	订货号
CPU	CPU ST20 (DC/DC/DC)	V02.02.00_00.00...	I0.0	Q0.0	6ES7 288-1ST20-0AA0
SB	SB AQ01 (1AQ)			AQW12	6ES7 288-5AQ01-0AA0
EM 0	EM AE04 (4AI)		AIW16		6ES7 288-3AE04-0AA0
EM 1					

图 6-29 恒温控制硬件组态

3）程序设计

恒温控制程序如图 6-30 所示。

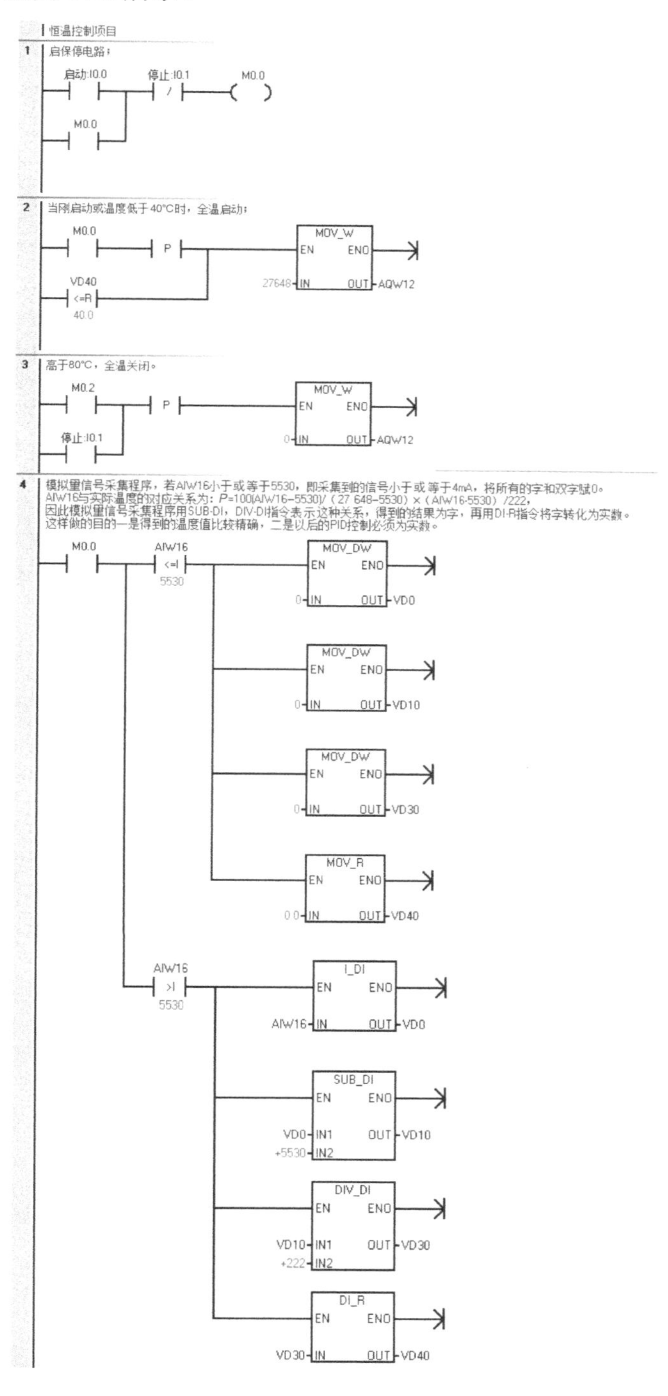

图 6-30　恒温控制程序

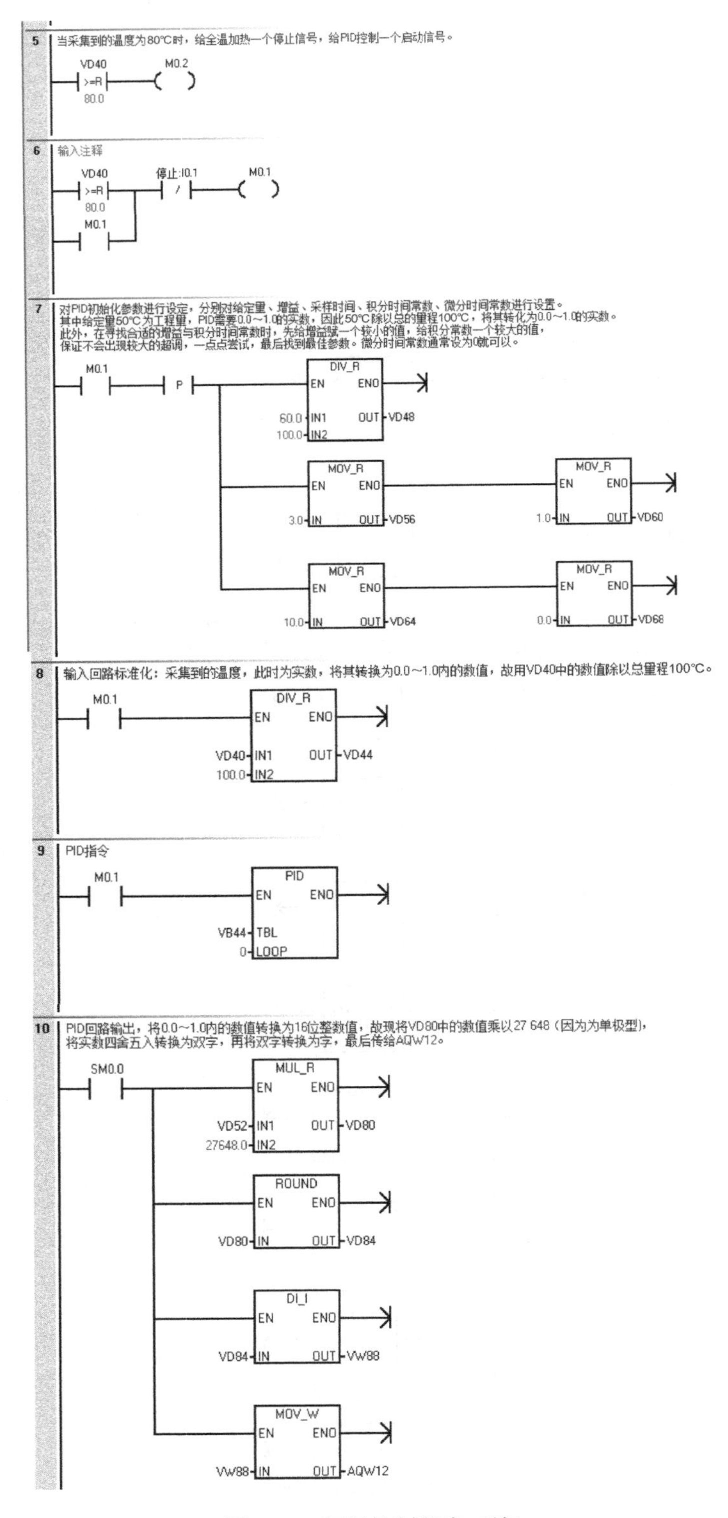

图 6-30　恒温控制程序（续）

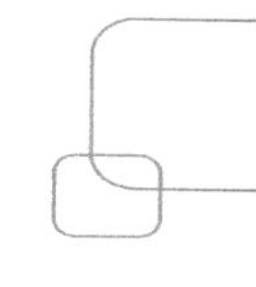

本项目程序的编写主要考虑三方面，具体如下所述。

（1）全温启停控制程序的编写。全温启停控制比较简单，关键是找到启动和停止信号。启动信号一个是启动按钮所给的信号，另一个为当温度低于 40℃时，比较指令所给的信号，两个信号是或的关系，因此并联；停止信号为当温度为 80℃时，比较指令通过中间编程元件所给的信号。

（2）温度信号采集程序的编写。笔者多次强调，解决此问题的关键在于找到实际物理量温度与内码 AIW16 之间的比例关系。温度变送器的量程为 0～100℃，其输出信号为 4～20mA，EM AE04 模拟量输入通道的信号范围为 0～20mA，内码范围为 0～27 648，故不难找出压力与内码的对应关系为 P=100(AIW16−5530)/(27 648−5530)≈(AIW16−5530)/222，其中 P 为温度。因此温度信号采集程序编写实际上就是用 SUB-DI、DIV-DI 指令表示上述这种关系，此时得到的结果为双字，再用 DI-R 指令将双字转换为实数。这样做有两点考虑：第一，得到的温度为实数，比较精确；第二，此段程序恰好也是 PID 控制输入回路的转换程序，因此必须转换为实数。

（3）PID 控制程序的编写。恒温控制 PID 控制回路参数表如表 6-9 所示。PID 控制程序的编写主要考虑以下内容。

表 6-9　恒温控制 PID 控制回路参数表

地址（VD）	参　数	数　值	数据格式	参数类型
VD48	给定值	50.0/100.0=0.5	实数	输入
VD56	增益	3.0	实数	输入
VD60	采用时间	1.0	实数	输入
VD64	积分时间	10.0	实数	输入
VD68	微分时间	0.0	实数	输入

PID 初始化参数的设定。主要涉及给定值、增益、采样时间、积分时间常数和微分时间常数的设定。给定值为 0.0～1.0 的数，其中温度恒为 60℃，60℃为工程量，需将工程量转换为 0.0～1.0 的数，故将实际温度 60℃比上量程 100℃，即 DIV-R 50.0，100.0。寻找合适的增益值和积分时间常数时，需将增益赋一个较小的数值，将积分时间常数赋一个较大的值，其目的为系统不会出现较大的超调量，多次试验，最后得出合理的结果；微分时间常数通常设置为 0。

输入量的转换及标准化。输入量的转换程序即温度信号采集程序，输入量的转换程序最后得到的结果为实数，需将此实数转换为 0.0～1.0 的标准数值，故将 VD40 中的实数比上 100℃，其中 100℃为满量程的数值。

编写 PID 指令。

将 PID 回路输出转换为成比例的整数；故 VD52 中的数先除以 27 648.0（为单极型），接下来将实数四舍五入转换为双字，再将双字转换为字送至 AQW12 中，从而完成了 PID 控制。

6.7 PID 向导及应用案例

STEP 7-Micro/WIN SMART 提供了 PID 指令向导，可以帮助用户方便地生成一个闭环控制过程的 PID 算法。此向导可以完成绝大多数 PID 运算的自动编程，用户只需在主程序中调用 PID 向导生成的子程序，就可以完成 PID 控制任务。

PID 向导既可以生成模拟量输出 PID 控制算法，也支持开关量输出；既支持连续自动调节，也支持手动参与控制。建议用户使用此向导对 PID 编程，以避免不必要的错误。

6.7.1 PID 向导编程步骤

1）打开 PID 向导

方法 1：打开 STEP 7-Micro/WIN SMART 编程软件，在项目树中打开“向导”文件夹，然后双击 PID 图标。

方法 2：在 STEP 7-Micro/WIN SMART 编程软件的“工具”菜单中选择 PID 向导 PID 选项。

2）定义需要配置的 PID 回路号

在图 6-31 中，选择要组态的回路，单击“下一页”按钮，最多可组态 8 个回路。

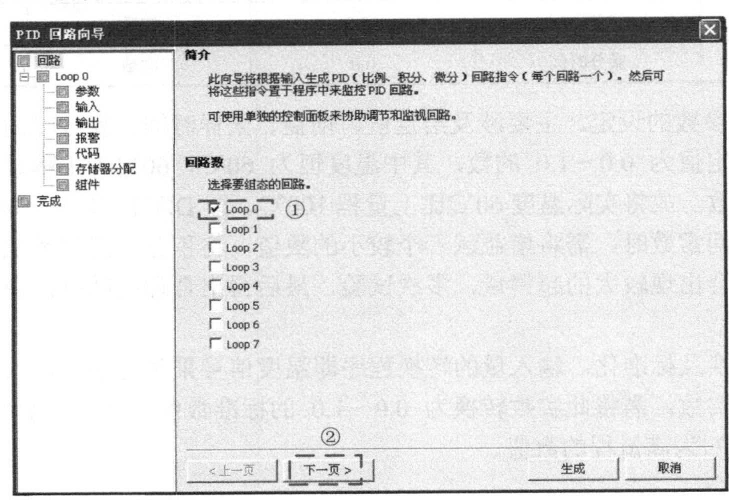

图 6-31 配置 PID 回路号

3）给回路组态命名

可为回路组态自定义名称，此部分的默认名称是“Loop x”，其中“x”等于回路编号，如图 6-32 所示。

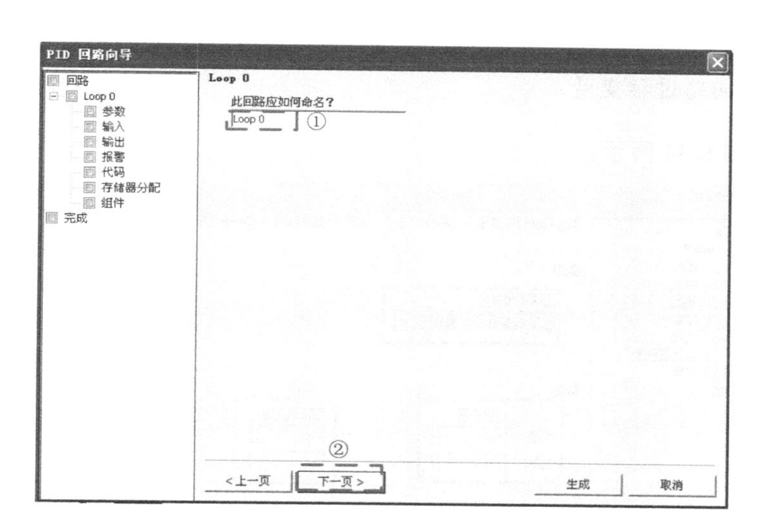

图 6-32　给回路组态命名

4）PID 回路参数设置

PID 回路参数设置如图 6-33 所示，分为 4 个部分，分别为增益设置、采样时间设置、积分时间设置和微分时间设置，注意这些参数的数值均为实数。

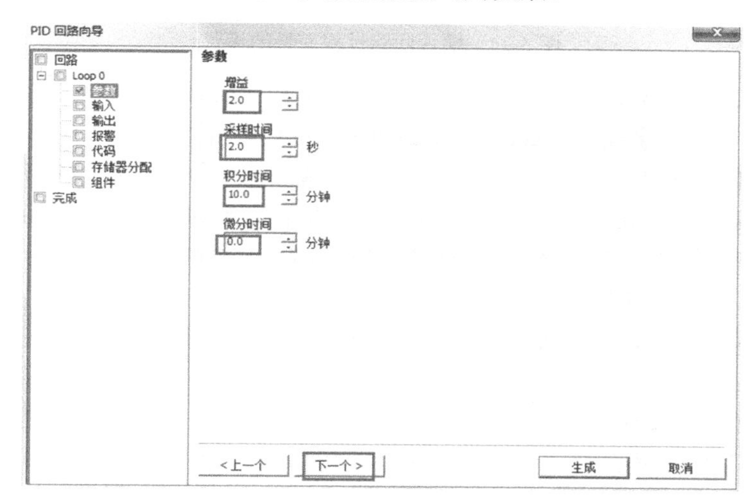

图 6-33　PID 回路参数设置

（1）增益：即比例常数，默认值=1.00，本例设置为 2.0。

（2）积分时间：如果不想要积分作用可以将该值设置得很大（如 10 000.0），默认值=10.00。

（3）微分时间：如果不想要微分回路，可以把微分时间设为 0 ，默认值=0.00。

（4）采样时间：它是 PID 控制回路对反馈采样和重新计算输出值的时间间隔，默认值=1.00。在向导完成后，若想要修改此数，则必须返回向导中修改，不可在程序中或状态表中修改。

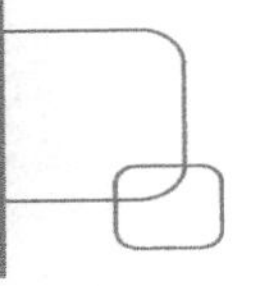

5）设置输入回路过程变量

具体设置如图 6-34 所示。

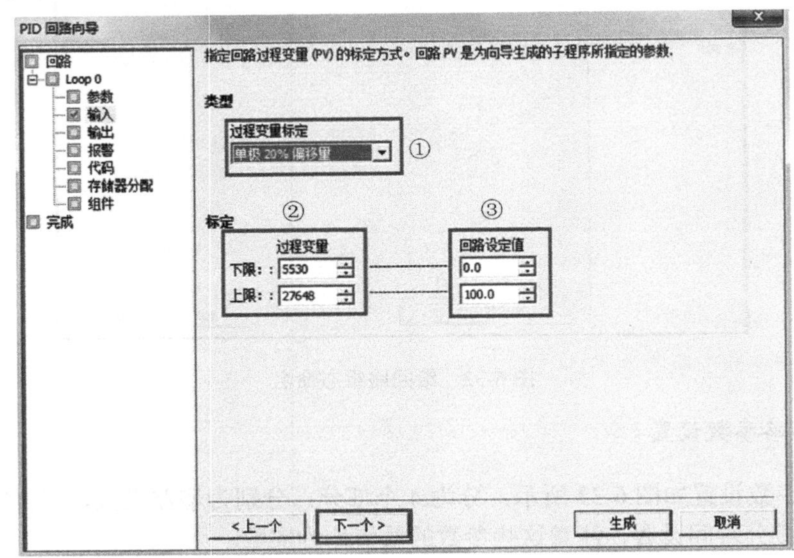

图 6-34　输入回路过程变量的设置

（1）指定回路过程变量（PV）如何标定，可以从以下选项中选择。

单极：即输入的信号为正，如 0～10V 或 0～20mA 等。

双极：输入信号在从负到正的范围内变化，如输入信号为±10V、±5V 等时选用。

选用 20%偏移：如果输入为 4～20mA 则选单极及此项，4mA 是 0～20mA 信号的 20%，所以选 20% 偏移，即 4mA 对应 5530，20mA 对应 27 648。

（2）反馈输入取值范围。

在（1）设置为单极时，默认值为 0～27 648，对应输入量程范围是 0～10V 或 0～20mA 等，输入信号为正。

在（1）设置为双极时，默认的取值为-27 648～+27 648，对应的输入范围根据量程不同可以是±10V、±5V 等。

在（1）选中 20%偏移量时，取值范围为 5530～27 648，不可改变。

（3）在“标定”（Scaling）参数中，指定回路设定值（SP）如何标定。默认值是 0.0～100.0 的一个实数。

6）设置回路输出选项

具体设置如图 6-35 所示。

（1）输出类型：可以选择模拟量输出或数字量输出。模拟量输出用来控制一些需要用模拟量给定的设备，如比例阀、变频器等；数字量输出实际上是控制输出点的通、断状态按照一定的占空比变化，可以控制固态继电器等。

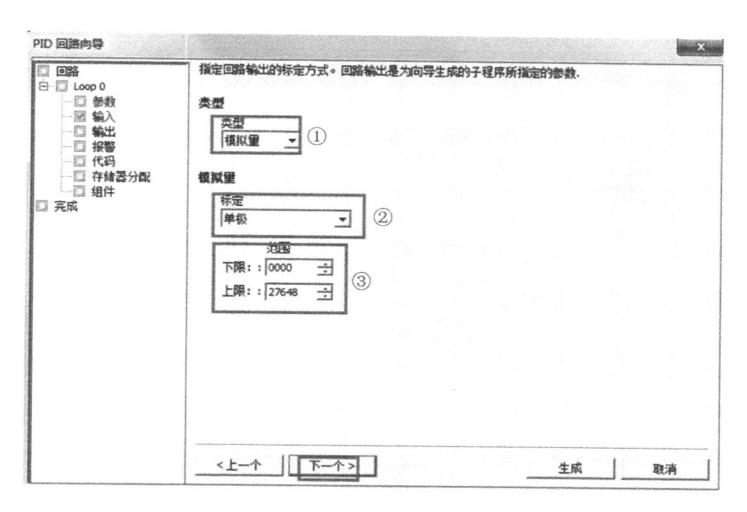

图 6-35　设置回路输出选项

（2）选择模拟量则需设定回路输出变量值的范围，可以选择以下选项。

单极：单极性输出，可为 0～10V 或 0～20mA 等；

双极：双极性输出，可为正负 10V 或正负 5V 等；

单极 20% 偏移量：如果选中 20% 偏移，使输出为 4～20mA。

（3）取值范围：

为单极时，默认值为 0～27 648；

为双极时，取值为-27 648～27 648；

为 20%偏移量时，取值 5530～27 648，不可改变。

如果选择了“数字量”输出，需要设定循环时间，如图 6-36 所示。

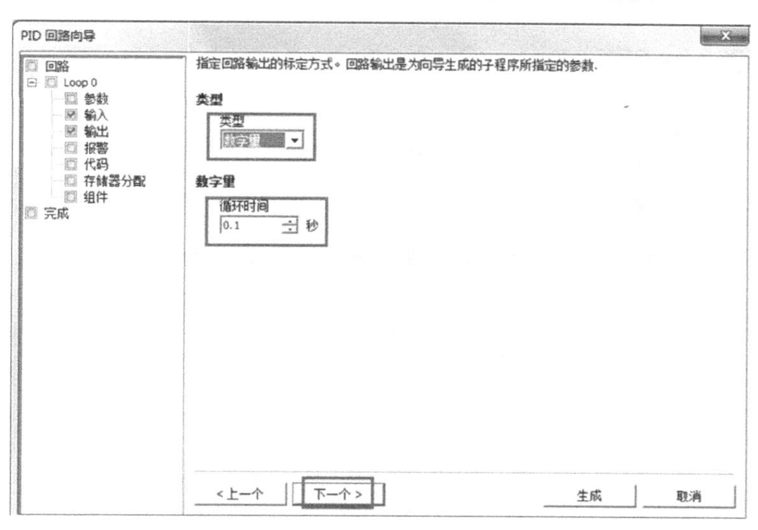

图 6-36　数字量输出循环时间设置

7）设置回路报警选项

具体设置如图 6-37 所示。

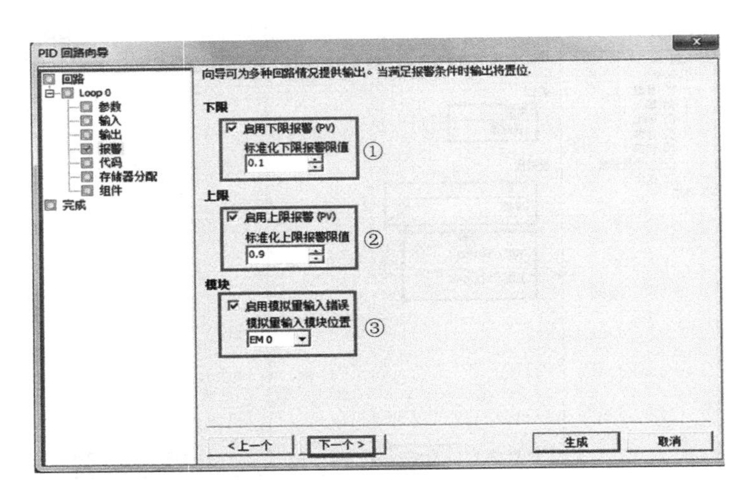

图 6-37　设置回路报警选项

向导提供了三个输出来反映过程值（PV）的低值报警、高值报警及过程值模拟量模块错误状态。当报警条件满足时，输出置位为 1。这些功能在选中了相应的选择框之后起作用。

（1）使能低值报警并设定过程值（PV）报警的低值，此值为过程值的百分数，默认值为 0.10，即报警的低值为过程值的 10%。此值最低可设为 0.01，即满量程的 1%。

（2）使能高值报警并设定过程值（PV）报警的高值，此值为过程值的百分数，默认值为 0.90，即报警的高值为过程值的 90%。此值最高可设为 1.00，即满量程的 100%。

（3）使能过程值（PV）模拟量模块错误报警并设定模块于 CPU 连接时所处的模块位置。“EM0”就是第一个扩展模块的位置。

8）定义向导所生成的 PID 初始化子程序和中断程序名及手/自动模式

具体定义如图 6-38 所示。

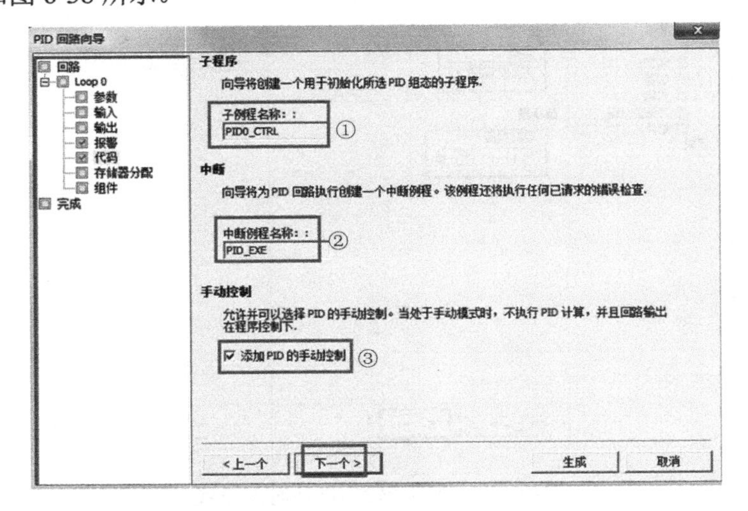

图 6-38　定义向导所生成的 PID 初始化子程序和中断程序名及手/自动模式

（1）指定 PID 初始化子程序的名字。

（2）指定 PID 中断子程序的名字。

（3）此处可以选择添加 PID 手动控制模式。在 PID 手动控制模式下，回路输出由手动输出设定控制，此时需要写入手动控制输出参数一个 0.0～1.0 的实数，代表输出的 0～100%而不是直接去改变输出值。

9）指定 PID 运算数据存储区

指定 PID 运算数据存储区，如图 6-39 所示。

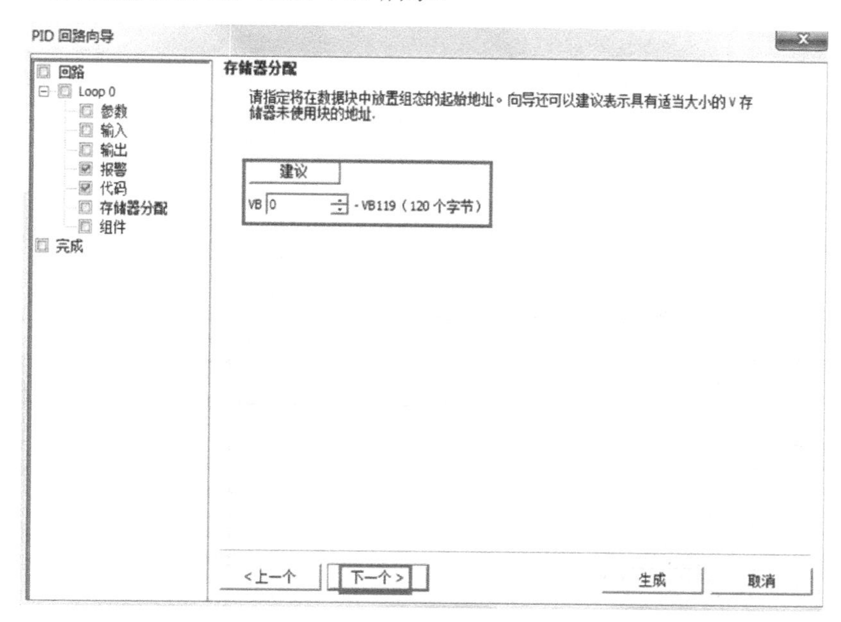

图 6-39 指定 PID 运算数据存储区

PID 指令使用了一个 120 字节的 V 区参数表来进行控制回路的运算工作，除此之外，PID 向导生成的输入/输出量的标准化程序也需要运算数据存储区，需要为它们定义一个起始地址，要保证该地址起始的若干字节在程序的其他地方没有被重复使用。如果单击“建议”按钮，则向导将自动设定当前程序中没有用过的 V 区地址。

10）生成 PID 子程序、中断程序及符号表等

具体情况如图 6-40 所示。单击“生成”按钮，将在项目中生成上述 PID 子程序、中断程序及符号表等。

11）配置完 PID 向导，需要在程序中调用向导生成的 PID 子程序

在用户程序中调用 PID 子程序时，可在指令树的程序块中用鼠标双击由向导生成的 PID 子程序，如图 6-41 所示。

（1）必须用 SM0.0 来使能 PIDx_CTRL 子程序，SM0.0 后不能串联任何其他条件，而且也不能有越过它的跳转；如果在子程序中调用 PIDx_CTRL 子程序，则调用它的子程序也必须仅使用 SM0.0 调用，以保证它的正常运行。

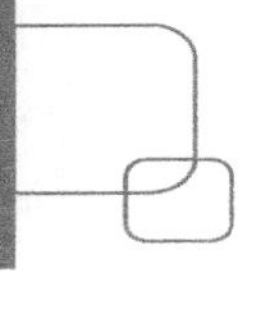

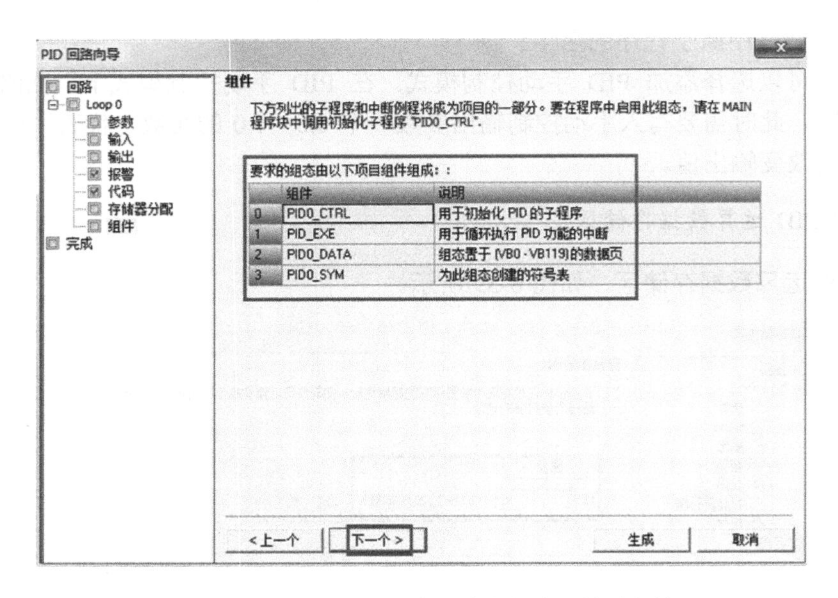

图 6-40　生成 PID 子程序、中断程序及符号表等

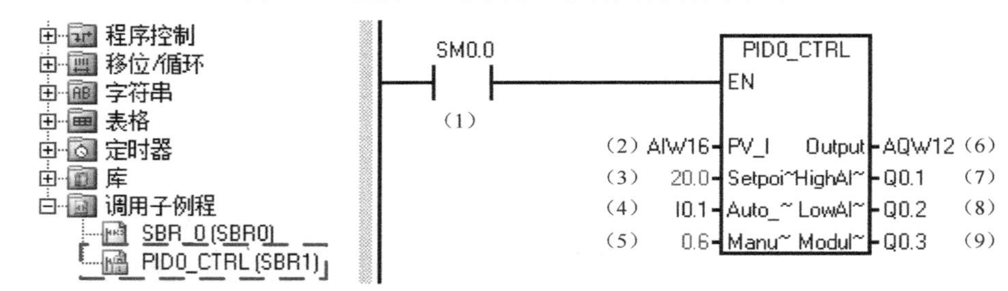

图 6-41　调用 PID 子程序

（2）此处输入过程值（反馈）的模拟量输入地址。

（3）此处输入设定值变量地址（VDxx），或者直接输入设定值常数，根据向导中的设定范围 0.0～100.0，此处应输入一个 0.0～100.0 的实数。例如，若输入 20，即为过程值的 20%，假设过程值 AIW16 是量程为 0～200℃的温度值，则此处的设定值 20 代表 40℃（即 200℃的 20%）；如果在向导中设定范围为 0.0～100.0，则此处的 20 相当于 20℃。

（4）此处用 I0.1 控制 PID 的手/自动方式。当 I0.1 为 1 时，为自动方式，经过 PID 运算从 AQW12 输出；当 I0.1 为 0 时，PID 将停止计算，AQW12 输出为 ManualOutput（VD4）中的设定值，此时不需要另外编程或直接给 AQW12 赋值。若在向导中没有选择 PID 手动功能，则此项不会出现。

（5）定义 PID 手动状态下的输出，从 AQW12 输出一个满值范围内对应此值的输出量。此处可输入手动设定值的变量地址（VDxx）或直接输入数。数值范围为 0.0～1.0 的一个实数，代表输出范围的百分比。例如输入 0.5，则设定为输出的 50%。若在向导中没有选择 PID 手动功能，则此项不会出现。

（6）此处输入控制量的输出地址。

（7）当高报警条件满足时，相应的输出置位为 1，若在向导中没有使能高报警功能，则此项将不会出现。

（8）当低报警条件满足时，相应的输出置位为 1，若在向导中没有使能低报警功能，则此项将不会出现。

（9）当模块出错时，相应的输出置位为 1，若在向导中没有使能模块错误报警功能，则此项将不会出现。

6.7.2 恒温控制

1）控制要求

本例与 3.6.4 案例的控制要求、硬件组态完全一致，程序由 PID 向导来编写。

2）程序设计

（1）PID 向导生成：本例的 PID 向导生成请参考 6.7.1 节，其中第 4 步设置回路参数增益改成 3.0，第 7 步设置回路报警全不勾选，第 8 步定义向导所生成的 PID 初始化子程序和中断程序名及手/自动模式中手动控制不勾选，第 9 步指定 PID 运算数据存储区 VB44，其余与 6.7.1 节所给图片一致，故这里不再赘述。

（2）程序结果：恒温控制程序如图 6-42 所示。

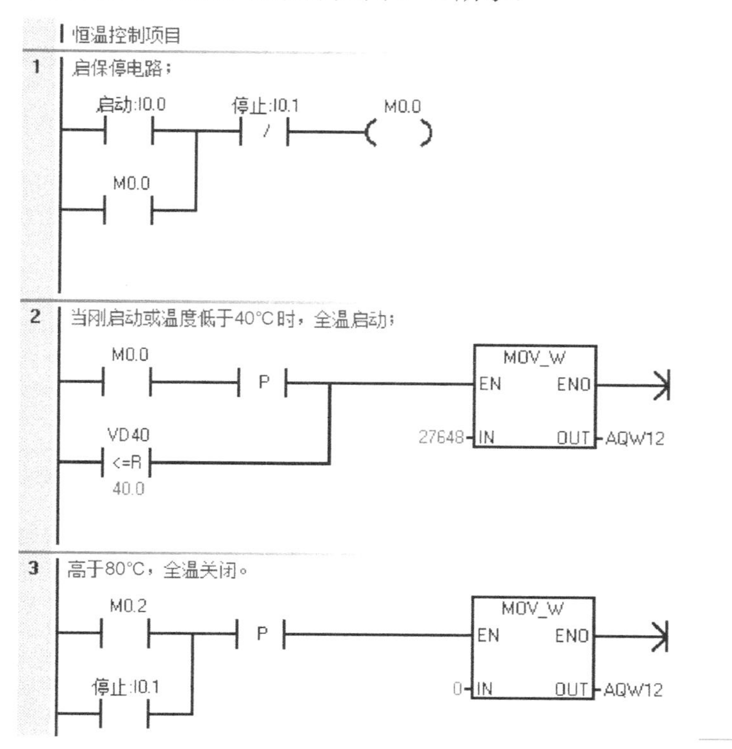

图 6-42　恒温控制程序（PID 向导）

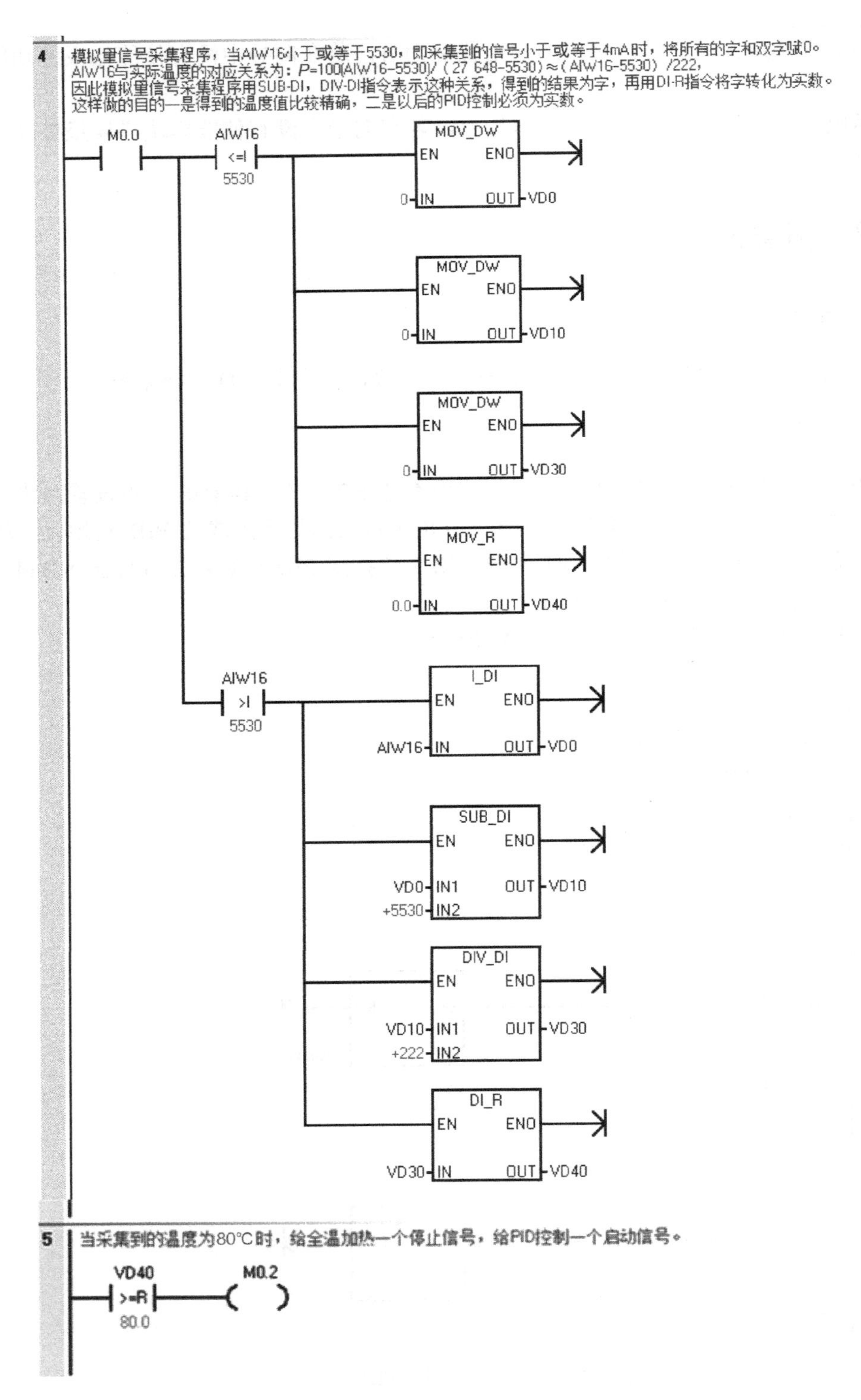

图 6-42 恒温控制程序（PID 向导）（续一）

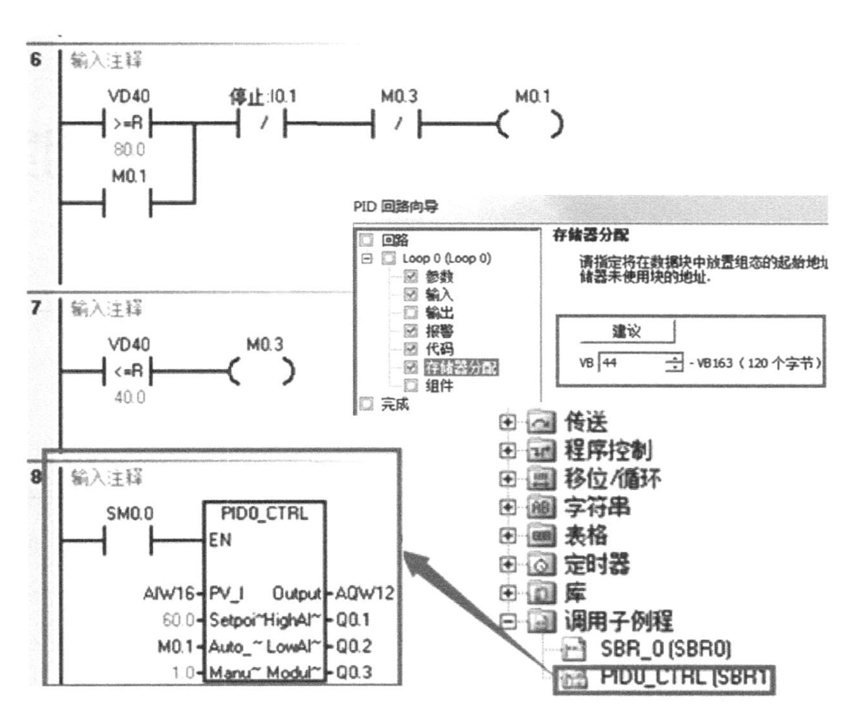

图 6-42　恒温控制程序（PID 向导）（续二）

编者有料

使用 PID 向导时，千万要注意存储器地址的分配，否则程序会出错。

第 7 章　编码器与高速计数器应用案例

本章要点

- ◆ 编码器基础
- ◆ 高速计数器指令及应用
- ◆ 转速测量

7.1　编码器基础

编码器是集光、机、电技术于一体的数字化传感器，主要利用光栅衍射的原理来实现位移与数字变换，通过光电转换将输出轴上的机械几何位移量转换成脉冲或数字量。编码器以其结构简单、精度高、寿命长等特点，广泛应用于定位、测速和定长等场合。

编码器按工作原理的不同，可以分为增量式编码器和绝对式编码器。

7.1.1　增量式编码器

增量式编码器提供了一种对连续位移量离散化、增量化，以及位移变化（速度）的传感方法。增量式编码器的特点是每产生一个增量位移就对应于一个输出脉冲信号。增量式编码器测量的是相对于某个基准点的相对位置增量，而不能够直接检测出绝对位置信息。增量式编码器的外形图如图 7-1 所示。

图 7-1　增量式编码器的外形图

增量式编码器主要由光源、码盘、检测光栅、光电检测器件和转换电路组成，如图 7-2 所示。在码盘上刻有节距相等的辐射状透光缝隙，相邻两个透光缝隙之间代表一个增量周期。检测光栅上刻有 A、B 两组与码盘相对应的透光缝隙，用于通过或阻挡光源和光电检测器之间的光线，它们的节距和码盘上的节距相等，并且两组透光缝隙错开 1/4 节距，使得光电检测器件输出的信号在相位上相差 90°。当码盘随着被测转轴转动时，检测光栅不动，光线透过码盘和检测光栅上的缝隙照射到光电检测器件上，光电检测器就输出两组相位相差 90° 的近似于正弦波的电信号，正弦波经过转换电路的信号处理，会得到矩形波，进而可以得到被测轴的转角或速度信息。

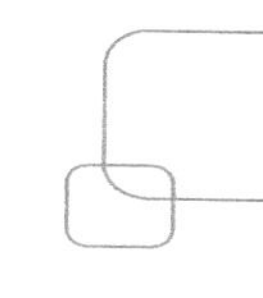

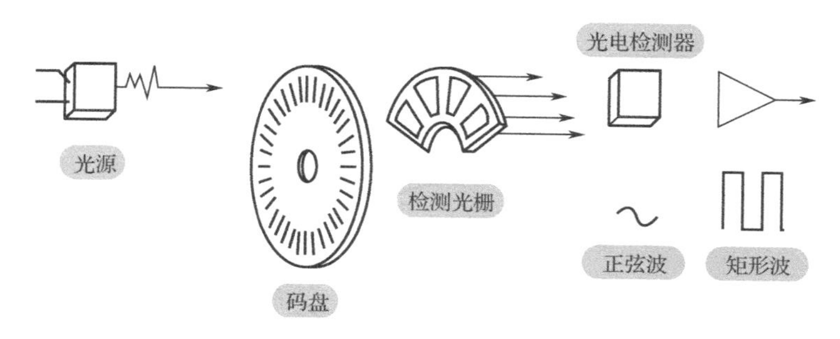

图 7-2　增量式编码器的组成部件及原理

一般来说，增量式编码器输出 A、B 两个相位差为 90°的脉冲信号，即所谓的两相正交输出信号，根据 A、B 两相的先后位置关系，可以方便地判断出编码器的旋转方向。另外，码盘一般还提供用作参考零位的 Z 相标志脉冲信号，码盘每旋转一周，会发出一个零位标志信号，如图 7-3 所示。

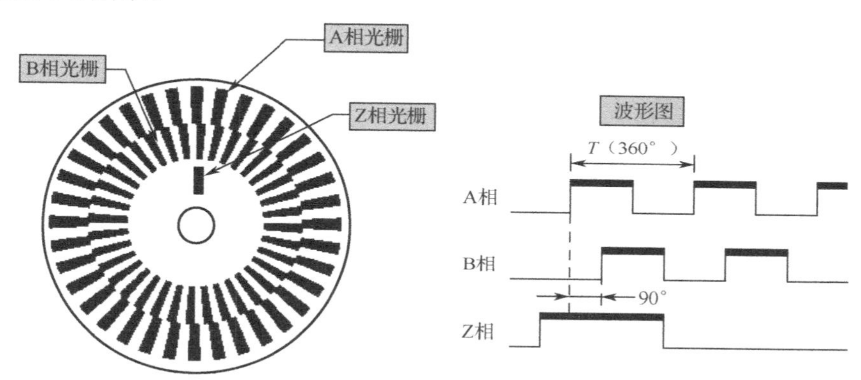

图 7-3　增量式编码器的输出信号

7.1.2　绝对式编码器

绝对式编码器的原理及组成部件与增量式编码器基本相同，与增量式编码器不同的是，绝对式编码器用不同的数字码来表示每个不同的增量位置，它是一种直接输出数字量的传感器。绝对式编码器的外形图如图 7-4 所示。

图 7-4　绝对式编码器的外形图

如图 7-5 所示，绝对式编码器的圆形码盘上沿径向有若干同心码道，每条码道上由透光和不透光的扇形区相间组成，相邻码道的扇区数目是双倍关系，码盘上的码道数就是它的二进制数码的位数。码盘的一侧是光源，另一侧对应的每一个码道有一个光敏元件。当码盘处于不同位置时，各光敏元件根据受光照与否转换出相应的电平信号，形成二进制数。显然，码道越多，分辨率就越高，对于一个具有 n 位二进制分辨率的编码器来说，其码盘必须有 n 条码道。

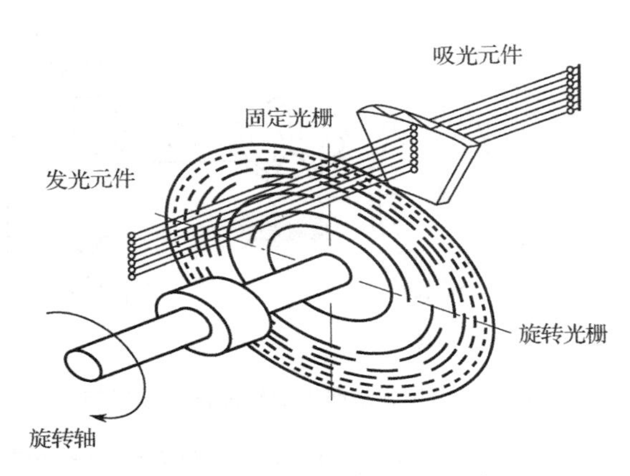

图 7-5　绝对式编码器原理图

根据编码方式的不同，绝对式编码器的码盘分为两种形式，即二进制码盘和格雷码盘，如图 7-6 所示。

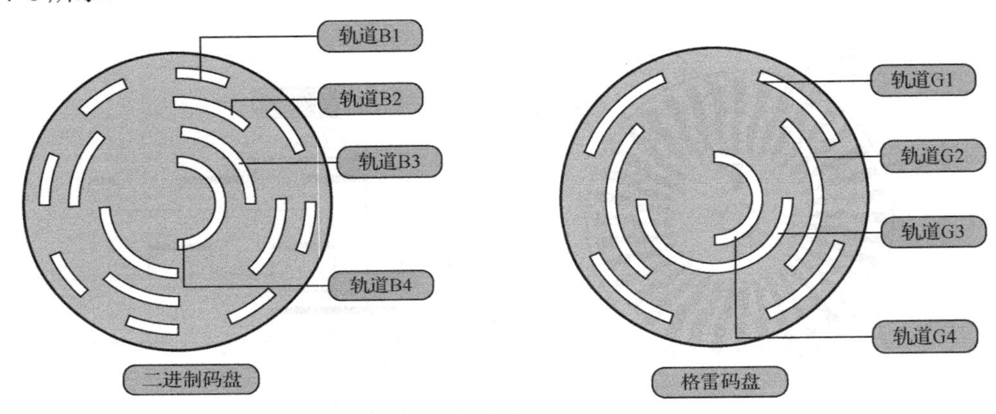

图 7-6　绝对式编码器码盘

绝对式编码器的特点是不需要计数器，在转轴的任意位置都可读出一个固定的与位置相对应的数字码，即直接读出角度坐标的绝对值。另外，相对于增量式编码器，绝对式编码器不存在累积误差，并且当电源切除后位置信息也不会丢失。

编者有料

（1）增量式编码器通过脉冲增量记录位置增量，且断电不能保存当前的位置信息，因此增量式编码器在实际工程中通常用在速度测量和长度测量的场合。

（2）绝对式编码器的每一个位置都会对应唯一的一个数字码，且断电能保存当前的位置信息，因此绝对式编码器在实际工程中通常用在定位场合。

7.1.3　编码器输出信号类型

编码器的输出信号有集电极开路输出、电压输出、线驱动输出和推挽式等多种形式。

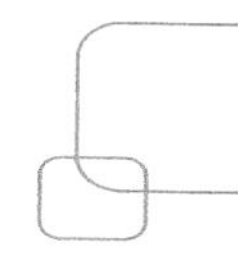

1）集电极开路输出

集电极开路输出方式以输出电路的晶体管发射极作为公共端，并且集电极悬空。根据所使用的晶体管类型不同，可以分为 NPN 集电极开路输出和 PNP 集电极开路输出两种形式。NPN 集电极开路输出形式如图 7-7 所示，PNP 集电极开路输出形式如图 7-8 所示。

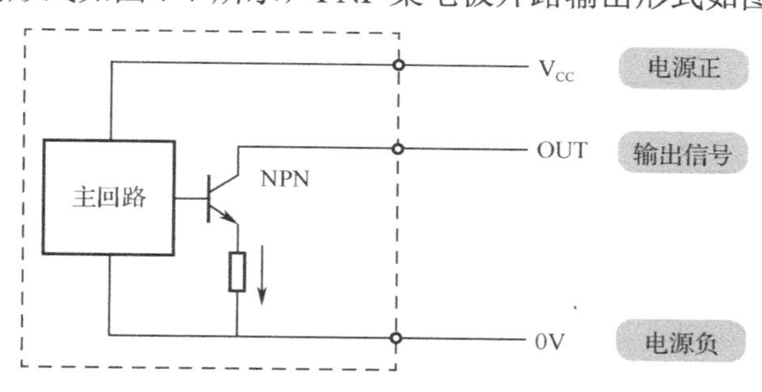

图 7-7　NPN 集电极开路输出形式

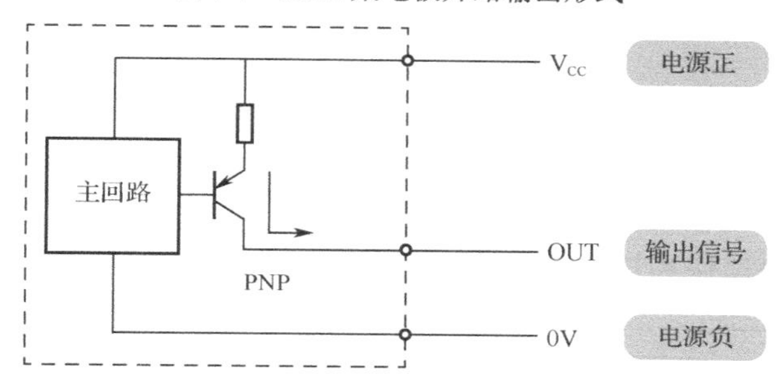

图 7-8　PNP 集电极开路输出形式

2）电压输出

电压输出方式是在集电极开路输出电路的基础上，在电源和集电极之间接一个上拉电阻，这样就使得集电极和电源之间能有一个稳定的电压状态，如图 7-9 所示。一般在编码器供电电压和信号接收装置电压一致的情况下使用这种类型的输出电路。

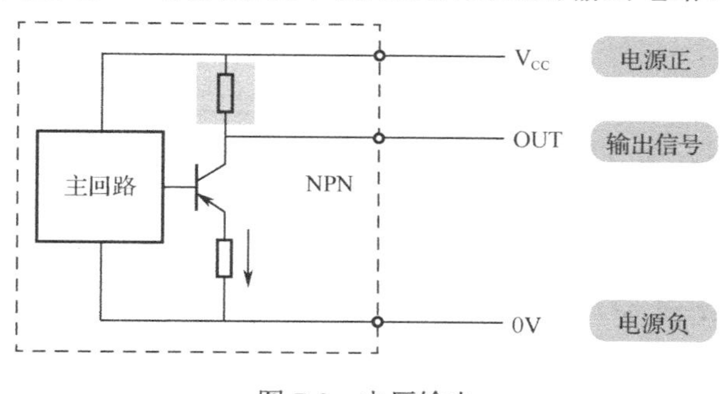

图 7-9　电压输出

3）推挽式输出

推挽式输出方式由两个 PNP 型和 NPN 型的三极管组成，如图 7-10 所示。当其中一个三极管导通时，另外一个三极管则关断，两个输出晶体管交互进行动作。

这种输出形式具有高输入阻抗和低输出阻抗，因此在低阻抗情况下它也可以提供大范围的电源。由于输入、输出信号相位相同且频率范围宽，因此它还适用于长距离传输。

推挽式输出电路可以直接与 NPN 和 PNP 集电极开路输入的电路连接，即可以接入源型或漏型输入模块中。

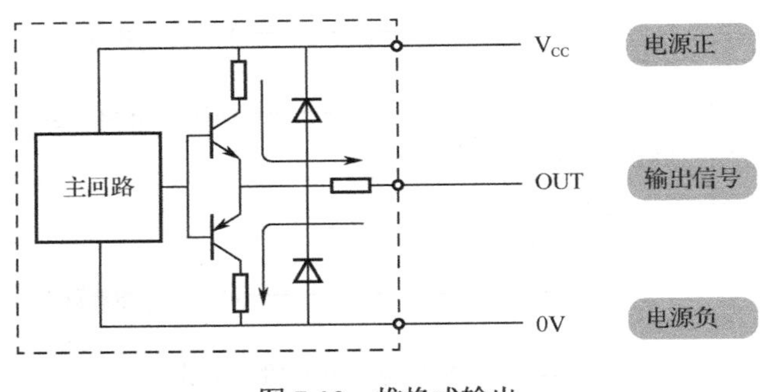

图 7-10　推挽式输出

4）线驱动输出

如图 7-11 所示，线驱动输出接口采用专用 IC 芯片，输出信号符合 RS-422 标准，以差分形式输出，因此线驱动输出信号的抗干扰能力更强，可以应用于高速、长距离数据传输场合，同时还具有响应速度快和抗噪声性能强的特点。

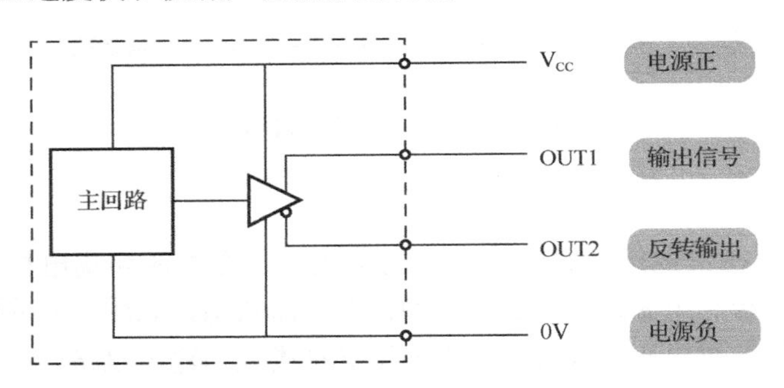

图 7-11　线驱动输出

需要说明的是，除上面所列的几种编码器输出的接口类型外，现在好多厂家生产的编码器还具有智能通信接口，如 PROFIBUS 总线接口，这种类型的编码器可以直接接入相应的总线网络，通过通信的方式读出实际计数值或测量值，这里不做说明。

7.1.4　编码器与 S7-200 SMART PLC 的接线

1）PNP 输出型编码器与 S7-200 SMART PLC 的接线

PNP 输出型编码器与 S7-200 SMART PLC 接线时按漏型输入接法，如图 7-12 所示。

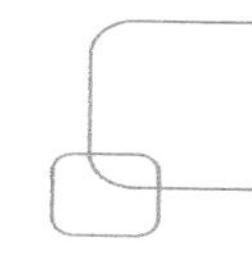

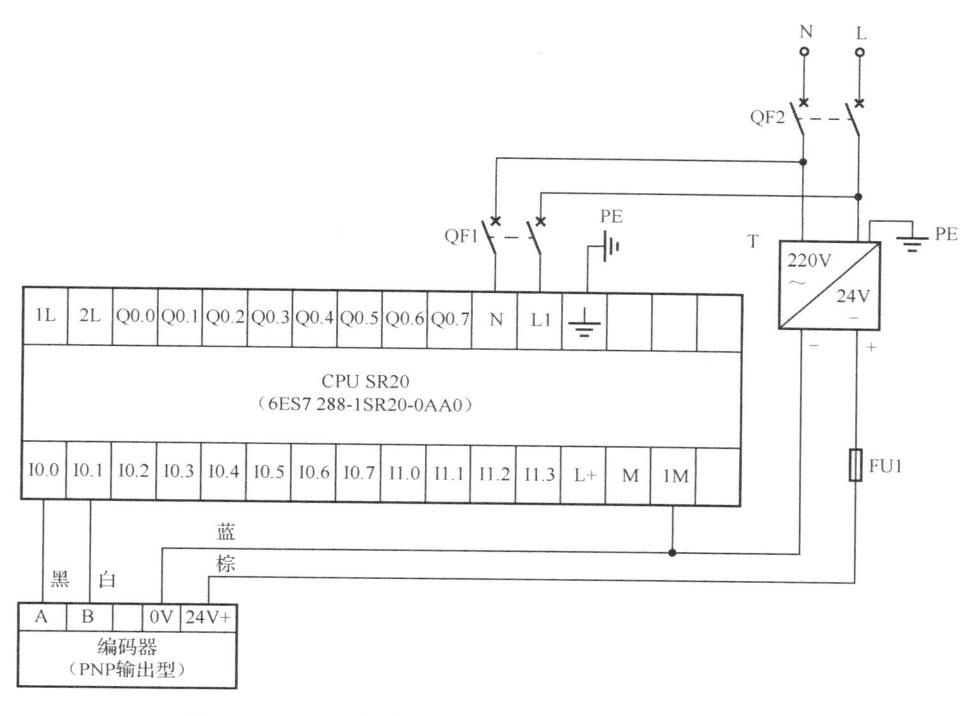

图 7-12　PNP 输出型编码器与 S7-200 SMART PLC 的接线

2）NPN 输出型编码器与 S7-200 SMART PLC 的接线

NPN 输出型编码器与 S7-200 SMART PLC 接线时，按源型输入接法，如图 7-13 所示。

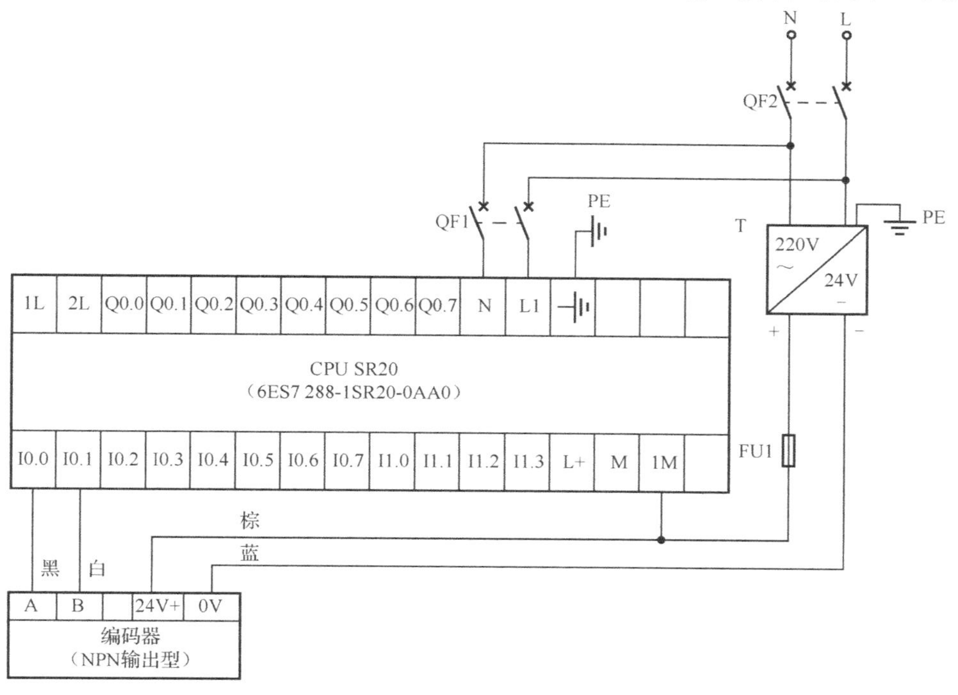

图 7-13　NPN 输出型编码器与 S7-200 SMART PLC 的接线

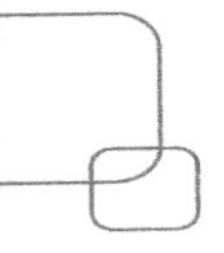

7.1.5 增量式编码器的选型

在进行增量式编码器选型时，可以综合考虑以下几个参数。

1）电源电压

电源电压是指编码器外接供电电源的电压，一般为直流 5～24V。

2）分辨率

分辨率是指编码器旋转一圈输出的脉冲数，工程中一般称输出多少线。编码器厂家在生产编码器时，通常也会将同一型号的产品分成不同的分辨率。分辨率一般为 10～10 000 线，当然也有分辨率更高的产品。

3）最高响应频率

最高响应频率是指编码器输出脉冲的最大频率。常见的最高响应频率有 50kHz 和 100kHz。

4）最高响应转速

最高响应转速是指编码器运行的最大转速，其取决于编码器的分辨率和最高响应频率。最高响应转速的计算公式如下：

$$最高响应转速（r/min）=\frac{最高响应频率}{分辨率}\times 60$$

5）输出信号类型

输出信号有集电极开路输出、电压输出、线驱动输出和推挽式输出等多种形式。

6）输出信号方式

编码器的输出信号方式有三种，分别为单脉冲输出型、A/B/Z 三相脉冲输出型和差动线性驱动脉冲输出型，其中以 A/B/Z 三相脉冲输出最为常用。

（1）单脉冲输出型。单脉冲输出型是指输出一个占空比为 50%的脉冲波形，如图 7-14 所示。单脉冲输出型分辨率较低，常用于转速测量和脉冲计数等场合。

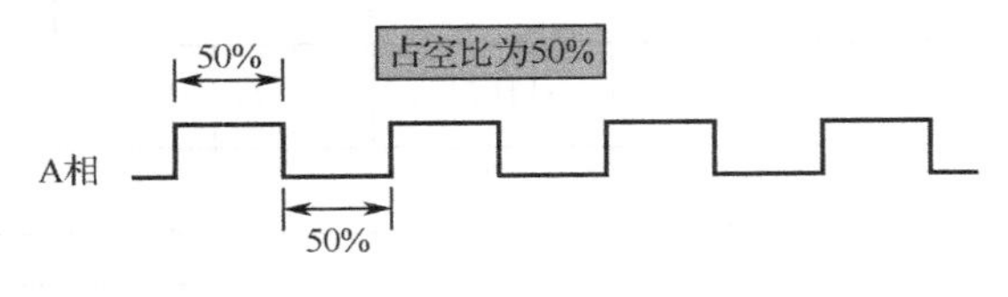

图 7-14 单脉冲输出型

（2）A/B/Z 三相脉冲输出型。A/B/Z 三相脉冲输出是增量式编码器最常用的方式。可以由 A/B 相脉冲相位的超前和滞后关系来判断增量式编码器是正转还是反转，如图 7-15 所示。如果从增量式编码器的轴侧看，编码器顺时针旋转即正转，波形是 A 相脉冲在相位上超前 B 相脉冲 90°，如图 7-15（a）所示。如果从增量式编码器的轴侧看，编码器逆时针旋转即反转，波形是 A 相脉冲在相位上滞后 B 相脉冲 90°，如图 7-15（b）所示。Z 相脉冲为零位标志脉冲，编码器转 1 圈发出一个脉冲。

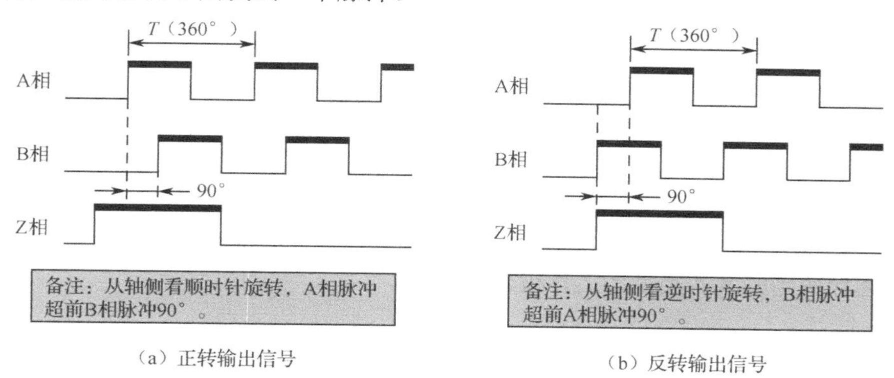

（a）正转输出信号　　（b）反转输出信号

图 7-15　A/B/Z 三相脉冲输出型

（3）差动线性驱动脉冲输出型。差动线性驱动脉冲输出型为一对互为反相的脉冲信号，如图 7-16 所示。这种输出信号由于取消了信号地线，对以共模出现的干扰信号有很强的抗干扰能力。在工业环境中，因能传输更远的距离而得到越来越广泛的应用。

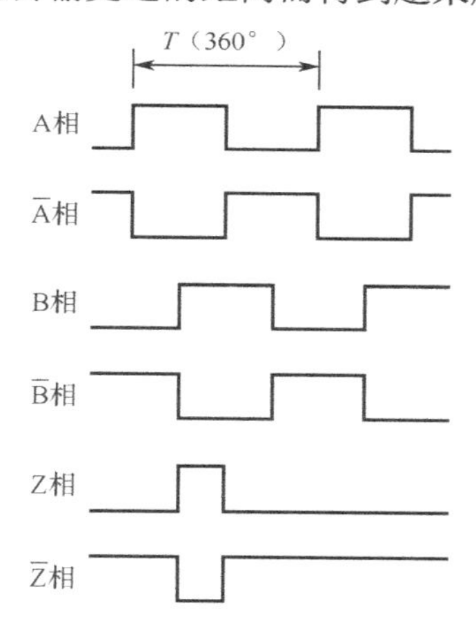

图 7-16　差动线性驱动脉冲输出型

7.2　高速计数器指令相关知识

普通计数器的计数速度受扫描周期的影响，当遇到比 CPU 频率高的输入脉冲时，它就显得无能为力了。为此 S7-200 SMART PLC 提供了多个高速计数器（HSC0～HSC5），用于响应快速脉冲输入信号。高速计数器可以独立于用户程序工作，不受扫描周期影响。高速计数器的典型应用是利用编码器测量转速和长度。

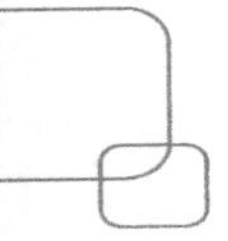

7.2.1 高速计数器输入端子和工作模式

1. 高速计数器的输入端子及其含义

高速计数器的输入端子有三种类型，分别为时钟脉冲端、方向控制端和复位端。每种端子都有它特定的含义，时钟脉冲端负责接收输入脉冲；方向端控制计数器当前值的加减，方向端为 1 时，为加计数，为 0 时，为减计数；复位端负责清零，当复位端有效时，将清除计数器的当前值并保持这种清除状态，直到复位端关闭。

2. 高速计数器的基本类型和工作模式

高速计数器有 4 种基本类型，对应 8 种工作模式，具体如下所述。

1）带有内部方向控制的单相计数器

带有内部方向控制的单相计数器对应两种工作模式，分别为模式 0 和模式 1。当为模式 0 或模式 1 时，只有一个时钟脉冲。内部方向控制由高速计数器控制字的第 3 位来控制，若该位为 1，则为加计数，若该位为 0，则为减计数。高速计数器模式 0 和模式 1 的工作原理如图 7-17 所示。备注：高速计数器的控制字详见后述。

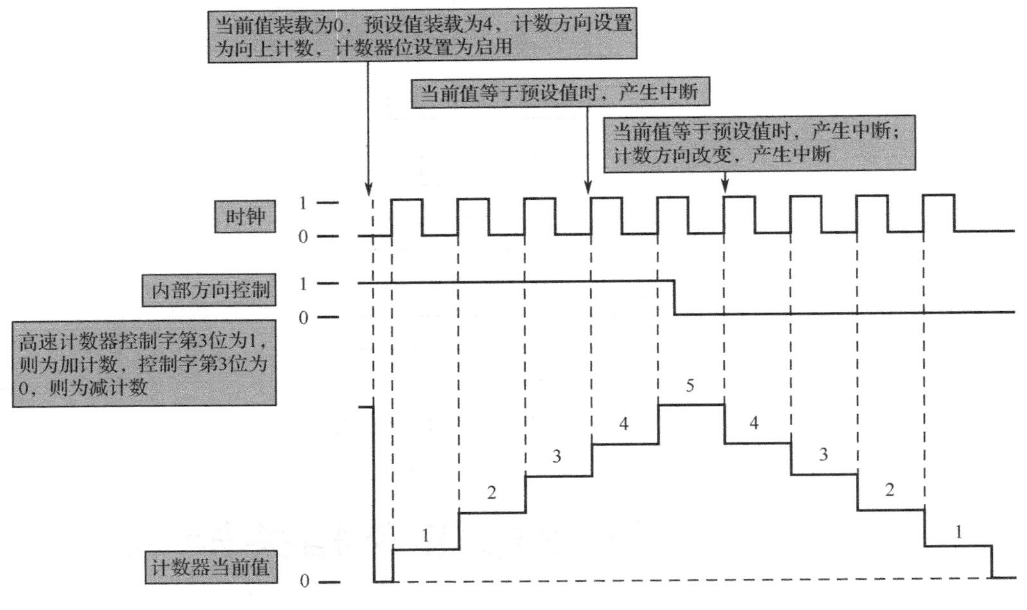

图 7-17 高速计数器模式 0 和模式 1 的工作原理

2）带有外部方向控制的单相计数器

带有外部方向控制的单相计数器对应两种工作模式，分别为模式 3 和模式 4。当为模式 3 或模式 4 时，只有一个时钟脉冲和一个方向控制，方向信号为 1，为加计数；方向信号为 0，为减计数。工作原理图与 7-17 相似，只不过将内部方向控制换成外部方向控制。

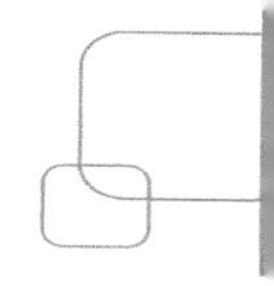

3）带有两个时钟输入的双相计数器

带有两个时钟输入的双相计数器对应两种工作模式，分别为模式 6 和模式 7。当为模式 6 或模式 7 时，有两个时钟脉冲，一个为加时钟，另一个为减时钟，当加时钟有效，则为加计数，当减时钟有效，则为减计数。高速计数器模式 6 和模式 7 的工作原理如图 7-18 所示。

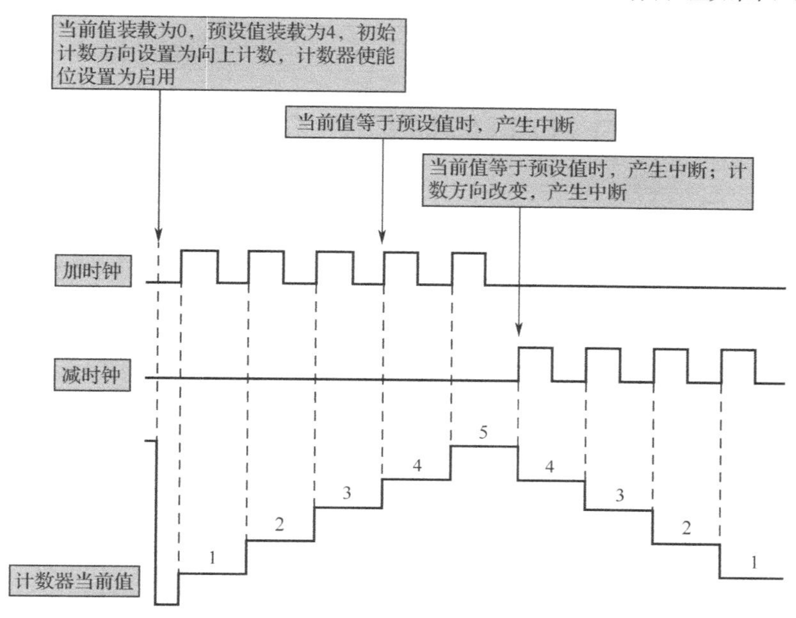

图 7-18　高速计数器模式 6 和模式 7 的工作原理

4）A/B 相正交计数器

A/B 相正交计数器对应两种工作模式，分别为模式 9 和模式 10。当为模式 9 或模式 10 时，有两个时钟，分别为 A 相时钟和 B 相时钟，A、B 两相时钟相位相差 90°，即两相正交；若 A 相时钟超前 B 相时钟 90°，则为加计数；若 A 相时钟滞后 B 相时钟 90°，则为减计数。在这种计数方式下，可选择 1X 模式和 4X 模式，所谓的 1X 模式即单倍频率，一个时钟脉冲计一个数；4X 模式即 4 倍频率，一个时钟脉冲计 4 个数。1X 模式如图 7-19 所示，4X 模式如图 7-20 所示。

3．高速计数器输入端子与工作模式的关系

高速计数器输入端子与工作模式的关系如表 7-1 所示。以高速计数器 HSC0 为例，假设该高速计数器选用工作模式 10，那么 A 相时钟对应的输入端子为 I0.0，B 相时钟对应的输入端子为 I0.1，复位信号对应的输入端子为 I0.4。如果输入端子 I0.0、I0.1 和 I0.4 已被高速计数器 HSC0 使用，那么其余编号的高速计数器和普通的开关量输入则不能使用上述三个输入端子。

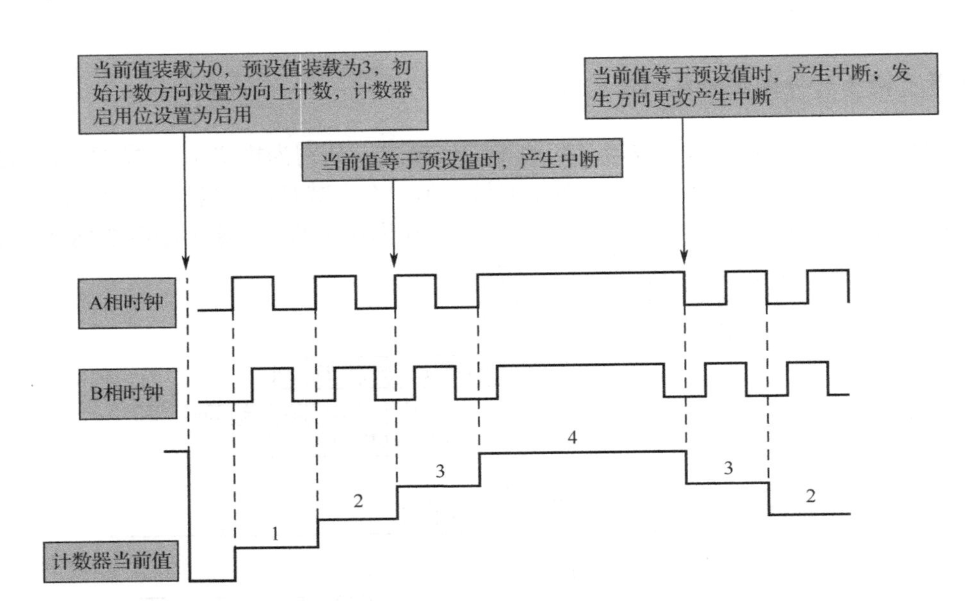

图 7-19　高速计数器模式 9 和模式 10 的工作原理（1X 模式）

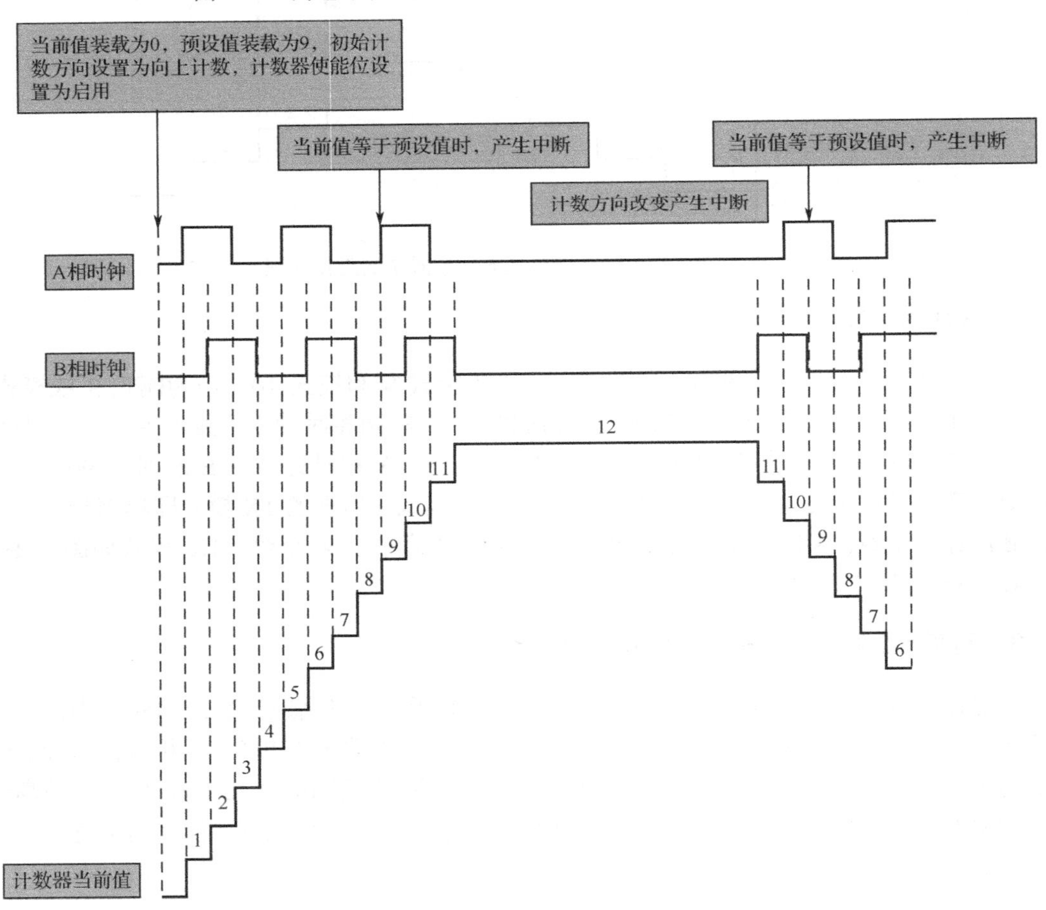

图 7-20　高速计数器模式 9 和模式 10 的工作原理（4X 模式）

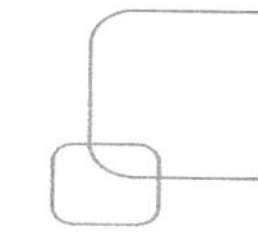

表 7-1　高速计数器输入端子与工作模式的关系

<table>
<tr><td colspan="2">高速计数器及工作模式</td><td>说　明</td><td colspan="3">高速计数器输入端子及工作模式说明</td></tr>
<tr><td rowspan="6">高速计数器</td><td>HSC0</td><td>—</td><td>I0.0</td><td>I0.1</td><td>I0.4</td></tr>
<tr><td>HSC1</td><td>—</td><td>I0.1</td><td>—</td><td>—</td></tr>
<tr><td>HSC2</td><td>—</td><td>I0.2</td><td>I0.3</td><td>I0.5</td></tr>
<tr><td>HSC3</td><td>—</td><td>I0.3</td><td>—</td><td>—</td></tr>
<tr><td>HSC4</td><td>—</td><td>I0.6</td><td>I0.7</td><td>I1.2</td></tr>
<tr><td>HSC5</td><td>—</td><td>I1.0</td><td>I1.1</td><td>I1.3</td></tr>
<tr><td rowspan="8">工作模式</td><td>0</td><td rowspan="2">带内部方向控制的单相计数器</td><td>时钟</td><td>—</td><td>—</td></tr>
<tr><td>1</td><td>时钟</td><td>—</td><td>复位</td></tr>
<tr><td>3</td><td rowspan="2">带外部方向控制的单相计数器</td><td>时钟</td><td>方向</td><td>—</td></tr>
<tr><td>4</td><td>时钟</td><td>方向</td><td>复位</td></tr>
<tr><td>6</td><td rowspan="2">带有增减计数时钟的双相计数器</td><td>加时钟</td><td>减时钟</td><td>—</td></tr>
<tr><td>7</td><td>加时钟</td><td>减时钟</td><td>复位</td></tr>
<tr><td>9</td><td rowspan="2">A/B 相正交计数器</td><td>A 相时钟</td><td>B 相时钟</td><td>—</td></tr>
<tr><td>10</td><td>A 相时钟</td><td>B 相时钟</td><td>复位</td></tr>
</table>

4．高速计数器输入端子滤波时间设置

S7-200 SMART PLC 使用时绝大多数的情况下输入信号的频率较低，为了抑制高频信号的干扰，一般输入端子设置的滤波时间较长。如果某些输入端子要用作高速计数输入时，需要手动修改滤波器的时间，否则在信号输入频率较高时将会造成高速计数器无法计数。表 7-2 列出了 S7-200 SMART PLC 输入滤波时间与对应最大检测频率的关系，当输入端子作为高速计数输入使用时，需按表 7-2 设置输入端子的滤波时间。

表 7-2　S7-200 SMART PLC 输入滤波时间与对应最大检测频率的关系

输入滤波时间	可检测到的最大频率
0.2μs	200kHz（标准型 CPU） 100kHz（紧凑型或经济型 CPU）
0.4μs	200kHz（标准型 CPU） 100kHz（紧凑型或经济型 CPU）
0.8μs	200kHz（标准型 CPU） 100kHz（紧凑型或经济型 CPU）
1.6μs	200kHz（标准型 CPU） 100kHz（紧凑型或经济型 CPU）
3.2μs	156kHz（标准型 CPU） 100kHz（紧凑型或经济型 CPU）
6.4μs	78kHz
12.8μs	39kHz
0.2ms	2.5kHz

续表

输入滤波时间	可检测到的最大频率
0.4ms	1.25kHz
0.8ms	625 Hz
1.6ms	312 Hz
3.2ms	156 Hz
6.4ms	78 Hz
12.8ms	39 Hz

当输入端子用作高速计数输入时，上述输入端子的滤波时间可在 STEP 7-Micro/WIN SMART 编程软件中设置。例如，要测量的高速输入信号的频率为 80kHz，则应在 STEP 7-Micro/WIN SMART 编程软件中将输入端子的滤波时间改为 3.2μs 或更小。首先双击指令树中的 系统块 图标，将会弹出"系统块"对话框。在该对话框上方选中 CPU 模块，然后在左侧选中"数字量输入"的 I0.0～I0.7，接着对右侧使用的高速计数端子 I0.0、I0.1 进行滤波时间设置。单击高速计数端子 I0.0、I0.1 后边的倒三角按钮，在出现的下拉菜单中选择滤波时间 3.2μs，经过上述操作，滤波时间设置完毕，具体操作详见图 7-21。

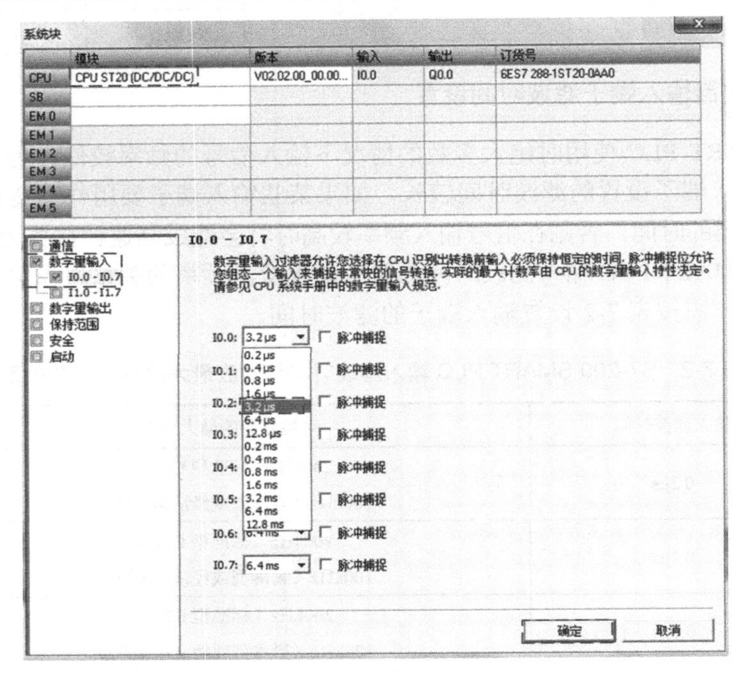

图 7-21 滤波时间设置

7.2.2 高速计数器控制字节及相关概念

1）控制字节

定义完高速计数器工作模式后，还要设置相应的控制字节。每个高速计数器都有一个控

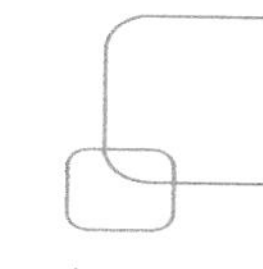

制字节，控制字节负责方向控制，计数允许与禁止等，如表 7-3 所示。

表 7-3　高速计数器的控制字节功能说明

HSC0	HSC1	HSC2	HSC3	HSC4	HSC5	功能描述
SM37.0	不支持	SM57.0	不支持	SM147.0	SM157.0	复位有效电平控制位。0=高电平激活时复位；1=低电平激活时复位
SM37.2	不支持	SM57.2	不支持	SM147.2	SM157.2	正交相计数器的计数速率选择。0=4X 计数速率；1=1X 计数速率
SM37.3	SM47.3	SM57.3	SM137.3	SM147.3	SM157.3	计数方向控制位。0=减计数；1=加计数
SM37.4	SM47.4	SM57.4	SM137.4	SM147.4	SM157.4	向 HSC 写入计数方向。0=不更新；1=更新方向
SM37.5	SM47.5	SM57.5	SM137.5	SM147.5	SM157.5	向 HSC 写入新预设值。0=不更新；1=更新预设值
SM37.6	SM47.6	SM57.6	SM137.6	SM147.6	SM157.6	向 HSC 写入新当前值。0=不更新；1=更新当前值
SM37.7	SM47.7	SM57.7	SM137.7	SM147.7	SM157.7	启用 HSC。0=禁用 HSC；1=启用 HSC

2）高速计数器的初始值、预设置和当前值

高速计数器都有初始值和预设置。所谓的初始值就是高速计数器的起始值，预设置是指高速计数器运行的目标值。当前计数值（简称当前值）等于预设置时，会引发一个中断事件。初始值、当前值和预设置都是 32 位有符号整数。必须先设置控制字以允许装入初始值和预设置，并将初始值和预设置存储在特殊存储器中，然后执行 HSC 指令，使新的初始值和预设置有效。

装载初始值、预设置和当前值的寄存器与高速计数器之间的关系如表 7-4 所示。

表 7-4　装载初始值、预设置和当前值的寄存器与高速计数器之间的关系

高速计数器	HSC0	HSC1	HSC2	HSC3	HSC4	HSC5
初始值	SMD38	SMD48	SMD58	SMD138	SMD148	SMD158
预设置	SMD42	SMD52	SMD62	SMD142	SMD152	SMD162
当前值	HC0	HC1	HC2	HC3	HC4	HC5

7.2.3　高速计数器指令

高速计数器指令有两条，分别为高速计数器定义指令和高速计数器指令，其指令格式如表 7-5 所示。

表 7-5　高速计数器指令格式

指令名称	编程语言		操作数类型及操作范围
	梯形图	语句表	
高速计数器定义指令	HDEF EN　ENO HSC MODE	HDEF HSC，MODE	HSC：高速计数器的编号，为常数 0～5 数据类型：字节 MODE：工作模式，有 8 种工作模式，取值 0、1、3、4、6、7、9 和 10 数据类型：字节
高速计数器指令	HSC EN　ENO N	HSC N	N：高速计数器编号，为常数 0～5 数据类型：字
功能说明	（1）高速计数器定义指令：该指令指定了高速计数器的 HSCx 工作模式。 （2）高速计数器指令：根据高速计数器控制位的状态，按照高速计数器定义指令指定的工作模式，控制高速计数器。		

7.3　高速计数器在转速测量中的应用

7.3.1　直流电动机的转速测量

有一台直流电动机，通过直流调速器可以调节其转速，在直流电动机的轴头上装有一个编码器，试用西门子 S7-200 SMART PLC 来测量其转速，并编制相关程序。

7.3.2　直流电动机转速测量硬件设计

根据上述控制要求，本案例选择了一台西门子 CPU SR20 模块，一个欧姆龙增量式编码器（型号为 E6B2-CWZ5B，该编码器为 PNP 输出型），一台永磁式直流电动机并配直流调速器，还有一个开关电源为其控制系统供电。直流电动机转速测量的接线图，如图 7-22 所示。

7.3.3　直流电动机转速测量软件设计

1. 高速计数器输入端子滤波时间设置

打开 STEP 7- Micro/WIN SMART 编程软件，双击指令树中的 系统块 图标，将会弹出“系统块”对话框。在该对话框上方选中 CPU ST20 (DC/DC/DC)，然后在左侧选中“数字量输入”的 I0.0～I0.7，接着对右侧使用的高速计数端子 I0.0、I0.1 进行滤波时间设置。单击高速计数端子 I0.0、I0.1 后边的倒三角按钮，在出现的下拉菜单中选择滤波时间 3.2μs，经过上述操作，滤波时间设置完毕。具体操作详见图 7-23。

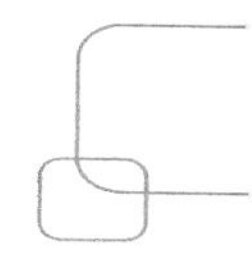

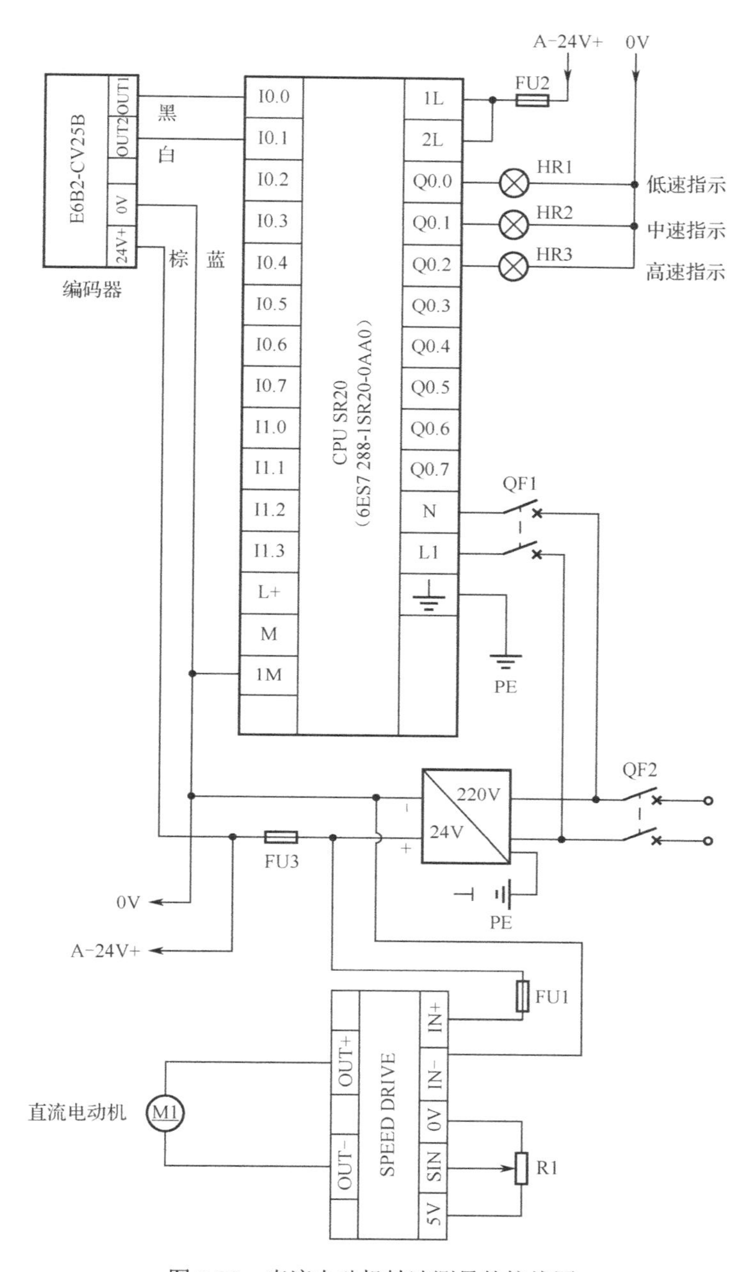

图 7-22　直流电动机转速测量的接线图

2. 高速计数器向导设置

对于初学者来说用高数计数器指令编程难度较大，为此 STEP 7- Micro/WIN SMART 编程软件中提供了高速计数器向导，可以方便快速地生成高速计数初始化程序。

1）打开高速计数器向导

单击菜单栏中的“工具”→“高速计数器”按钮，或者单击指令树中 向导 前的 ⊞ 展开文件夹，再双击 高速计数器 按钮，这两种方式都能打开高速计数器向导。

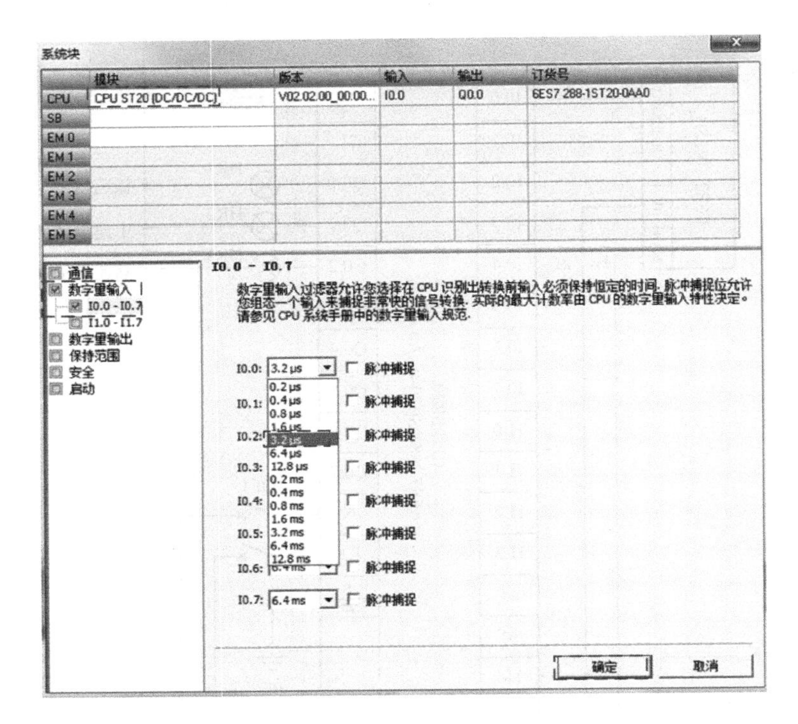

图 7-23　滤波时间设置

2）选择高速计数器

在硬件接线图中，编码器两个信号输出分别与 CPU SR20 模块的 I0.0 和 I0.1 端子相连，根据表 7-1，本向导选择高速计数器 HSC0，如图 7-24 所示。

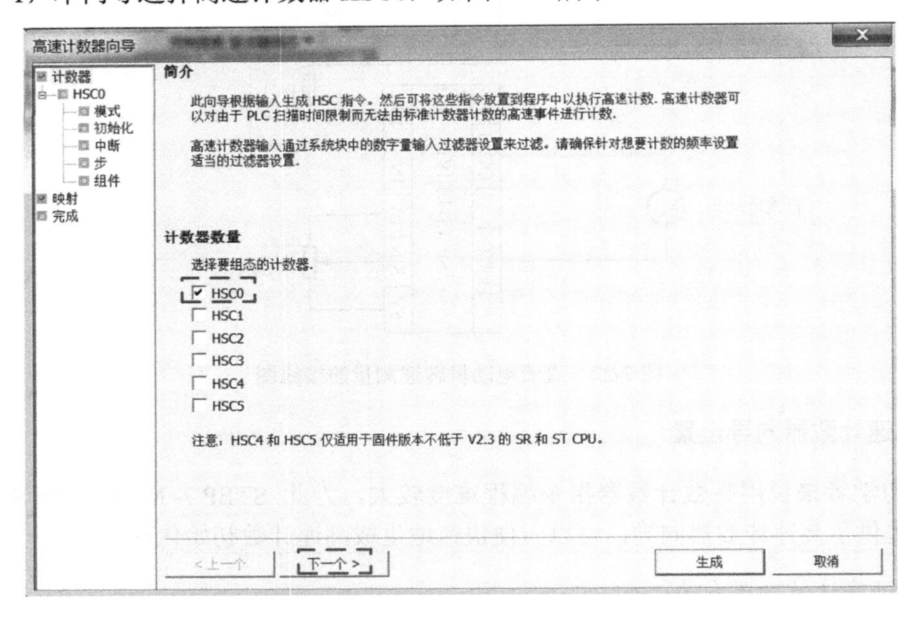

图 7-24　选择高速计数器

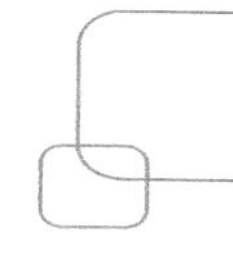

3）为高速计数器命名

选择完高速计数器后，单击“下一个”按钮，会弹出为高速计数器命名界面，如图 7-25 所示。在“此计数器应如何命名？”下输入“HSC0”，单击“下一个”按钮，会弹出 7-26 所示界面。

图 7-25　为高速计数器命名

4）选择高速计数器的工作模式

在 7-26 所示界面中选择高速计数器工作模式。在“模式”选项中，选择模式 9，即 A/B 相正交计数器，无复位输入。备注：高速计数器的工作模式选择设置请读者参考表 7-1。设置完毕后，单击“下一个”按钮，会弹出 7-27 所示界面。

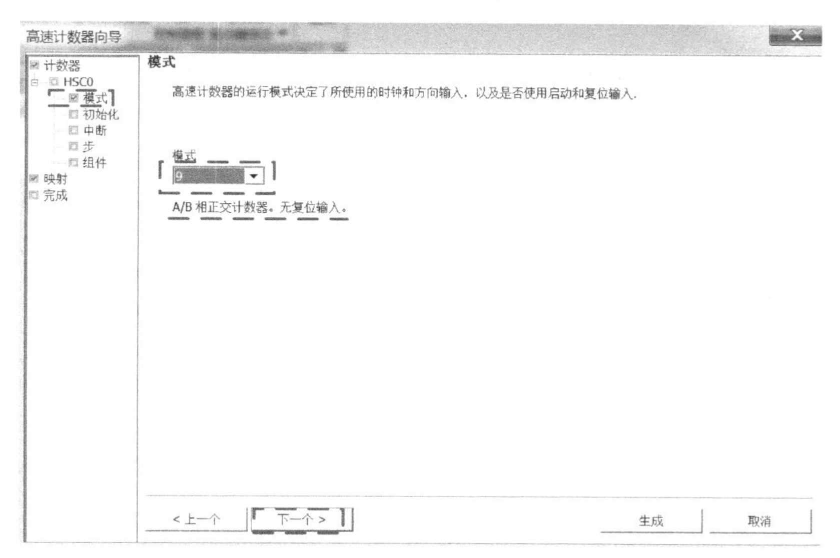

图 7-26　高速计数器工作模式选择

5）高速计数器相关参数设置

在 7-27 所示界面中，可以进行高速计数器相关参数设置，其中高速计数器初始化子程序名称系统会自动生成；在“预设置”项输入 10000，在“输入初始计数方向”选择“上”，计数速率选择“4X”，即 4 倍频。备注：高速计数器相关参数设置，请读者参考图 7-19 和图 7-20。

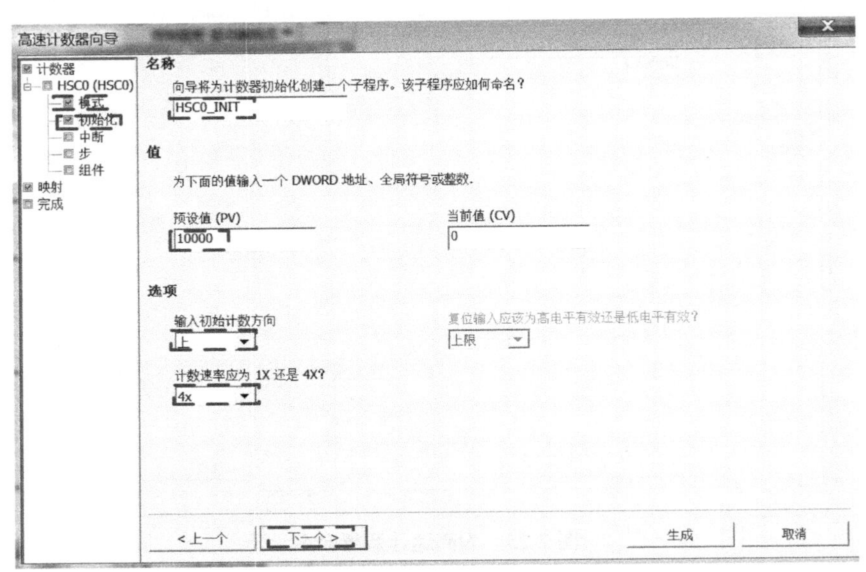

图 7-27　高速计数器相关参数设置

相关参数设置完毕后，因高速计数器的中断、步和组件都没涉及，故单击三次“下一个”按钮，跳过以上三项设置，弹出图 7-28 所示的“映射”界面。

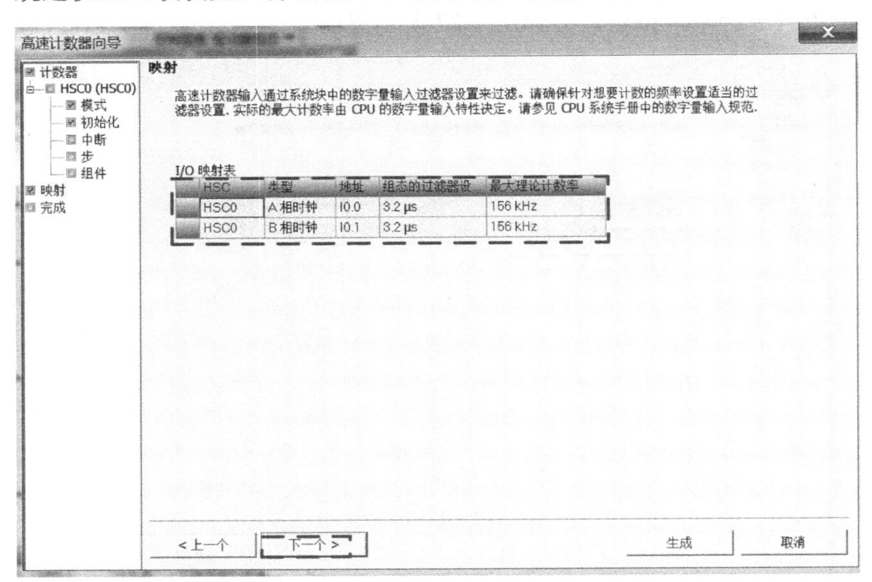

图 7-28　“映射”界面

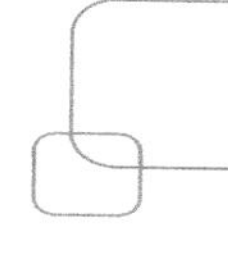

6）映射界面

在映射界面中会显示高速计数器编号 HSC0、输入信号类型、输入端地址及滤波时间等，读者需结合接线图、表 7-1 和表 7-2 进行设置信息的核对。

7）设置完成

映射界面信息核对完成后，单击“下一个”按钮，会出现“生成”界面，如图 7-29 所示。单击“生成”按钮，高速计数器所有设置完毕，在项目树的程序块中会自动生成名为“HSC0_INIT”的子程序，如图 7-30 所示。

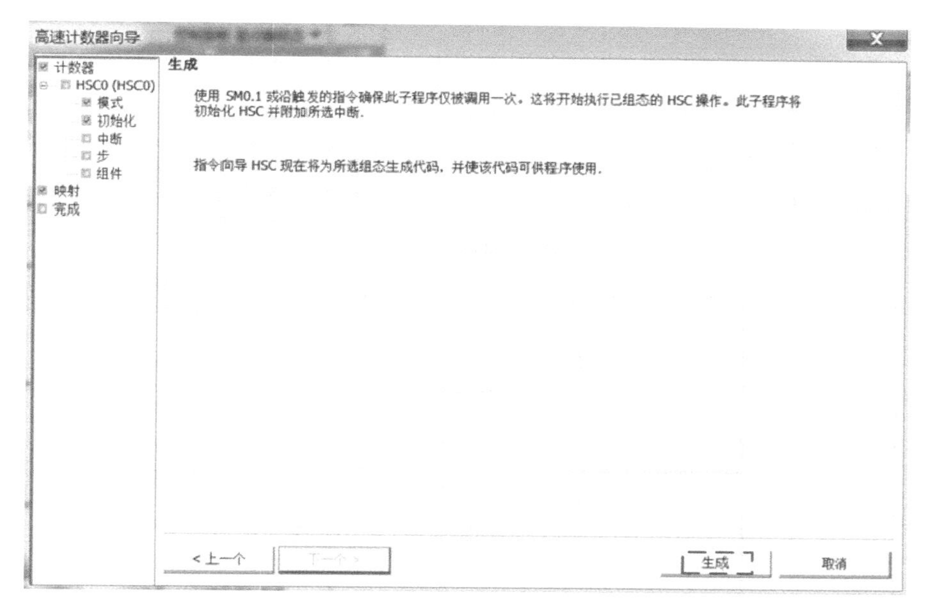

图 7-29　“生成”界面

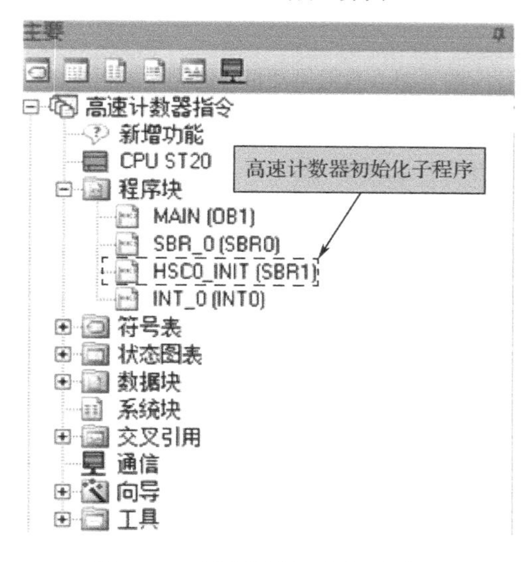

图 7-30　高速计数初始化子程序

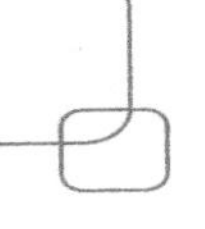

3. 程序编写

本例程序编写主要有两部分，主程序编写和中断程序编写。备注：高速计数器初始化子程序通过其向导已经生成。

1）主程序

主程序编写可分为两部分，一部分是用初始化脉冲 SM0.1 调用高速计数器初始化子程序 HSC0_INIT，另一部分是用初始化脉冲 SM0.1 调用定时中断程序，本程序中每隔 100ms 产生一次中断事件。主程序如图 7-31 所示。

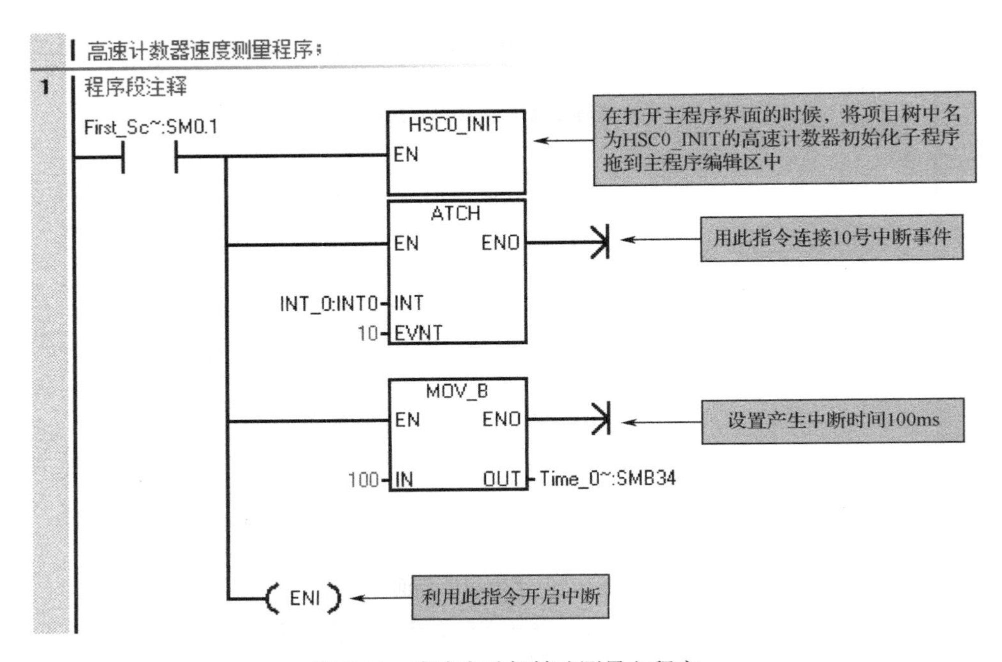

图 7-31　直流电动机转速测量主程序

2）中断程序

中断程序编写的思路是首先采集编码器 100ms 发出的脉冲数，存储在高速计数器的当前值寄存器 HC0 中，再将其转换为 1min 采集的脉冲数，之后再除以编码器旋转一圈的脉冲数，即编码器的分辨率多少线，这样就得到了直流电动机的转速。中断程序如图 7-32 所示。

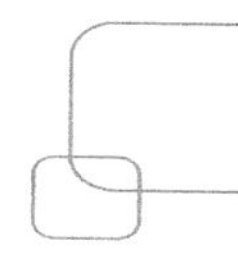

中断程序

1 MOV_DW指令将高速计数器的当前值传入VD100中，SMB34中定时中断时间设置为100ms，
因此HSC指令每100ms将VD100中的数据清零一次，也就是说VD100中采集的是编码器100ms的脉冲数。

Always_~:SM0.0
MOV_DW: EN ENO; HC0-IN OUT-VD100
HSC: EN ENO; 0-N

2 VD100中是100ms采集的脉冲数，由于转速单位是r/min，所以要采集1min的脉冲数。
在采集之前用DI_R指令先将双整数转换为实数，数据存储在VD104中，目的是方便后续的运算。
那么VD104中的数据就是100ms采集的脉冲数，100ms需乘10转换为1s，1s再乘60转换为1min，
故用MUL_R指令将VD104中数据乘600存储在VD108中，现在VD108中采集的就是编码器1min的脉冲数。
又由于编码器每转发出500个脉冲，计数频率为4倍频，因此用DIV_R指令将VD108的1min采集的脉冲数除以编码器每转的脉冲数2000，
得到转速存储在VD112中。

Always_~:SM0.0
DI_R: EN ENO; VD100-IN OUT-VD104
MUL_R: EN ENO; VD104-IN1 OUT-VD108; 600.0-IN2
DIV_R: EN ENO; VD108-IN1 OUT-VD112; 2000.0-IN2

3 网络3和网络4先将转速累计10次之后再取平均值，这样得到的转速比较稳定，最后VD200中得到的转速就是我们所需要的转速。

Always_~:SM0.0
ADD_R: EN ENO; VD112-IN1 OUT-VD116; VD116-IN2
ADD_I: EN ENO; 1-IN1 OUT-VW300; VW300-IN2

4 输入注释

VW300 >=I 10
DIV_R: EN ENO; VD116-IN1 OUT-VD200; 10.0-IN2
MOV_R: EN ENO; 0.0-IN OUT-VD116
MOV_W: EN ENO; 0-IN OUT-VW300

图 7-32　直流电动机转速测量中断程序

3）高速计数初始化子程序解析

高速计数初始化子程序无须编写，高速计数器向导设置完成后，该程序会自动生成，但为了读者便于理解该程序，这里做了程序的相关解析。高速计数初始化子程序如图 7-33 所示。

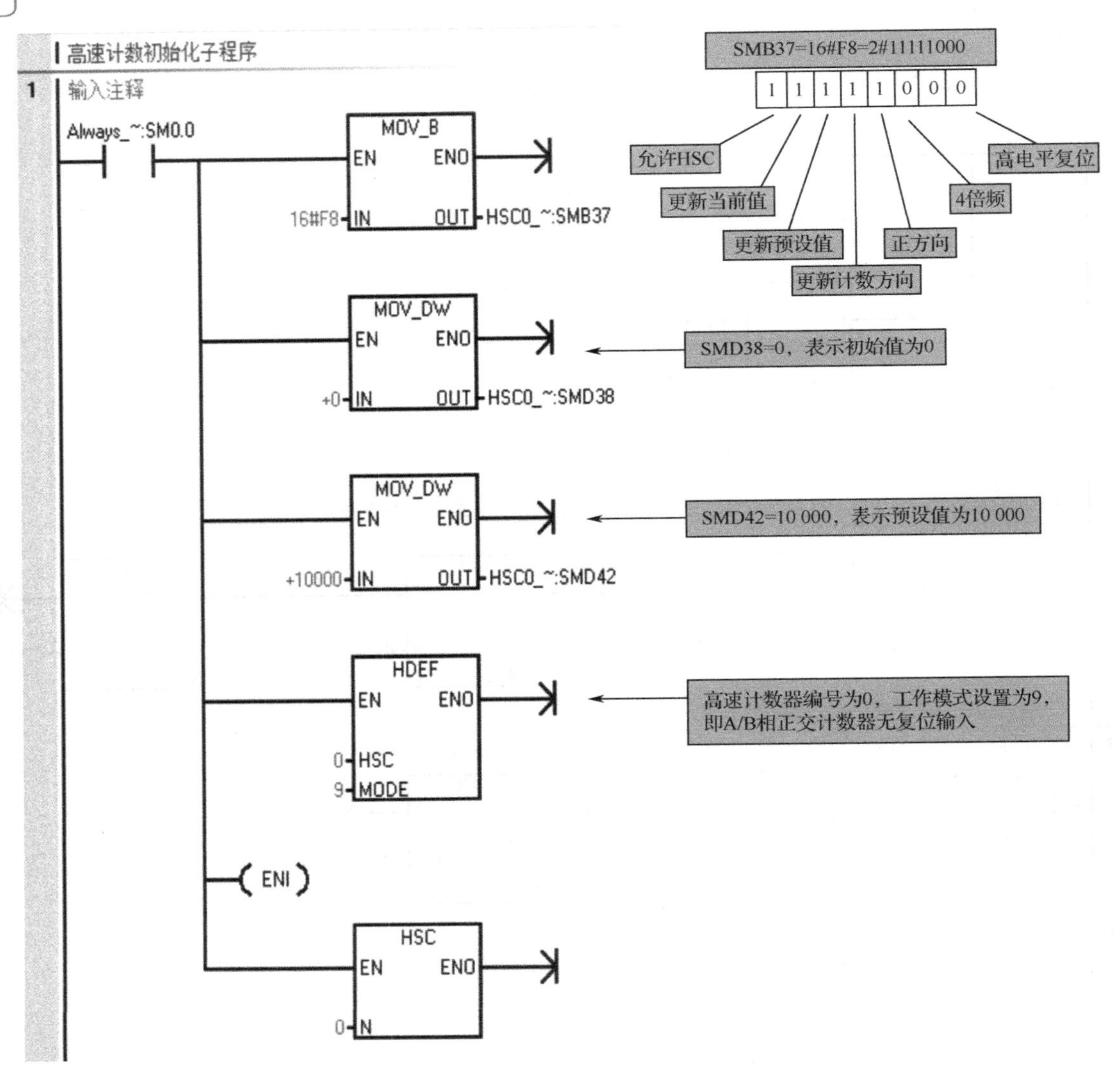

图 7-33　高速计数初始化子程序解析

第 8 章　S7-200 SMART PLC 定位控制程序的设计

本章要点

- 运动控制相关器件
- 相对定位控制及案例
- 绝对定位控制及案例

以 PLC、驱动器、步进/伺服电动机和反馈元件组成的运动控制系统在机床、装配、纺织、包装和印刷等多个领域应用广泛。由对于 PLC、驱动器、步进/伺服电动机等组成的运动控制系统来说，定位控制是关键，而对于初学者，PLC 定位控制程序的编写难度较大，鉴于此，本节将结合步进滑台相对定位与绝对定位等多个实例，对 PLC 定位控制程序的编写进行讲解。

8.1　运动控制相关器件

8.1.1　步进电动机

1．简介

步进电动机是一种将电脉冲转换成角位移的执行机构，是专门用于精确调速和定位的特种电动机。每输入一个脉冲，步进电动机就会转过一个固定的角度或者说前进一步。改变脉冲的数量和频率，可以控制步进电动机角位移的大小和旋转速度，步进电动机外形如图 8-1 所示。

图 8-1　步进电动机外形

2．工作原理

1）单三拍控制下步进电动机的工作原理

单三拍控制中的“单”指的是每次只有一相控制绕组通电。通电顺序为 U→V→W→U 或按 U→W→V→U 顺序。“拍”是指由一种通电状态转换到另一种通电状态，“三拍”是指经过三次切换控制绕组的电脉冲为一个循环。

当 U 相控制绕组通入脉冲时，U、U′为电磁铁的 N、S 极。由于磁路磁通要沿着磁阻最小的路径闭合，这样使得转子齿的 1、3 要和定子磁极的 U、U′对齐，如图 8-2（a）所示。

当 U 相脉冲结束，V 相控制绕组通入脉冲，转子齿的 2、4 要和定子磁极的 V、V′对齐，如图 8-2（b）所示。和 U 相通电对比，转子顺时针旋转了 30°。

当 V 相脉冲结束，W 相控制绕组通入脉冲，转子齿的 3、1 要和定子磁极的 W、W′对齐，如图 8-2（c）所示。和 V 相通电对比，转子顺时针旋转了 30°。

通过上述分析可知，如果按 U→V→W→U 顺序通入脉冲，转子就会顺时针一步一步转动，每步转过 30°，通入脉冲的频率越高，转得越快。

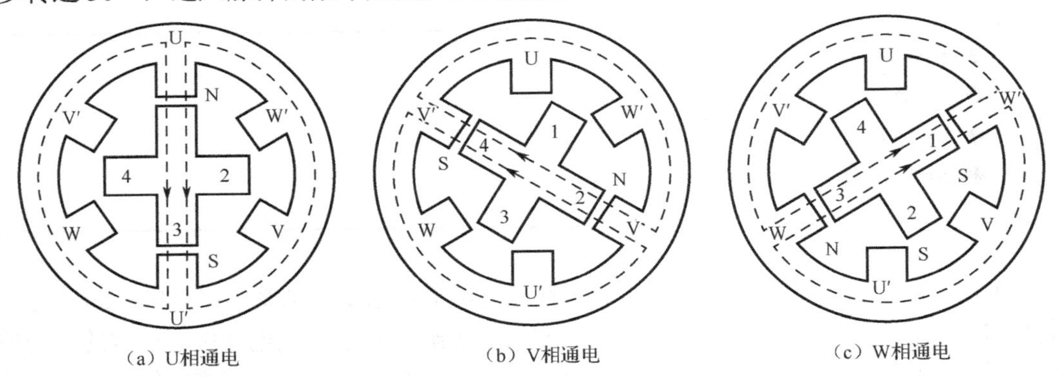

图 8-2　单三拍控制下步进电动机的工作原理

2）双三拍和六拍控制下步进电动机的工作原理

双三拍和六拍控制与单三拍控制相比，就是通电的顺序不同，转子的旋转方式与单三拍类似。双三拍控制的通电顺序为 UV→VW→WU→UV；六拍控制的通电顺序为 U→UV→V→VW→W→WU→U。

3. 几个重要参数

1）步距角

控制系统每发出一个脉冲信号，转子都会转过一个固定的角度，这个固定的角度就叫步距角。这是步进电动机的一个重要参数，在步进电动机的铭牌中会给出。步距角的计算公式为 $\beta=360°/(ZKM)$，其中，Z 为转子齿数；M 为定子绕组相数；K 为通电系数。当前、后通电相数一致时，K 为 1，否则，K 为 2。

2）相数

相数是指定子的线圈组数，或者说产生不同对磁极 N、S 磁场的励磁线圈的对数。目前常用的有两相、三相和五相步进电动机。两相步进电动机的步距角为 0.9°/1.8°；三相步进电动机的步距角为 0.75°/1.5°；五相步进电动机的步距角为 0.36°/0.72°。步进电动机驱动器如果没有细分，用户主要靠选择不同相数的步进电动机来满足自己的步距角；如果有步进电动机驱动器，用户可以通过步进电动机驱动器改变细分来改变步距角，这时相数就没有意义了。

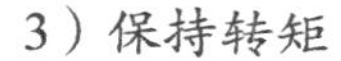
3）保持转矩

保持转矩是指步进电动机通电但没转动时定子锁定转子的力矩，这是步进电动机的另一个重要参数。

编者有料

（1）步进电动机转速取决于通电脉冲的频率，角位移取决于通电脉冲的数量。

（2）和普通电动机相比，步进电动机用于精确定位和精确调速的场合。

8.1.2　步进电动机驱动器

步进电动机驱动器是一种能使步进电动机运转的功率放大器。控制器发出脉冲信号和方向信号，步进电动机驱动器接收到这些信号后，先进行环形分配和细分，然后进行功率放大，这样就将微弱的脉冲信号放大成安培级的脉冲信号，从而驱动了步进电动机。

本节将以温州某公司的步进电动机驱动器为例，进行相关内容讲解。步进电动机驱动器外形及端子标注如图 8-3 所示。

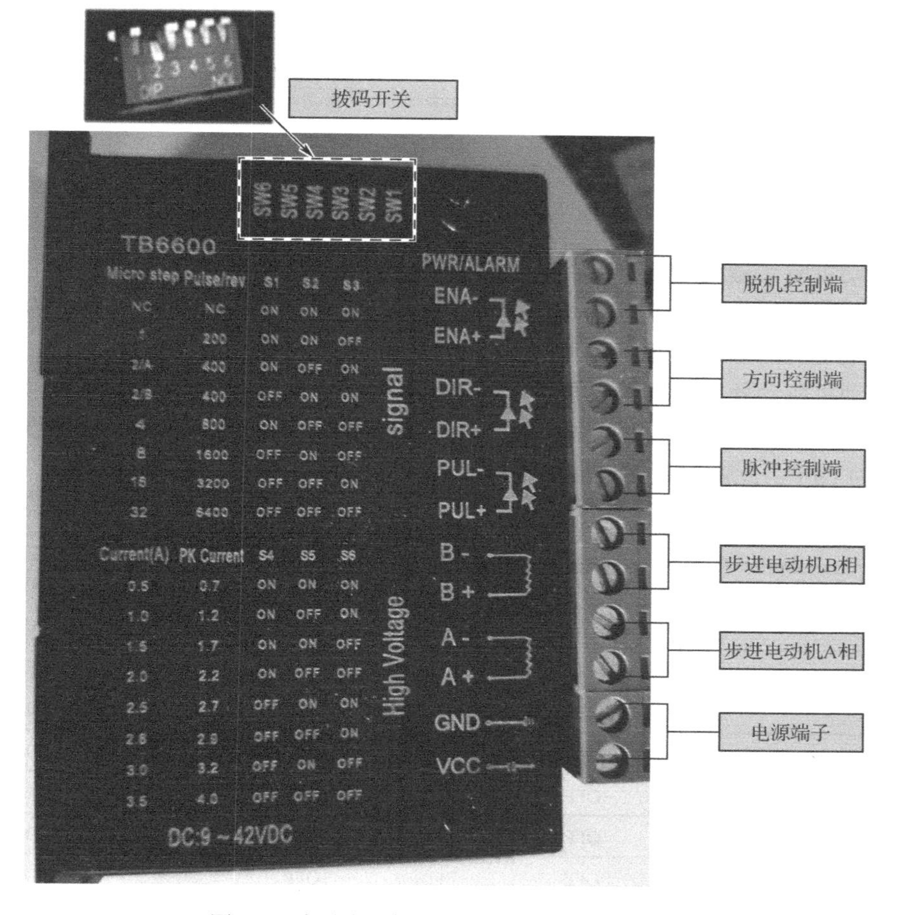

图 8-3　步进电动机驱动器的外形及端子标注

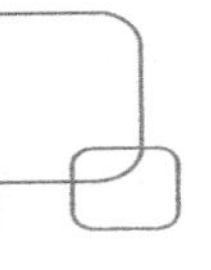

1. 拨码开关设置

拨码开关设置是步进电动机驱动器使用中的一项重要内容。步进电动机驱动器通过拨码开关的不同组合，能设定步进电动机的运行电流和细分。有些厂家的驱动器还能通过拨码开关设置半流/全流锁定。

1）细分设定

细分通过 SW1、SW2 和 SW3 三个拨码开关的不同组合来设定。拨码开关 SW1、SW2 和 SW3 的组合如表 8-1 所示。例如，步进电动机铭牌步距角为 1.8°，细分设置为 4（SW1 为 ON，SW2 为 OFF，SW3 为 OFF），那么步进电动机转一圈需要的脉冲数=(360°/1.8°)×4=800。

表 8-1 拨码开关 SW1、SW2 和 SW3 的组合

细分倍数	脉冲数/圈	SW1	SW2	SW3
1	200	ON	ON	OFF
2/A	400	ON	OFF	ON
2/B	400	OFF	ON	ON
4	800	ON	OFF	OFF
8	1600	OFF	ON	OFF
16	3200	OFF	OFF	ON
32	6400	OFF	OFF	OFF

2）步进电动机运行电流的设定

步进电动机驱动器通过后三个拨码开关 SW4、SW5 和 SW6 的不同组合设定步进电动机的运行电流。在设定运行电流时，需查看步进电动机铭牌中的额定电流，设定的运行电流不能超过步进电动机的额定电流。

步进电动机驱动器后三个拨码开关 SW4、SW5 和 SW6 的组合如表 8-2 所示。例如，步进电动机铭牌中的额定电流为 1.5A，那么步进电动机驱动器拨码开关 SW4 为 ON，SW5 为 ON，SW6 为 OFF，此时的运转电流为 1.5A。

表 8-2 拨码开关 SW4、SW5 和 SW6 的组合

电流/A	SW4	SW5	SW6
0.5	ON	ON	ON
1.0	ON	OFF	ON
1.5	ON	ON	OFF
2.0	ON	OFF	OFF
2.5	OFF	ON	ON
3.0	OFF	ON	OFF
3.5	OFF	OFF	OFF

此外，有些驱动器还能进行半流/全流锁定状态设置。拨码开关能设定驱动器是工作在半

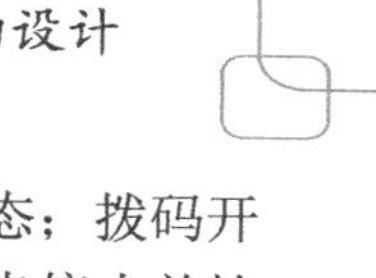

流锁定状态还是全电流锁定状态。拨码开关为 ON 时，驱动器工作在半流锁定状态；拨码开关为 OFF 时，驱动器工作在全电流锁定状态；半流锁定状态是指当外部输入脉冲串停止并持续 0.1s 后，驱动器的输出电流将自动切换为正常运行电流的一半以降低发热，保护电动机不受损坏。在实际应用中，建议设置成半流锁定状态。

编者心语

拨码开关的设置在步进电动机编程中非常重要，请结合上边的实例，熟练掌握此部分内容。

2．步进电动机驱动器与控制器之间的接线

步进电动机驱动器与控制器之间的接线分为共阳极接法和共阴极接法，如图 8-4 所示。图中，PUL+和 PUL−为步进脉冲信号正、负端子，DIR+和 DIR−为方向信号正、负端子，VCC 和 GND 为供电电源正、负端子。所谓的共阳极接法，是将脉冲正端子和方向正端子分别与控制器的公共端相连，将脉冲负端子和方向负端子分别与控制器的脉冲端和方向端相连；所谓的共阴极接法，是将脉冲负端子和方向负端子分别与控制器的公共端相连，将脉冲正端子和方向正端子分别与控制器的脉冲端和方向端相连。西门子 S7-200 SMART PLC 与此款步进电动机驱动器接线时，应采用共阴极接法。

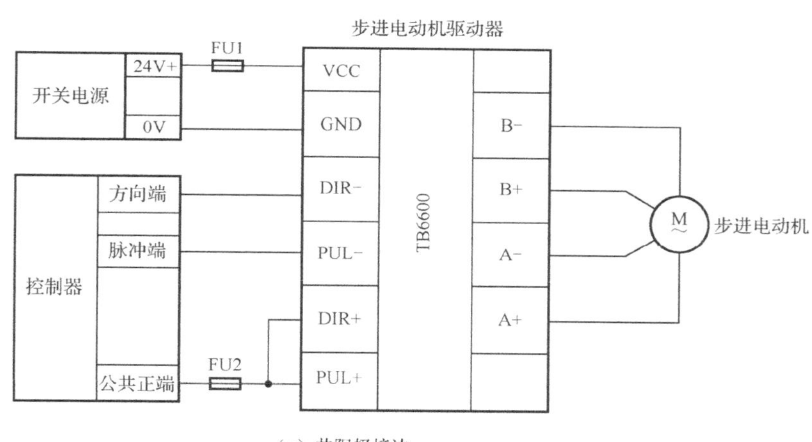

（a）共阳极接法

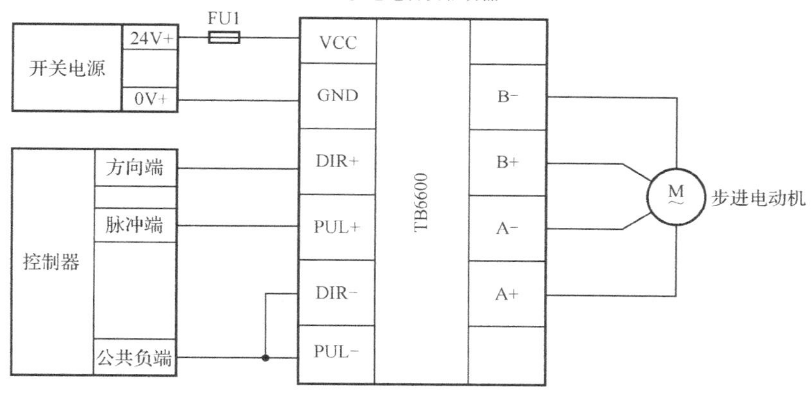

（b）共阴极接法

图 8-4　步进电动机驱动器与控制器之间的接线

特别需要说明的是，有些步进电动机驱动器 VCC 供电为 5V，步进电动机驱动器各控制端可以和控制器相应输出端直接连接；如果 VCC 供电电压超过 5V，控制器相应输出端就需外加限流电阻，上述情况如图 8-5 所示。

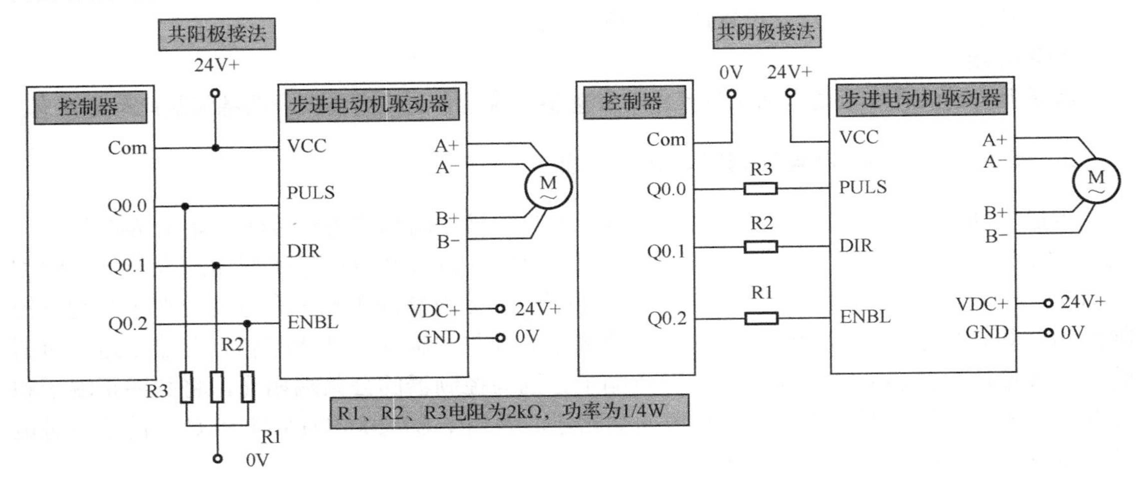

图 8-5　特殊情况下步进电动机驱动器与控制器之间的接线

编者有料

（1）读者在选取步进电动机驱动器时，建议按图 8-4 形式选取，这样能省去限流电阻，使用起来更加方便。

（2）步进电动机驱动器与控制器之间的接线图非常重要，S7-200 SMART PLC 与步进电动机驱动器对接时，应采用图 8-4 中的共阴极接法，或者采用图 8-5 中的共阳极接法。

（3）不同步进电动机驱动器和控制器之间的接线会有不同，读者需查看相应厂家的样本。

8.2　相对定位与绝对定位概述

8.2.1　相对定位与绝对定位概念

在定位中，控制对象是在不断地按照控制要求进行位置移动的。这就涉及控制对象的移动量与其所在位置的表示问题，也就是说，控制器采用哪种指令和模式来确定控制对象的移动量和停止位置。

控制对象做直线运动时，如果把运动直线看成坐标系，坐标原点看成起始位置，那么坐标系上的任意一点都是确定且唯一的，而且任意一点都可用与原点的距离和方向来表示。如果想确定控制对象的移动量和停止位置，只需在控制指令上输入相应的坐标即可。对于上述以原点位置作为参考对象的定位方式，称为绝对定位。注意进行绝对定位控制时，控制对象首先要找原点，即回原点，回原点完成后，才能做后续相关的运动控制。

在定位控制中，除绝对定位外，还会涉及另外一种定位方式，即相对定位。相对定位是

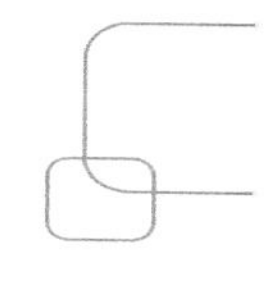

以当前位置作为参考，其余位置用与当前位置的距离和方向来表示。

8.2.2　例说相对定位与绝对定位

为了让读者能更好地理解相对定位和绝对定位，下面将通过图 8-6 所示步进滑台的移动来说明这两个概念。

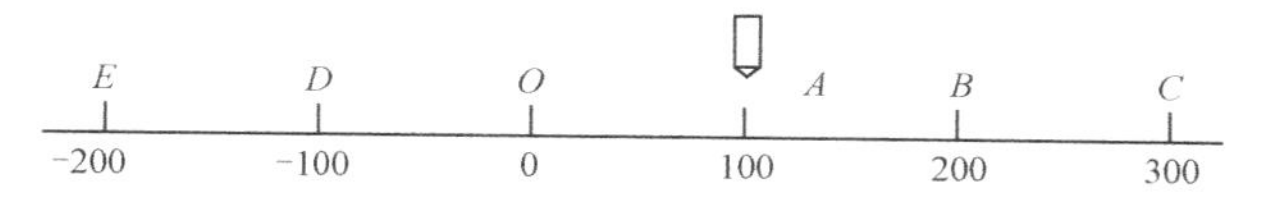

图 8-6　步进滑台移动示意图

在图 8-6 中，*O* 为原点，滑块当前位置在 *A* 点，现要求通过相对定位和绝对定位两种方式将滑块从 *A* 点移动到 *B* 点，试问在上述两种定位方式下，滑块如何移动？

1）相对定位

相对定位注意目标位置是以当前位置作为参考点（即起始点）的，滑块当前停在 *A* 点，因此只需移动 100mm 便可到达目标位置 *B* 点；假设滑块当前位置是 *D* 点，那么它需要移动 300mm 才可到达目标位置 *B* 点。相对定位与当前位置有关，任何位置都可以定义为当前位置（起始位置），当前位置（起始位置）不同，控制对象移动的距离也不同。

2）绝对定位

绝对定位注意目标位置是以原点位置作为参考点（起始点）的，滑块不论在什么位置首先都要进行回原点操作。滑块当前停在 A 点，首先要回原点（编程有专门的回原点指令），回到原点后，再移动 200mm 便可到达目标位置 B 点；假设滑块当前位置是 D 点，也是首先要进行回原点操作，然后再移动 200mm 到达目标位置 B 点。注意，绝对定位起始点是原点，而相对定位起始点是当前位置，对于绝对定位来说，每个目标位置都是唯一的，只不过在找目标位置前进行了一个归零（回原点）操作而已。

8.3　步进滑台相对定位控制案例

8.3.1　控制要求

某步进滑台控制系统设有启动按钮和停止按钮各一个，按下启动按钮，步进电动机正转，滑台以 10.0mm/s 的速度向右移动 30.0mm，接着以 5.0mm/s 的速度向右移动 20.0mm，再接着以 10.0mm/s 的速度向右移动 10.0mm，步进电动机反转，滑台以 20.0mm/s 的速度向左移动 60.0mm 返回最初位置，上述运动循环 2 次。按下停止按钮，相关运动停止。根据上述控制要求，试设计程序。

8.3.2 软硬件配置

（1）选用西门子 CPU ST20 作为控制器。

（2）选用 42 系列两相步进电动机，型号 BS42HB47-01，步距角为 1.8°，额定电流为 1.5A，保持转矩 0.317N·m；选用温州某公司的步进电动机驱动器 TB6600 来匹配 42 系列两相步进电动机。根据步进电动机的参数，驱动器运行电流设为 1.5A（拨码开关 SW4 为 ON，SW5 为 ON，SW6 为 OFF，请参考表 8-2）；细分设置为 4（拨码开关 SW1 为 ON，SW2 为 OFF，SW3 为 OFF，请参考表 8-1）。

（3）PLC 编程软件采用 STEP 7- Micro/WIN SMART V2.3。

8.3.3 PLC 输入/输出地址分配

步进滑台相对定位控制输入/输出地址分配如表 8-3 所示。

表 8-3 步进滑台相对定位控制 I/O 地址分配表

输 入 量		输 出 量	
启动按钮	I0.3	脉冲信号控制	Q0.0
停止按钮	I0.4	—	—
		方向信号控制	Q0.2

8.3.4 步进滑台控制系统接线图

步进滑台相对定位控制系统的接线如图 8-7 所示。

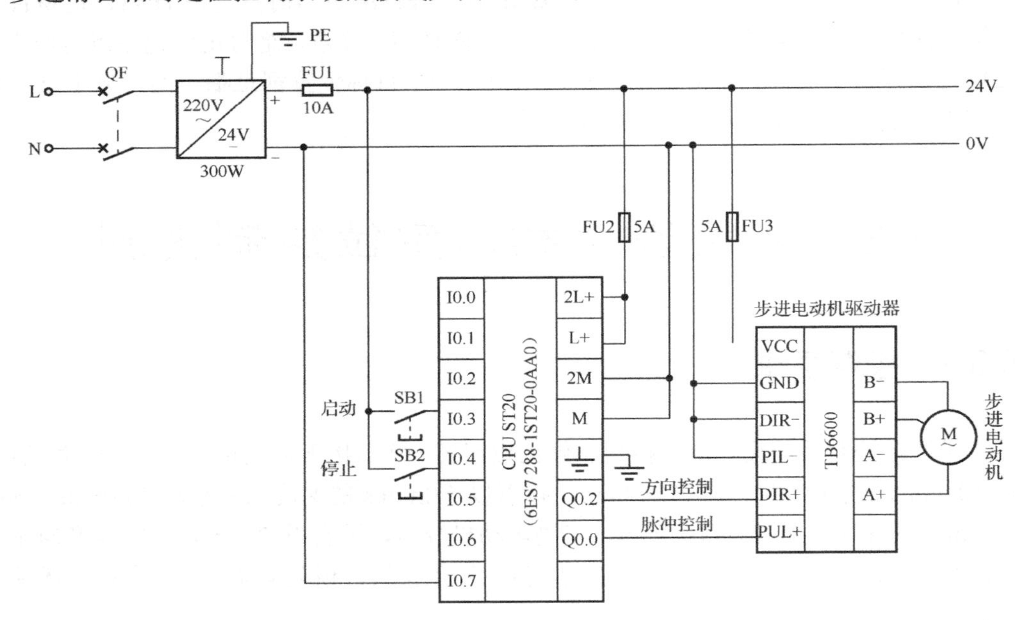

图 8-7 步进滑台相对定位控制系统的接线

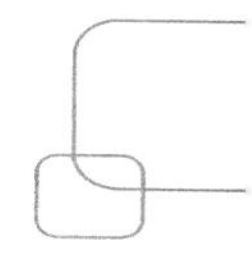

8.3.5　运动控制向导组态

1）打开运动控制向导

首先打开编程软件 STEP 7- Micro/WIN SMART V2.3，在主菜单“工具”中，单击“运动”按钮，弹出配置界面。

2）选择需要配置的轴

CPU ST20 内设有 2 个轴，本例选择“轴 0”，如图 8-8 所示。配置完单击“下一个”按钮。

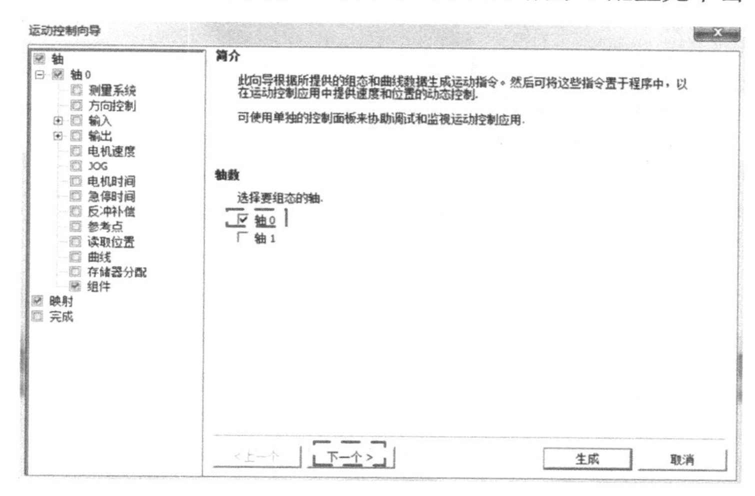

图 8-8　选择需要配置的轴

3）为所选的轴命名

本例采用默认“轴 0”，如图 8-9 所示。配置完单击“下一个”按钮。

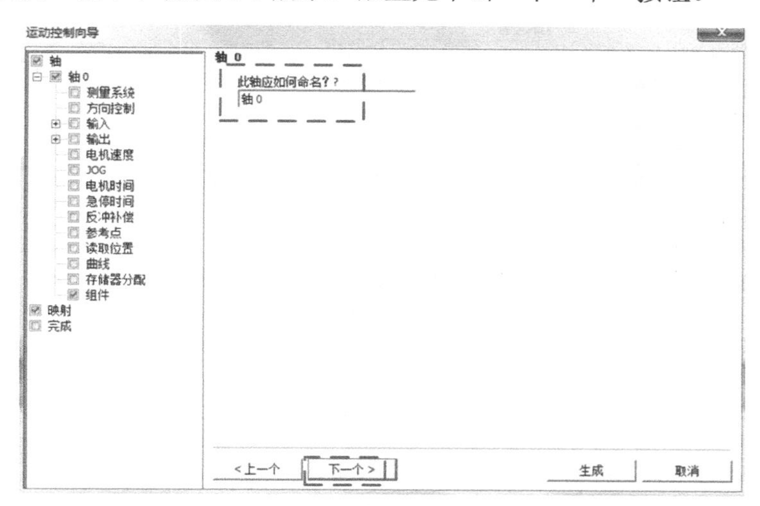

图 8-9　为所选的轴命名

4）输入系统的测量系统

在“选择测量系统”项选择“工程单位”，由于步进电动机的步距角为 1.8°，步进电动机驱动器的细分为 4，所以在“电动机一次旋转所需的脉冲数”中输入 800，即(360°/1.8°)×4=800；在“测量的基本单位”选择 mm；在“电动机一次旋转产生多少 mm 的运动？”中输入 8.0，由于本例采用的是丝杠，电动机一次旋转产生的运动即为导程，导程=螺距×螺纹头数=8mm×1=8mm，如图 8-10 所示。配置完单击“下一个”按钮。

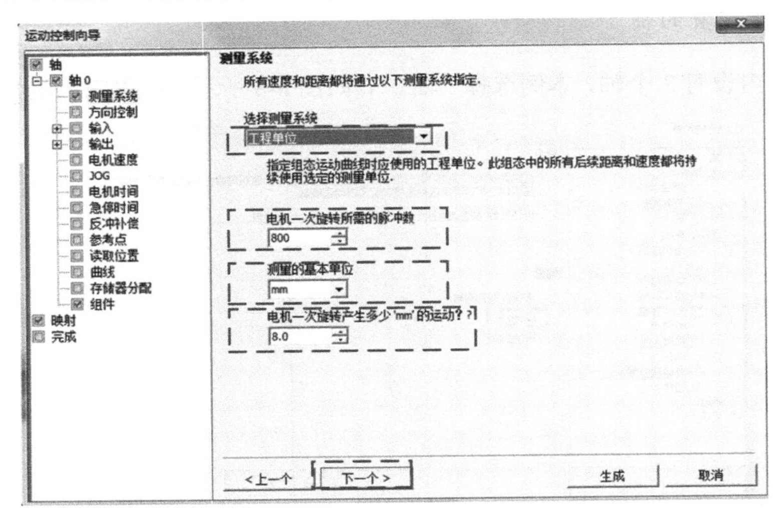

图 8-10　输入系统的测量系统

5）设置脉冲输出

设置脉冲有几路输出，本例选择“单相（2 输出）”，其中一个输出（P0）控制脉动，另一个输出（P1）控制方向，如图 8-11 所示，配置完单击“下一个”按钮。

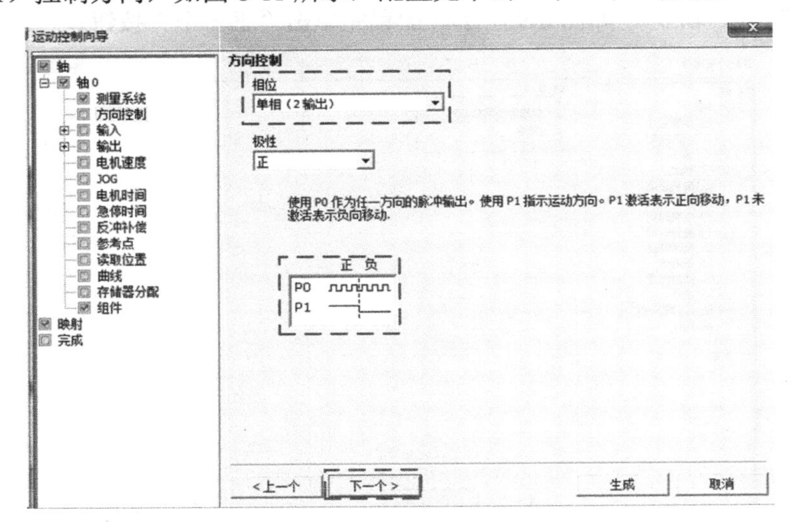

图 8-11　设置脉冲输出

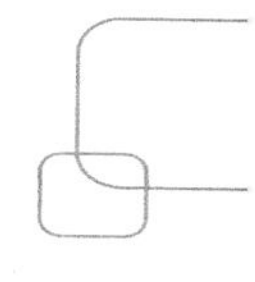

6）分配输入点

本例只设置“STP”（停止输入点），其余并未用到，故无须设置，如图 8-12 所示，配置完连续单击两次“下一个”按钮。

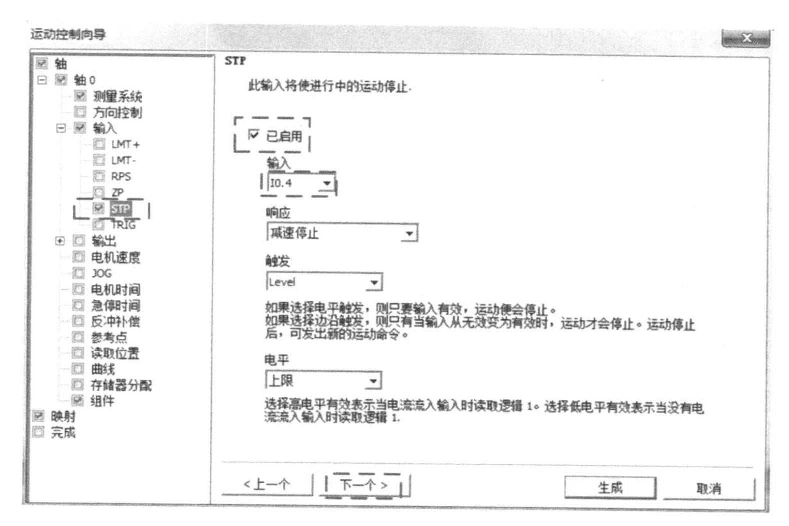

图 8-12　设置“STP”（停止输入点）

7）定义电动机运动的最大速度

定义电动机运动的最大速度“MAX_SPEED”为 50.0，如图 8-13 所示。

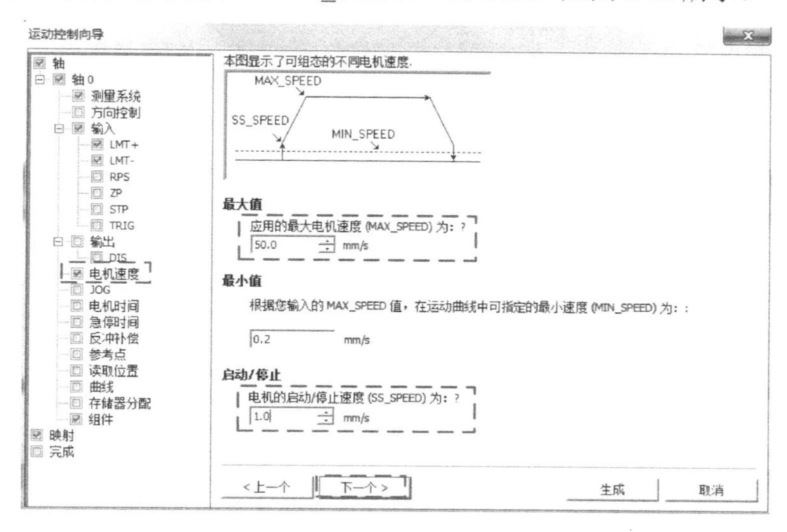

图 8-13　定义电动机的最大速度

8）定义点动参数

定义电动机的点动速度为 3.0mm/s，电动机的点动速度是指点动命令有效时能够得到的最大速度；定义点动增量为 2.0mm/s，点动增量是指瞬间的点动命令能够将工件运动的距离，如图 8-14 所示。

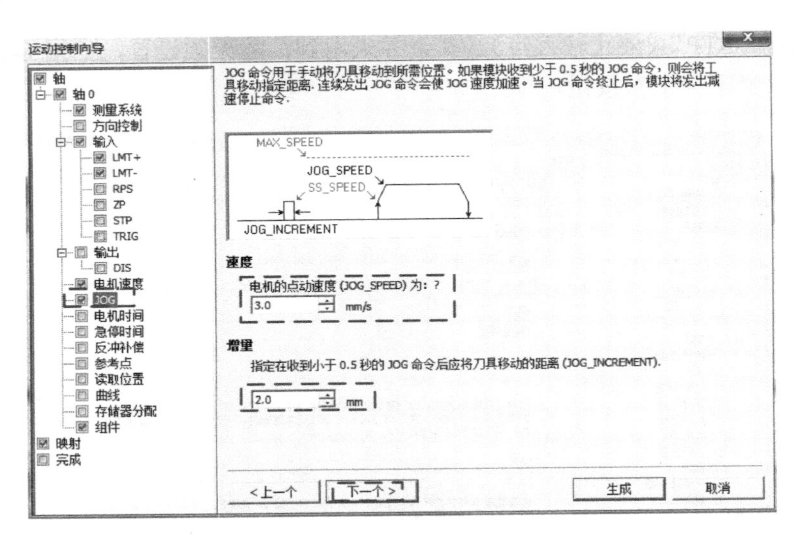

图 8-14　定义点动参数

9）配置分配存储区

编程时不能使用向导已使用的地址，否则程序会出错，应该配置分配存储区，如图 8-15 所示，配置完单击“下一个”按钮。

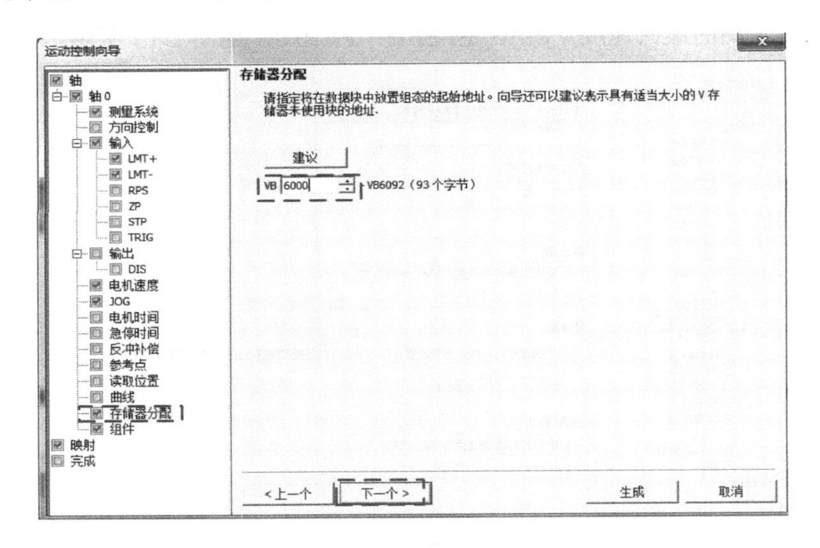

图 8-15　配置分配存储区

10）选择组件

由于本例仅涉及 AXIS0_GOTO，故只勾选 AXIS0_GOTO 即可，如图 8-16 所示，配置完单击“下一个”按钮。

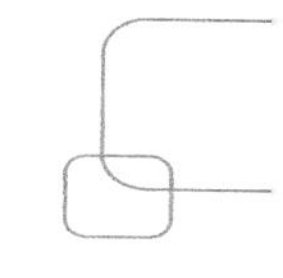

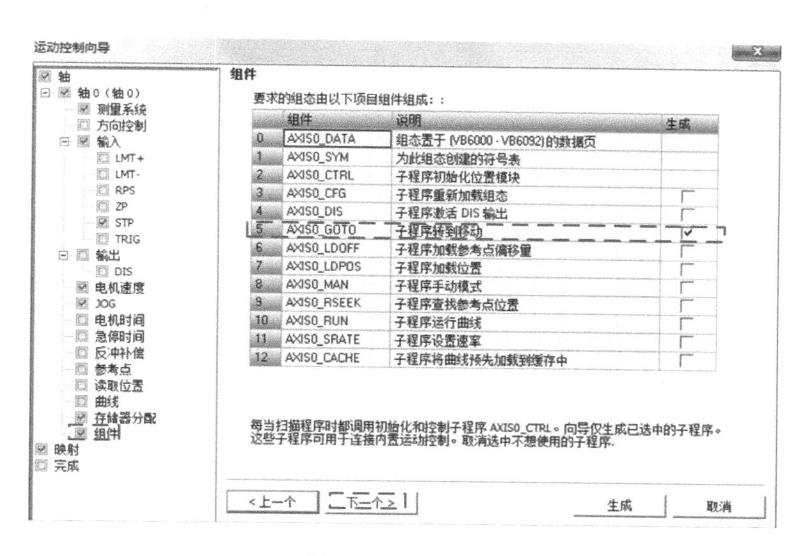

图 8-16　选择组件

11）查看输入/输出点分配

输入/输出点分配表能显示上述配置的输出轴和停止输入等信息，如图 8-17 所示。

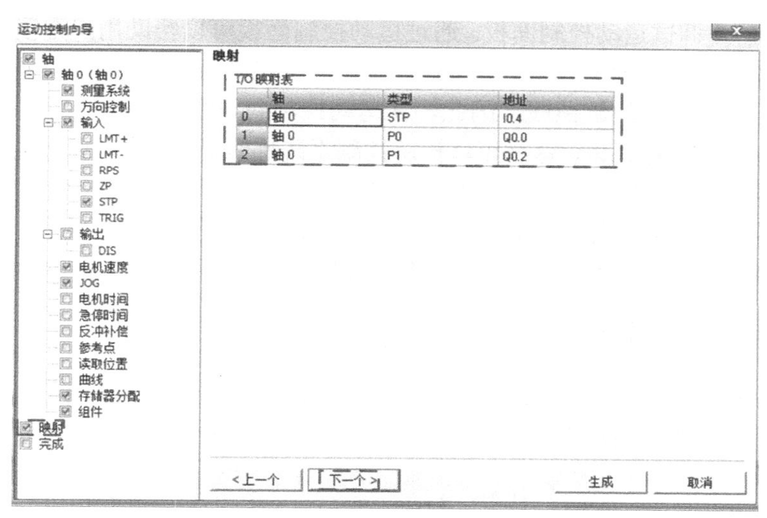

图 8-17　输入/输出点分配信息

12）组态完成

将图 8-17 配置完以后，单击“下一个”按钮，弹出完成界面，如图 8-18 所示，单击“生成”按钮，组态完毕。之后，在编程软件 STEP 7- Micro/WIN SMART V2.3 的项目树“调用子例程”中会显示所有的运动控制指令，编程时可以根据需要调用相关指令。“调用子例程”中的运动控制指令如图 8-19 所示。

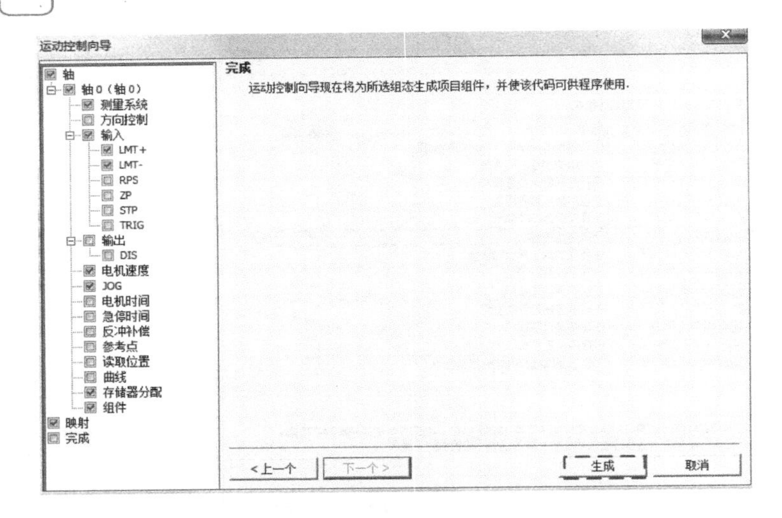

图 8-18　完成界面

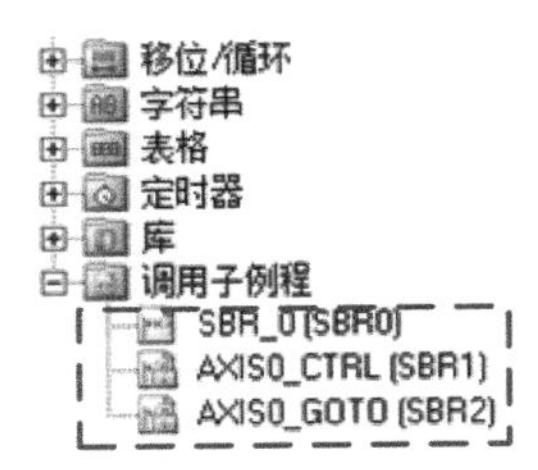

图 8-19 “调用子例程”中的运动控制指令

8.3.6　用运动控制面板调试

为了帮助用户更好地开发 S7-200 SMART PLC 的运动控制功能，STEP-7 Micro/WIN SMART 提供了一个调试运动控制面板。通过运动控制面板可以帮助用户方便地调试、操作和监视 S7-200 SMART PLC 的工作状态，验证控制系统接线是否正确，调整配置运动控制参数，测试每一个预定义的运动轨迹曲线。因此，在运动控制向导组态完成后，未编写程序前，最好通过运动控制面板进行调试，这样可以检验控制系统接线是否正确，组态参数是否合理等，避免在程序完成上机测试时出现错误而找不到出错的原因。

值得注意的是，在打开运动控制面板调试时，需先将程序（此程序仅进行了组态）下载到 S7-200 SMART PLC 上，但不能单击“运行”按钮，这样就可以用运动控制面板调试了。

1）打开“运动控制面板”。

打开运动控制面板可以单击菜单栏“工具”下的“运动控制面板”按钮，也可以双击左侧项目树“工具”下的“运动控制面板”按钮，如图 8-20 所示。

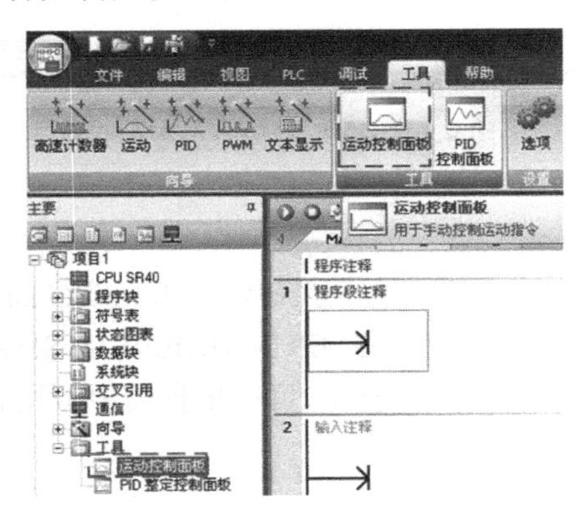

图 8-20 “运动控制面板”打开方式

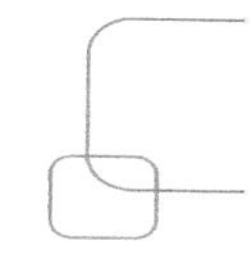

2）在“操作”界面中监视和控制运动轴

打开运动控制面板界面，选中“轴 0”下的“操作”，便打开了操作界面。该界面允许用户以交互的方式，非常方便地操作、控制运动轴。该界面友好地显示当前设备运行速度、位置和方向信息，监控到输入、输出点状态信息，操作界面如图 8-21 所示。

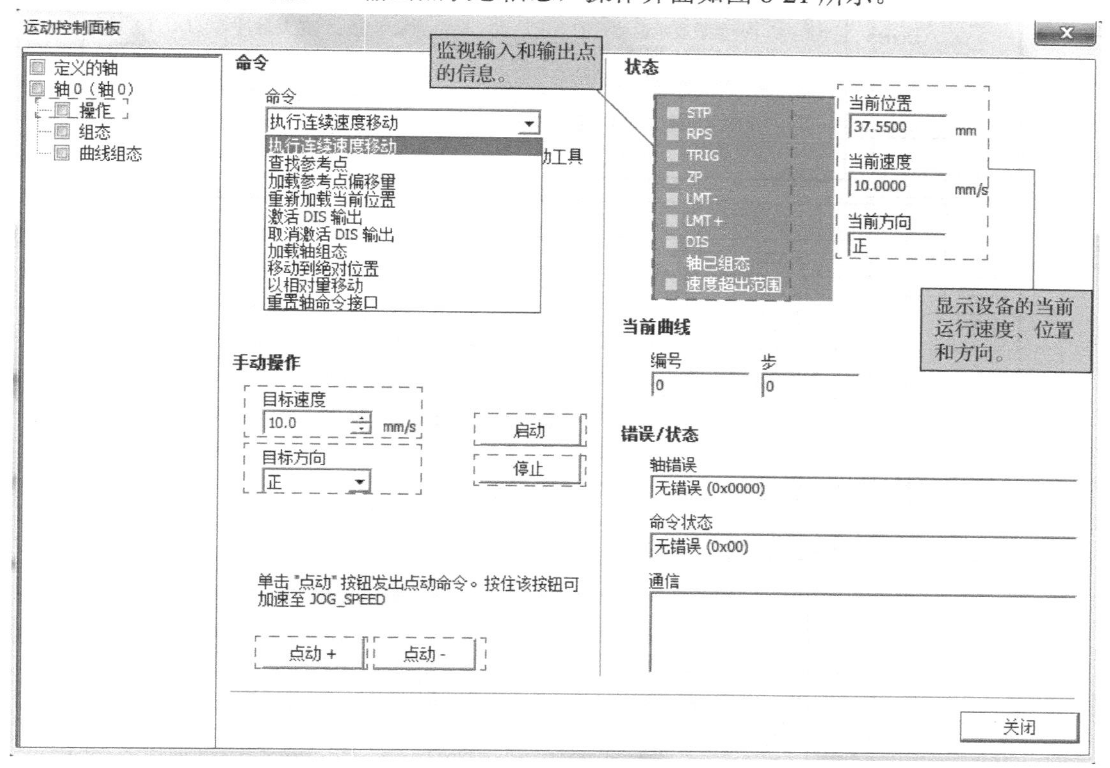

图 8-21　操作界面

在操作界面中，“命令”模式下可以选择“执行连续速度移动”“查找参考点”等。假设“命令”选择“执行连续速度移动”模式，“目标速度”为 10.0mm/s，“目标方向”为正方向（也可选择反方向），单击“启动”按钮，步进或伺服电动机会以上述速度和方向连续运行，界面的右上角会显示输入和输出点信息、“当前位置”、“当前速度”和“当前方向”等。当按下“停止”按钮，步进或伺服电动机会停止运行。当按“点动+”或“点动-”按钮，步进或伺服电动机会以 3.0mm/s 的速度正向或反向点动运行，注意点动速度 3.0mm/s 已经在图 8-14 中设置。

8.3.7　图说常用运动控制指令

1）AXISx_CTRL 指令

AXISx_CTRL 指令如图 8-22 所示。

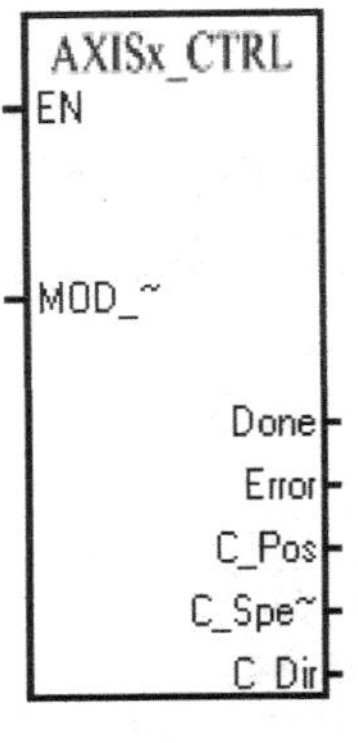

参数解析

功能：启用和初始化运动轴，方法是自动命令运动轴每次CPU 更改为RUN 模式时加载组态/包络表。
（1）MOD_EN 参数必须开启，才能启用其他运动控制子例程向运动轴发送命令。如果MOD_EN 参数关闭，运动轴会终止所有正在进行的命令。
（2）Done参数会在运动轴完成任何一个子例程时开启。
（3）Error参数存储该子程序运行时的错误代码。
（4）C_Pos参数表示运动轴的当前位置。根据测量单位，该值是脉冲数（DINT）或工程单位数（REAL）。
（5）C_Speed参数提供运动轴的当前速度。对脉冲组态运动轴的测量系统，C_Speed 是一个DINT 数值，其中包含脉冲数/秒。对工程单位组态测量系统，C_Speed 是一个REAL 数值，其中包含选择的工程单位数/秒（REAL）。
（6）C_Dir参数表示电动机的当前方向：信号状态 0 = 正向；信号状态 1 = 反向。

输入/输出	数据类型	操作数
MOD_EN	BOOL	I、Q、V、M、SM、S、T、C、L、能流
Done、C_Dir	BOOL	I、Q、V、M、SM、S、T、C、L
Error	BYTE	IB、QB、VB、MB、SMB、SB、LB、AC、*VD、*AC、*LD
C_Pos、C_Speed	DINT、REAL	ID、QD、VD、MD、SMD、SD、LD、AC、*VD、*AC、*LD

图 8-22 AXISx_CTRL 指令

2）AXISx_GOTO 指令

AXISx_GOTO 指令如图 8-23 所示。

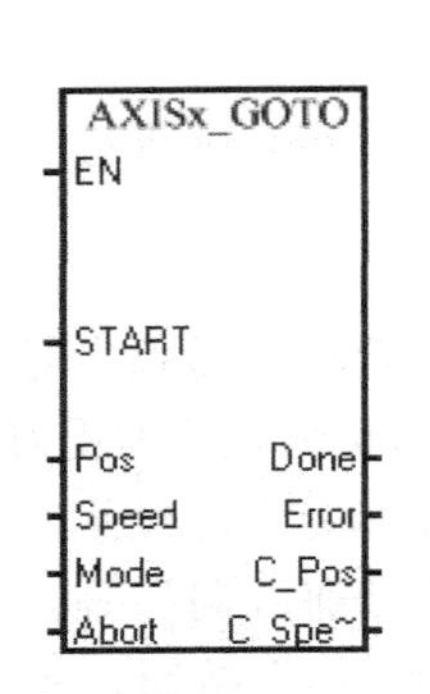

参数解析

功能：命令运动轴转到所需位置。
（1）START 参数开启会向运动轴发出 GOTO 命令。对于在 START 参数开启且运动轴当前不繁忙时执行的每次扫描，该子例程向运动轴发送一个 GOTO 命令。为了确保仅发送了一个 GOTO 命令，请使用边沿检测元素用脉冲方式开启 START 参数。
（2）Pos 参数包含一个数值，指示要移动的位置（绝对移动）或要移动的距离（相对移动）。根据所选的测量单位，该值是脉冲数 (DINT) 或工程单位数 (REAL)。
（3）Speed 参数确定该移动的最高速度。根据所选的测量单位，该值是脉冲数/秒 (DINT) 或工程单位数/秒 (REAL)。
（4）Mode 参数选择移动的类型：
0：绝对位置
1：相对位置
2：单速连续正向旋转
3：单速连续反向旋转
（5）Abort 参数启动会命令运动轴停止当前包络并减速，直至电动机停止。

输入/输出	数据类型	操作数
START	BOOL	I、Q、V、M、SM、S、T、C、L、能流
Pos、Speed	DINT、REAL	ID、QD、VD、MD、SMD、SD、LD、AC、*VD、*AC、*LD、常数
Mode	BYTE	IB、QB、VB、MB、SMB、SB、LB、AC、*VD、*AC、*LD、常数
Abort、Done	BOOL	I、Q、V、M、SM、S、T、C、L
Error	BYTE	IB、QB、VB、MB、SMB、SB、LB、AC、*VD、*AC、*LD
C_Pos、C_Speed	DINT、REAL	ID、QD、VD、MD、SMD、SD、LD、AC、*VD、*AC、*LD

图 8-23 AXISx_GOTO 指令

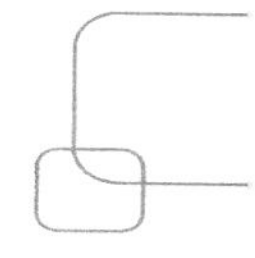

8.3.8　步进滑台相对定位控制程序及解析

步进滑台相对定位运动控制程序及解析如图 8-24 所示。

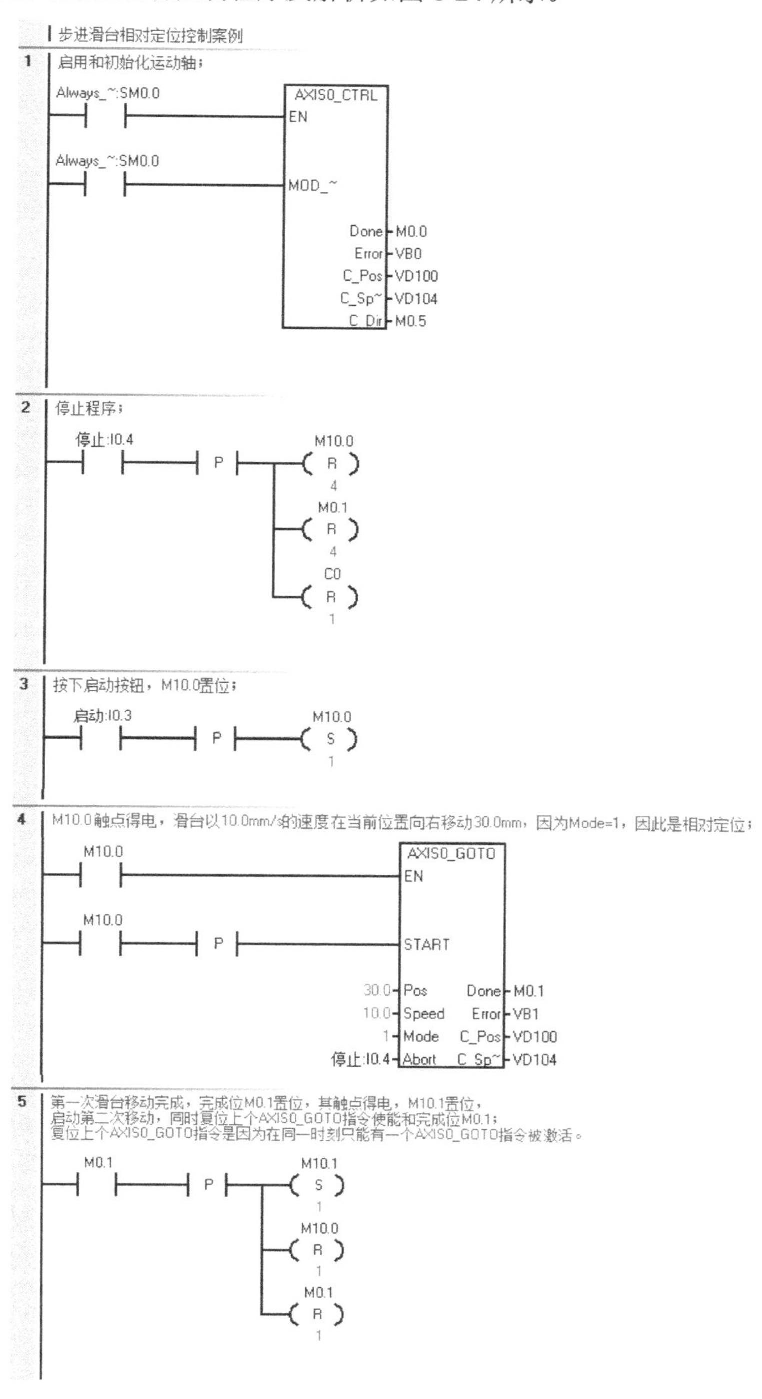

图 8-24　步进滑台相对定位运动控制程序

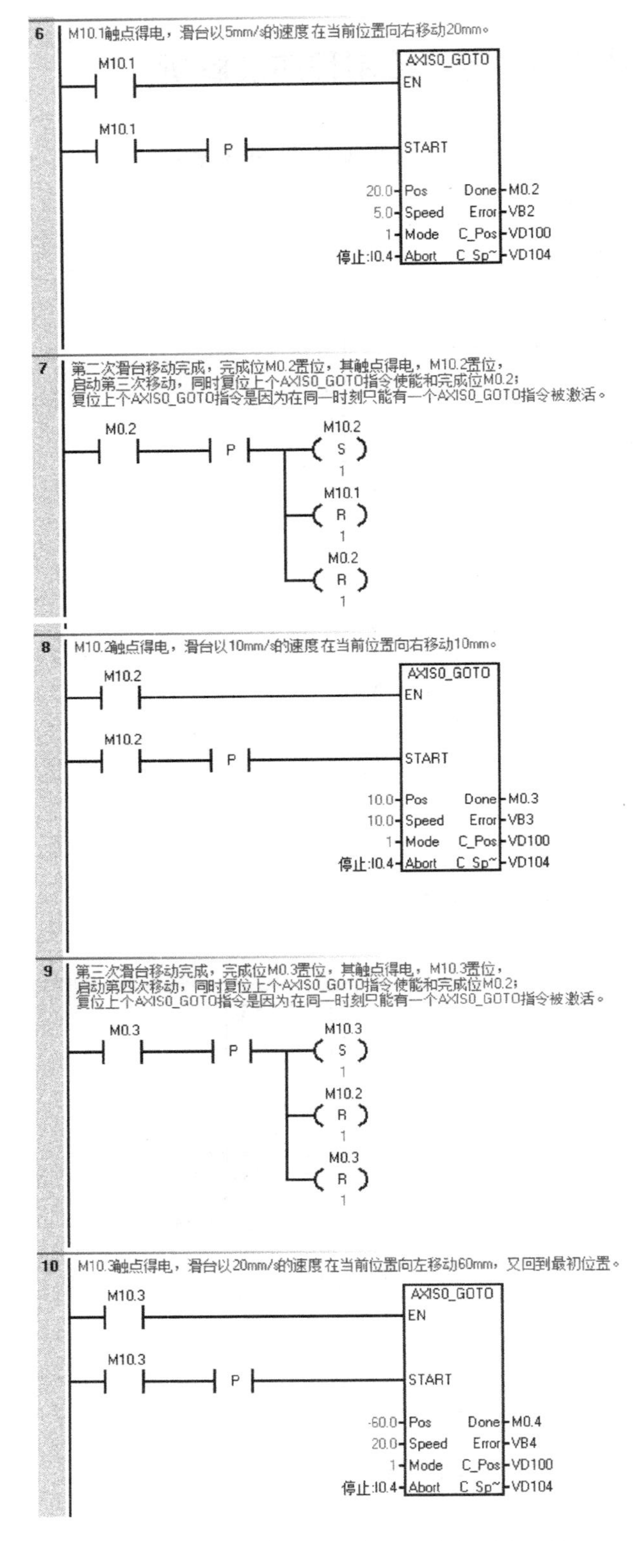

图 8-24　步进滑台相对定位运动控制程序（续）

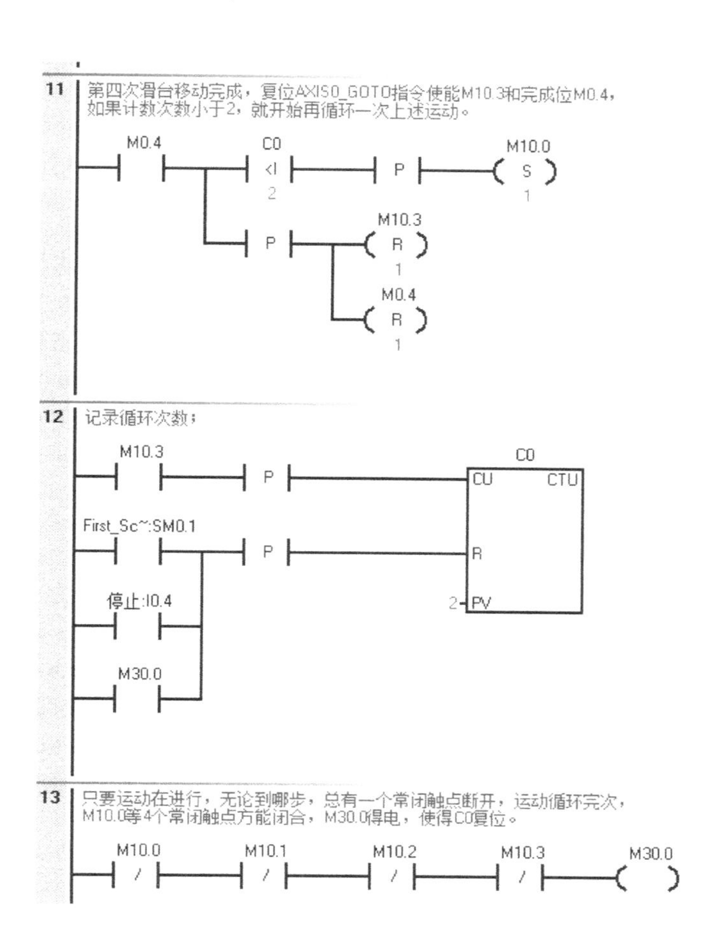

图 8-24　步进滑台相对定位运动控制程序（续）

编者有料

本例实用性非常强，是笔者 10 余年工作的总结，读者在学习时需注意如下几点：

（1）结合 8.4 节真正学会步进电动机驱动器运行电流和细分的设置，这点在实际工程中经常会遇到。

（2）本例给出了步进滑台运动控制系统的硬件图纸，读者需熟练掌握，以使用到实际工程中，在硬件设计时，需注意 S7-200 SMART PLC 与步进电动机驱动器的对接时，应采用图 8-4 中的共阴极接法或者共阳极接法。

（3）在运动控制向导组态时，需理解每步设置的意图。运动控制向导组态完成后，读者可以应用运动控制面板进行调试，验证组态是否正确；在使用运动控制面板调试时，需注意，将程序下载到 PLC 的同时，一定不要启动软件中的运行按钮，否则使用运动控制面板不能正常调试。

（4）读者结合编程思路分析，应充分理解编程思路，从而掌握运动控制向导和手动指令的应用。

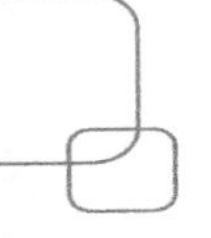

8.4 步进滑台绝对定位控制案例

8.4.1 控制要求

某步进滑台控制系统需要绝对定位控制，因此设有启动按钮、停止按钮和寻原点按钮各一个，在做任何运动控制之前，都需要先进行寻原点操作，原点限位为 SQ3。当寻原点操作完成后，按下启动按钮，步进电动机正转，滑台以 10.0mm/s 的速度向右移动 107.0mm，当碰到右限位 SQ1，步进电动机反转，滑台以 10.0mm/s 的速度向左移动 99.0mm，当碰到左限位 SQ2，步进电动机正转，滑台以 10.0mm/s 的速度向右移动 20.0mm 后停止。当按下停止按钮相关运动停止；根据上述控制要求，试设计程序。

8.4.2 软硬件配置

（1）选用西门子 CPU ST20 作为控制器。

（2）选用 42 系列两相步进电动机，型号 BS42HB47-01，步距角 1.8°，额定电流 1.5A，保持转矩 0.317N • m；选用温州某公司的步进电动机驱动器 TB6600 来匹配 42 系列两相步进电动机。根据步进电动机的参数，驱动器运行电流设为 1.5A（拨码开关 SW4 为 ON，SW5 为 ON，SW6 为 OFF，请参考表 8-2）；细分设置为 4（拨码开关 SW1 为 ON，SW2 为 OFF，SW3 为 OFF，请参考表 8-1）。

（3）PLC 编程软件采用 STEP 7- Micro/WIN SMART V2.3。

8.4.3 PLC 输入/输出地址分配

步进滑台绝对定位控制输入/输出地址分配如表 8-4 所示。

表 8-4 步进滑台绝对定位控制 I/O 地址分配表

输 入 量		输 出 量	
启动按钮	I0.3	脉冲控制	Q0.0
停止按钮	I0.4	方向控制	Q0.2
右限位	I0.0		
左限位	I0.1		
原点限位	I0.2		
寻原点按钮	I0.5		

8.4.4 步进滑台控制系统接线图

步进滑台绝对定位控制的接线图如图 8-25 所示。

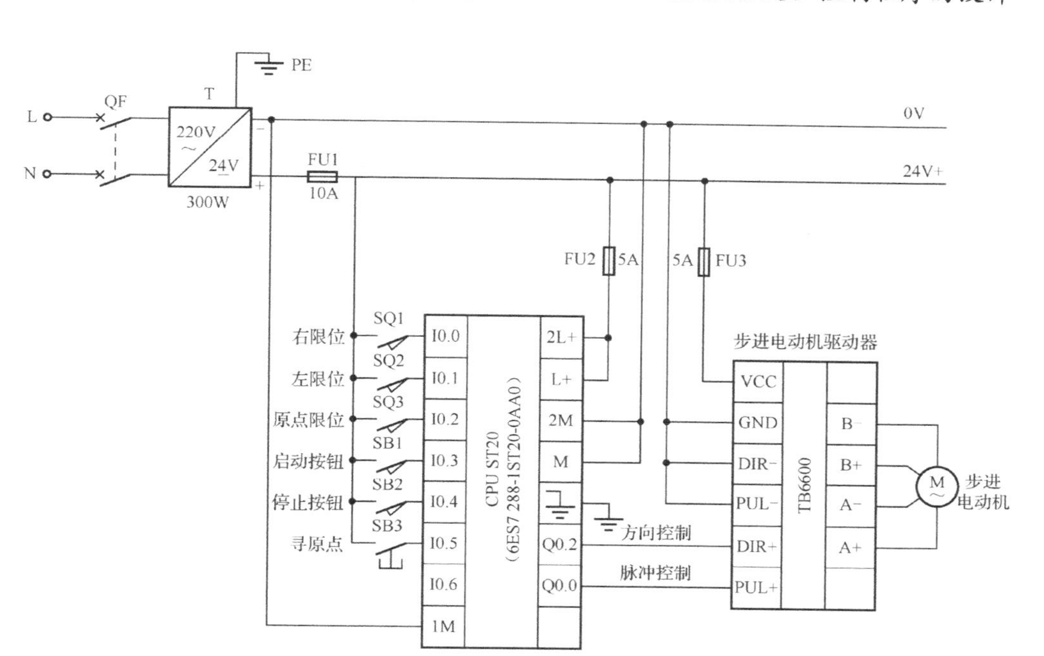

图 8-25　步进滑台绝对定位控制的接线图

8.4.5　运动控制向导组态

1）打开运动控制向导

首先打开编程软件 STEP 7- Micro/WIN SMART V2.3，在主菜单“工具”中单击“运动”按钮，会弹出配置界面。

2）选择需要配置的轴

CPU ST20 内设有 2 个轴，本例选择“轴 0”，如图 8-26 所示。配置完单击“下一个”按钮。

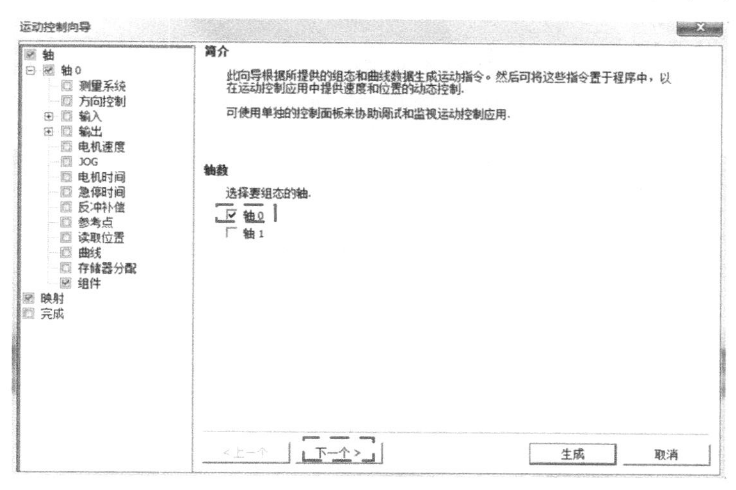

图 8-26　选择需要配置的轴

3）为所选的轴命名

为所选的轴命名，本例采用默认“轴 0”，如图 8-27 所示，命名完单击“下一个”按钮。

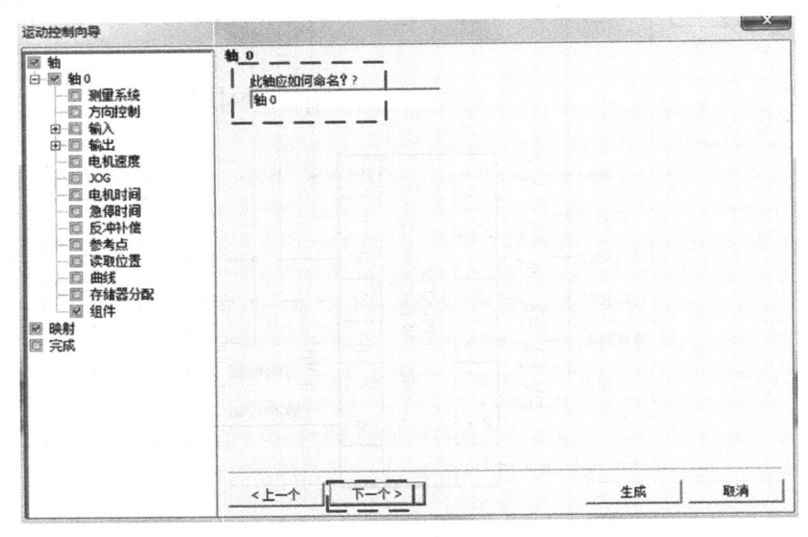

图 8-27　为所选的轴命名

4）输入系统的测量系统

在“选择测量系统”项选择“工程单位”；由于步进电动机的步距角为 1.8°，步进电动机驱动器的细分为 4，所以在“电动机一次旋转所需的脉冲数”处选择 800，即(360°/1.8°)×4=800；在“测量的基本单位”处选择 mm；在“电动机一次旋转产生多少 mm 的运动？”处选择 8.0，由于本例采用的是丝杠，电动机一次旋转产生的运动即为导程，导程=螺距×螺纹头数=8mm×1=8mm。以上设置如图 8-28 所示，配置完单击“下一个”按钮。

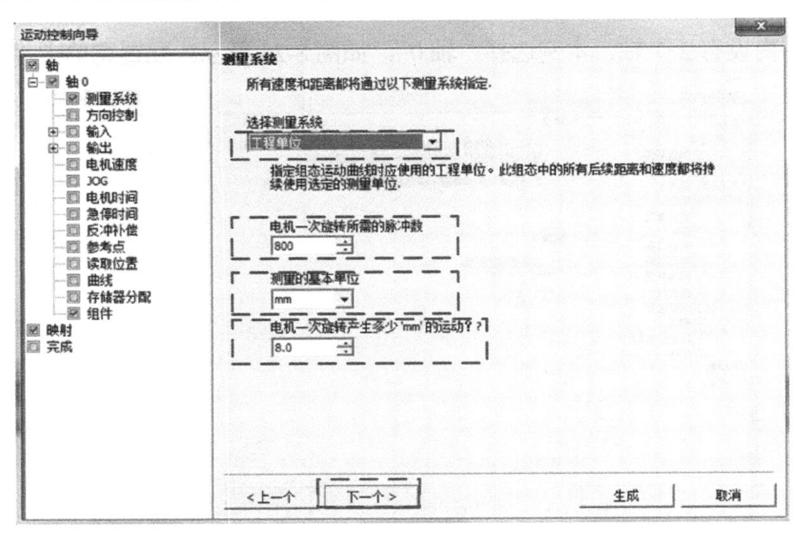

图 8-28　输入系统的测量系统

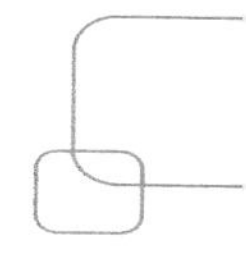

5）设置脉冲输出

设置脉冲有几路输出，本例选择“单相（2 输出）”，这样一个输出（P0）控制脉动，另一个输出（P1）控制方向，如图 8-29 所示，配置完单击“下一个”按钮。

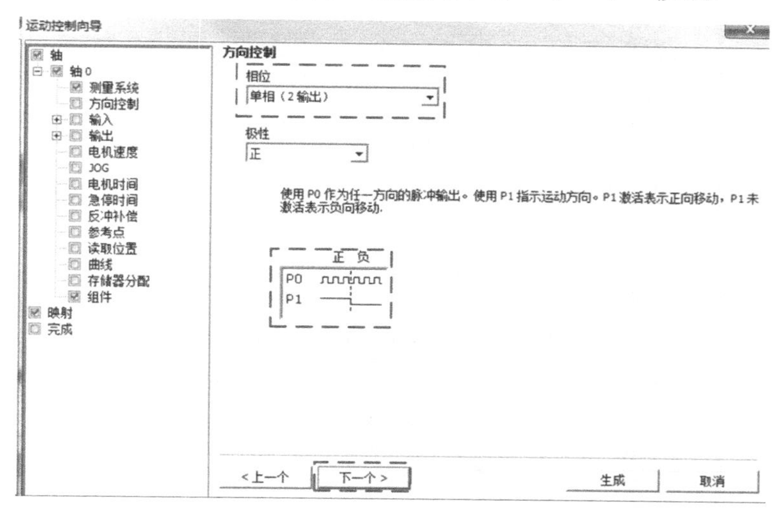

图 8-29　设置脉冲输出

6）分配输入点

本例设置了“LMT+”（右限位输入点）、“LMT−”（左限位输入点）、“RPS”（原点限位输入点）和“STP”（停止输入点），其余并未用到，故无须设置。“LMT+”（右限位输入点）、“LMT−”（左限位输入点）、“RPS”（原点限位输入点）和“STP”（停止输入点）设置之间的切换，单击“下一个”按钮，上述设置如图 8-30 至图 8-33 所示，配置完连续单击两次“下一个”按钮。

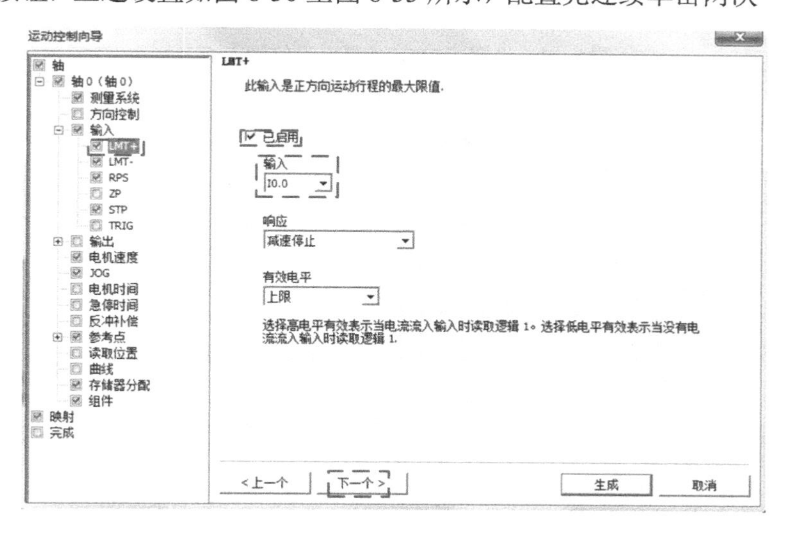

图 8-30　设置“LMT+”（右限位输入点）

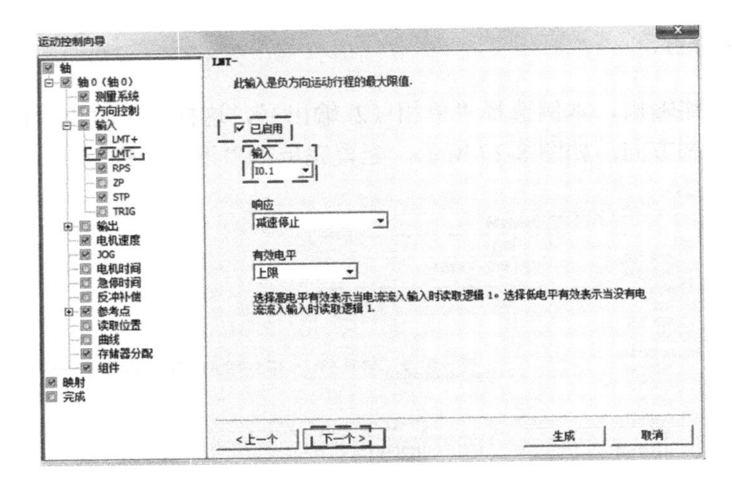

图 8-31　设置“LMT-”（左限位输入点）

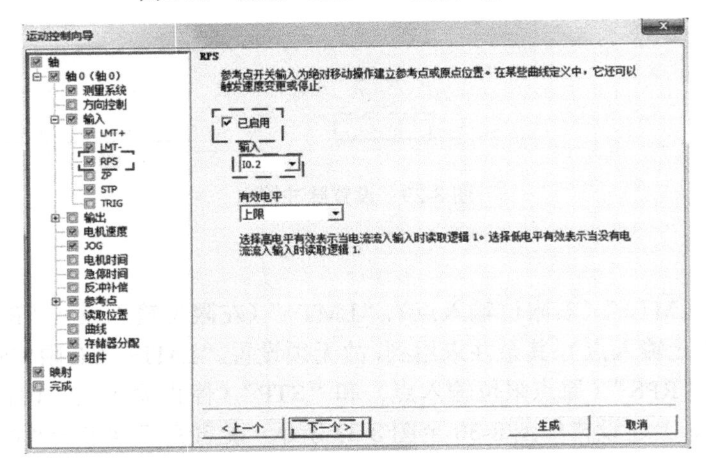

图 8-32　设置“RPS”（原点限位输入点）

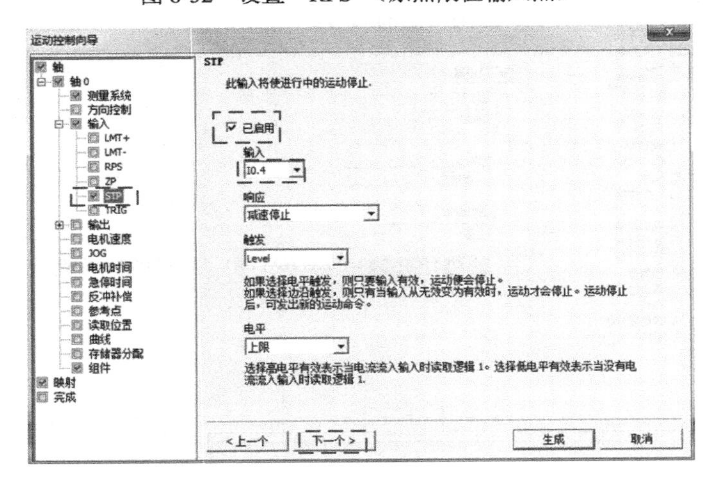

图 8-33　设置“STP”（停止输入点）

7）定义电动机的最大速度

定义电动机的最大速度“MAX_SPEED”为 50.0，操作如图 8-34 所示。

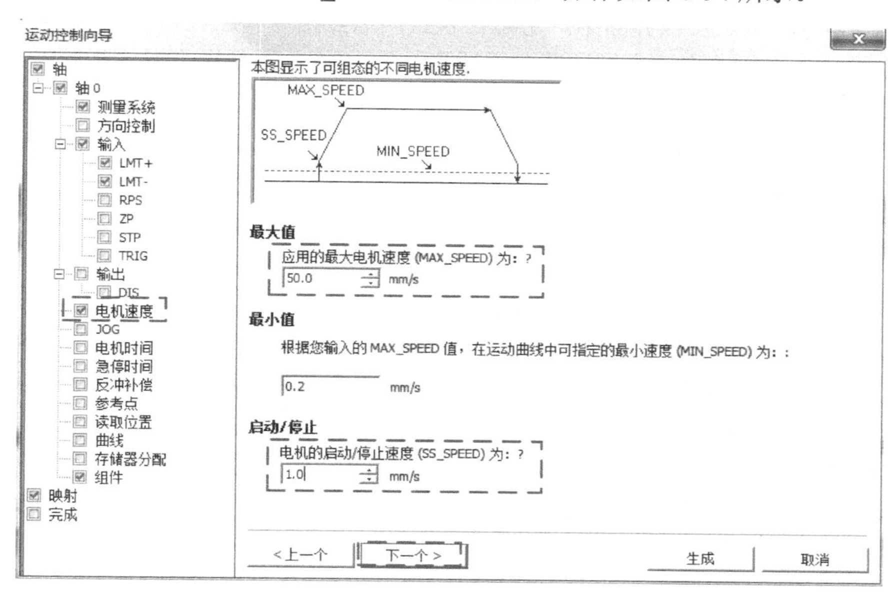

图 8-34　定义电动机的最大速度

8）定义点动参数

定义电动机的点动速度为 3.0mm/s，电动机的点动速度是指点动命令有效时能够得到的最大速度；定义点动增量为 2.0mm/s，点动增量是指瞬间的点动命令能够将工件运动的距离。设置如图 8-35 所示。

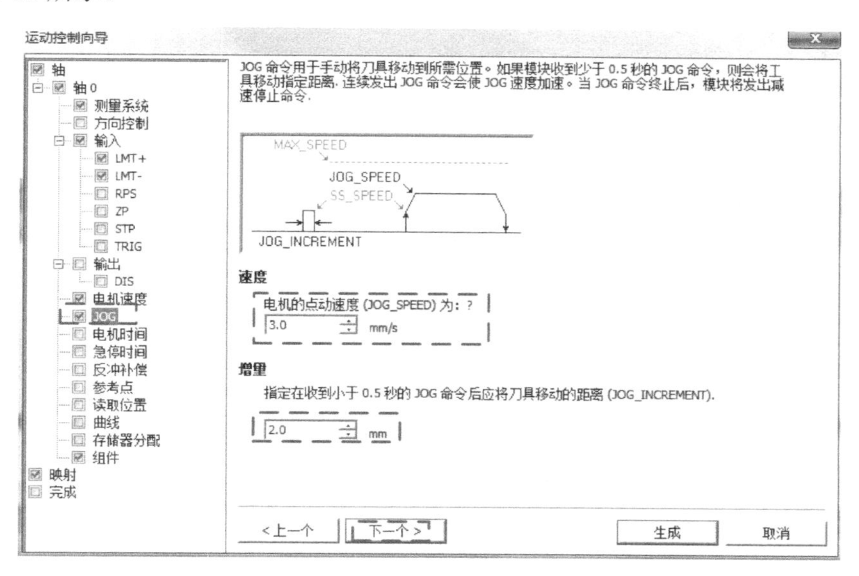

图 8-35　定义点动参数

9）设置寻找参考点参数

首先使能寻找参考点功能，如图 8-36 所示。单击“下一个”按钮，进入“查找”参数的设置，如图 8-37 所示。在该界面中，①是在收到回原点指令（AXIS0_RSEEK）后，指定电动机快速查找参考点的速度，本例该速度设置为 10.0mm/s；②是指当滑块指针一边碰到原点限位后，由原来的快速查找参考点变为慢速查找，此处就是指定电动机慢速查找参考点的速度，本例该速度设置为 2.0mm/s；③是在收到回原点指令（AXIS0_RSEEK）后，指定查找参考点的初始方向，本例设置为负方向。假设现在滑块位于原点限位的右侧，在收到回原点指令（AXIS0_RSEEK）后，步进电动机反转，滑块会以 10.0mm/s 的速度向左（负方向）快速移动寻找参考点，当碰到滑块指针的右边，步进电动机会以 2.0mm/s 速度慢速查找参考点；假设现在滑块位于原点限位的左侧，在收到回原点指令（AXIS0_RSEEK）后，步进电动机反转，滑块会以 10.0mm/s 的速度向左（负方向）快速移动寻找参考点，由于参考点在它的右侧，往左移动始终找不到，当碰到左限位时，步进电动机开始正转，滑块会以 10.0mm/s 的速度向右快速移动寻找参考点，当碰到滑块指针的左边，步进电动机会以 2.0mm/s 速度慢速查找参考点。④是指定参考点逼近方向。“查找”参数的设置完成后，单击两次“下一个”按钮，会进入“搜索顺序”界面，如图 8-38 所示。结合这个界面能更好地理解“查找”参数的设置。

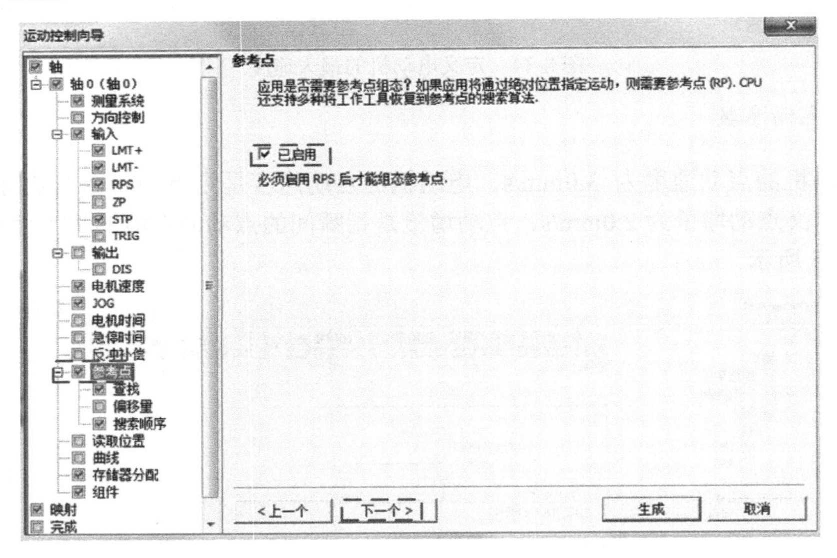

图 8-36 使能寻找参考点功能

10）配置分配存储区

编程时不能使用向导已使用的地址，否则程序会出错，应该配置分配存储区。配置分配存储区，如图 8-39 所示，配置完单击“下一个”按钮。

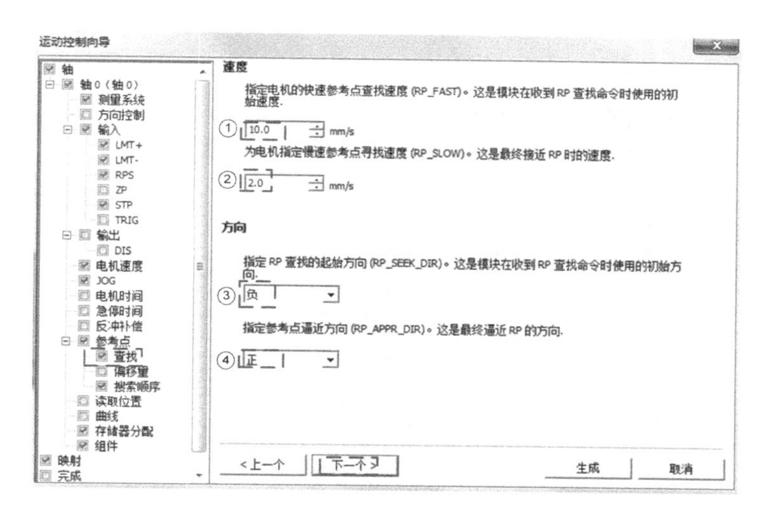

图 8-37　设置“查找”参数

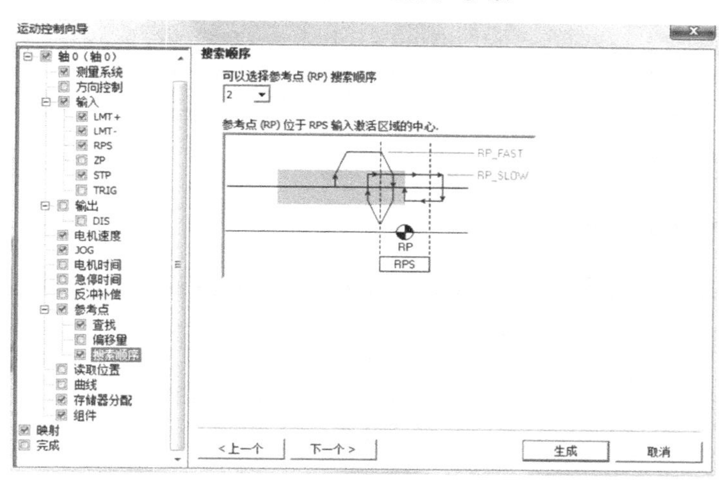

图 8-38　“搜索顺序”界面

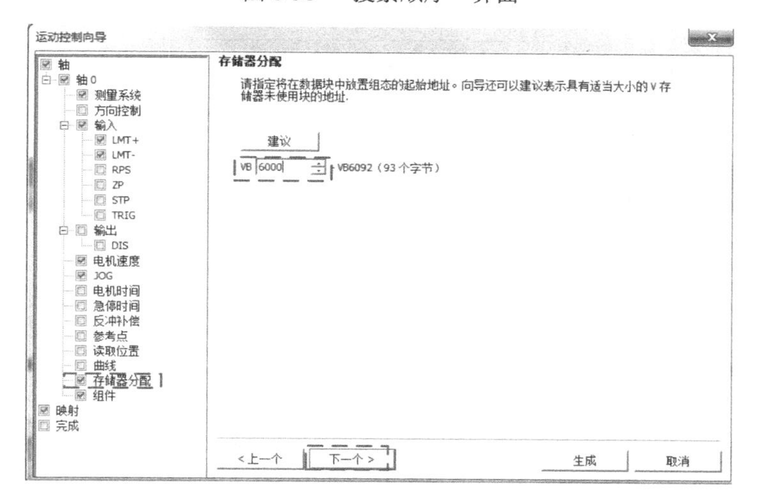

图 8-39　配置分配存储区

11）选择组件

由于本例仅涉及 AXIS0_GOTO 和 AXIS0_RSEEK，故只勾选 AXIS0_GOTO 和 AXIS0_RSEEK 即可，如图 8-40 所示，选择完单击“下一个”按钮。

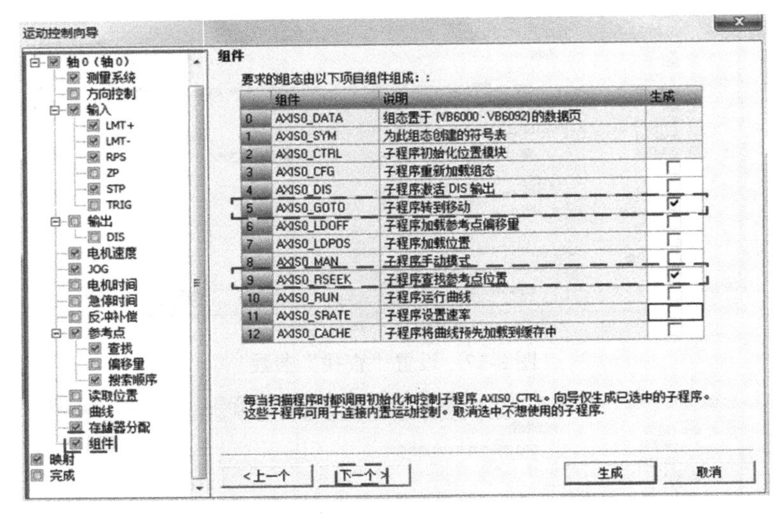

图 8-40 选择组件

12）查看输入/输出点分配

输入/输出点分配表能显示上述配置的输出轴和停止输入等信息，如图 8-41 所示。

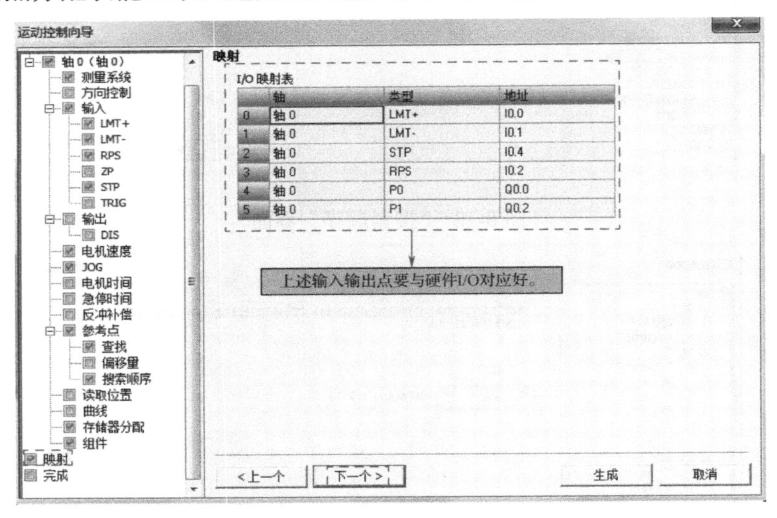

图 8-41 输入/输出点分配信息

13）组态完成

图 8-41 配置完以后单击“下一个”按钮，会弹出“完成”界面，如图 8-42 所示。单击“生成”按钮，组态完毕。之后在编程软件 STEP 7- Micro/WIN SMART V2.3 的项目树“调用子例程”会显示所有的运动控制指令，编程时，可以根据需要调用相关指令。“调用子例程”中的

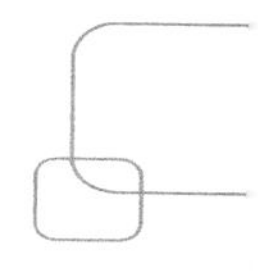

运动控制指令如图 8-43 所示

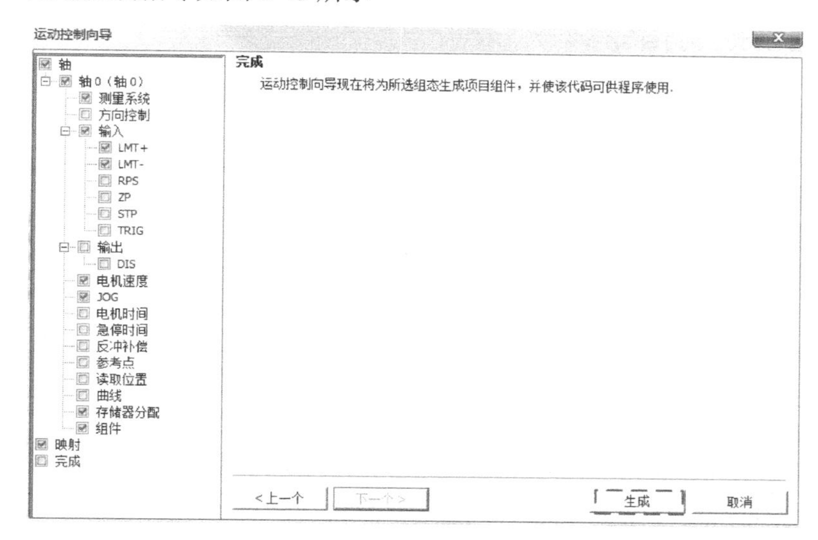

图 8-42　“完成”界面

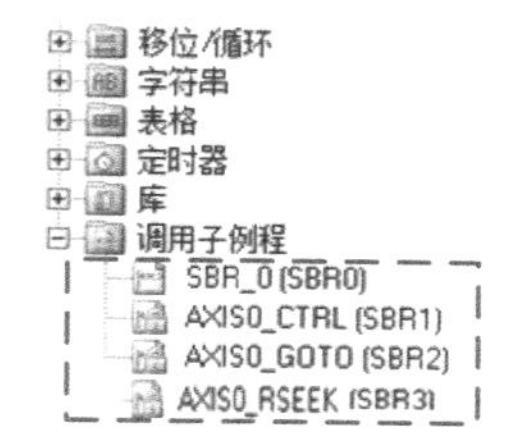

图 8-43　“调用子例程”中的运动控制指令

8.4.6　用运动控制面板调试

运动控制面板的打开和在“操作”界面中监视和控制运动轴在 8.3.6 中已经讲过，本节在此基础上将继续讲解查找参考点功能。

在操作界面中，假设“命令”选择“查找参考点”模式，会显示图 8-44 所示界面。

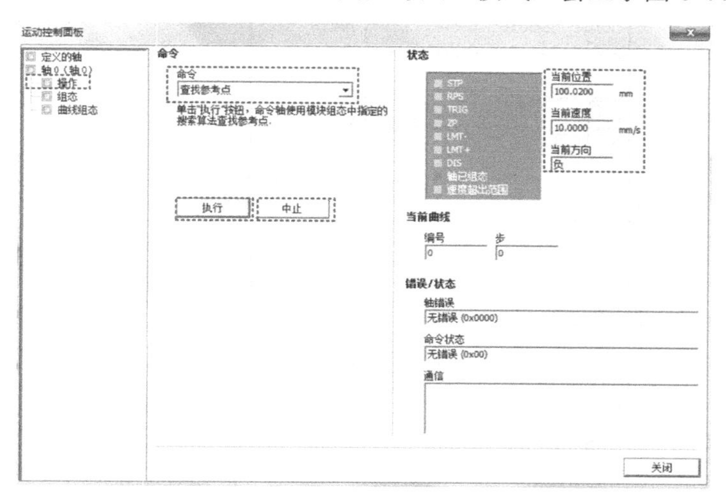

图 8-44　查找参考点界面

按下“执行”按钮，系统将会寻找参考点，此界面的右上角会显示“当前位置”、“当前速度”和“当前方向”等信息，按下“中止”按钮，查找参考点动作停止。

8.4.7　图说常用运动控制指令

AXISx_RSEEK 指令如图 8-45 所示。

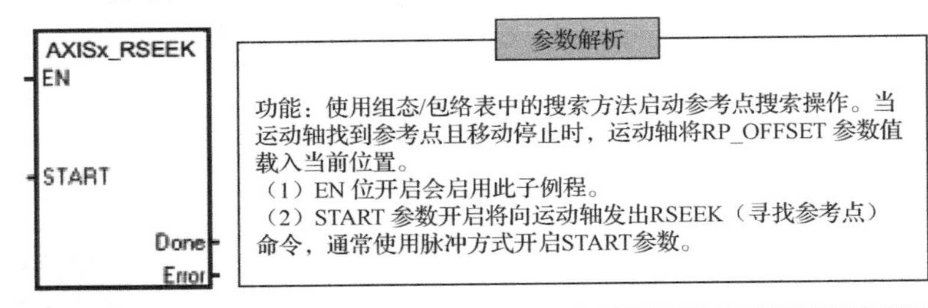

输入/输出	数据类型	操作数
START	BOOL	I、Q、V、M、SM、S、T、C、L、能流
Done	BOOL	1、Q、V、M、SM、S、T、C、L
Error	BYTE	IB、QB、VB、MB、SMB、SB、LB、AC、*VD、*AC、*LD

图 8-45　AXISx_RSEEK 指令

8.4.8　步进滑台绝对定位控制程序及解析

步进滑台绝对定位运动控制程序及解析如图 8-46 所示。

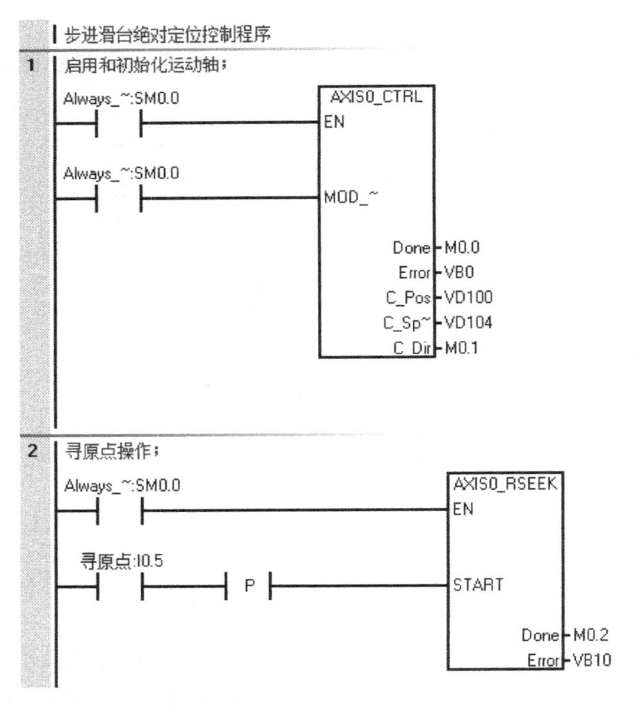

图 8-46　步进滑台绝对定位运动控制程序及解析

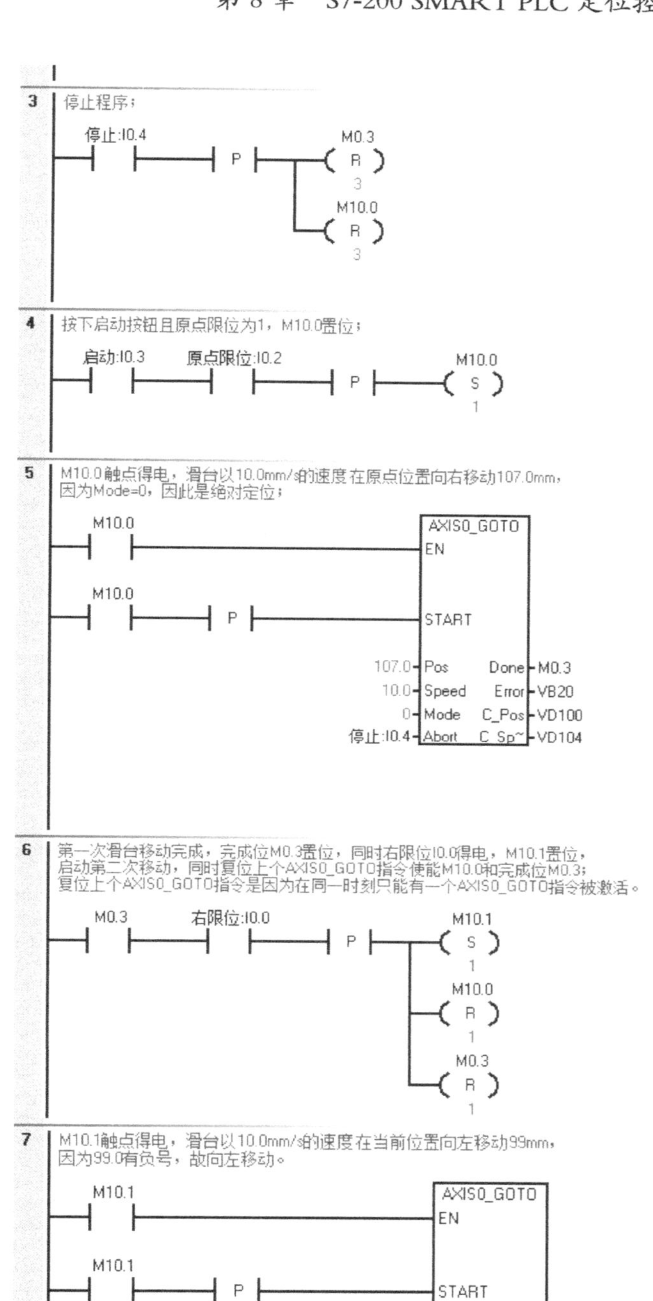

图 8-46　步进滑台绝对定位运动控制程序（续）

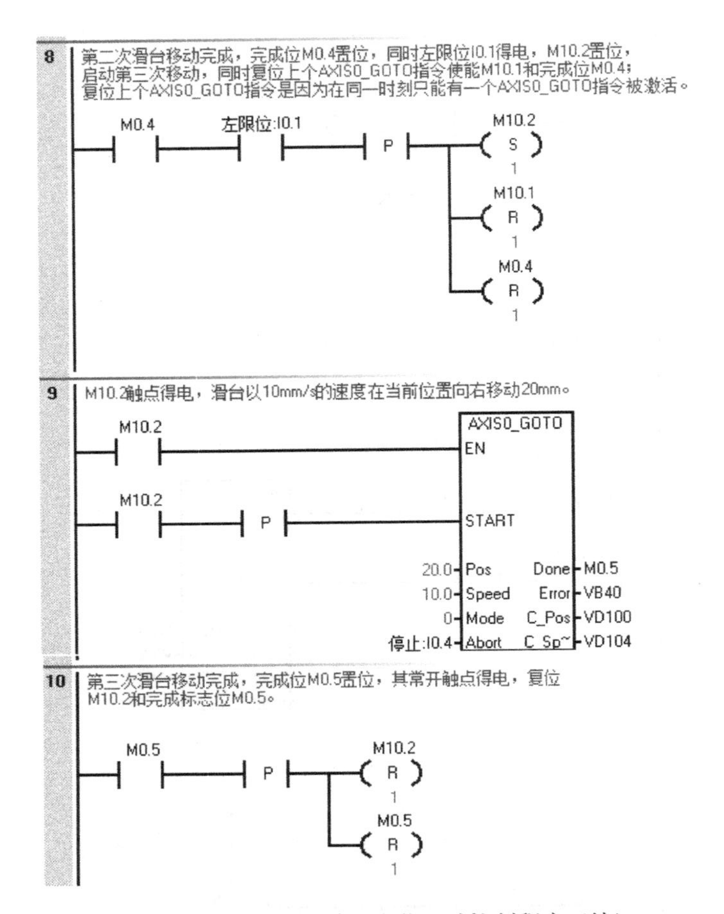

图 8-46　步进滑台绝对定位运动控制程序（续）

第9章　S7-200 SMART PLC 通信控制程序的设计

本章要点

- PLC 通信基础
- S7-200 SMART PLC Modbus 通信及案例
- 以太网通信基础
- S7-200 SMART PLC 的 S7 通信及案例
- S7-200 SMART PLC 的 TCP 通信及案例
- S7-200 SMART PLC 的 ISO-on-TCP 通信及案例
- S7-200 SMART PLC 的 UDP 通信及案例
- S7-200 SMART PLC 的 OPC 通信及案例

随着计算机技术、通信技术和自动化技术的不断发展，可编程控制设备已在各个企业大量使用，将不同的可编程控制设备进行相互通信、集中管理是企业不能不考虑的问题，本章根据实际需要，对 PLC 通信知识进行介绍。

9.1　PLC 通信基础

9.1.1　单工通信、全双工通信与半双工通信

1）单工通信

单工通信是指信息只能保持同一方向传输，不能反向传输，如图 9-1（a）所示。

2）全双工通信

全双工通信是指信息可以沿两个方向传输，A、B 两方都可以同时一方发送数据，另一方接收数据，如图 9-1（b）所示。

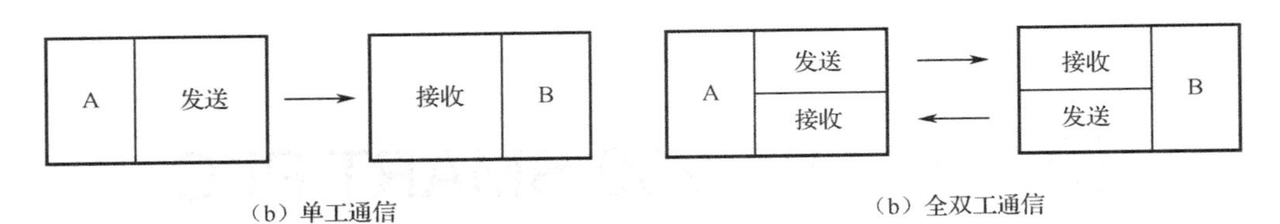

图 9-1 单工通信与全双工通信

3）半双工通信

半双工通信是指信息可以沿两个方向传输，但同一时刻只限于一个方向传输，即同一时刻 A 方发送 B 方接收或 B 方发送 A 方接收。

9.1.2 串行通信接口标准

串联通信接口标准有三种，分别为 RS-232C 串行接口标准、RS-422 串行接口标准和 RS-485 串行接口标准。

1. RS-232C 串行接口标准

1969 年，美国电子工业协会（EIA）推荐了一种串行接口标准，即 RS-232C 串行接口标准，其中，RS 是英文中“推荐标准”的缩写；232 为标识号；C 表示标准修改的次数。

1）机械性能

RS-232C 接口一般使用 9 针或 25 针 D 型连接器，以 9 针 D 型连接器最为常见。

2）电气性能

（1）采用负逻辑，用−5～−15V 表示逻辑“1”，用+5～+15V 表示逻辑“0”。
（2）只能进行一对一通信。
（3）最大通信距离为 15m，最大传输速率为 20Kb/s。
（4）采用全双工通信方式。
（5）采用单端驱动、单端接收电路，如图 9-2 所示。需要说明的是，此电路易受外界信号及公共地线电位差的干扰。
（6）两个设备通信距离较近时，只需 3 线，如图 9-3 所示。

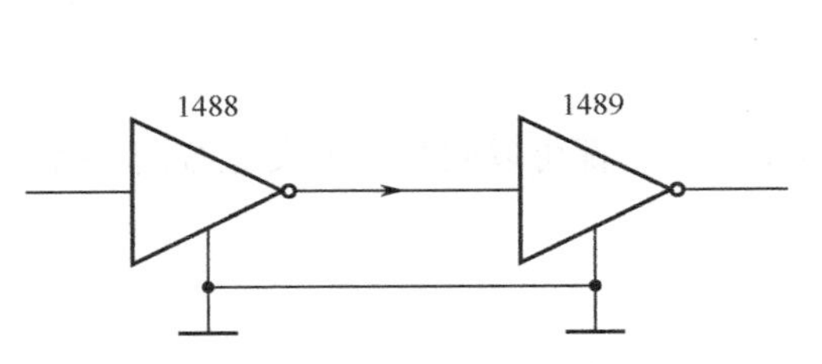

图 9-2 单端驱动、单端接收电路

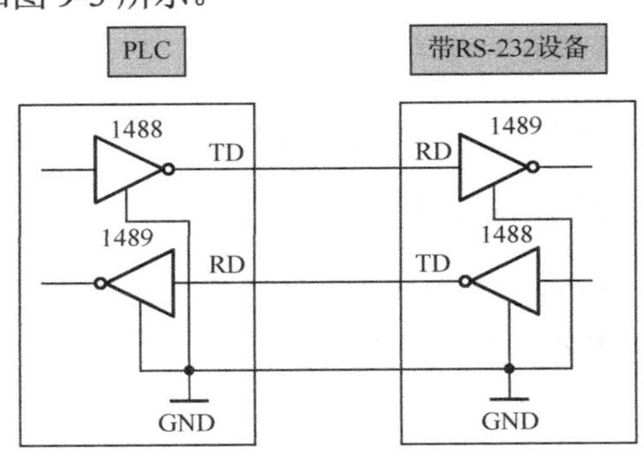

图 9-3 PLC 与 RS-232 设备通信

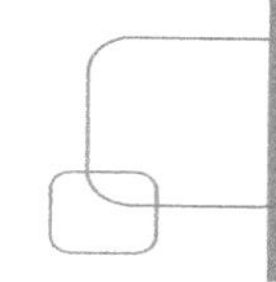

2．RS-422 串行接口标准

由于 RS-232C 接口的传输速率、传输距离和抗干扰能力等受限，美国电子工业协会（EIA）又推出一种新的串行接口标准，即 RS-422 串行接口标准。

RS-422 串行接口具有以下特点。

（1）采用平衡驱动、差分接收电路，提高抗干扰能力。

（2）采用全双工通信方式。

（3）传输速率为 100Kb/s 时，最大通信距离为 1200m。

（4）RS-422 通信接线如图 9-4 所示。

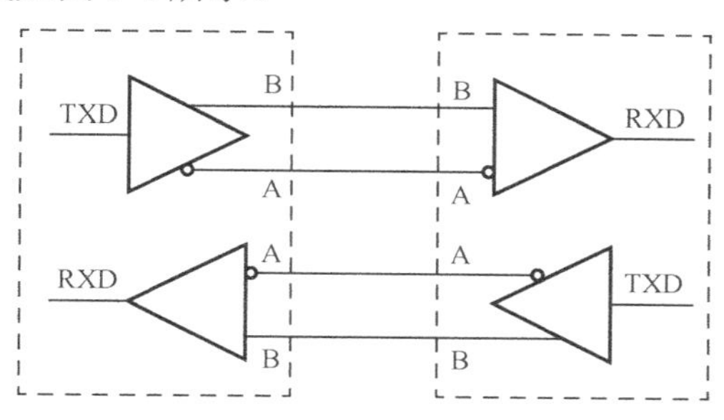

图 9-4　RS-422 通信接线

3．RS-485 串行接口标准

RS-485 是 RS-422 的变形，其只有一对平衡差分信号线，不能同时发送和接收信号；RS-485 采用半双工通信方式；RS-485 通信接口和双绞线可以组成串行通信网络，构成分布式系统，在一条总线上最多可以接 32 个站，如图 9-5 所示。

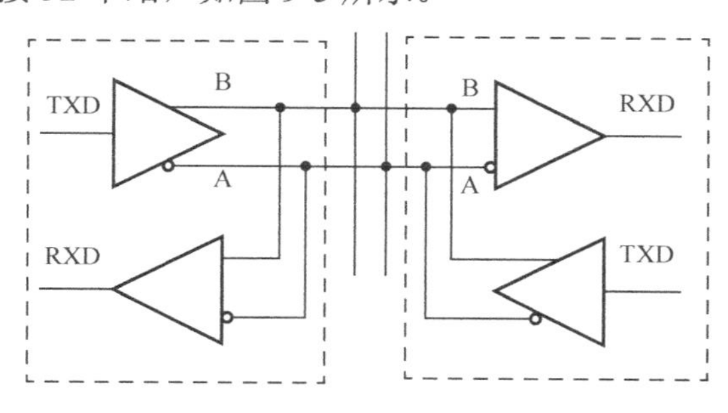

图 9-5　RS-485 通信接线

9.1.3　S7-200 SMART PLC 及其信号板 RS-485 端口引脚分配

每个 S7-200 SMART CPU 都能提供一个 RS-485 端口（端口 0），标准型 CPU 额外支持 SB CM01 信号板（端口 1），信号板可通过 STEP 7-Micro/WIN SMART 软件组态为 RS-232 通信端口或 RS-485 通信端口。

1）S7-200 SMART PLC RS-485 端口引脚分配

S7-200 SMART PLC 集成的 RS-485 通信端口（端口 0）是与 RS-485 兼容的 9 针 D 型连

接器。S7-200 SMART PLC 集成 RS-485 端口的引脚分配及定义如表 9-1 所示。

表 9-1　RS-485 端口的引脚分配

连　接　器	引 脚 标 号	信　　号	引 脚 定 义
	1	屏蔽	机壳接地
	2	24V 返回	逻辑公共端
	3	RS-485 信号 B	RS-485 信号 B
	4	发送请求	RTS（TTL）
	5	5V 返回	逻辑公共端
	6	+5V	+5V，100Ω 串联电阻
	7	+24V	+24V
	8	RS-485 信号 A	RS-485 信号 A
	9	不适用	10 位协议选择（输入）

2）信号板 SB CM01 端口引脚分配

信号板 SB CM01 可通过 STEP 7-Micro/WIN SMART 软件组态为 RS-232 通信端口或 RS-485 通信端口。S7-200 SMART SB CM01 信号板端口（端口 1）的引脚分配及定义如表 9-2 所示。

表 9-2　信号板 SB CM01 的引脚分配及定义

连　接　器	引 脚 标 号	信　　号	引 脚 定 义
	1	接地	机壳接地
	2	Tx/B	RS232-Tx/RS485-B
	3	发送请求	RTS（TTL）
	4	M 接地	逻辑公共端
	5	Rx/A	RS232-Rx/RS485-A
	6	+5V	+5V，100Ω 串联电阻

9.1.4　通信传输介质

通信传输介质一般有三种，分别为双绞线、同轴电缆和光纤，如图 9-6 所示。

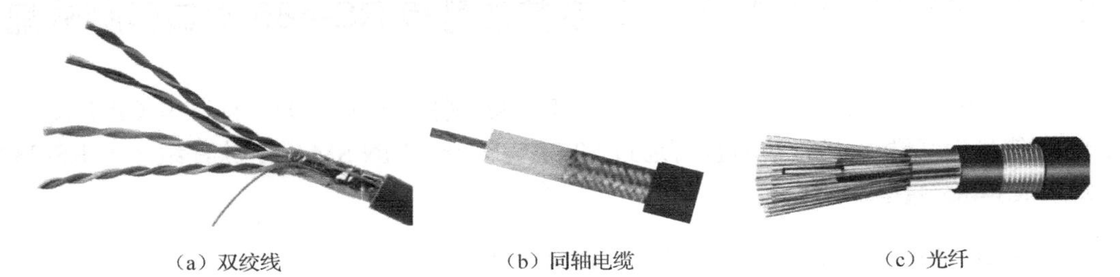

（a）双绞线　（b）同轴电缆　（c）光纤

图 9-6　通信传输介质

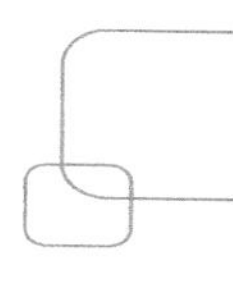

1．双绞线

1）双绞线简介

双绞线是由一对相互绝缘的导线按照一定的规律互相缠绕在一起而制成的一种传输介质。两根线扭绞在一起的目的是减小电磁干扰。实际使用时，一对或多对双绞线一起包在一个绝缘电缆套管里，常见的双绞线有 1 对、2 对和 4 对。

双绞线按有无屏蔽层可分为非屏蔽双绞线和屏蔽双绞线，屏蔽层可以减小电磁干扰。双绞线具有成本低、质量轻、易弯曲、易安装等特点。RS-232、RS-485 和以太网多采用双绞线进行通信。

2）以太网线制作

以太网线常见的有 4 芯和 8 芯。制作以太网线时，需压制专用的连接头，即 RJ45 连接头，俗称水晶头。水晶头的压制有两个标准，分别为 TIA/EIA 568B 和 TIA/EIA 568A。制作水晶头首先将水晶头有卡的一面朝下，有铜片的一面朝上，有开口的一边朝自己身体，TIA/EIA 568B 的线序为 1 白橙、2 橙、3 白绿、4 蓝、5 蓝白、6 绿、7 白棕、8 棕；TIA/EIA 568A 的线序为 1 白绿、2 绿、3 白橙、4 蓝、5 蓝白、6 橙、7 白棕、8 棕，如图 9-7 所示。

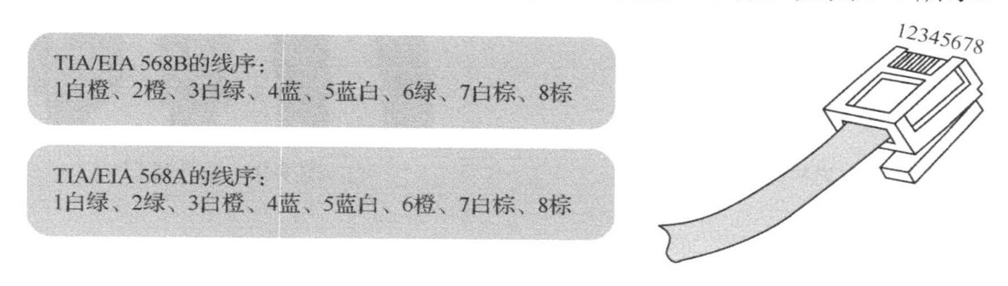

图 9-7　RJ45 接头铜片排序

一条网线可以分为直通线和交叉线。所谓直通线就是指制作两个水晶头按同一标准，即采用 TIA/EIA 568B 标准或 TIA/EIA 568A 标准；所谓交叉线就是指制作两个水晶头采用不同标准，一端用 TIA/EIA 568A 标准，另一端用 TIA/EIA 568B 标准。

10Mb/s 以太网用 1、2、3、6 线芯传递数据；100Mb/s 以太网用 4、5、7、8 线芯传递数据。

2．同轴电缆

同轴电缆有 4 层，由外向内依次是护套、外导体（屏蔽层）、绝缘介质和内导体。同轴电缆从用途上可分为基带同轴电缆和宽带同轴电缆。基带同轴电缆的特性阻抗为 50Ω，适用于计算机网络连接；宽带同轴电缆的特性阻抗为 75Ω，常用于有线电视传输介质。

3．光纤

1）光纤简介

光纤是由石英玻璃经特殊工艺拉制而成的。按工艺的不同可将光纤分为单模光纤和多模光纤。单模光纤的直径为 8～9μm，多模光纤的直径为 62.5μm。单模光纤的光信号没反射，衰减小，传输距离远；多模光纤的光信号多次反射，衰减大，传输距离近。

2）光纤跳线和尾纤

光纤跳线两端都有活动头，直接可以连接两台设备。光纤跳线如图 9-8 所示。尾纤只有一端有活动头，另一端没有活动头，需专用设备与另一根光纤熔在一起。

3）光纤接口

光纤的接口很多，不同接口需要配不同的耦合器，一旦设备的接口确定，跳线和尾纤的接口也确定了。光纤接口如图 9-9 所示。

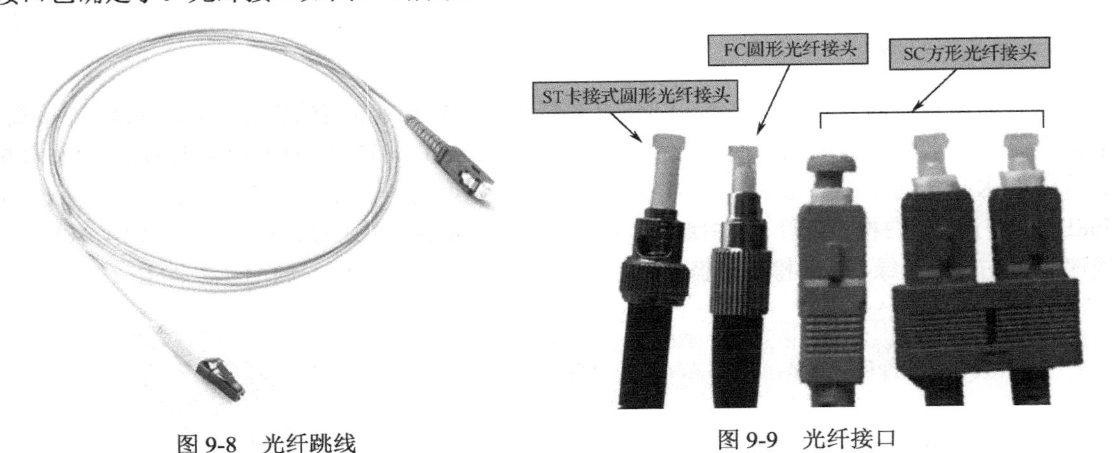

图 9-8　光纤跳线

图 9-9　光纤接口

4）光纤工程应用

在实际工程中，光纤传输需配光纤收发设备，实例如图 9-10 所示。

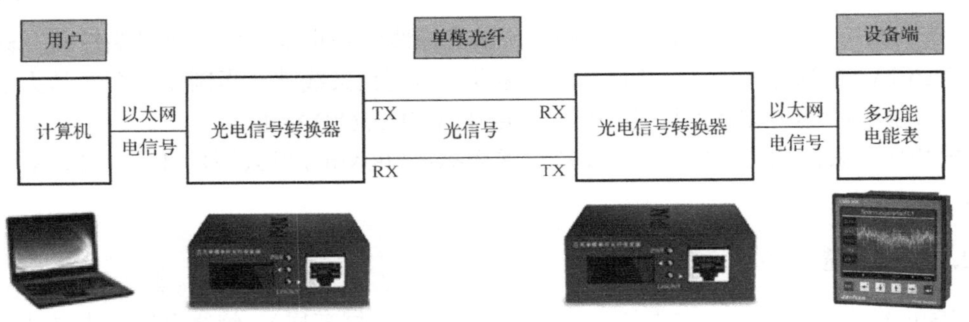

图 9-10　光纤工程应用

9.2　S7-200 SMART PLC Modbus 通信及案例

Modbus 通信协议在工业控制中应用广泛，PLC、变频器和自动化仪表等工控产品都采用此协议。Modbus 通信协议已成为一种通用的工业标准。

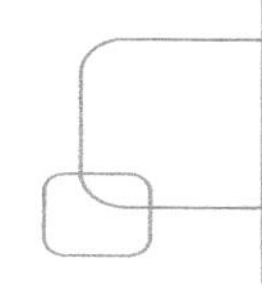

Modbus 通信协议是一个主-从协议，采用请求-响应方式，主站发出带有从站地址的请求信息，具有该地址的从站接收后，发出响应信息作为应答。主站只有一个，从站可以有 1～247 个。

9.2.1　Modbus 寻址

Modbus 的地址通常有 5 个字符值，其中包含数据类型和偏移量。第一个字符决定数据类型，后 4 个字符选择数据类型内的正确数值。

1）Modbus 主站寻址

Modbus 主站指令将地址映射至正确功能，以发送到从站设备。Modbus 主站指令支持下列 Modbus 地址：

00001～09999 是离散量输出（线圈）；
10001～19999 是离散量输入（触点）；
30001～39999 是输入寄存器（通常是模拟量输入）；
40001～49999 是保持寄存器。

所有 Modbus 地址均从 1 开始，也就是说第一个数据值从地址 1 开始。实际有效地址范围取决于从站设备。不同的从站设备支持不同的数据类型和地址范围。

2）Modbus 从站寻址

Modbus 主站设备将地址映射至正确功能。Modbus 从站指令支持下列地址：

00001～00256 是映射到 Q0.0～Q31.7 的离散量输出；
10001～10256 是映射到 I0.0～I31.7 的离散量输入；
30001～30056 是映射到 AIW0～AIW110 的模拟量输入寄存器；
40001～49999 和 400001～465535 是映射到 V 存储器的保持寄存器。

9.2.2　主站指令与从站指令

1．主站指令

主站指令有 2 条，即 MBUS_CTRL 指令和 MBUS_MSG 指令。

1）MBUS_CTRL 指令

MBUS_CTRL 指令用于 S7-200 SMART PLC 端口 0 初始化、监视或禁用 Modbus 通信。在使用 MBUS_MSG 指令前，必须先正确执行 MBUS_CTRL 指令，MBUS_CTRL 指令的格式如表 9-3 所示。

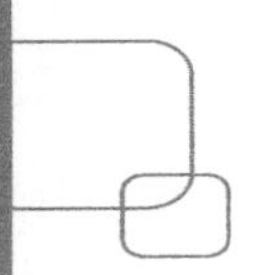

表 9-3　MBUS_CTRL 指令的格式

子　程　序	输入/输出端	输入/输出端数据类型	输入/输出端操作数	输入/输出端功能注释
MBUS_CTRL EN Mode Baud　Done Parity　Error Port Timeout	EN	BOOL	I、Q、M、S、SM、T、C、V、L	使能端：必须保证每一个扫描周期都被使能（使用 SM0.0）
	Mode	BOOL	I、Q、M、S、SM、T、C、V、L	模式：为 1 时，使能 Modbus 协议功能；为 0 时恢复为系统 PPI 协议
	Baud	DWORD	VD、ID、QD、MD、SD、SMD、LD、AC、常数、*VD、*AC、*LD	波特率：支持的通信波特率为 1200b/s，2400b/s，4800b/s，9600b/s，19 200b/s，38 400b/s，57 600b/s，115 200b/s
	Parity	BYTE	VB、IB、QB、MB、SB、SMB、LB、AC、常数、*VD、*AC、*LD	校验方式选择： 0=无校验； 1=奇校验； 2=偶校验
	Port	BYTE	VB、IB、QB、MB、SB、SMB、LB、AC、常数、*VD、*AC、*LD	端口号：0=CPU 集成的 RS-485 通信口；1=可选 CM 01 信号板
	Timeout	WORD	VW、IW、QW、MW、SW、SMW、LW、AC、常数、*VD、*AC、*LD	超时：主站等待从站响应的时间，以毫秒为单位，典型的设置值为 1000ms，允许设置的范围为 1～32 767。注意：这个值必须设置得足够大以保证从站有时间响应
	Error	BYTE	VB、IB、QB、MB、SB、SMB、LB、AC、*VD、*AC、*LD	初始化错误代码（只有在 Done 位为 1 时有效）： 0=无错误； 1=校验选择非法； 2=波特率选择非法； 3=超时无效； 4=模式选择非法； 9=端口无效； 10=信号板端口 1 缺失或未组态

2）MBUS_MSG 指令

MBUS_MSG 指令用于启动对 Modbus 从站的请求，并处理应答。MBUS_MSG 指令的格式如表 9-4 所示。

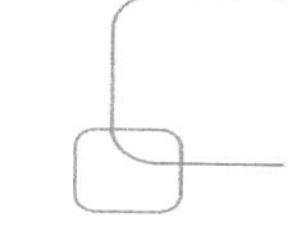

表 9-4 MBUS_MSG 指令的格式

子 程 序	输入/输出端	输入/输出端数据类型	输入/输出端操作数	输入/输出端功能注释
MBUS_MSG EN First Slave Done RW Error Addr Count DataPtr	EN	BOOL	I、Q、M、S、SM、T、C、V、L	使能端：必须保证每一个扫描周期都被使能（使用 SM0.0）
	First	BOOL	I、Q、M、S、SM、T、C、V、L	读写请求位：每一个新的读写请求必须使用脉冲触发
	Slave	BYTE	VB、IB、QB、MB、SB、SMB、LB、AC、常数、*VD、*AC、*LD	从站地址：可选择的范围为 1～247
	RW	BYTE	VB、IB、QB、MB、SB、SMB、LB、AC、常数、*VD、*AC、*LD	读写请求：0=读，1=写； 注意：0=读，1=写； 开关量输入和模拟量输入只支持读功能
	Addr	DWORD	VD、ID、QD、MD、SD、SMD、LD、AC、常数、*VD、*AC、*LD	读写从站的数据地址： 选择读写的数据类型：00001～0xxxx-开关量输出；10001～1xxxx-开关量输入；30001～3xxxx-模拟量输入；40001～4xxxx-保持寄存器
	Count	INT	VB、IB、QB、MB、SB、SMB、LB、AC、*VD、*AC、*LD	数据个数：通信的数据个数（位或字的个数）。注意：Modbus 主站可读/写的最大数据量为 120 个字（指每一个 MBUS_MSG 指令）
	DataPtr	DWORD	&VB	数据指针：如果是读指令，读回的数据放到这个数据区中；如果是写指令，要写出的数据放到这个数据区中
	Done	BOOL	I、Q、M、S、SM、T、C、V、L	完成位：读写功能完成位
	Error	BYTE	VB、IB、QB、MB、SB、SMB、LB、AC、*VD、*AC、*LD	错误代码： 只有在 Done 位为 1 时，错误代码才有效。 0=无错误； 1=响应校验错误； 2=未用； 3=接收超时（从站无响应）； 4=请求参数错误； 5=Modbus/自由口未使能； 6=Modbus 正忙于其他请求； 7=响应错误（响应不是请求的操作）； 8=响应 CRC 校验和错误； 101=从站不支持请求功能； 102=从站不支持数据地址； 103=从站不支持此种数据类型； 104=从站设备故障； 105=从站接收了信息，但是响应被延迟； 106=从站忙，拒绝了该信息； 107=从站拒绝了信息； 108=从站存储器奇偶错误

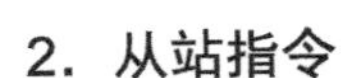

2. 从站指令

从站指令有两条，即 MBUS_INIT 指令和 MBUS_SLAVE 指令。

1）MBUS_INIT 指令

MBUS_INIT 指令用于启动、初始化或禁止 Modbus 通信。在使用 MBUS_SLAVE 指令之前，必须先正确执行 MBUS_INIT 指令。指令格式如图 9-11 所示。

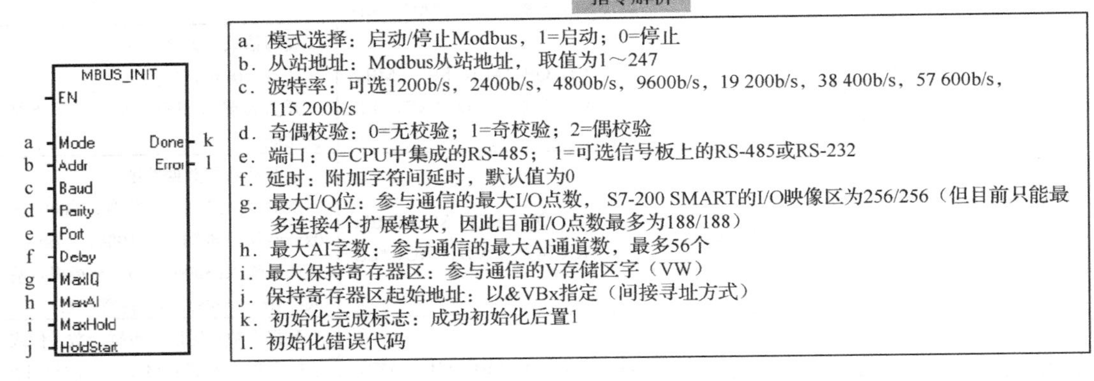

图 9-11　MBUS_INIT 指令格式

2）MBUS_SLAVE 指令

MBUS_SLAVE 指令用于 Modbus 主设备发出的请求服务，并且必须在每次扫描时执行，以便允许该指令检查和回答 Modbus 请求。指令格式如图 9-12 所示。

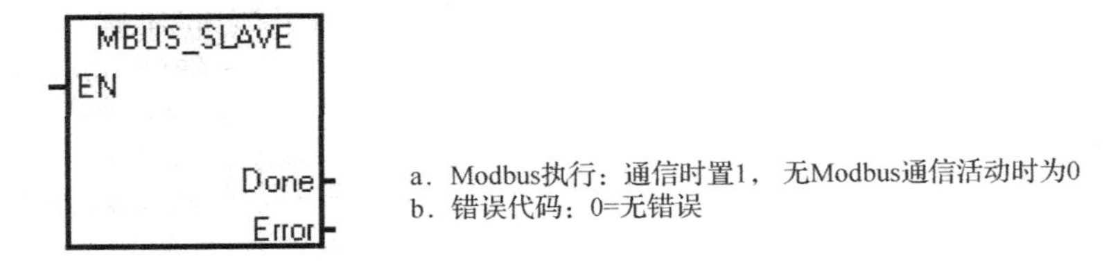

图 9-12　MBUS_SLAVE 指令格式

9.2.3　应用案例

1）控制要求

用主站的启动按钮 I0.1 控制从站水泵 Q0.0、Q0.1 启动，并且按下启动按钮后，主站数据以自加 1 的形式，反复向从站发送数据；用主站的停止按钮 I0.2 控制从站水泵 Q0.0、Q0.1 是否发送数据，试编写程序。

2）硬件配置

装有 STEP 7-Micro/WIN SMART V2.2 编程软件的计算机一台；一台 CPU ST30；一台 CPU

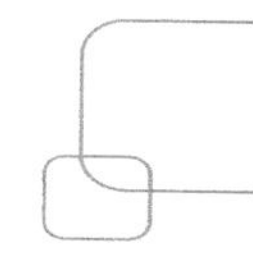

ST20；三根以太网线；一台交换机；RS-485 简易通信线一根（两边都是 DB9 插件，分别连接 3、8 端）。

3）硬件连接

硬件连接如图 9-13 所示。

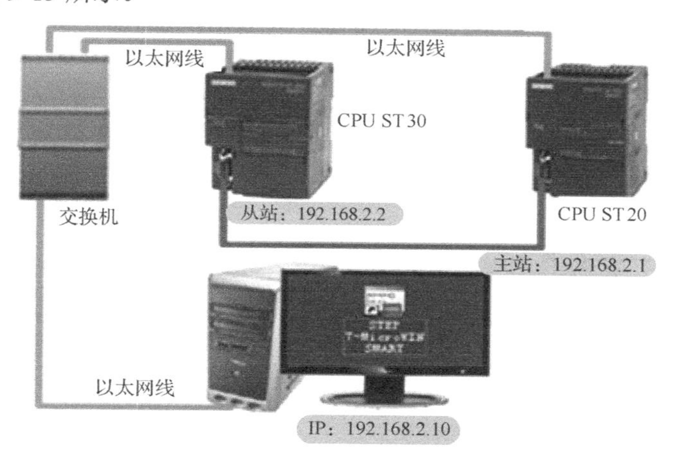

图 9-13　两台 S7-200 SMART 的硬件连接

4）主站编程

主站程序如图 9-14 所示。

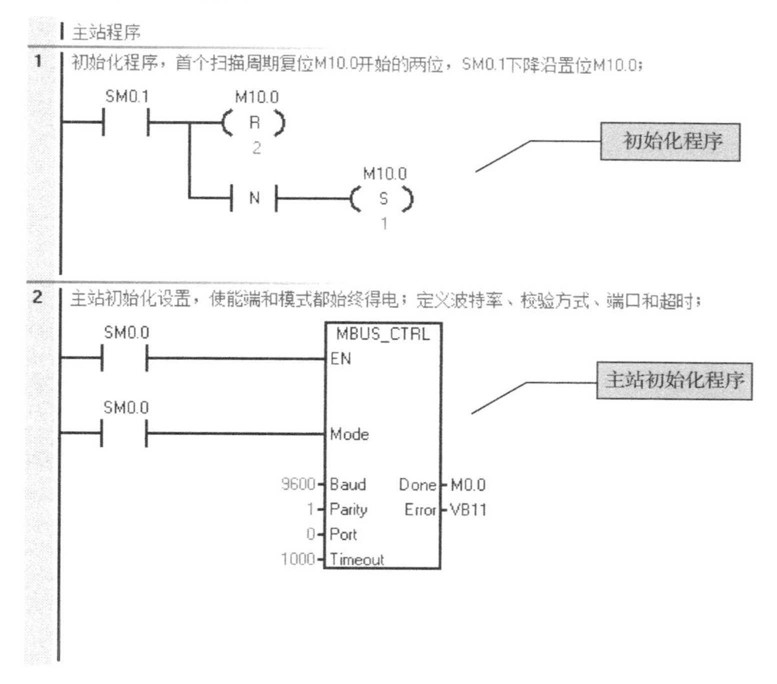

图 9-14　应用案例主站程序

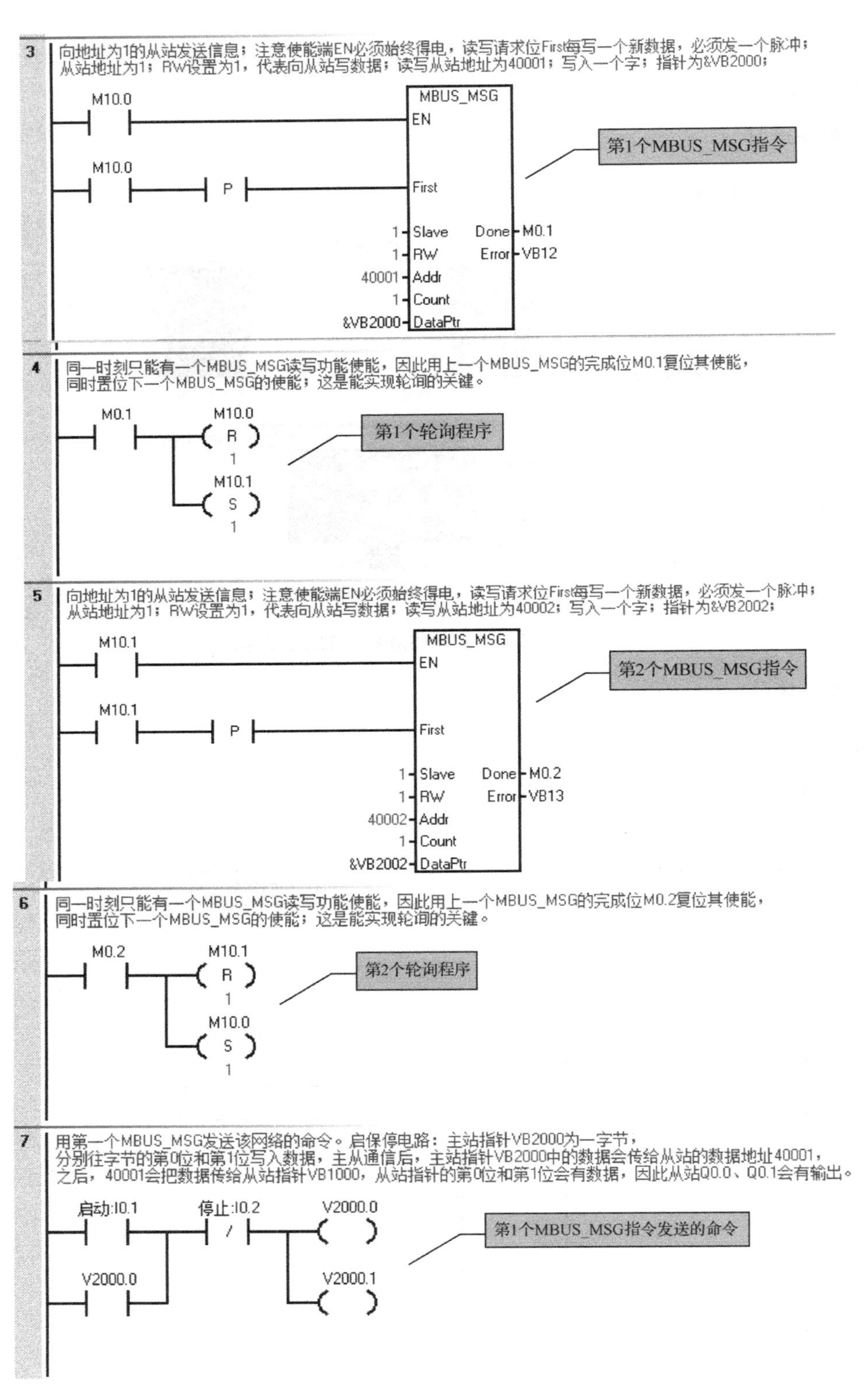

图 9-14　应用案例主站程序（续）

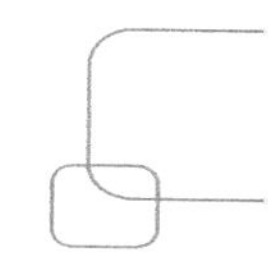

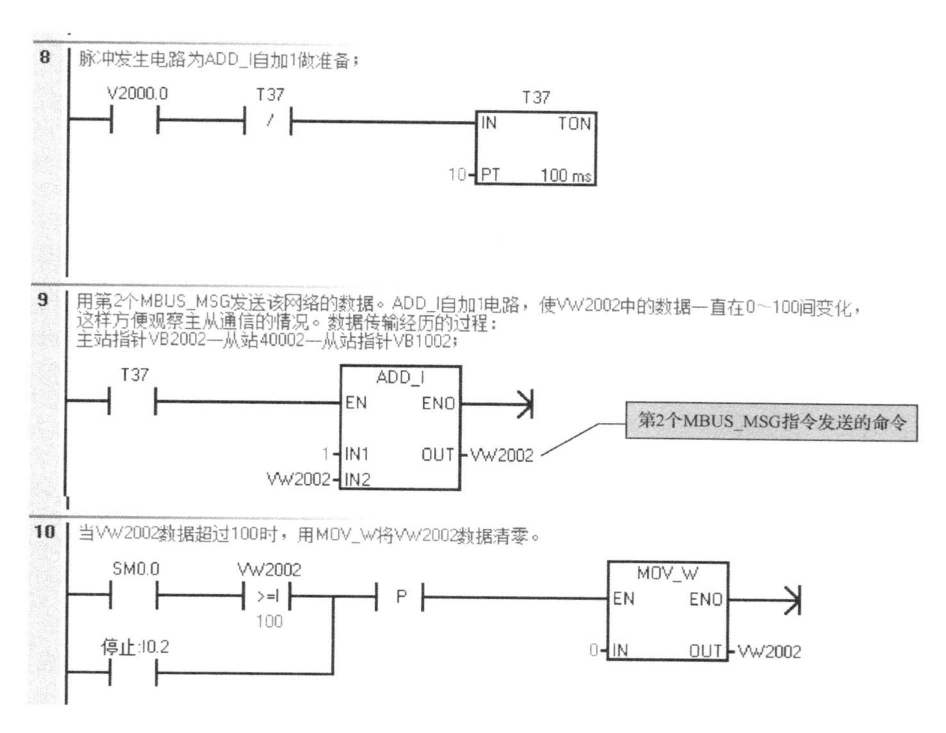

图 9-14　应用案例主站程序（续）

注：Modbus 主站指令库查找方法和库存储器分配如图 9-15 所示。

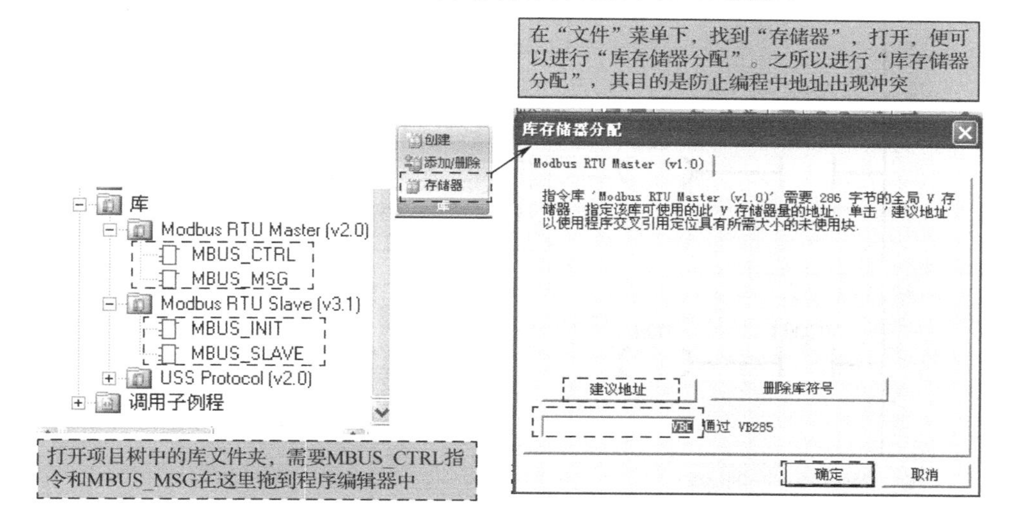

图 9-15　主站指令库查找和库存储器分配

5）从站编程

从站程序如图 9-16 所示。

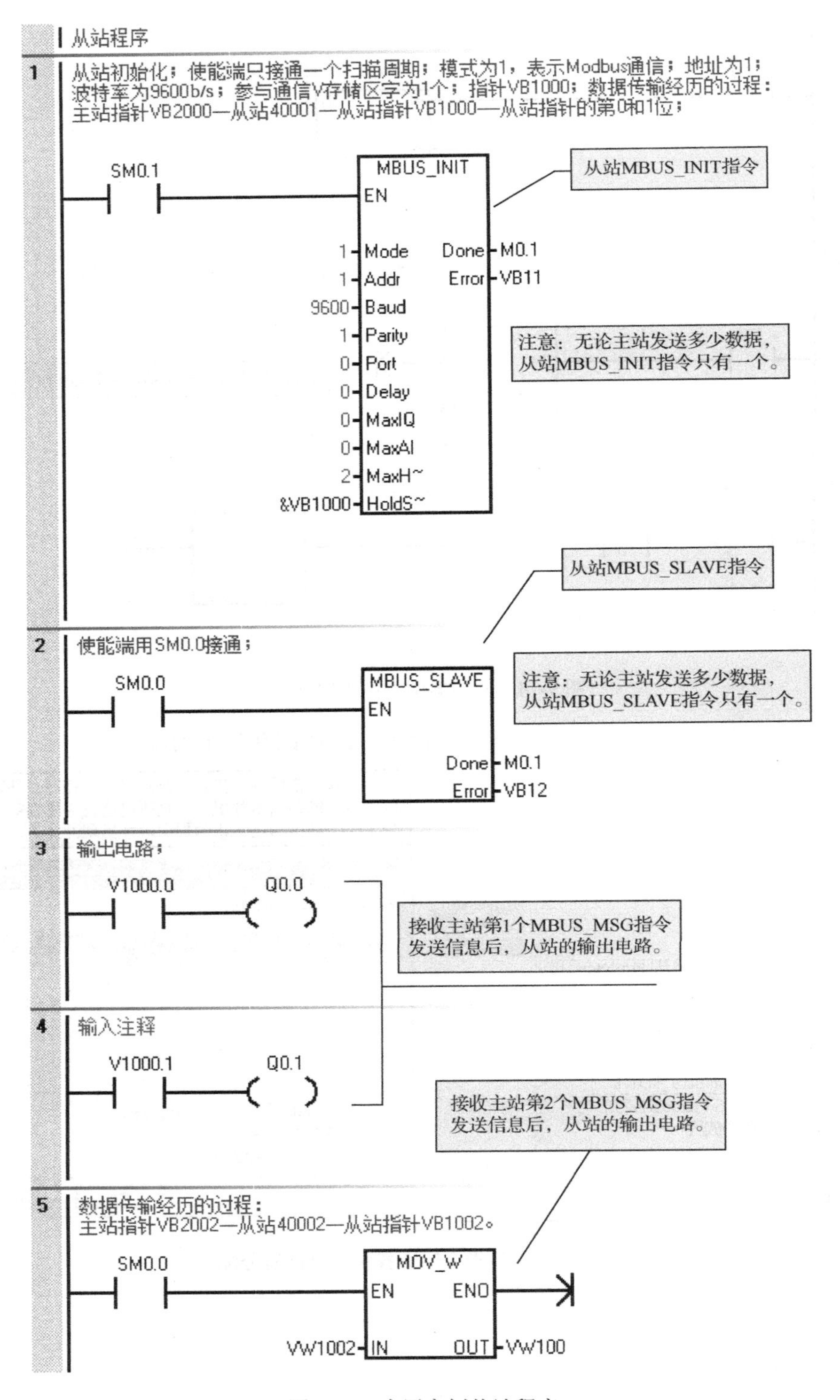

图 9-16　应用案例从站程序

编者有料

S7-200 SMART PLC Modbus 通信的几个注意点:

（1）用主站初始化指令 MBUS_CTRL 时，使能端 EN 和模式选择 Mode 均需始终接通，故连接 SM0.0。

（2）用主站 MBUS_MSG 指令时，使能端需始终接通；读写请求每写一个数据需发一个脉冲，这是关键。

（3）主站 MBUS_MSG 指令中的地址 Slave 和从站 MBUS_INIT 指令中的地址需一致。

（4）从站 MBUS_INIT 指令使能端 EN 连接的是 SM0.1。

（5）数据传输经历的过程：主站指针 VB2000—从站 40001—从站指针 VB1000—从站指针的第 0 和 1 位；主站指针 VB2002—从站 40002—从站指针 VB1002。

（6）由于在同一时刻只能有一个 MBUS_MSG 指令执行，因此当主站有多个 MBUS_MSG 指令时，必须设置轮询程序，让 MBUS_MSG 指令依次循环执行。轮询程序往往用上一个 MBUS_MSG 指令的 Done 完成位来激活下一个 MBUS_MSG 指令的使能端，同时复位上一个 MBUS_MSG 指令的使能端，详见图 9-14。如只有一个 MBUS_MSG 指令时，则无须考虑轮询程序。

（7）当主站程序中途停止再重新开始时，有时轮询就不正常，这种情况必须编写好初始化程序，本初始化程序实用性强，摒弃了有些编者和程序员采用移位指令作为初始化程序的弊端，读者应细细揣摩，并将其用到实际工程中。当只有一个 MBUS_MSG 指令时，则无须考虑初始化程序。

（8）本例中的轮询程序和初始化程序是实现 Modbus 通信的关键，是笔者多年经验的总结，值得读者模仿。

9.3 GET/PUT 指令及案例

9.3.1 S7-200 SMART PLC 基于以太网的 S7 通信简介

以太网通信在工业控制中应用广泛，固件版本 V2.0 及以上 S7-200 SMART PLC 提供了 GET/PUT 指令和向导，用于 S7-200 SMART PLC 之间的以太网 S7 通信。

S7-200 SMART PLC 以太网端口同时具有 8 个 GET/PUT 主动连接资源和 8 个 GET/PUT 被动连接资源。所谓的 GET/PUT 主动连接资源，用于主动建立与远程 CPU 的通信连接，并对远程 CPU 进行数据读/写操作；所谓的 GET/PUT 被动连接资源，用于被动地接受远程 CPU 的通信连接请求，并接受远程 CPU 对其进行数据读/写操作。调用 GET/PUT 指令的 CPU 占用主动连接资源；相应的远程 CPU 占用被动连接资源。

8 个 GET/PUT 主动连接资源同一时刻最多能对 8 个不同 IP 地址的远程 CPU 进行 GET/PUT 指令的调用；同一时刻对同一个远程 CPU 的多个 GET/PUT 指令的调用，只会占用本地 CPU 的一个主动连接资源，本地 CPU 与远程 CPU 之间只会建立一条连接通道，同一时刻触发的多个 GET/PUT 指令将会在这条连接通道上顺序执行。

8 个 GET/PUT 被动连接资源在 S7-200 SMART CPU 调用 GET/PUT 指令，执行主动连接的同时，也可以被动地被其他远程 CPU 进行通信读/写。

9.3.2 GET/PUT 指令

GET/PUT 指令用于 S7-200 SMART PLC 间的以太网通信，其指令格式如表 9-5 所示。GET/PUT 指令中的参数 TABLE 的定义如表 9-6 所示，其用于定义远程 CPU 的 IP 地址、本地 CPU 和远程 CPU 的通信数据区域及长度。

表 9-5 GET / PUT 指令格式

指令名称	梯形图	语句表	指令功能
PUT 指令	PUT EN ENO TABLE	PUT TABLE	PUT 指令启动以太网端口上的通信操作，将数据写入远程设备。PUT 指令可向远程设备写入最多 212 字节的数据
GET 指令	GET EN ENO TABLE	GET TABLE	GET 指令启动以太网端口上的通信操作，从远程设备获取数据。GET 指令可从远程设备读取最多 222 字节的数据

特别需要说明的是，GET/PUT 指令只需要在主动建立连接的 CPU 中调用执行，被动建立连接的 CPU 不需进行通信编程。

表 9-6 GET/PUT 指令参数 TABLE 的定义

字节偏移量	位 7	位 6	位 5	位 4	位 3	位 2	位 1	位 0
0	D	A	E	0	错误代码			
1	远程 CPU 的 IP 地址							
2								
3								
4								
5	预留（必须设置为 0）							
6	预留（必须设置为 0）							
7	指向远程 CPU 通信数据区域的地址指针（允许数据区域包括 I、Q、M、V）							
8								
9								
10								
11	通信数据长度							
12	指向本地 CPU 通信数据区域的地址指针（允许数据区域包括 I、Q、M、V）							
13								
14								
15								

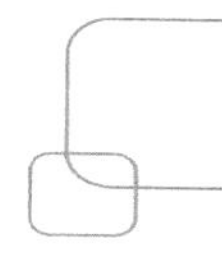

续表

字节偏移量	位 7	位 6	位 5	位 4	位 3	位 2	位 1	位 0
备注： D：通信完成标志位，通信已经成功完成或通信发生错误。 A：通信已经激活标志位。 E：通信发生错误。 通信数据长度：需要访问远程 CPU 通信数据的字节数，PUT 指令可向远程设备写入最多 212 字节的数据，GET 指令可从远程设备读取最多 222 字节的数据。								

9.3.3　GET/PUT 指令应用案例

1）控制要求

通过以太网通信把本地 CPU1（ST20）中的数据 3 写入远程 CPU2（ST30）中；把远程 CPU2（ST30）中的数据 2 读到 CPU1（ST20）中，试设计程序。

2）硬件配置

装有 STEP 7-Micro/WIN SMART V2.2 编程软件的计算机一台；一台 CPU ST30；一台 CPU ST20；三根以太网线；一台交换机。

3）硬件连接

硬件连接如图 9-17 所示。

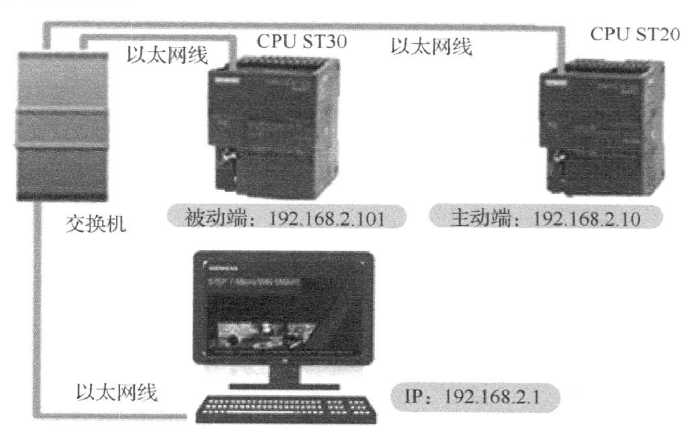

图 9-17　两台 S7-200 SMART PLC 以太网通信的硬件连接

4）主站编程

主动端程序如图 9-18 所示。

5）从站编程

被动端程序如图 9-19 所示。

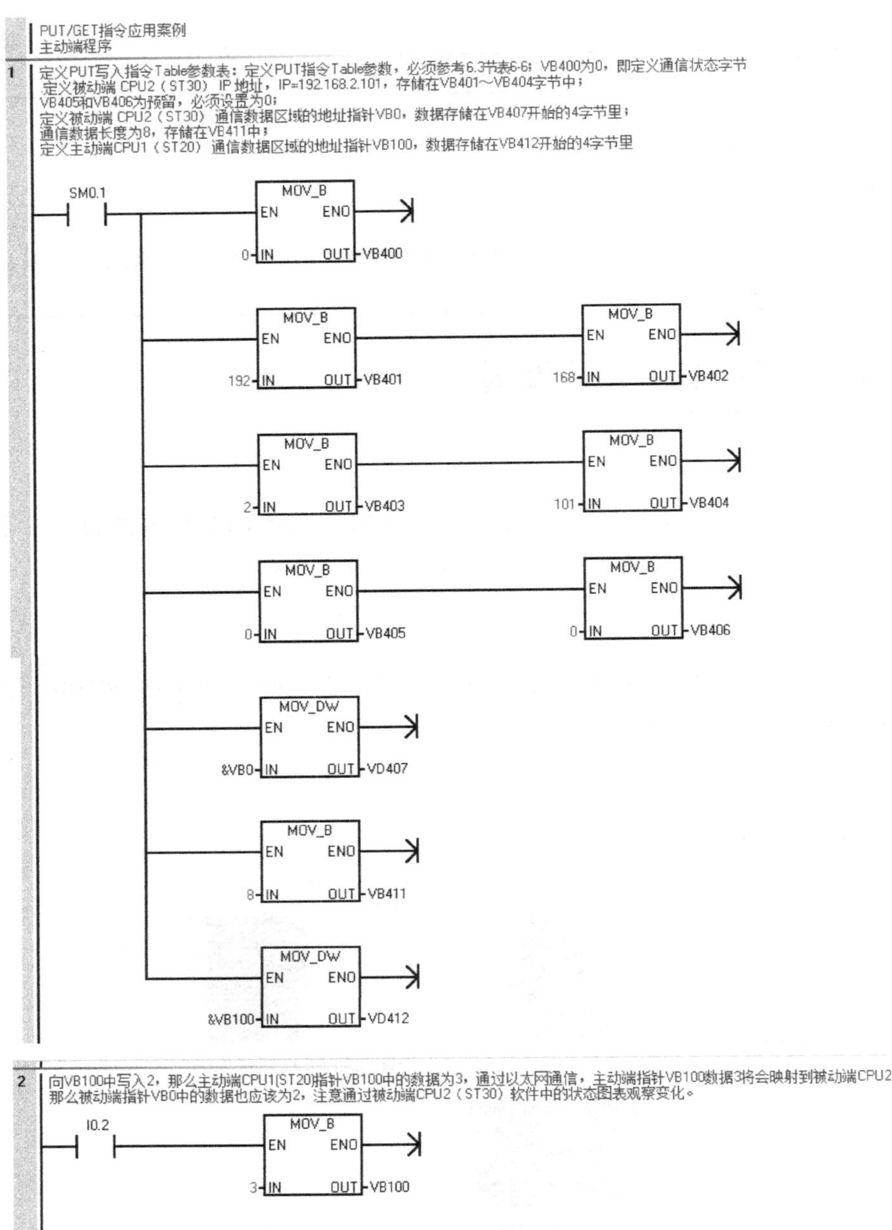

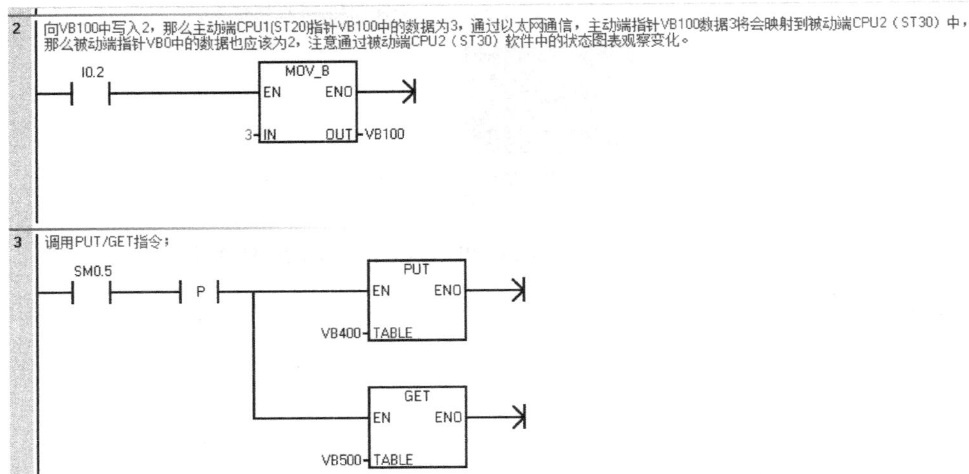

图 9-18　GET/PUT 指令应用案例主动端程序

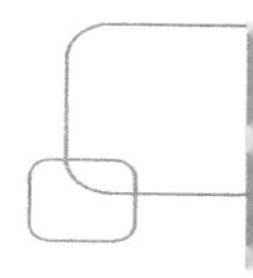

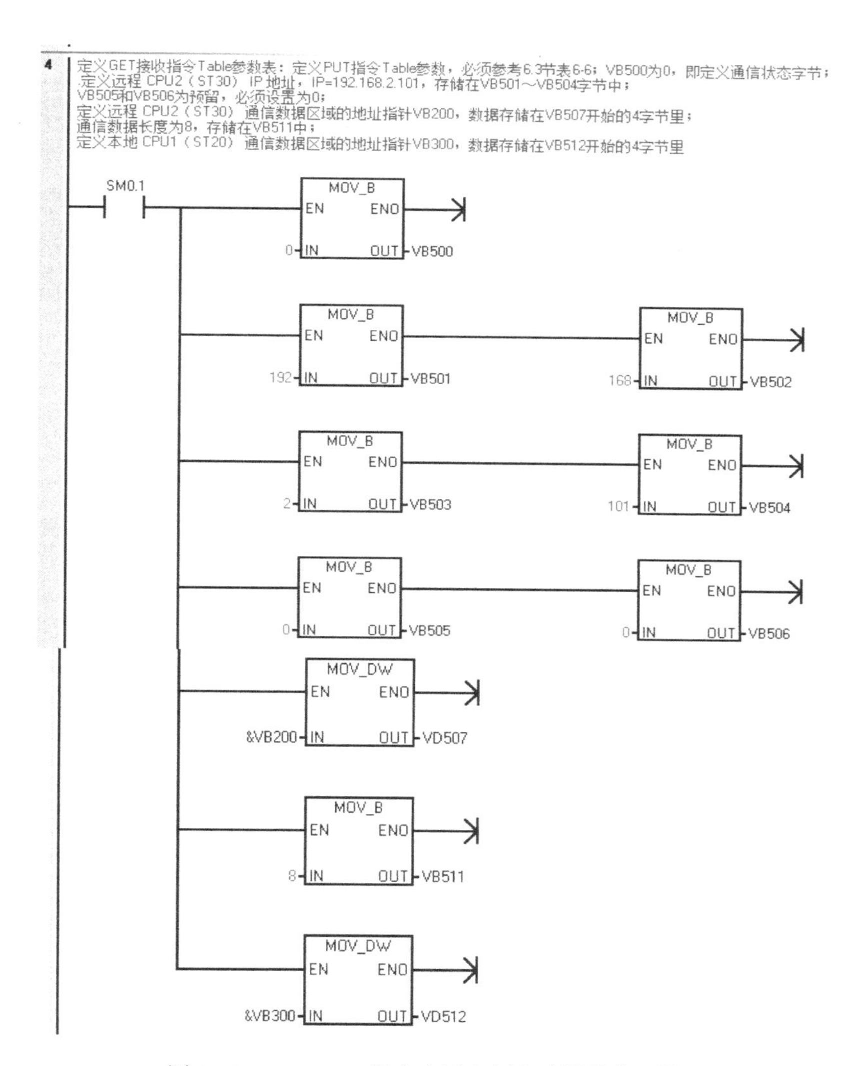

图 9-18　GET/PUT 指令应用案例主动端程序（续）

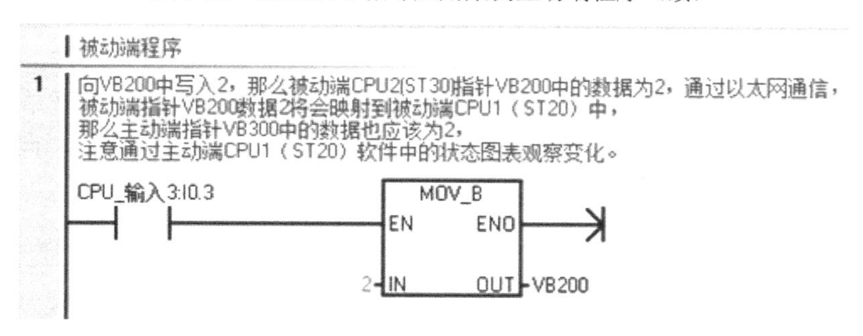

图 9-19　GET/PUT 指令应用案例被动端程序

6）观察主动端和被动端的状态图表

主动端和被动端的状态图表如图 9-20 所示。

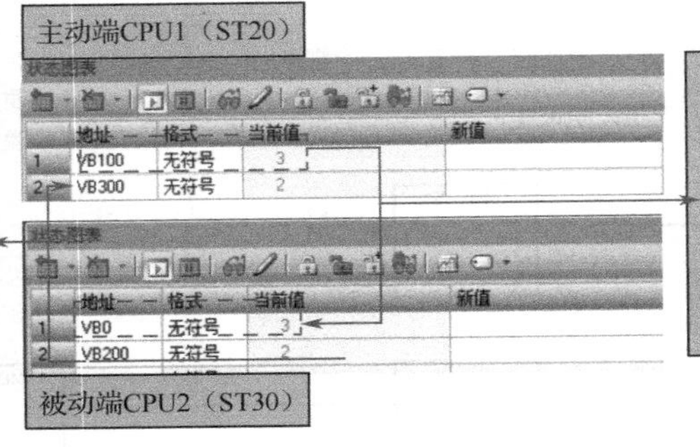

图 9-20　主动端和被动端状态图表

编者有料

S7-200 SMART PLC 用 GET/PUT 指令实现以太网通信的几点心得：

（1）无论是编写 PUT 写入程序，还是编写 GET 读取程序，都需严格按照 9.3 节表 9-6 进行的设置。

（2）主动端调用 GET/PUT 指令，被动端无须调用。

（3）GET/PUT 指令的使能端 EN 必须连接脉冲，保证实时发送数据。

（4）要会巧妙运用状态图表观察相应的数据变化。

9.4　GET/PUT 向导及案例

将 9.3.3 的案例试着用 GET/PUT 向导来编程。

9.4.1　GET/PUT 向导步骤及主动端程序

与使用 GET/PUT 指令编程相比，使用 GET/PUT 向导编程可以简化编程步骤。GET/PUT 向导最多允许组态 16 项独立 GET/PUT 操作，并生成代码块来协调这些操作。

（1）在 STEP 7 Micro/WIN SMART　V2.2“工具”菜单的“向导”区域单击“Get/Put”按钮 Get/Put，启动 GET/PUT 向导，如图 9-21 所示。或者点开“项目树”中的“向导”加号，之后双击“Get/Put”按钮 GET/PUT，也可以启动 GET/PUT 向导。

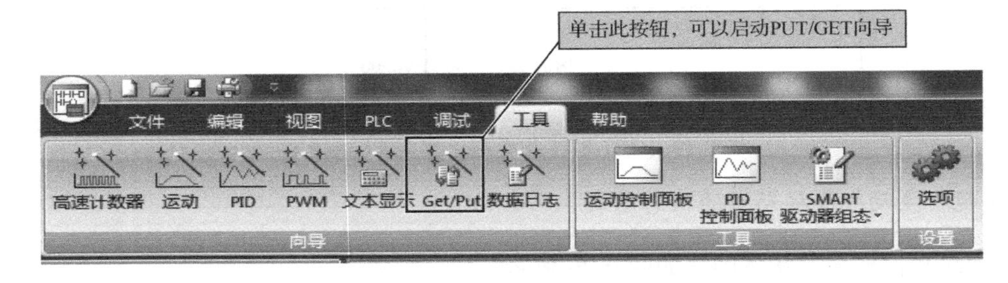

图 9-21　启动 GET/PUT 向导

（2）在弹出的“Get/Put”向导界面中添加操作步骤名称并添加注释，如图 9-22 所示。

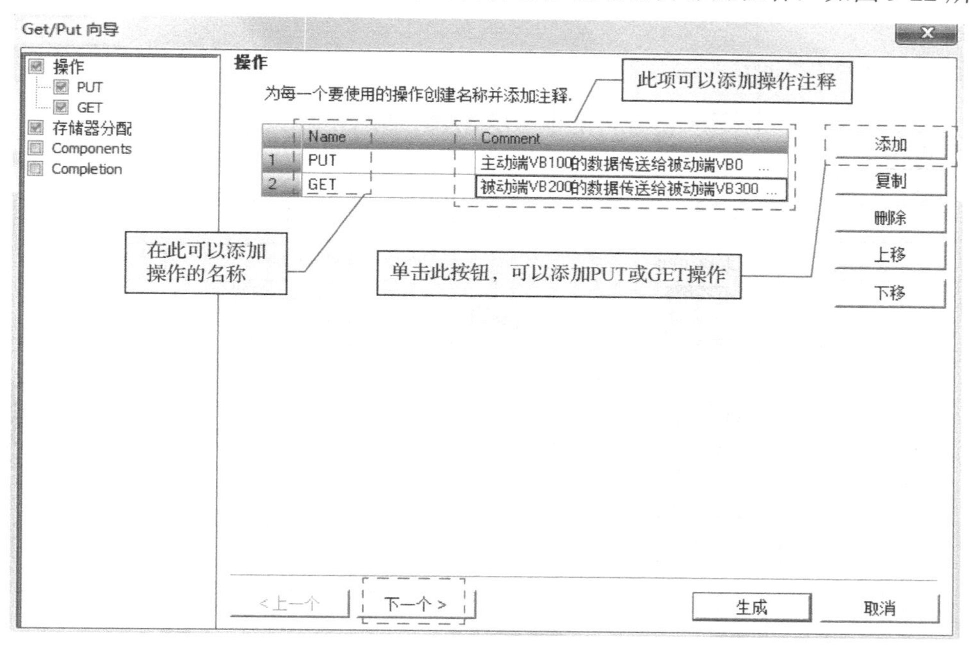

图 9-22　添加操作名称和注释

（3）定义 PUT 操作，如图 9-23 所示。

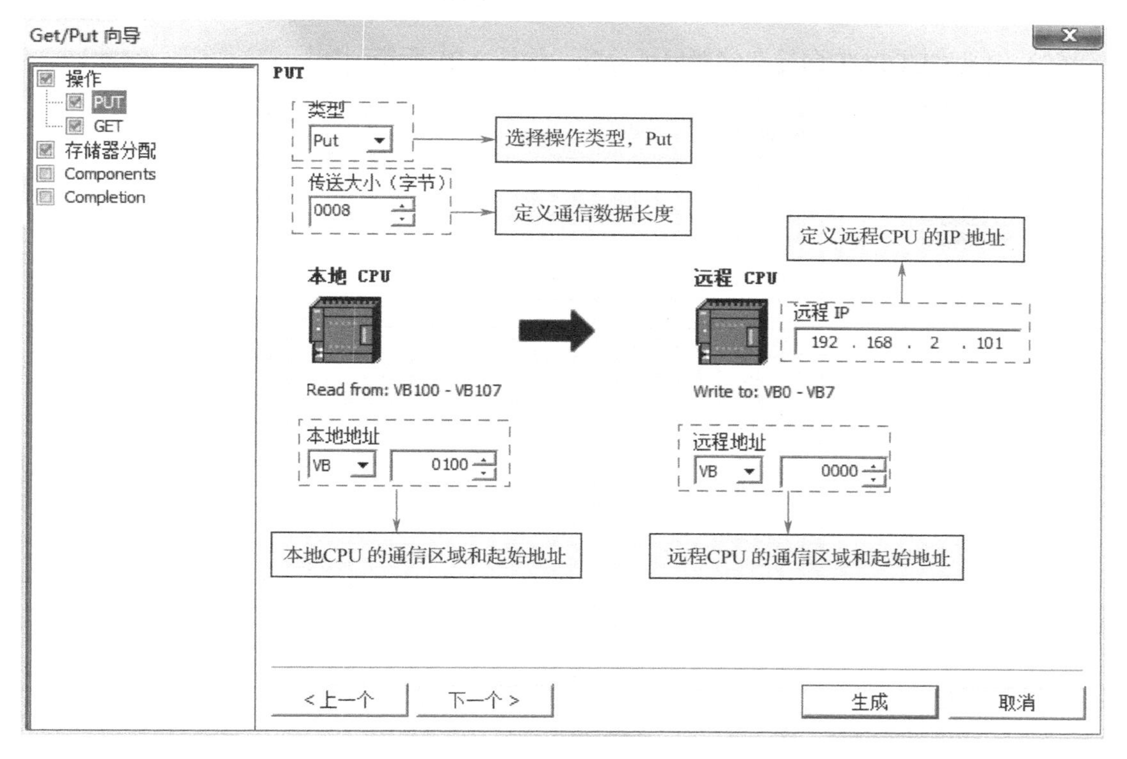

图 9-23　定义 PUT 操作

（4）定义 GET 操作，如图 9-24 所示。

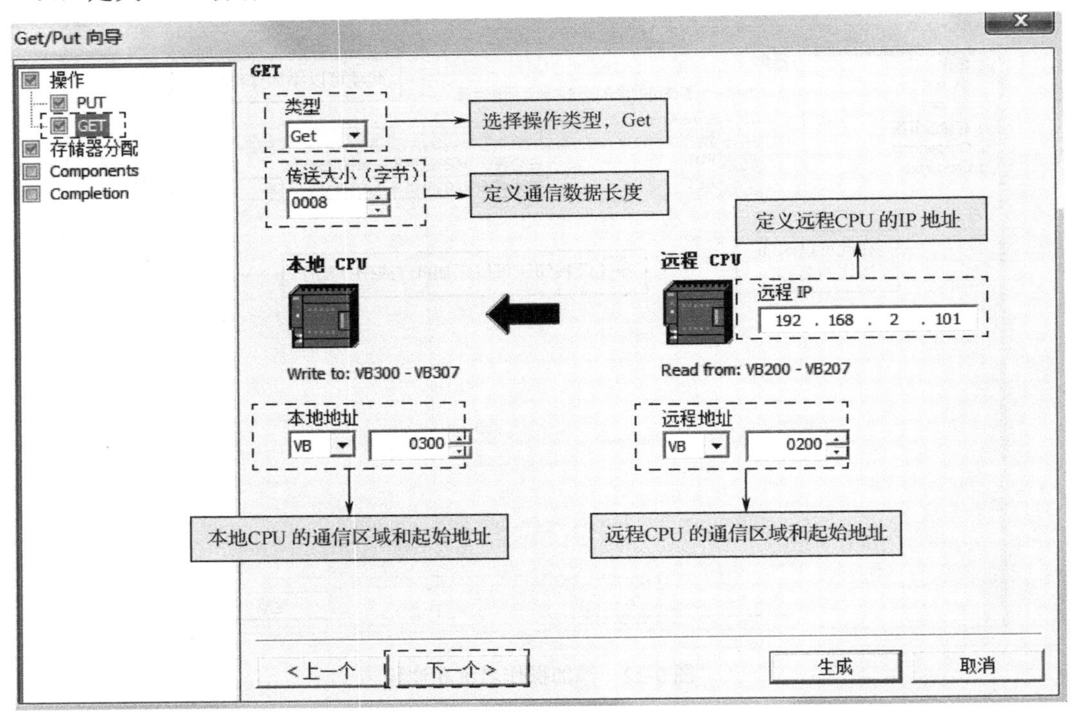

图 9-24　定义 GET 操作

（5）定义 GET/PUT 向导存储器地址分配，如图 9-25 所示。

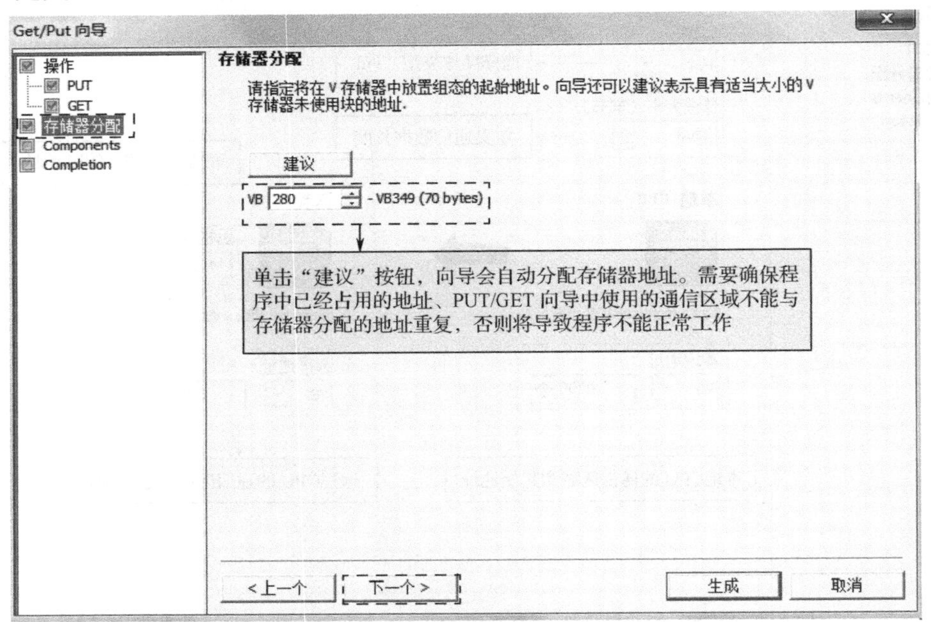

图 9-25　定义 GET/PUT 向导存储器地址分配

（6）定义 GET/PUT 向导存储器地址分配后，单击“下一个”按钮，会进入“组件”界面，如图 9-26 所示。

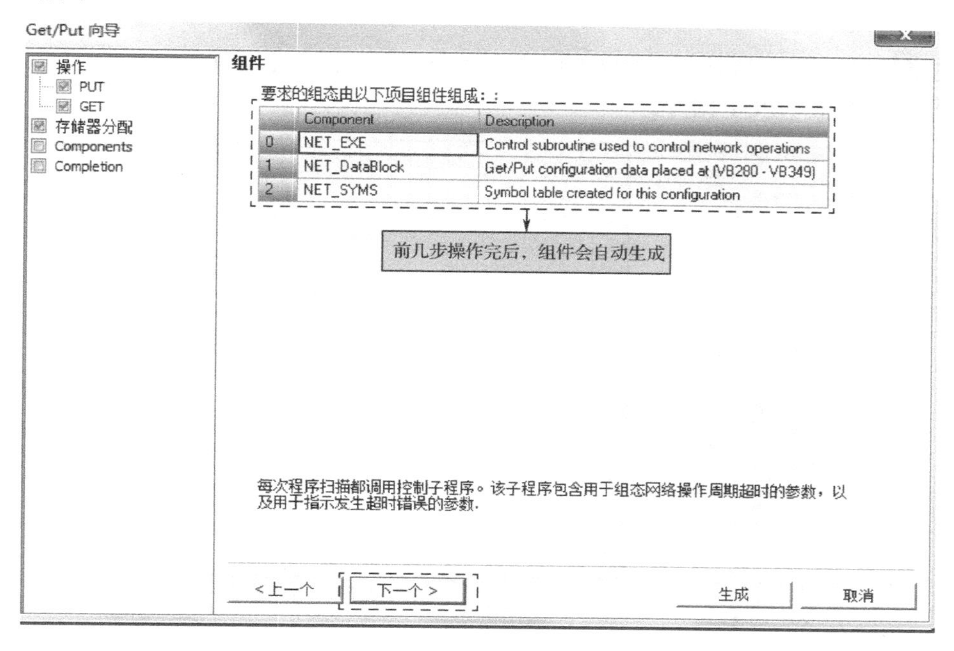

图 9-26　“组件”界面

（7）在“组件”界面，单击“下一个”按钮，会进入向导完成界面，单击“生成”按钮，在项目树的“调用子例程”中将自动生成网络读写指令，使用时，将其拖曳到主程序中，调用该指令即可，主动端 CPU1 ST20 的程序如图 9-27 所示。

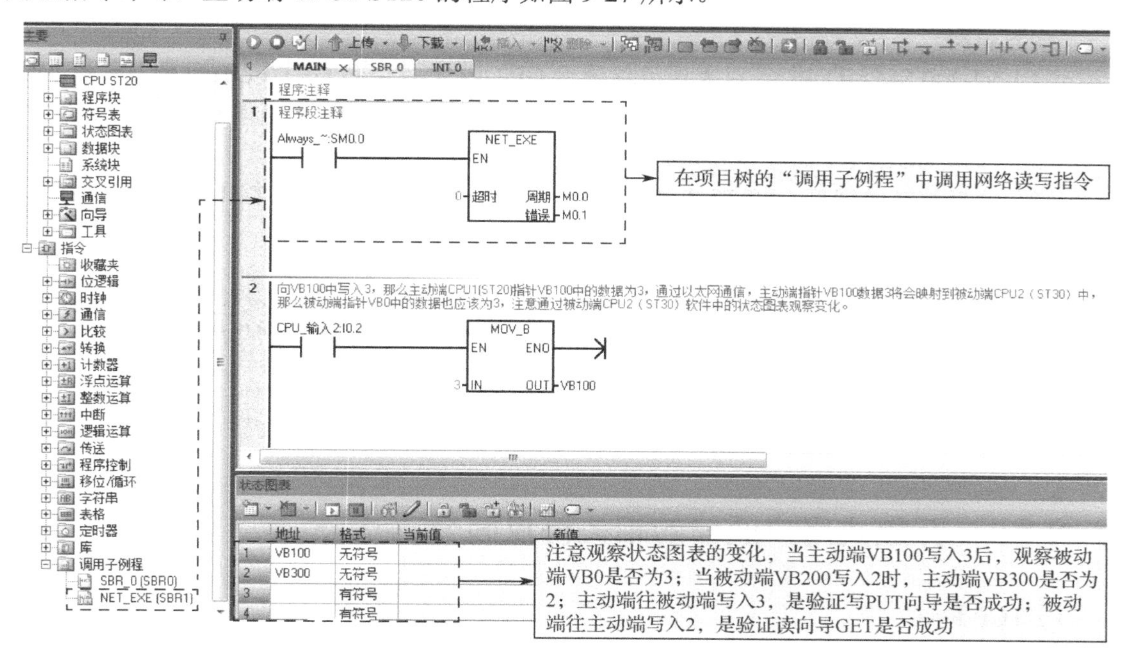

图 9-27　主动端 CPU1 ST20 程序

9.4.2 被动端程序

被动端程序如图 9-28 所示。和 GET/PUT 指令案例一样，主动端能调用 GET/PUT 向导，被动端无须调用 GET/PUT 向导。

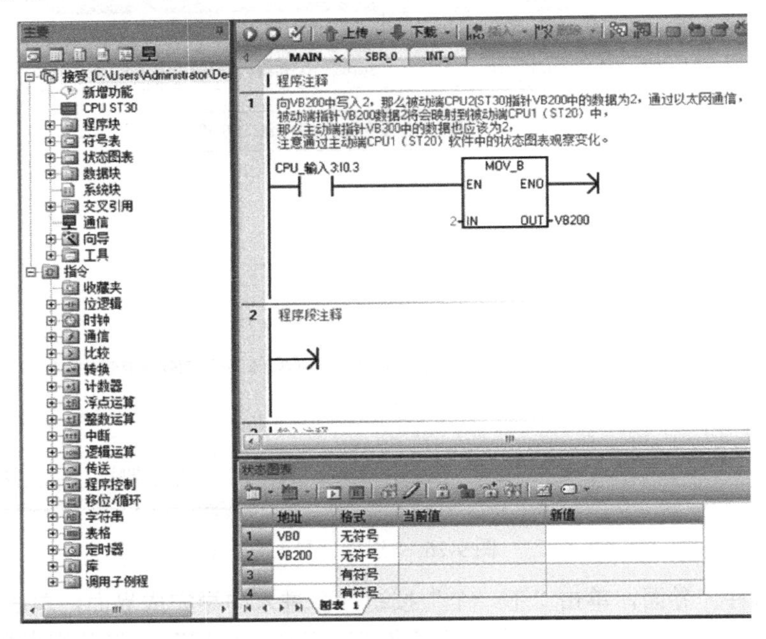

图 9-28 被动端程序

编者有料

（1）S7-200 SMART PLC 以太网通信使用 GET/PUT 指令和 GET/PUT 向导，有异曲同工之妙，但是 GET/PUT 指令程序较复杂，向导较简单，编程时建议使用 GET/PUT 向导。

（2）使用 GET/PUT 向导必须进行存储器地址分配，否则会出错。

（3）主动端可以调用 GET/PUT 指令或向导，被动端无须调用 GET/PUT 指令或向导。

9.5 S7-200 SMART PLC 基于以太网的开放式用户通信及案例

9.5.1 开放式用户通信的相关协议简介

1）TCP 协议

TCP 是一个因特网核心协议。在通过以太网通信的主机上运行的应用程序之间，TCP 提

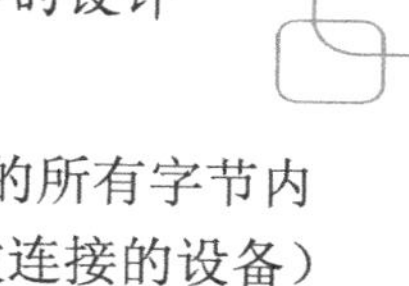

供了可靠、有序并能够进行错误校验的消息发送功能。TCP 能保证接收和发送的所有字节内容和顺序完全相同。TCP 协议在主动设备（发起连接的设备）和被动设备（接收连接的设备）之间创建连接。一旦连接建立，任一方均可发起数据传送。TCP 协议是一种“流”协议，这意味着消息中不存在结束标志，所有接收到的消息均被认为是数据流的一部分。

2）ISO-on-TCP 协议

ISO-on-TCP 是一种使用 RFC 1006 的协议扩展。ISO-on-TCP 的主要优点是数据有一个明确的结束标志，可以知道何时接收到了整条消息。S7 协议（Put/Get）使用了 ISO-on-TCP 协议。ISO-on-TCP 仅使用 102 端口，并利用 TSAP（传输服务访问点）将消息路由至适当接收方（而非 TCP 中的某个端口）。

3）UDP 协议

UDP（用户数据报协议）使用一种协议开销最小的简单无连接传输模型。UDP 协议中没有握手机制，因此协议的可靠性仅取决于底层网络。无法确保对发送、定序或重复消息提供保护。对于数据的完整性，UDP 还提供了校验和，并且通常用不同的端口号来寻址不同连接伙伴。

9.5.2　开放式用户通信指令

S7 200 SMART PLC 之间的开放式用户通信可以通过调用开放式用户通信（OUC）指令库中的相关指令来实现。开放式用户通信（OUC）指令库在 STEP 7- Micro/WIN SMART 编程软件“项目树”的库中，包含的指令有 TCP_CONNECT、ISO_CONNECT、UDP_CONNECT、TCP_SEND、TCP_RECV、UDP_SEND、UDP_RECV 和 DISCONNECT，如图 9-29 所示。

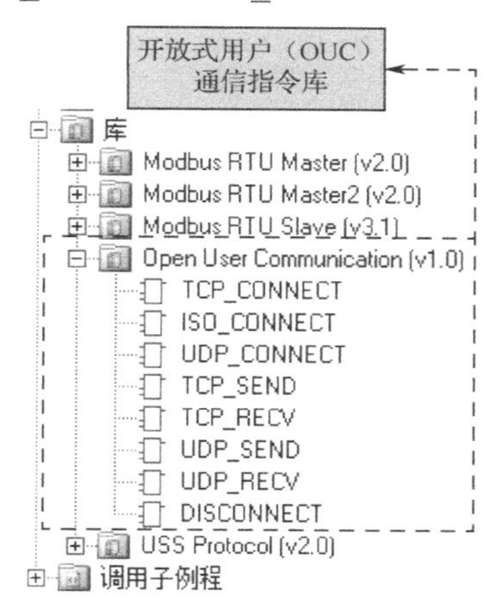

图 9-29　开放式用户通信（OUC）指令库

1）TCP_CONNECT 指令

TCP_CONNECT 指令用于创建从 CPU 到通信伙伴的 TCP 通信连接，TCP_CONNECT 指令格式如图 9-30 所示。

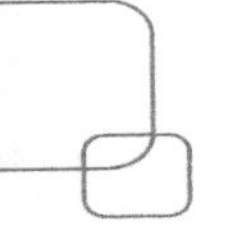

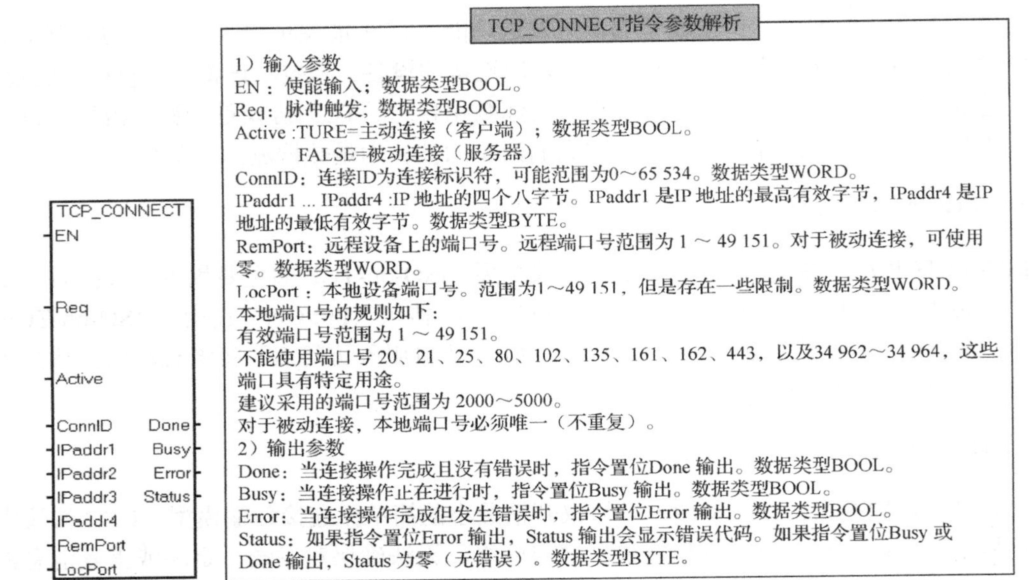

图 9-30　TCP_CONNECT 指令格式

2）ISO_CONNECT 指令

ISO_CONNECT 指令用于创建从 CPU 到通信伙伴的 ISO-on-TCP 连接，ISO_CONNECT 指令格式如图 9-31 所示。

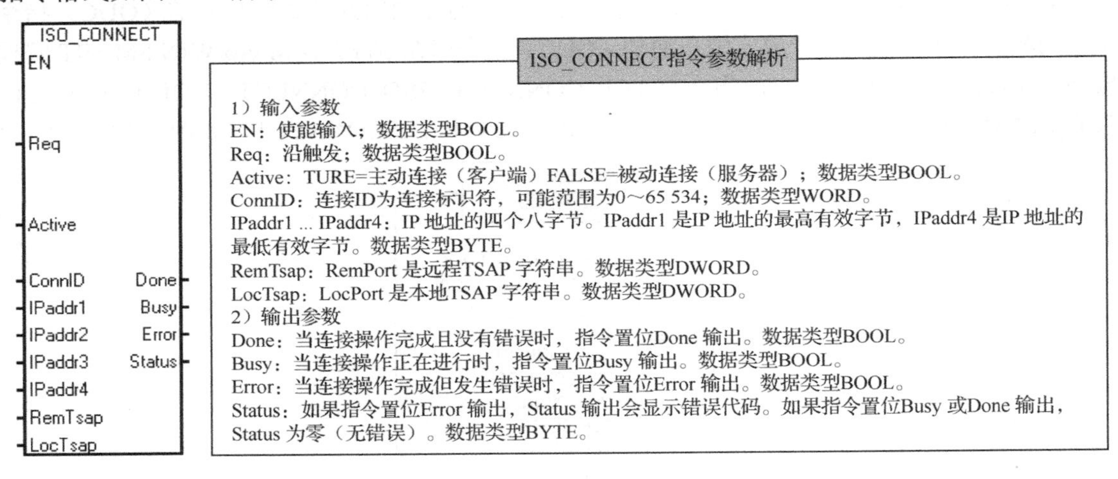

图 9-31　ISO_CONNECT 指令格式

3）UDP_CONNECT 指令

UDP_CONNECT 指令用于创建从 CPU 到通信伙伴的 UDP 连接，UDP_CONNECT 指令格式如图 9-32 所示。

4）TCP_SEND 指令

发送用于 TCP 和 ISO-on-TCP 连接的数据，TCP_SEND 指令格式如图 9-33 所示。

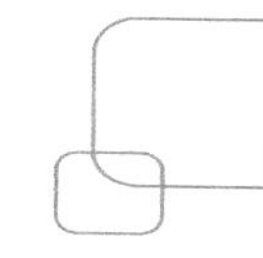

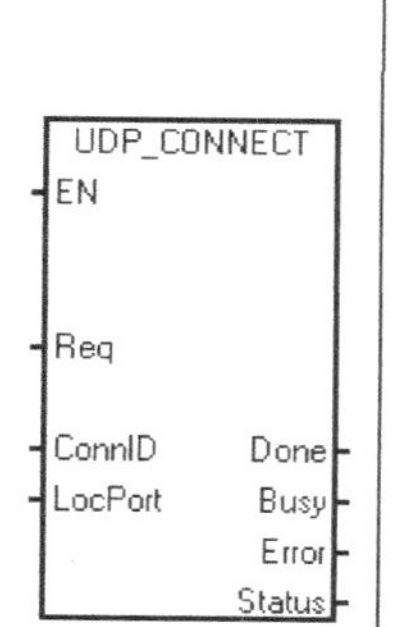

UDP_CONNECT指令参数解析

1）输入参数
EN：使能。数据类型BOOL。
Req：请求操作，沿触发。数据类型BOOL。
ConnID：连接ID是连接的标识符。范围为0～65 534。数据类型WORD。
LocPort：本地CPU 上的端口号，对于所有被动连接，本地端口号必须唯一。数据类型WORD。
本地端口号的规则如下：
有效端口号范围为 1 ～ 49 151。
不能使用端口号 20、21、25、80、102、135、161、162、443以及34 962～34 964。这些端口具有特定用途。
建议采用的端口号范围为 2000 ～ 5000。
对于被动连接，本地端口号必须唯一（不重复）。
2、输出参数
Done：当连接操作完成且没有错误时，指令置位Done 输出。数据类型BOOL。
Busy：当连接操作正在进行时，指令置位Busy 输出。数据类型BOOL。
Error：当连接操作完成但发生错误时，指令置位Error 输出。数据类型BOOL。
Status：如果指令置位Error 输出，Status 输出会显示错误代码。如果指令置位Busy 或Done 输出，Status 为零（无错误）。数据类型BYTE。

图 9-32　UDP_CONNECT 指令格式

TCP_SEND
EN
Req
ConnID
DataLen
DataPtr
Done
Busy
Error
Status

TCP_SEND指令参数解析

1）输入参数
EN：使能输入。数据类型BOOL。
Req：沿触发；数据类型BOOL。
ConnID：连接ID（ConnID）是此发送操作的连接ID号。数据类型WORD。
DataLen：DataLen 是要发送的字节数（1 ～ 1024）。数据类型WORD。
DataPtr：DataPtr 是指向待发送数据的指针。数据类型DWORD。
2）输出参数
Done：当连接操作完成且没有错误时，指令置位Done 输出。数据类型BOOL。
Busy：当连接操作正在进行时，指令置位Busy 输出。数据类型BOOL。
Error：当连接操作完成但发生错误时，指令置位Error 输出。数据类型BOOL。
Status：如果指令置位Error 输出，Status 输出会显示错误代码。如果指令置位Busy 或Done 输出，Status 为零（无错误）。数据类型BYTE。

图 9-33　TCP_SEND 指令格式

5）TCP_RECV 指令

接收用于 TCP 和 ISO-on-TCP 连接的数据，TCP_RECV 指令格式如图 9-34 所示。

TCP_RECV
EN
ConnID
MaxLen
DataPtr
Done
Busy
Error
Status
Length

TCP_RECV指令参数解析

1）输入参数
EN：使能输入。数据类型BOOL。
ConnID：连接ID（ConnID）是此发送操作的连接ID号。数据类型WORD。
MaxLen：接收的最大字节数（1 ～ 1024）。数据类型WORD。
DataPtr：指向接收数据存储位置的指针。数据类型WORD。
2）输出参数
Length：实际接收的字节数。仅当指令置位Done 或Error 输出时，Length 才有效。如果指令置位Done 输出，则指令接收整条消息。如果指令置位Error 输出，则消息超出缓冲区大小（MaxLen）并被截短。数据类型WORD。
Done：当接收操作完成且没有错误时，指令置位Done 输出。数据类型BOOL。
Busy：当接收操作正在进行时，指令置位Busy 输出。数据类型BOOL。
Error：当接收操作完成但发生错误时，指令置位Error 输出。数据类型BOOL。
Status：如果指令置位Error 输出，Status 输出会显示错误代码。如果指令置位Busy 或Done 输出，Status 为零（无错误）。数据类型BYTE。

图 9-34　TCP_RECV 指令格式

6）UDP_SEND 指令

发送用于 UDP 连接的数据，UDP_SEND 指令格式如图 9-35 所示。

UDP_SEND
EN
Req
ConnID　Done
DataLen　Busy
DataPtr　Error
IPaddr1　Status
IPaddr2
IPaddr3
IPaddr4
RemPort

UDP_SEND指令参数解析

1）输入参数
EN：使能。数据类型BOOL。
Req：发送请求，沿触发。数据类型BOOL。
ConnID：连接ID是连接的标识符。范围为0～65 534。数据类型WORD。
DataLen：要发送的字节数（1 ～ 1024）。数据类型WORD。
DataPtr：指向待发送数据的指针。数据类型DWORD。
IPaddr1 ... IPaddr4：这些是IP 地址的四个八字节。IPaddr1 是IP 地址的最高有效字节，IPaddr4 是IP 地址的最低有效字节。数据类型BYTE。
RemPort：远程设备上的端口号。远程端口号范围为 1～49 151。数据类型WORD。
2）输出参数
Done：当连接操作完成且没有错误时，指令置位Done 输出。数据类型BOOL。
Busy：当连接操作正在进行时，指令置位Busy 输出。数据类型BOOL。
Error：当连接操作完成但发生错误时，指令置位Error 输出。数据类型BOOL。
Status：如果指令置位Error 输出，Status 输出会显示错误代码。如果指令置位Busy 或Done 输出，Status 为零（无错误）。数据类型BYTE

图 9-35　UDP_SEND 指令格式

7）UDP_RECV 指令

接收用于 UDP 连接的数据，UDP_RECV 指令格式如图 9-36 所示。

UDP_RECV
EN
ConnID　Done
MaxLen　Busy
DataPtr　Error
Status
Length
IPaddr1
IPaddr2
IPaddr3
IPaddr4
RemPort

UDP_RECV指令参数解析

1）输入参数
EN：使能输入。数据类型BOOL。
ConnID：连接 ID （ConnID） 是此发送操作的连接ID号。数据类型WORD。
MaxLen：接收的最大字节数（1 ～ 1024）。数据类型WORD。
DataPtr：指向接收数据存储位置的指针。数据类型DWORD。
2）输出参数
Length：实际接收的字节数。仅当指令置位 Done 或 Error 输出时，Length 才有效。如果指令置位 Done 输出，则指令接收整条消息。如果指令置位 Error 输出，则消息超出缓冲区大小 （MaxLen） 并被截短。数据类型WORD。
Done：当接收操作完成且没有错误时，指令置位Done 输出。当指令置位 Done输出时,Length 输出有效。数据类型BOOL。
Busy：当接收操作正在进行时，指令置位 Busy输出。数据类型BOOL。
Error：当接收操作完成但发生错误时，指令置位Error输出。数据类型BOOL。
Status：如果指令置位Error 输出，Status输出会显示错误代码。如果指令置位Busy或Done 输出，Status 为零（无错误）。数据类型BYTE。
IPaddr1 ... IPaddr4：IP 地址的四个八字节。IPaddr1 是IP 地址的最高有效字节，IPaddr4 是IP 地址的最低有效字节。数据类型BYTE。
RemPort：是发送消息的远程设备的端口号。数据类型WORD。

图 9-36　UDP_RECV 指令格式

8）DISCONNECT 指令

终止所有协议的连接，DISCONNECT 指令格式如图 9-37 所示。

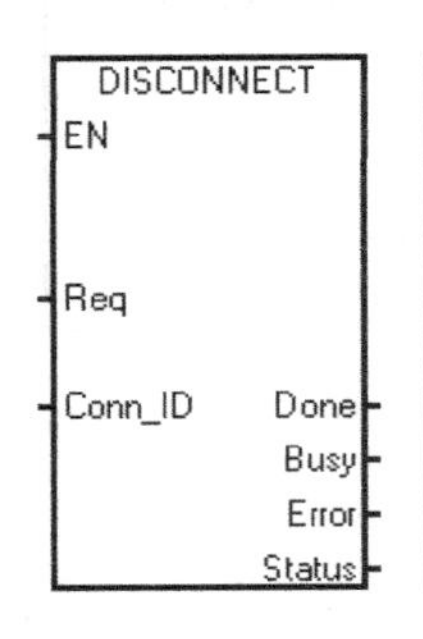

DISCONNECT指令参数解析

1）输入参数
EN：使能。数据类型BOOL。
Req：沿触发指令。数据类型BOOL。
2）输出参数
Done：当连接操作完成且没有错误时，指令置位Done 输出。数据类型BOOL。
Busy：当连接操作正在进行时，指令置位Busy 输出。数据类型BOOL。
Error：当连接操作完成但发生错误时，指令置位Error 输出。数据类型BOOL。
Status：如果指令置位Error 输出，Status 输出会显示错误代码。如果指令置位Busy 或Done 输出，Status 为零（无错误）。数据类型BYTE。

图 9-37　DISCONNECT 指令格式

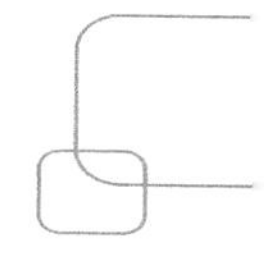

9.5.3　开放式用户通信指令应用案例

1. TCP 通信应用案例

1）控制要求

将作为客户端的 PLC（IP 地址为 192.168.0.101）中 VB8000～VB8003 的数据传送到作为服务器端的 PLC（IP 地址为 192.168.0.102）的 VB2000～VB2003 中，试设计程序。

2）ST20 客户端程序设计

在设计客户端程序之前，首先进行本地 IP 设置，设置结果如图 9-38 所示。客户端程序如图 9-39 所示。在设计客户端程序时，一定要注意“库存储器”存储区的分配，否则程序会出错。“库存储器”存储区的分配方法如图 9-40 所示。

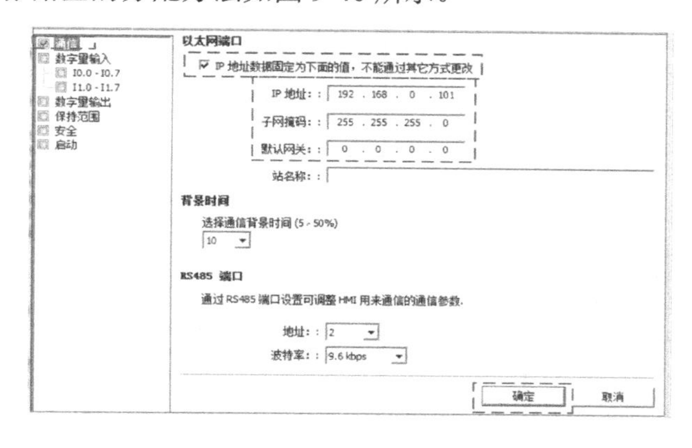

图 9-38　ST20 IP 设置

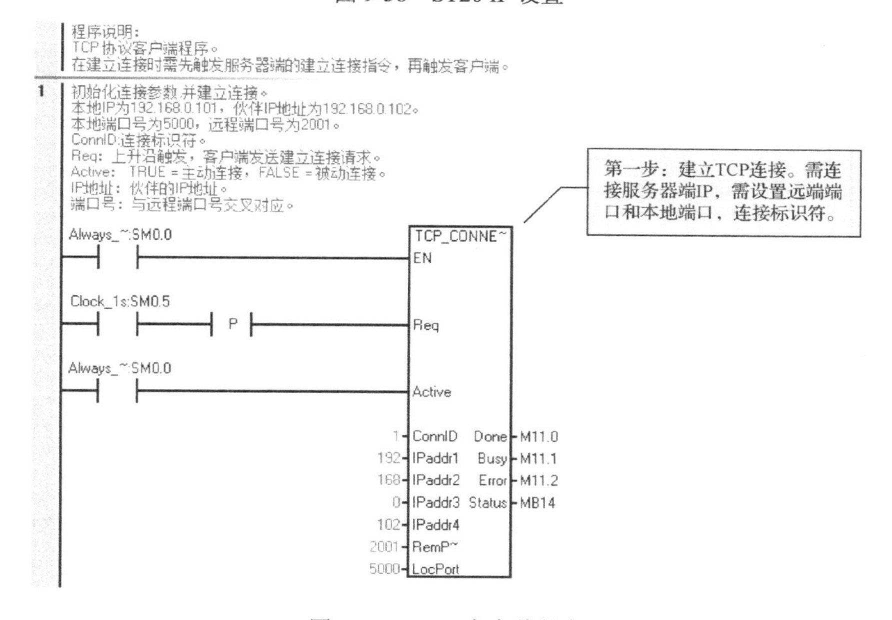

图 9-39　ST20 客户端程序

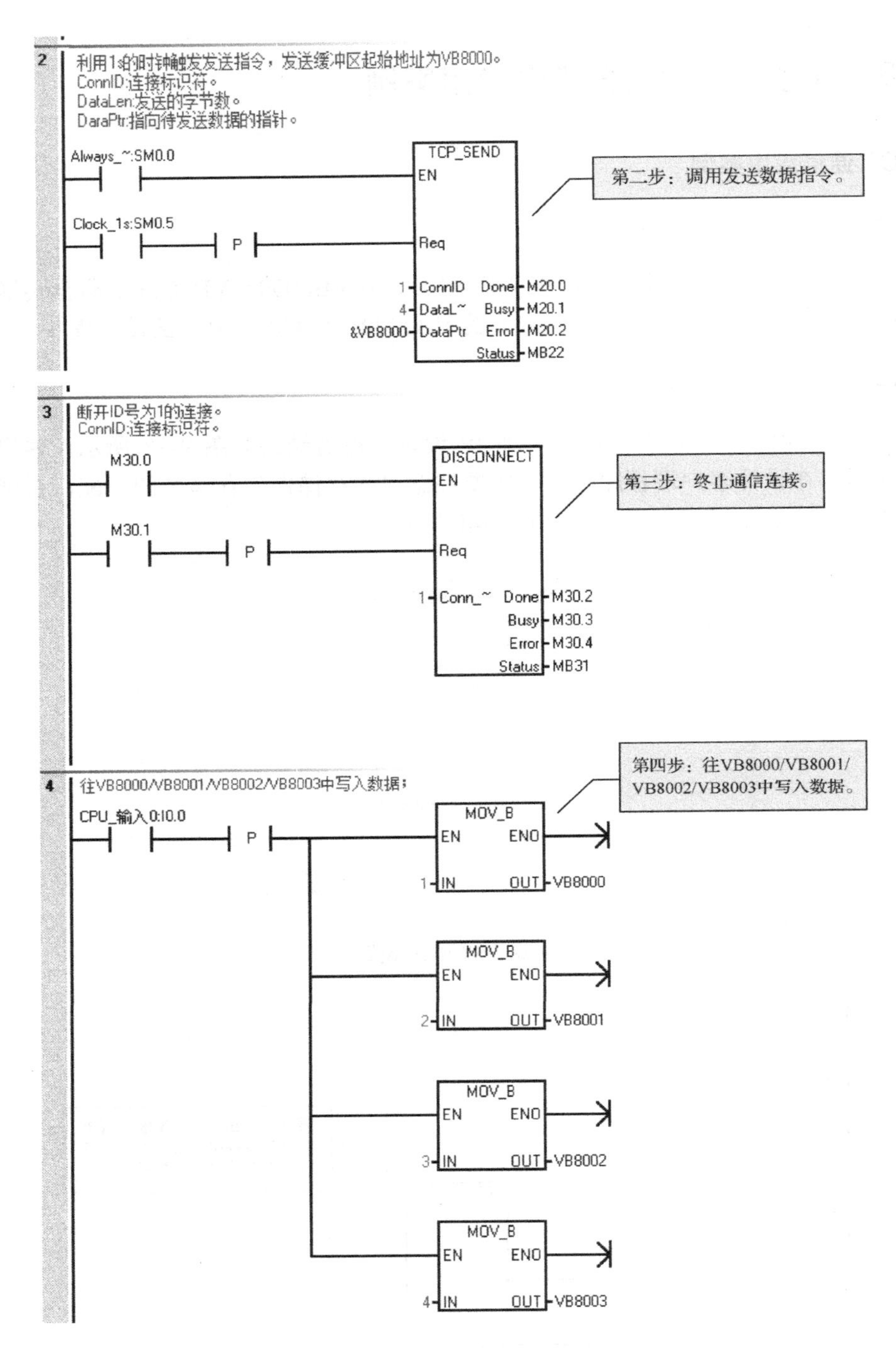

图 9-39　ST20 客户端程序（续）

3）ST30 服务器端程序设计

和客户端程序一样，服务器端程序设计之前也要进行本地 IP 设置，服务器端的 IP 地址为 192.168.0.102。服务器端程序如图 9-41 所示。和设计客户端程序一样，也要注意“库存储器”存储区的分配，否则程序会出错。

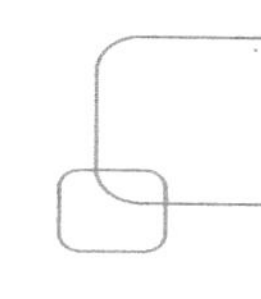

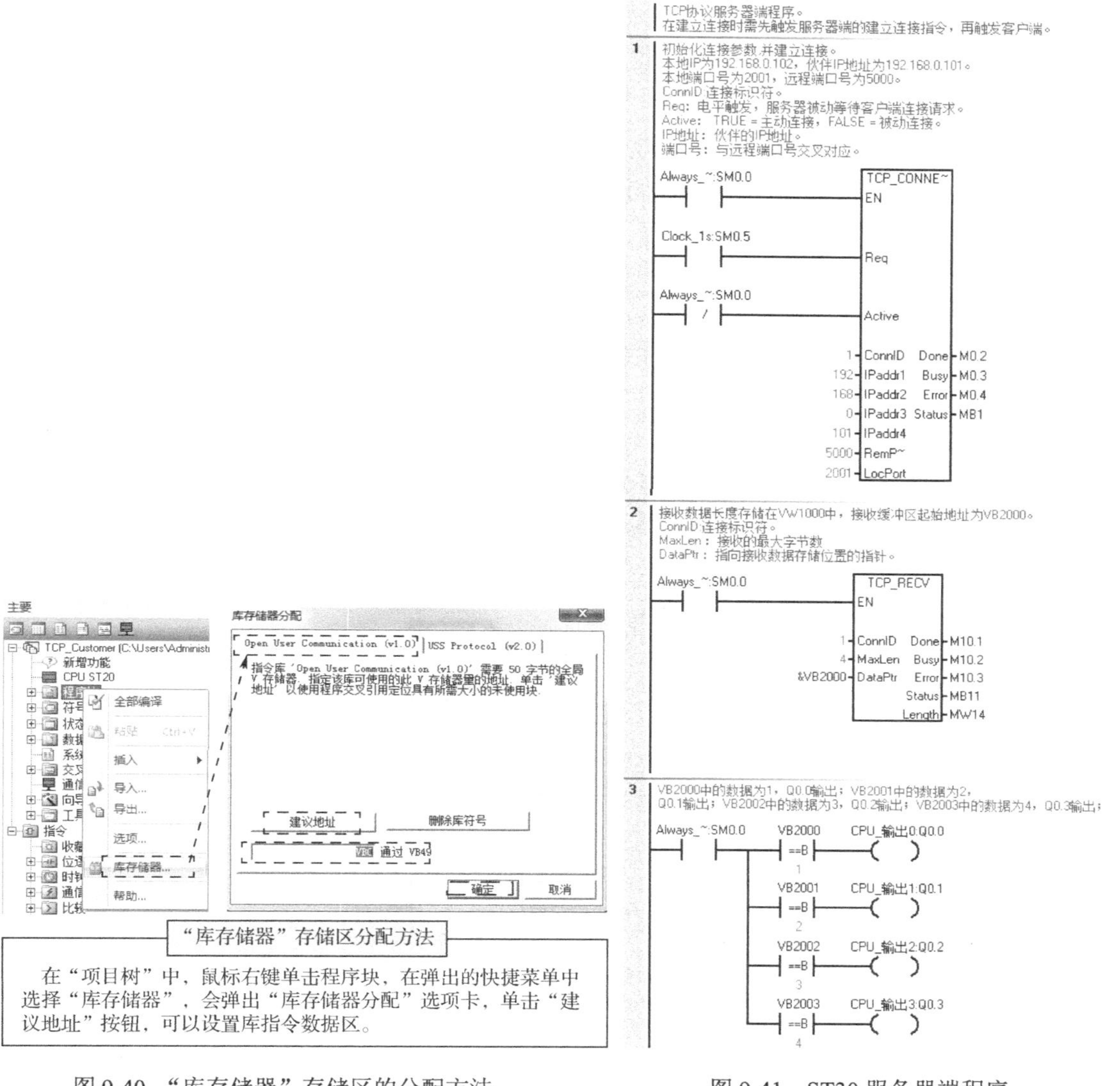

图 9-40　“库存储器”存储区的分配方法　　　　图 9-41　ST30 服务器端程序

4）状态图表监控

开放式用户通信程序调试时，一定要会用状态图表，这样才能判断程序正确与否。本案例客户端和服务器端的状态图表监控如图 9-42 所示。

客户端状态表

	地址	格式	当前值
1	VB8000	无符号	1
2	VB8001	无符号	2
3	VB8002	无符号	3
4	VB8003	无符号	4

客户端发送指针VB8000起4字节对应服务器端接收指针VB2000起4字节。

服务器端状态表

	地址	格式	当前值
1	VB2000	无符号	1
2	VB2001	无符号	2
3	VB2002	无符号	3
4	VB2003	无符号	4

图 9-42　客户端和服务器端状态图表的监控

2．ISO-on-TCP 通信应用案例

1）控制要求

将作为服务器端的 PLC（IP 地址为 192.168.0.102）中 VB2000～VB2003 的数据传送到作为客户器端的 PLC（IP 地址为 192.168.0.101）的 VB1000～VB1003 中，试设计程序。备注：ISO-on-TCP 通信硬件连接参考图 9-17。

2）ST20 客户端程序设计

在设计客户端程序之前，首先进行本地 IP 设置，设置结果和图 9-38 一致。客户端程序如图 9-43 所示。在设计客户端程序时，一定要注意“库存储器”存储区的分配，否则程序会出错。

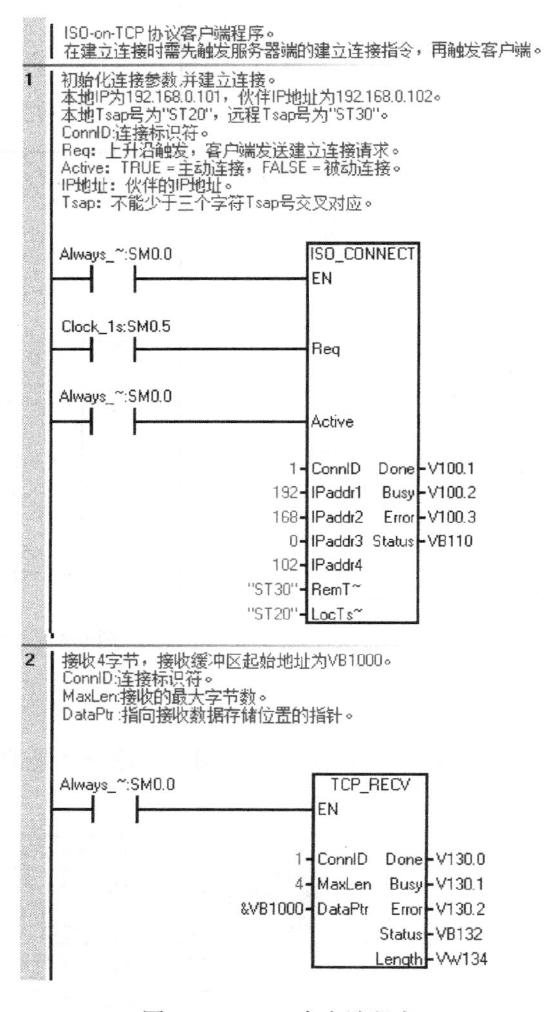

图 9-43　ST20 客户端程序

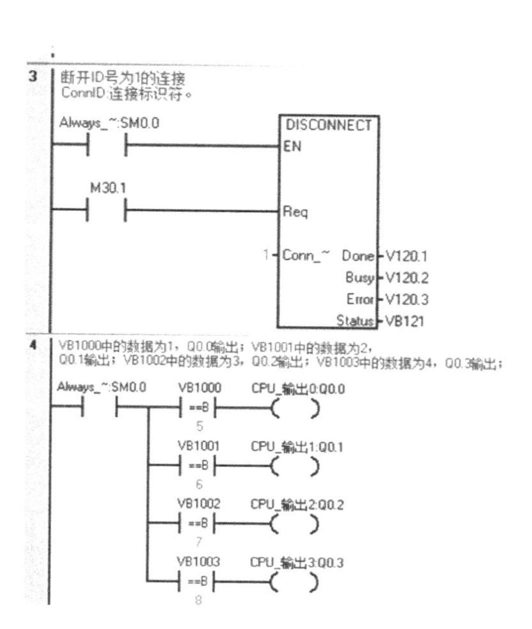

图 9-43 ST20 客户端程序（续）

3）ST30 服务器端程序设计

和客户端程序一样，服务器端程序设计之前也要进行本地 IP 设置，服务器端的 IP 地址为 192.168.0.102。服务器端程序如图 9-44 所示。和设计客户端程序一样，也要注意“库存储器”存储区的分配，否则程序会出错。

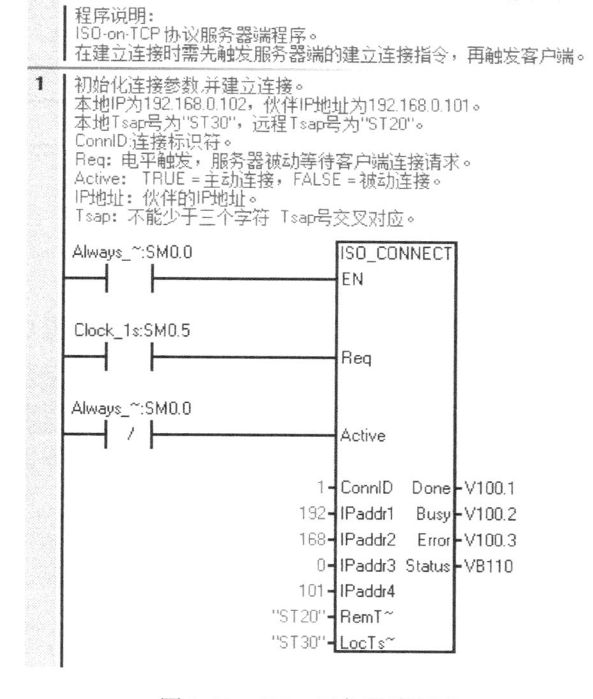

图 9-44 ST30 服务器端程序

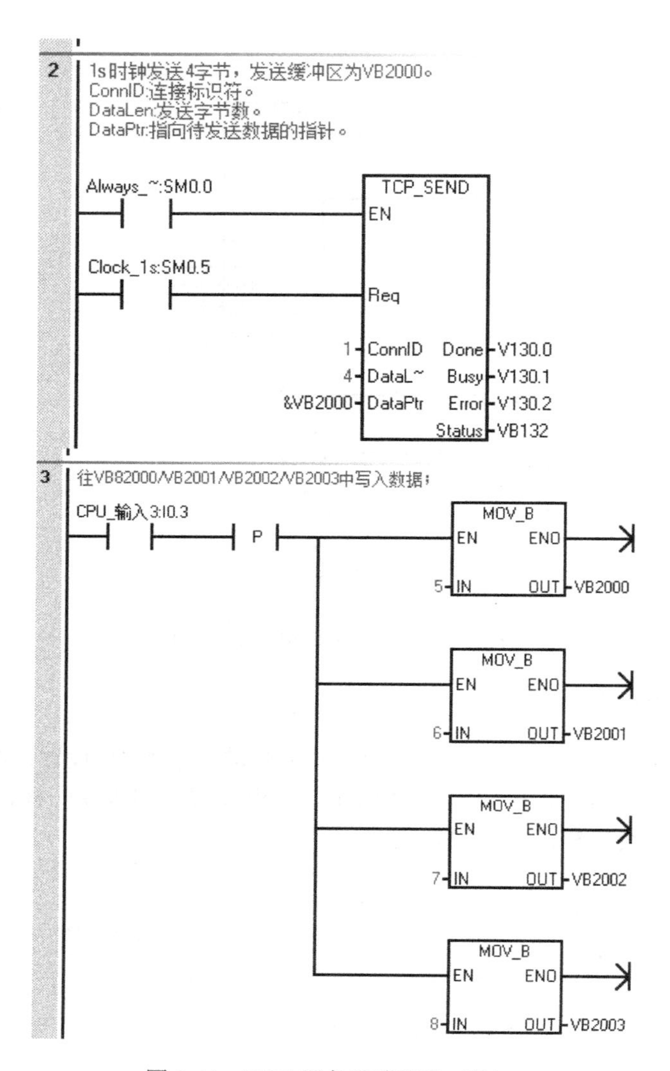

图 9-44　ST30 服务器端程序（续）

4）状态图表监控

本案例 ISO-on-TCP 通信客户端和服务器端的状态图表监控如图 9-45 所示。

状态图表　服务器端状态表

	地址	格式	当前值
1	VB2000	无符号	5
2	VB2001	无符号	6
3	VB2002	无符号	7
4	VB2003	无符号	8

服务器端发送指针VB2000起4字节对应服务器端接收指针VB1000起4字节。

状态图表　客户端状态表

	地址	格式	当前值
1	VB1000	无符号	5
2	VB1001	无符号	6
3	VB1002	无符号	7
4	VB1003	无符号	8

图 9-45　通信客户端和服务器端状态图表监控

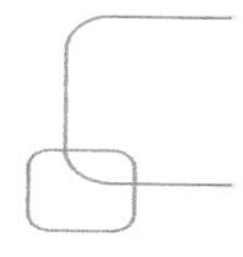

3．UDP 通信应用案例

1）控制要求

将作为客户端的 PLC（IP 地址为 192.168.0.101）中 VB3000～VB3003 的数据传送到作为服务器端的 PLC（IP 地址为 192.168.0.102）的 VB5000～VB5003 中，试设计程序。备注：UDP 通信硬件连接参考图 9-17。

2）ST20 客户端程序设计

在设计客户端程序之前，首先进行本地 IP 设置，设置结果和图 9-38 一致。客户端程序如图 9-46 所示。在设计客户端程序时，一定要注意“库存储器”存储区的分配，否则程序会出错。

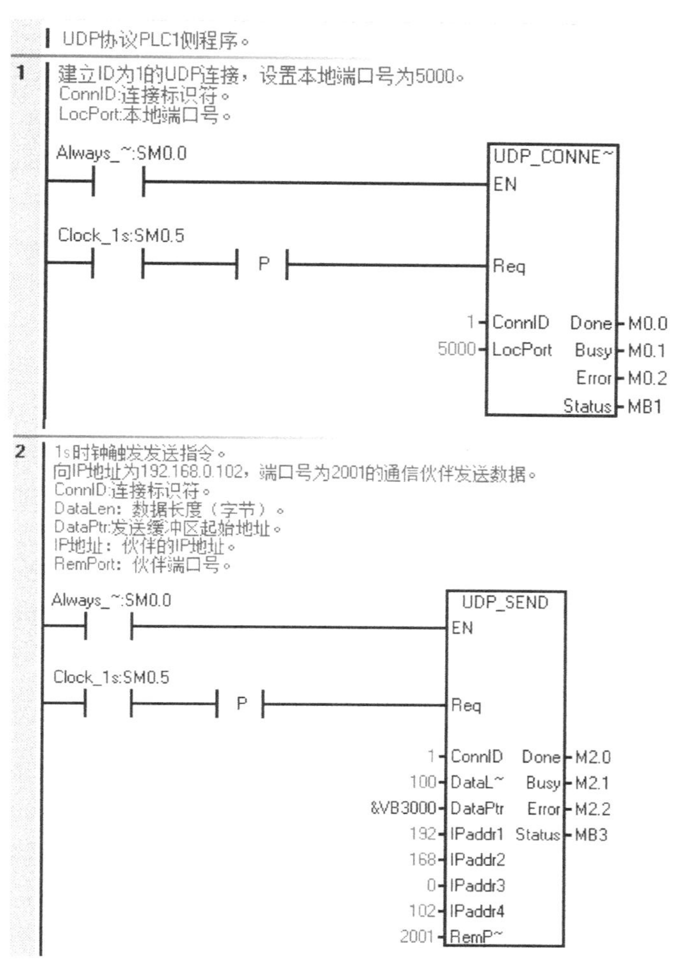

图 9-46　ST20 客户端程序

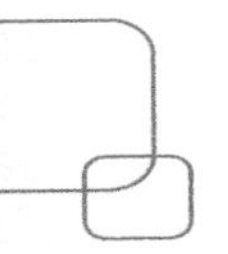

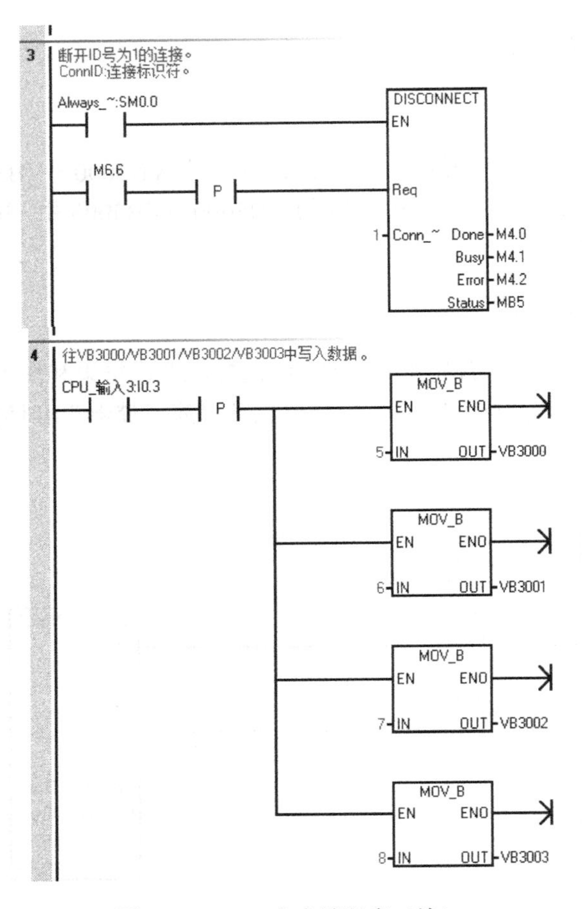

图 9-46　ST20 客户端程序（续）

3）ST30 服务器端程序设计

和客户端程序一样，服务器端程序设计之前也要进行本地 IP 设置，服务器端的 IP 地址为 192.168.0.102。服务器端程序如图 9-47 所示。和设计客户端程序一样，也要注意“库存储器”存储区的分配，否则程序会出错。

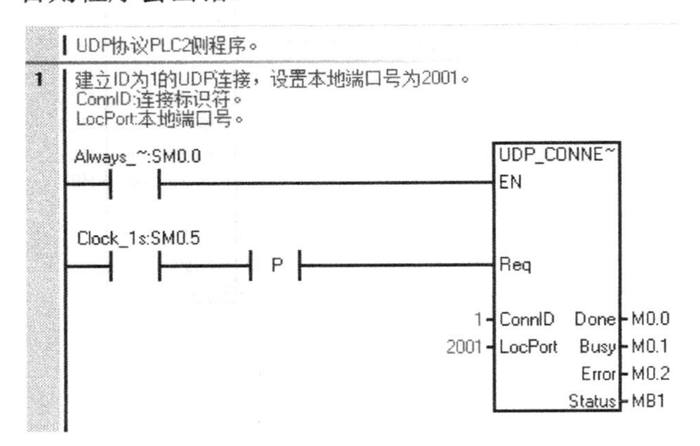

图 9-47　ST30 客户端程序

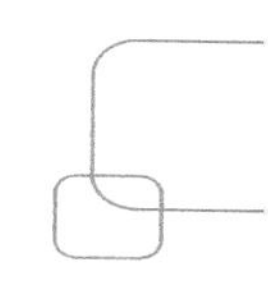

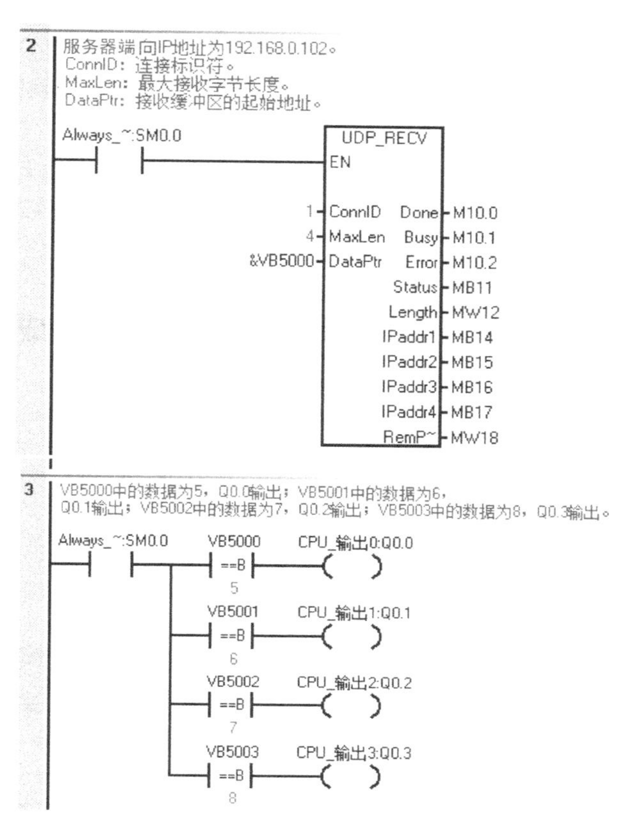

图 9-47　ST30 客户端程序（续）

4）状态图表监控

本案例 UDP 通信服务器端和客户端的状态图表监控如图 9-48 所示。

服务器端状态图表

	地址	格式	当前值
1	VB5000	无符号	5
2	VB5001	无符号	6
3	VB5002	无符号	7
4	VB5003	无符号	8

客户端状态图表

	地址	格式	当前值
1	VB3000	无符号	5
2	VB3001	无符号	6
3	VB3002	无符号	7
4	VB3003	无符号	8

图 9-48　服务器端和客户端状态图表监控

9.6　S7-200 SMART PLC 的 OPC 软件操作简介

9.6.1　S7-200 PC Access SMART 简介

S7-200 PC Access SMART 是西门子公司针对 S7-200 SMART PLC 与上位机通信推出的

OPC（OLE for Process Control）服务器软件，其作用是跟其他标准的 OPC 客户端通信并提供数据信息。S7-200 PC Access SMART 与 S7-200 PLC 的 OPC 服务器软件 PC Access 类似，也具有 OPC 客户端测试功能，使用者可以测试配置情况和通信质量。

S7-200 PC Access SMART 在本书中都简称为 PC Access SMART。PC Access SMART 可以支持西门子上位机软件，比如 WinCC，或是第三方上位机软件与 S7-200 SMART PLC 建立 OPC 通信。

9.6.2 S7-200 PC Access SMART 软件界面组成及相关操作

1. 软件界面组成

S7-200 PC Access SMART 软件界面组成如图 9-49 所示。

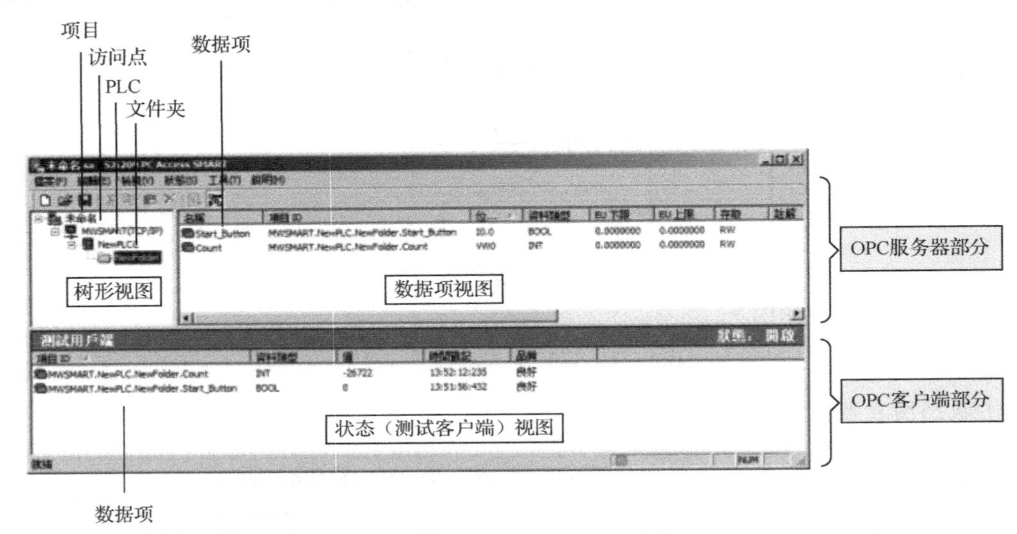

图 9-49 S7-200 PC Access SMART 软件界面组成

2. S7-200 PC Access SMART 软件相关操作

（1）新建 OPC 项目。打开 S7-200 PC Access SMART 软件，新建项目并保存，如图 9-50 所示。

（2）新建 PLC 及通信设置。在左侧的浏览窗口中选中 MWSMART(TCP/IP)，单击右键，会弹出快捷菜单，如图 9-51 所示。选择新建 PLC(N)...命令，会弹出“通信”对话框，如图 9-52 所示。在图 9-52 中，单击左下角的“查找 CPU”按钮，软件会搜索出 S7-200 SMART PLC 的 IP 地址，本例中 PLC 的 IP 地址为“192.168.0.101”，选中该 IP 地址，会出现相关的通信信息，如图 9-53 所示，在该界面中，单击“闪烁指示灯”按钮，PLC 的 STOP、RUN 和 ERROR 指示灯会轮流点亮，再单击，点亮停止，这样做的目的是便于找到所选择的那个 PLC；单击“编辑”按钮，可以改变 IP 地址；所有都设置完后，单击“确定”按钮，这时会出现一个名为 NewPLC 的 PLC，单击右键可以重命名，本例没重命名。

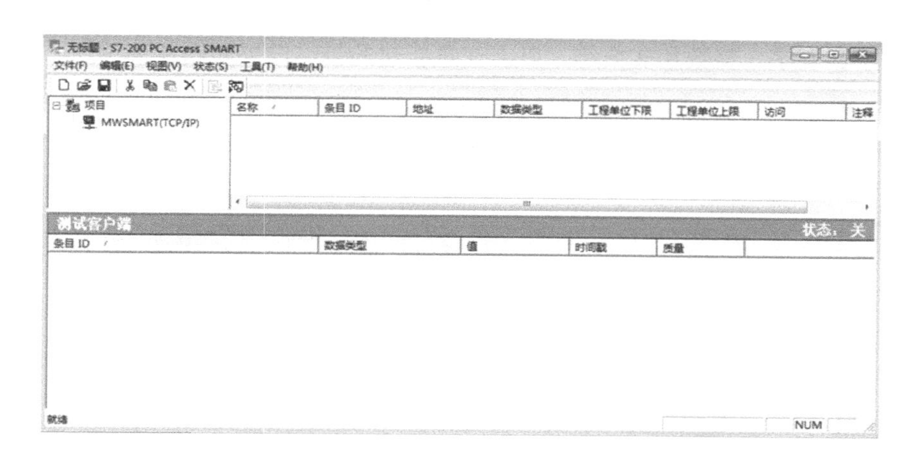

图 9-50　新建 OPC 项目

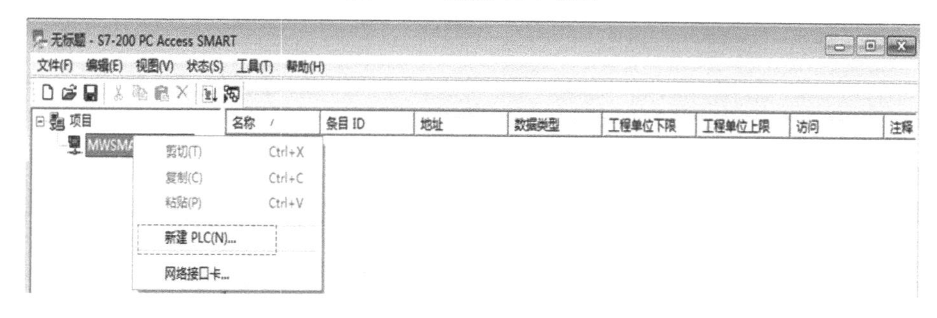

图 9-51　快捷菜单

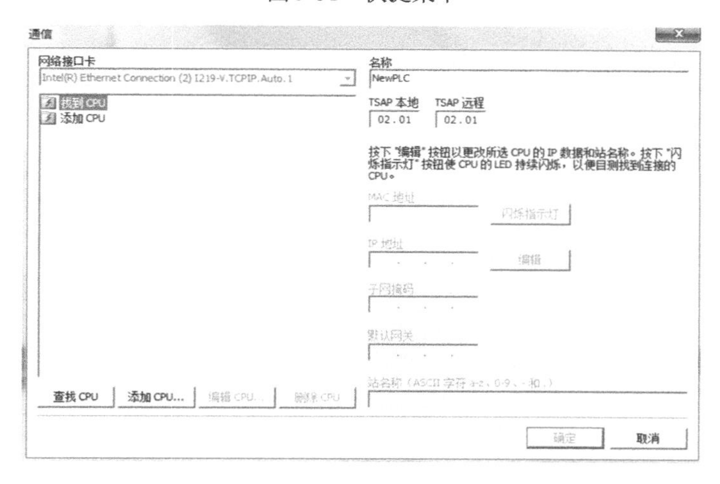

图 9-52　“通信”对话框 1

（3）新建变量。在左侧浏览窗口中，选中 NewPLC，单击右键，会弹出快捷菜单，执行“新建→条目”命令，以上步骤如图 9-54 所示。执行完以上步骤后，会弹出“条目属性”对话框，在“名称”项输入“START”，在“地址”项输入“M0.0”，其余默认，如图 9-55 所示。图 9-55 这个例子是开关量条目的生成，如果是模拟量条目，在“地址”项可以输入字节地址、字地址或者双字地址，如 VB0、AIW0、VD10 等，在“数据类型”项视其“地址”类型可以选择字节、字、双字、整数和实数等，以上变量新建的最终结果如图 9-56 所示。

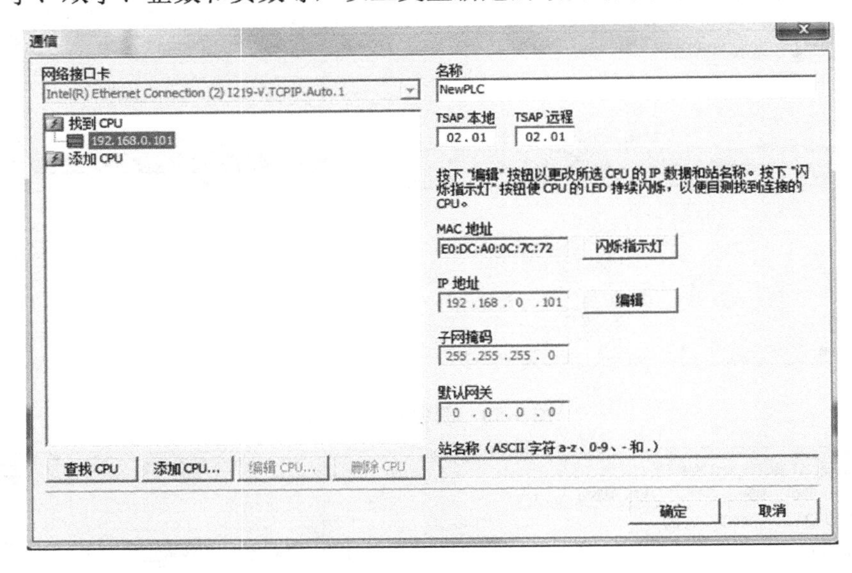

图 9-53 “通信”对话框 2

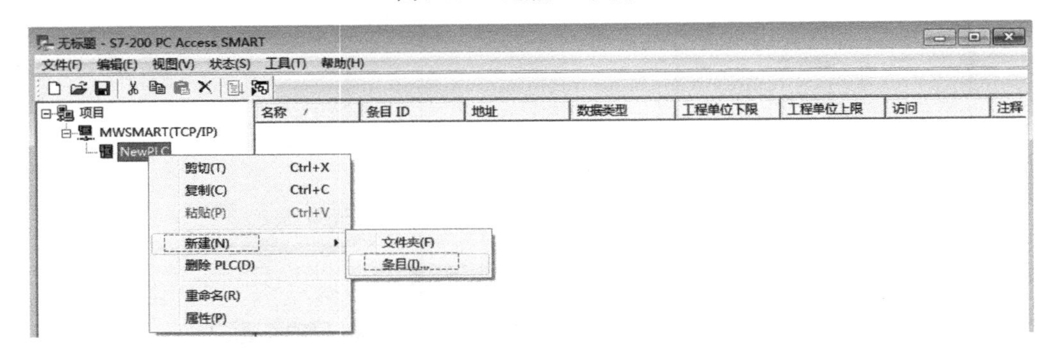

图 9-54 新建变量

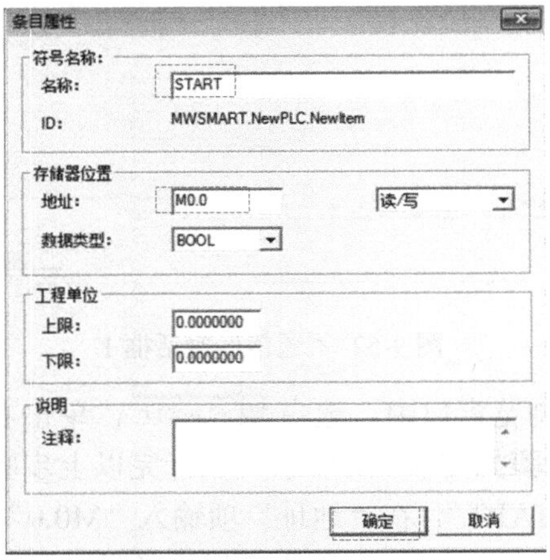

图 9-55 修改条目属性

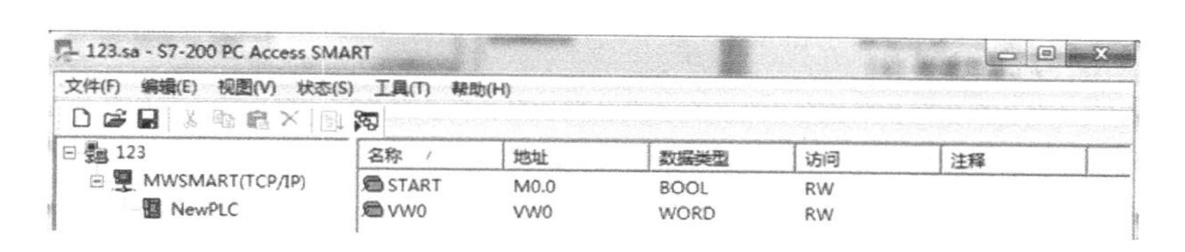

图 9-56　新建变量的最终结果

（4）客户端状态测试。在 S7-200 PC Access SMART 软件单击按钮，可以将新建完成的条目下载到测试客户端。再单击监控按钮，可以从测试客户端监视到变量实时值、每次数据更新的时间戳，以及通信质量。测试质量“良好”，表示通信成功，相反如果为“差”，表示数据通信失败，本例客户端状态测试结果如图 9-57 所示。

值得注意的是，客户端状态测试时，需要先将编完的程序下载到 PLC，在 PLC 运行的状态下，单击下载和监控按钮，进行客户端状态测试，如果 PLC 不运行，直接单击下载和监控按钮，测试质量结果可能显示“差”。如果反复测试显示的结果还是“差”，读者可能在新建 PLC 时没有进行通信测试，“新建 PLC”时一般都需单击图 9-53 的闪烁指示灯按钮，测试 OPC 软件与 S7-200 SMART PLC 连接是否正常。

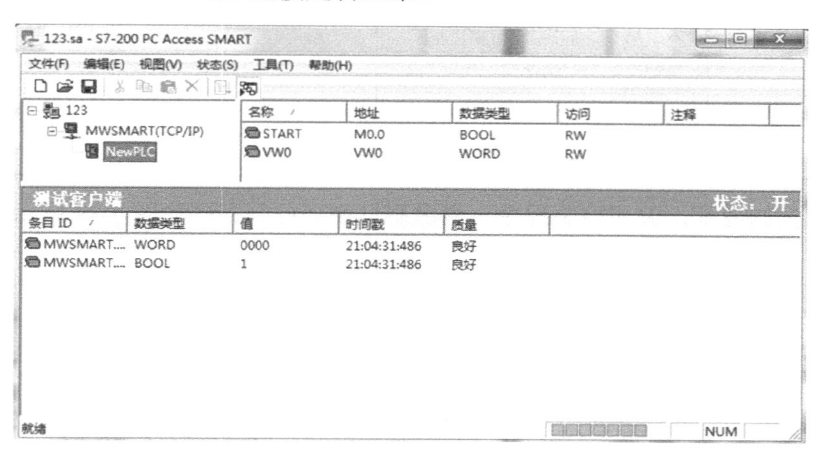

图 9-57　客户端状态测试结果

9.7　WinCC 组态软件与 S7-200 SMART PLC 的 OPC 通信及案例

9.7.1　任务导入

有红、绿两盏彩灯，采用组态软件 WinCC+S7-200 SMART PLC 联合控制模式。组态软件 WinCC 上设有启停按钮，当按下启动按钮，两盏小灯每隔 N 秒轮流点亮（间隔时间 N 通过组态软件 WinCC 设置），间隔时间 N 不超过 10s，两盏彩灯循环点亮；当按下停止按钮时，两盏小灯都熄灭，试设计程序。

9.7.2 任务分析

根据任务，组态软件 WinCC 界面需设有启动、停按钮各一个，彩灯两盏，时间设置框一个，此外两盏彩灯标签各一个。

两盏彩灯启停和循环点亮由 S7-200 SMART PLC 来控制。

9.7.3 任务实施

1. S7-200 SMART PLC 程序设计

（1）根据控制要求进行 I/O 分配，如表 9-7 所示。

表 9-7 彩灯循环控制的 I/O 分配

输 入 量		输 出 量	
启动	M0.0	红灯	Q0.0
停止	M0.1	绿灯	Q0.1
确定	M0.2	—	—

（2）根据控制要求，编写控制程序。两盏彩灯循环控制程序如图 9-58 所示。

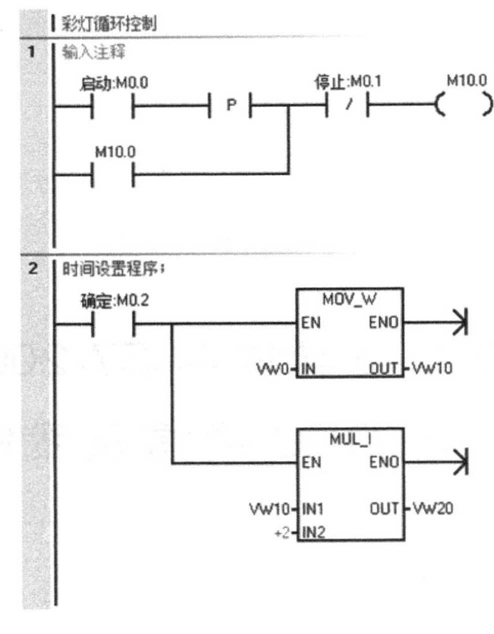

图 9-58 两盏彩灯循环控制程序

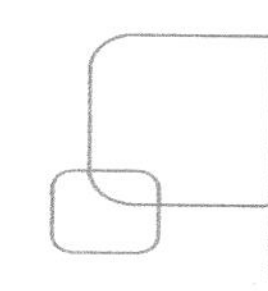

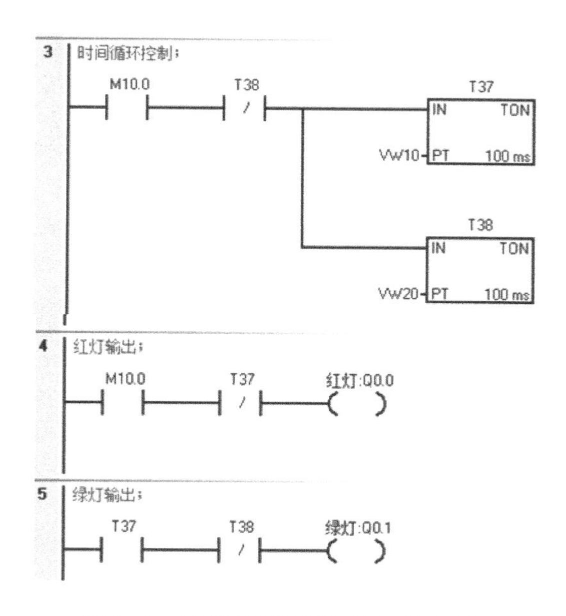

图 9-58　两盏彩灯循环控制程序（续）

事先在组态软件 WinCC 的输入框中输入定时器的设置值，单击“确定”按钮，为定时做准备。按下组态软件 WinCC 中的“启动”按钮，M0.0 的常开触点闭合，辅助继电器 M10.0 线圈得电并自锁，其常开触点 M10.0 闭合，输出继电器线圈 Q0.0 得电，红灯亮；与此同时，定时器 T37、T38 开始定时，当 T37 定时时间到，其常闭触点断开、常开触点闭合，Q0.0 断电、Q0.1 得电，对应的红灯灭、绿灯亮；当 T38 定时时间到，Q0.1 断电、Q0.0 得电，对应的绿灯灭红灯亮；当 T38 定时时间到，其常闭触点断开，Q0.1 失电且 T37、T38 复位，接着定时器 T37、T38 又开始新的一轮计时，红绿灯循环点亮往复循环；当按下组态软件 WinCC 停止，M10.0 失电，其常开触点断开，定时器 T37、T38 断电，两盏灯全熄灭。

2. S7-200 PC Access SMART 程序设计

S7-200 PC Access SMART 新建变量结果如图 9-59 所示。OPC 的具体相关操作这里不赘述。

CAIDENG - S7-200 PC Access SMART

文件(F)　编辑(E)　视图(V)　状态(S)　工具(T)　帮助(H)

CAIDENG
MWSMART(TCP/IP)
NewPLC

名称 /	条目 ID	地址	数据类型	工程单位下限	工程单位上限	访问	注释
green	MWSMART.N...	Q0.1	BOOL	0.0000000	0.0000000	RW	
OK	MWSMART.N...	M0.2	BOOL	0.0000000	0.0000000	RW	
red	MWSMART.N...	Q0.0	BOOL	0.0000000	0.0000000	RW	
START	MWSMART.N...	M0.0	BOOL	0.0000000	0.0000000	RW	
STOP	MWSMART.N...	M0.1	BOOL	0.0000000	0.0000000	RW	
vw0	MWSMART.N...	VW0	WORD	0.0000000	0.0000000	RW	

图 9-59　新建变量结果

3. WinCC 组态

1）项目的创建

单击 WinCC 软件菜单栏中的“新建”按钮，弹出“WinCC 项目管理器”界面，如

图 9-60 所示。在此界面中，“新建项目”选择“单用户项目”，接下来，单击“确定”按钮后，弹出“创建新项目”界面，如图 9-61 所示。在此界面中，可以输入项目的名称和指定项目的存放路径，存放时，最好不要放在默认路径，单建一个项目文件夹，最后单击“创建”按钮，项目创建完成。

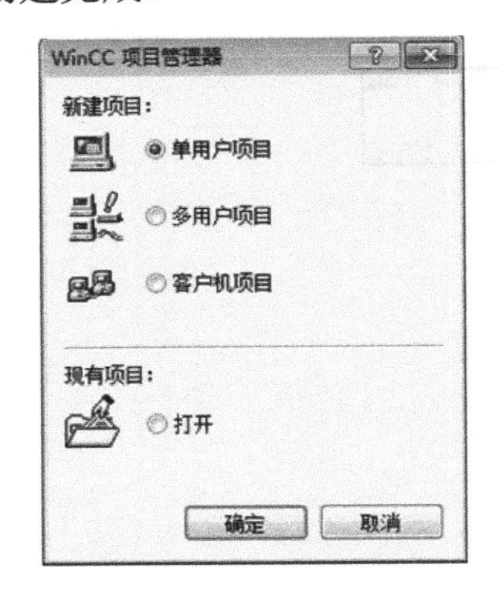

图 9-60 “WinCC 项目管理器”界面

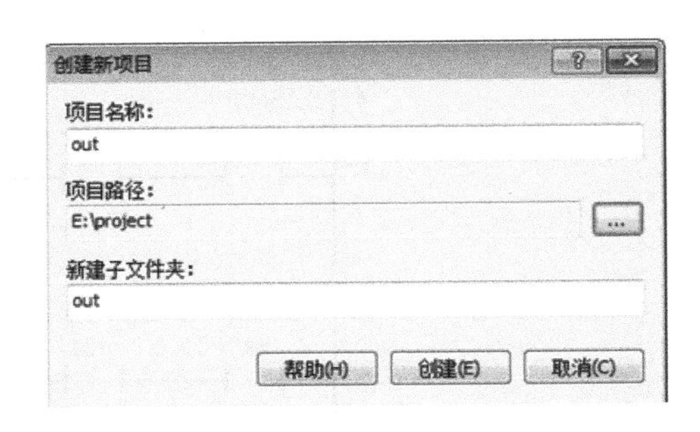

图 9-61 “创建新项目”界面

2）添加驱动程序

双击浏览窗口中的 变量管理 ，打开图 9-62 所示的界面。选中 变量管理 ，右键执行“ 添加新的驱动程序 → OPC ”命令，如图 9-63 所示。注：S7-200 SMART PLC 与 WinCC 的通信只能通过 OPC 实现。执行完以上步骤后，会弹出图 9-64 所示界面。

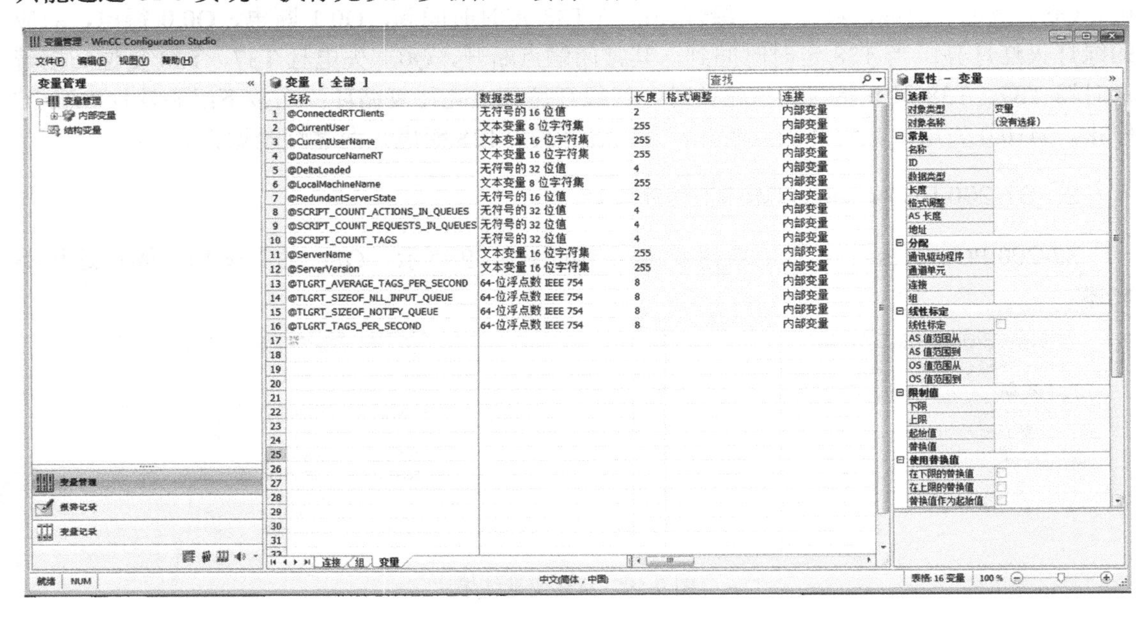

图 9-62 “变量管理”子界面

3）打开系统参数

选中浏览窗口中的 OPC Groups (OPCHN Unit #1)，单击右键，弹出快捷菜单，如图 9-65 所示。单击“系统参数”按钮，弹出“OPC 条目管理器”界面，展开 \\<LOCAL>，选中 S7200SMART.OPCServer，单击按钮 浏览服务器(B)，如图 9-66 所示。执行完以上步骤后，弹出过滤标准界面，如图 9-67 所示，单击“下一步”按钮，出现添加条目界面，如图 9-68 所示。注：图 9-68 是将左侧浏览窗口中的 S7200SMART.OPCServer 文件夹逐步展开的结果，该界面的右侧全都为变量。

图 9-63　添加驱动步骤 1

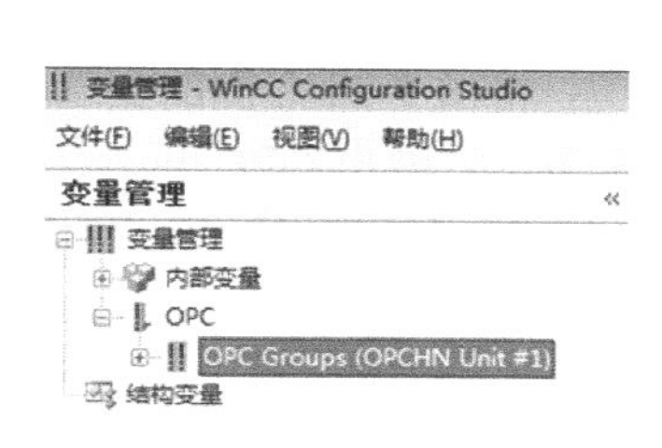

图 9-64　添加驱动步骤 2

图 9-65　打开系统参数

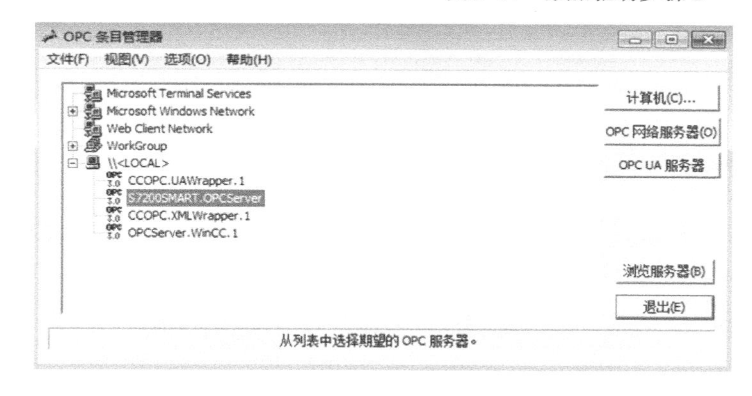

图 9-66　OPC 条目管理器相关操作

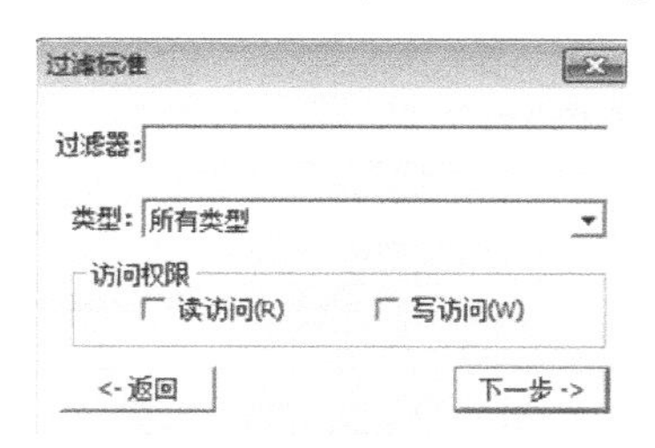

图 9-67　“过滤标准”界面

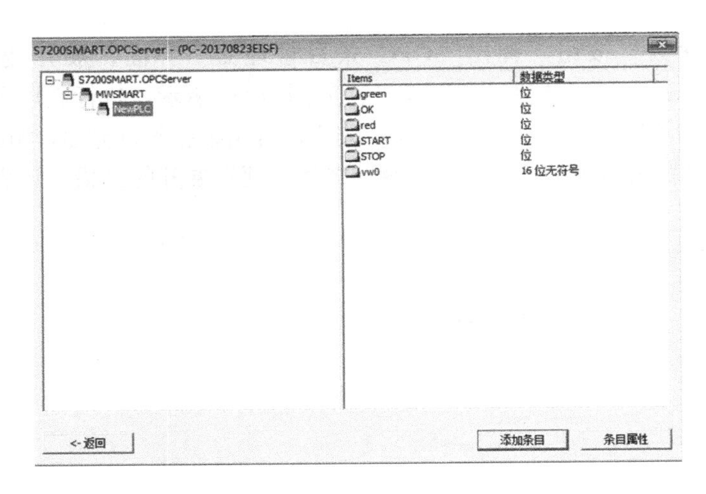

图 9-68　添加条目界面

4）添加变量

将图 9-68 右侧的变量全选（选中第一个按 Shift 键再选中最后一个），单击“添加条目”按钮，会弹出 OPCTages 界面，如图 9-69 所示。单击“是”按钮，弹出“新建连接”界面，如 9-70 所示。单击“确定”按钮，会弹出“添加变量”界面，如图 9-71 所示。选中 S7200SMART_OPCServer，单击“完成”按钮。经过以上步骤，变量添加完成。展开图 9-64 中的 OPC Groups (OPCHN Unit #1) 文件夹，S7-200 PC Access SMART 中的所有变量都添加到了 WinCC 变量管理器中，如图 9-72 所示。

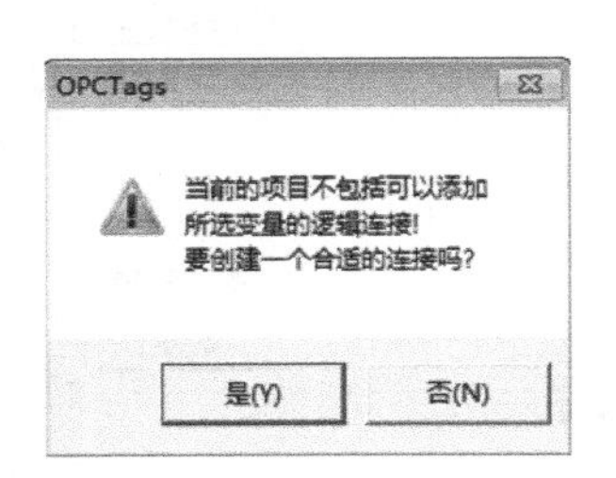

图 9-69　OPCTages 界面

图 9-70　“新建连接”界面

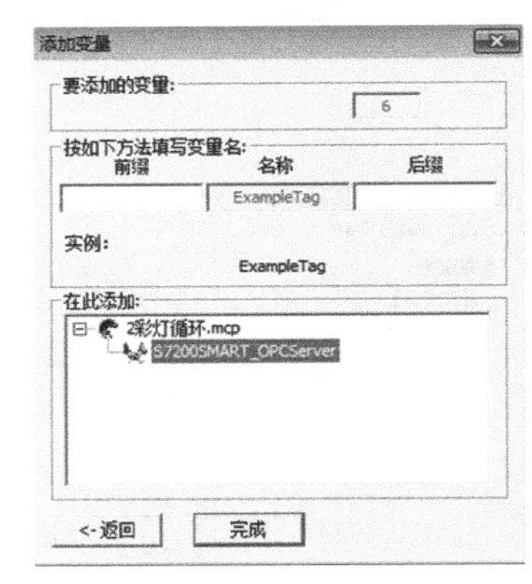

图 9-71　“添加变量”界面

变量管理 - WinCC Configuration Studio

变量 [S7200SMART_OPCServer]

	名称	数据类型	长度	格式调整	连接	组	地址
1	green	二进制变量	1		S7200SMART_OPCS		"MWSMART.NewPLC.green", "", 11
2	OK	二进制变量	1		S7200SMART_OPCS		"MWSMART.NewPLC.OK", "", 11
3	red	二进制变量	1		S7200SMART_OPCS		"MWSMART.NewPLC.red", "", 11
4	START	二进制变量	1		S7200SMART_OPCS		"MWSMART.NewPLC.START", "", 11
5	STOP	二进制变量	1		S7200SMART_OPCS		"MWSMART.NewPLC.STOP", "", 11
6	vw0	无符号的 16 位值	2	WordToUnsignedWord	S7200SMART_OPCS		"MWSMART.NewPLC.vw0", "", 18

图 9-72　变量添加完成

5）界面创建与动画连接

（1）新建界面：选中浏览窗口中的图形编辑器，单击右键，执行“新建界面”命令，此项操作如图 9-73 所示。执行完此项操作后，在浏览窗口右侧的数据窗口会出现 NewPdl0.Pdl 过程界面。

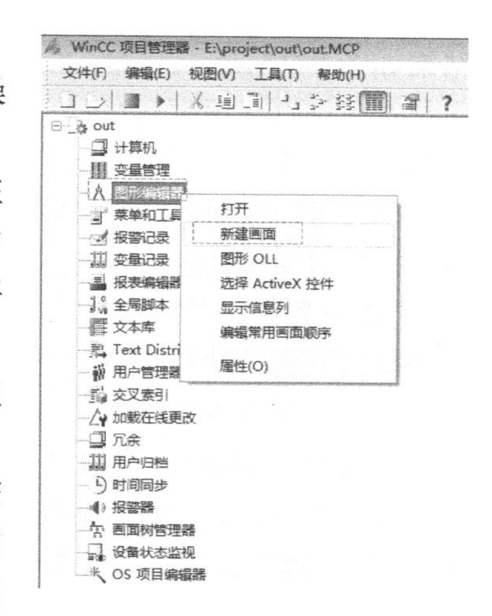

图 9-73　新建界面

（2）添加文本框：双击 NewPdl0.Pdl，打开图形编辑器。在图形编辑器右侧标准对象中，双击 A 静态文本，在图形编辑器中会出现文本框。选中文本框，在下边的对象属性“字体”中将 X 对齐和 Y 对齐都设置成“居中”。再复制粘贴两个文本框，分别将这三个文本框拖至合适的大小，在其中分别输入“两盏彩灯循环控制”、“红灯”和“绿灯”。

（3）添加彩灯：在图形编辑器右侧标准对象中双击 圆 按钮，在图形编辑器中会出现圆。选中圆，在下边的对象属性的“效果”中将“全局颜色方案”由“是”改为“否”；在对象属性的“颜色”中选中“背景颜色”，在 处单击右键，会弹出对话框，如图 9-74 所示。执行完以上操作后，会弹出“值域”界面，如图 9-75 所示。单击“表达式/公式：”下边的 ... 按钮，会弹出对话框，再单击“变量”按钮，会出现“外部变量”界面，我们选择 red，变量连接完成；再单击“事件名称”后边的 按钮，会弹出“改变触发器”界面，在“标准周期”2s 上双击，会弹出一个界面，单击倒三角，选择“有变化时”，以上操作如图 9-76 所示。

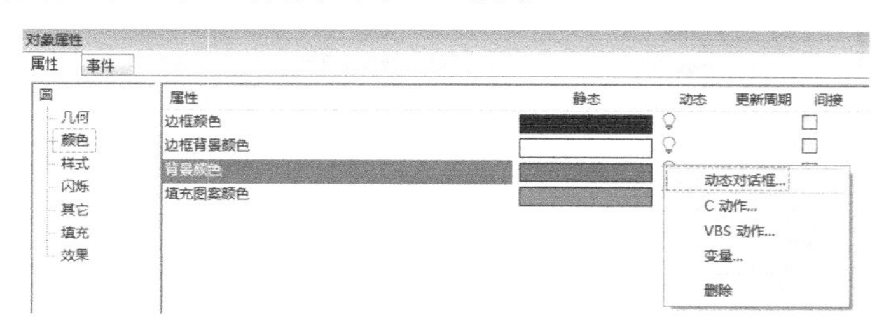

图 9-74　背景颜色的动态设置

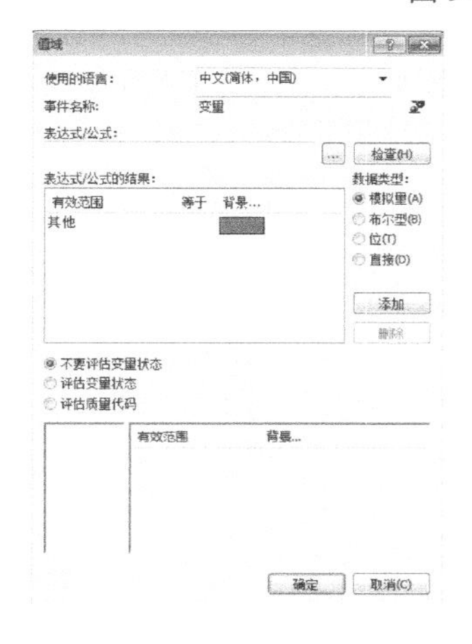

图 9-75　“值域”界面

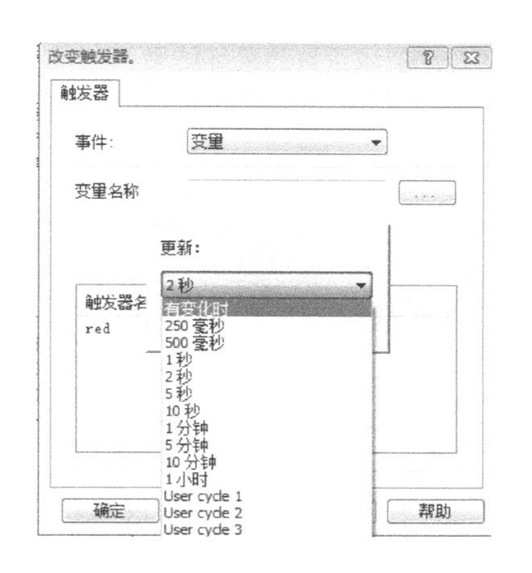

图 9-76　“改变触发器”界面

在“数据类型”中选择“布尔型”，双击表达式的“背景”，会弹出调色板，在调色板中，选择红色。通过“变量连接”、“标准周期”和“数据类型”的设置，“值域”界面设置的最终结果如图 9-77 所示。最后在“值域”界面上，单击“确定”按钮，所有的设置完成。以上操作是对“红灯”设置，“绿灯”的设置除变量连接为 green 和“表达式结果”背景的颜色改为绿色外，其余与“红灯”设置相同，故不赘述。

（4）添加按钮：在窗口对象中双击 按钮，在图形编辑器中会出现按钮，同时会出现“按钮组态”对话框，这里单击 按钮。选中按钮，在对象属性的“字体”中，“文本”输入“启动”；在对象属性的界面中，由“属性”切换到“事件”，选中“鼠标”，在“按左键”后边的 处单击右键，会弹出对话框，如图 9-78 所示。再次在对话框中选中“直接连接”，会弹出一个界面，如图 9-79 所示。在“来源”项选择“常数”，在“常数”的后边输入值 1；在“目标”项选择“变量”，单击“变量”后边的 按钮，会弹出“外部变量”界面，这里变量选中 START，以上操作，如图 9-80 所示，在此界面最后单击“确定”按钮。在图 9-78 中选中“鼠标”，在“释放左键”后边的 处，也需做类似图 9-80 的设置，只不过在“来源”的“常数”处输入 0 即可，其余设置不变。选中“启动”按钮，再复制粘贴两个按钮，将“文本”分别改为“停止”和“确定”，再将它们“按左键”和“释放左键”的连接变量分别改为 STOP 和 OK，其余不变，以上两个按钮的设置完全可参照“启动”按钮的设置，故不赘述。

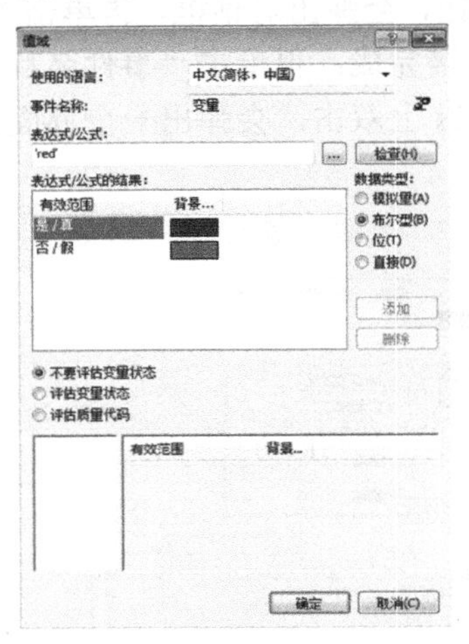

图 9-77 值域设置的最终结果

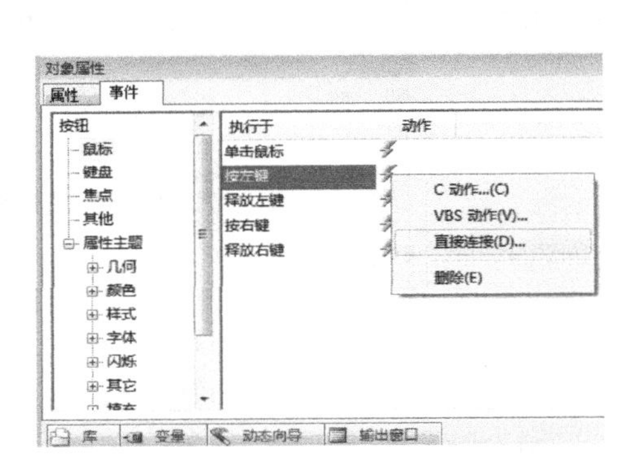

图 9-78 按钮事件界面

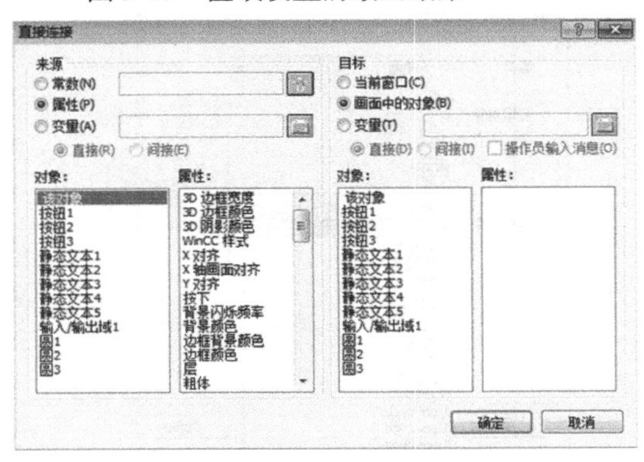

图 9-79 “直接连接”界面 1

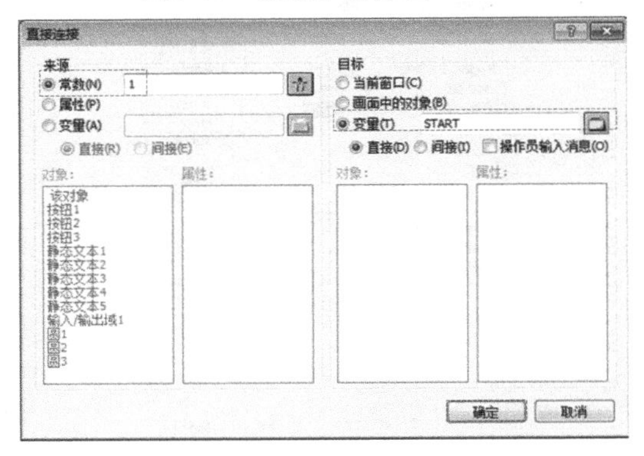

图 9-80 “直接连接”界面 2

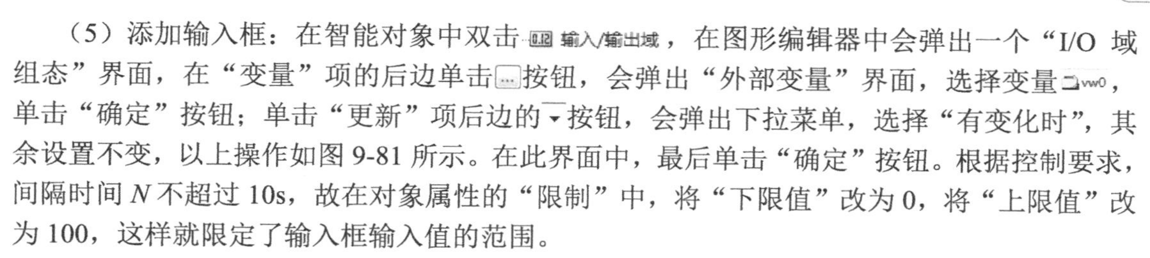

（5）添加输入框：在智能对象中双击 0.12 输入/输出域，在图形编辑器中会弹出一个“I/O 域组态”界面，在“变量”项的后边单击 ... 按钮，会弹出“外部变量”界面，选择变量 vw0，单击“确定”按钮；单击“更新”项后边的 ▾ 按钮，会弹出下拉菜单，选择“有变化时”，其余设置不变，以上操作如图 9-81 所示。在此界面中，最后单击“确定”按钮。根据控制要求，间隔时间 N 不超过 10s，故在对象属性的“限制”中，将“下限值”改为 0，将“上限值”改为 100，这样就限定了输入框输入值的范围。

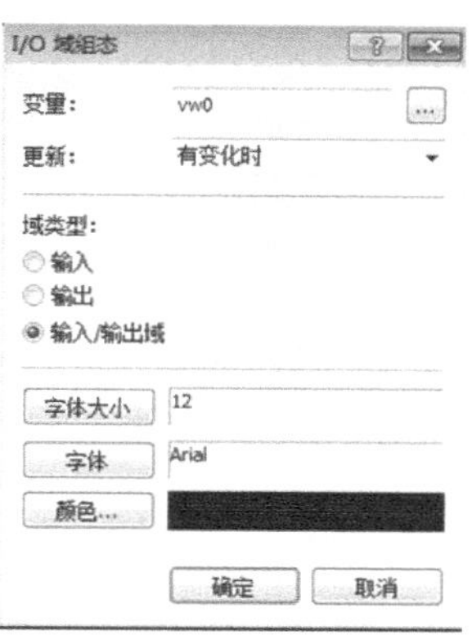

图 9-81　“I/O 域组态”界面

通过以上 5 步的设置，该项目 WinCC 的最终界面如图 9-82 所示。

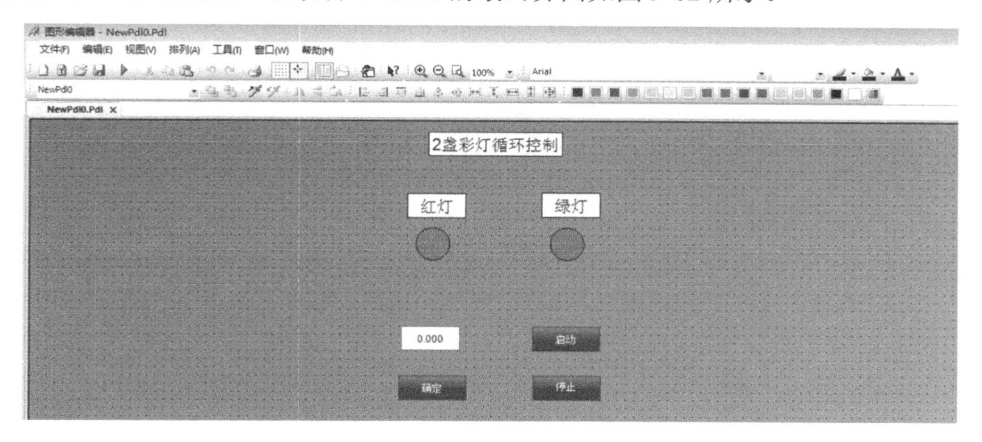

图 9-82　最终界面

4．项目调试

首先打开 S7-200 SMART PLC 编程软件 STEP 7- Micro/WIN SMART，单击 通信 进行通信参数配置，本机地址设置为“192.168.2.100”，通信参数配置完成后，单击 下载 按钮进行程序下载，之后单击 程序状态 按钮进行程序调试；PLC 程序下载完成后，打开 WinCC 软件，单击项目激活按钮 ▶，运行项目。在运行界面的输入框中输入 50，单击“确定”按钮，对应 PLC 程序 T37 的设定值变为 50，T38 的设定值变为 100，则两盏彩灯每隔 5s 循环点亮；若输入框输入值大于 100，WinCC 会弹出对话框提示超出设定范围。单击“启动”按钮，红绿彩灯会每隔 5s 点亮；单击“停止”按钮，程序停止。WinCC 项目的运行界面如图 9-83 所示。

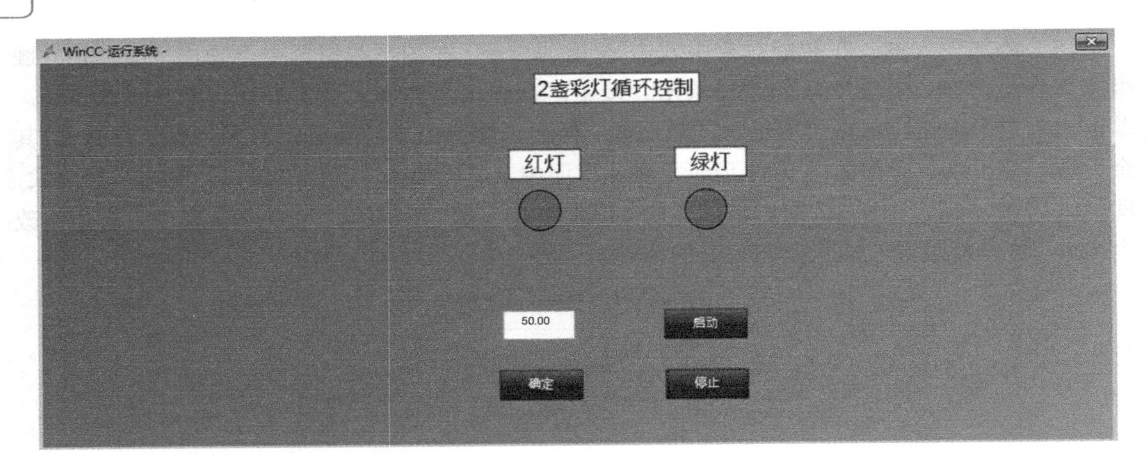

图 9-83　运行界面

第 10 章　PLC、触摸屏和变频器综合应用案例

本章要点

- ◆ S7-200 SMART PLC 和触摸屏在锯床控制中的应用
- ◆ S7-200 SMART PLC 和触摸屏在交通信号灯控制中的应用
- ◆ S7-200 SMART PLC、触摸屏和变频器在空气压缩机控制中的应用

一个完整的控制系统，视其复杂程度或客户需求，会涉及 PLC 与触摸屏、变频器和工业组态软件三者间两种或多种综合应用。对于初学或刚刚步入工控领域不久的电气工程技术人员来说，对以上三者综合应用设计感到陌生或吃力，基于此，本章将讲解 PLC 与触摸屏、变频器三者间的综合应用案例。

10.1　S7-200 SMART PLC 和触摸屏在锯床控制中的应用

10.1.1　任务引入

锯床基本运动过程是下降→切割→上升，如此重复。锯床控制电路如图 10-1 所示。在图中，合上空气开关 QF、QF1 和 QF2，按下下降启动按钮 SB4 时，中间继电器 KA1 得电并自锁，其常开触点闭合，接触器 KM2 闭合，液压电动机启动，电磁阀 S2 和 S3 得电，锯床切割机构下降；接着按下切割启动按钮 SB2，KM1 线圈吸合，锯轮电动机 M1、冷却泵电动机 M2 启动，机床进行切割工件；当工件切割完毕，SQ1 被压合，其常闭触点断开，KM1、KA1、S2、S3 均失电，SQ1 常开触点闭合，KA2 得电并自锁，电磁阀 YV1 得电，切割机构上升，当碰到上限位 SQ4 时，KA2、S1 和 KM2 均失电，上升停止。当按下相应停止按钮，其相应动作停止。根据上述控制要求，试将锯床控制由原来的继电器控制系统改造成 PLC+人机界面控制系统。

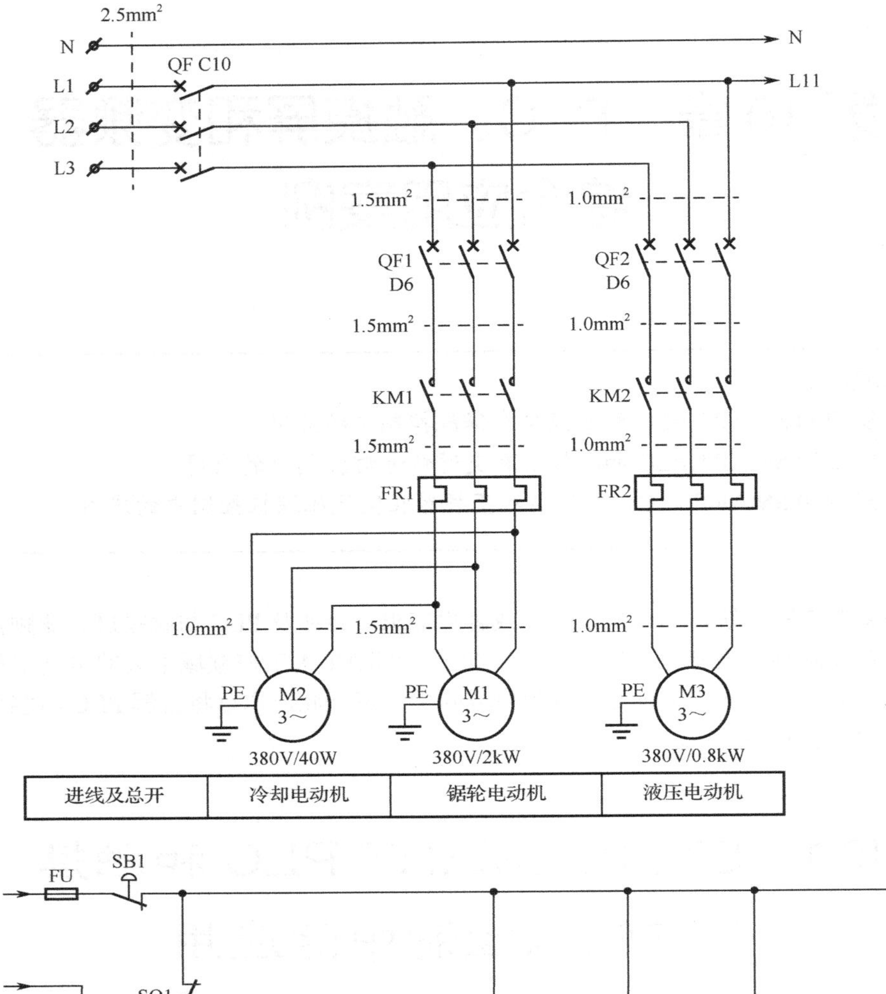

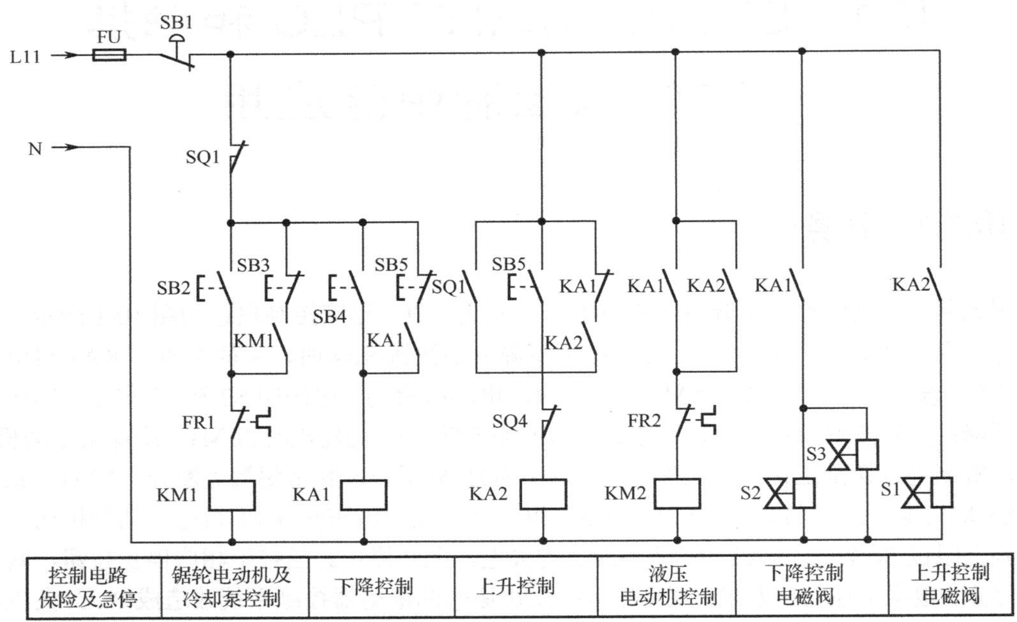

图 10-1　锯床控制电路图

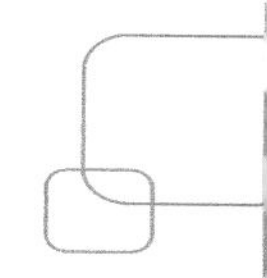

10.1.2　任务实施——PLC 程序的设计

（1）了解原系统的工艺要求，熟悉继电器电路图。

（2）确定 I/O 点数，并画出外部接线图；I/O 分配如表 10-1 所示，外部接线图如图 10-2 所示。注：主电路与图 10-1 一致。

表 10-1　锯床控制 I/O 分配

输 入 量		输 出 量	
急停	I0.3	锯轮电动机	Q0.0
下限位 SQ1	I0.5	液压电动机	Q0.1
上限位 SQ4	I0.6	电磁阀 S1	Q0.2
切割启动	M20.0	电磁阀 S2	Q0.3
切割停止	M20.1	电磁阀 S3	Q0.4
下降启动	M20.2		
上升启动	M20.3		

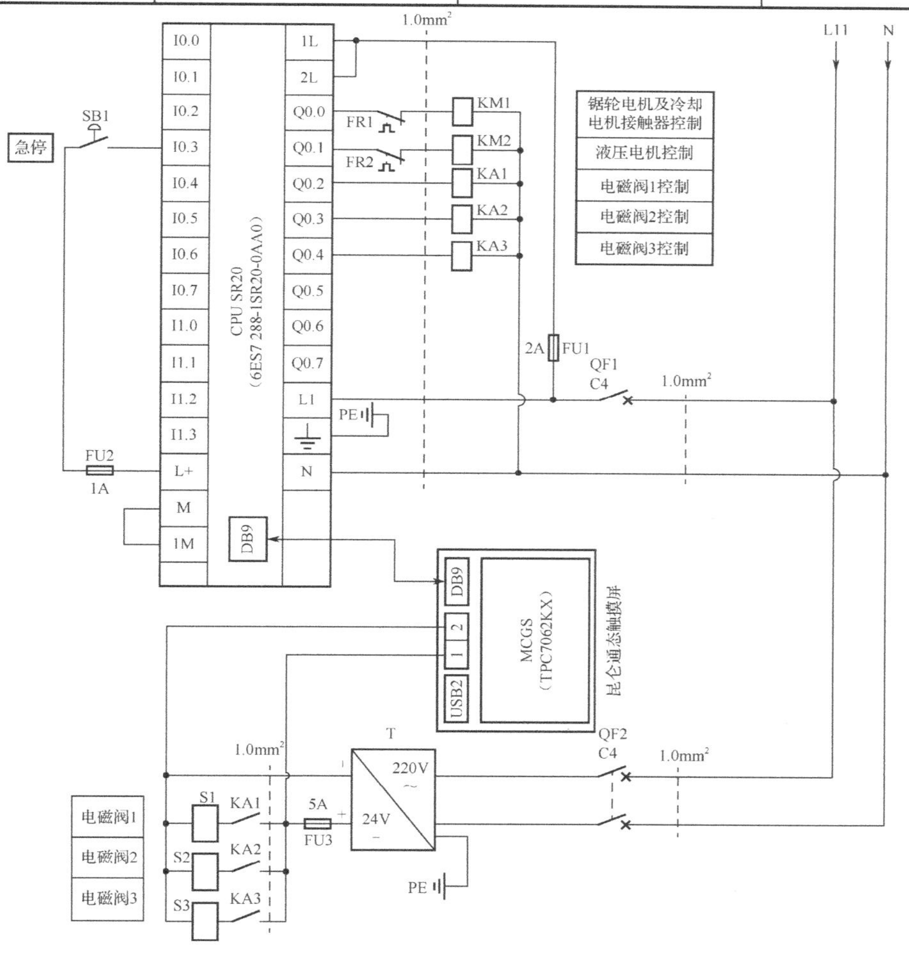

图 10-2　锯床控制外部接线图

（3）将继电器电路翻译成梯形图并化简，锯床控制程序草图如图 10-3 所示，最终结果如图 10-4 所示。

锯床控制草图
急停:I0.3
上限位:I0.5
切割启动:M20.0
锯轮电机:Q0.0
切割停止:M20.1
锯轮电机:Q0.0
下降启动:M20.2
M0.0
上升启动:M20.3
M0.0
上限位:I0.5
下限位:I0.6
M0.1
上升启动:M20.3
M0.1
M0.0
M0.0
液压电机:Q0.1
M0.1
M0.0
电磁阀2:Q0.3
电磁阀3:Q0.4
M0.1
电磁阀1:Q0.2
上限位:I0.5
M20.4
下限位:I0.6
M20.5

图 10-3　锯床控制程序草图

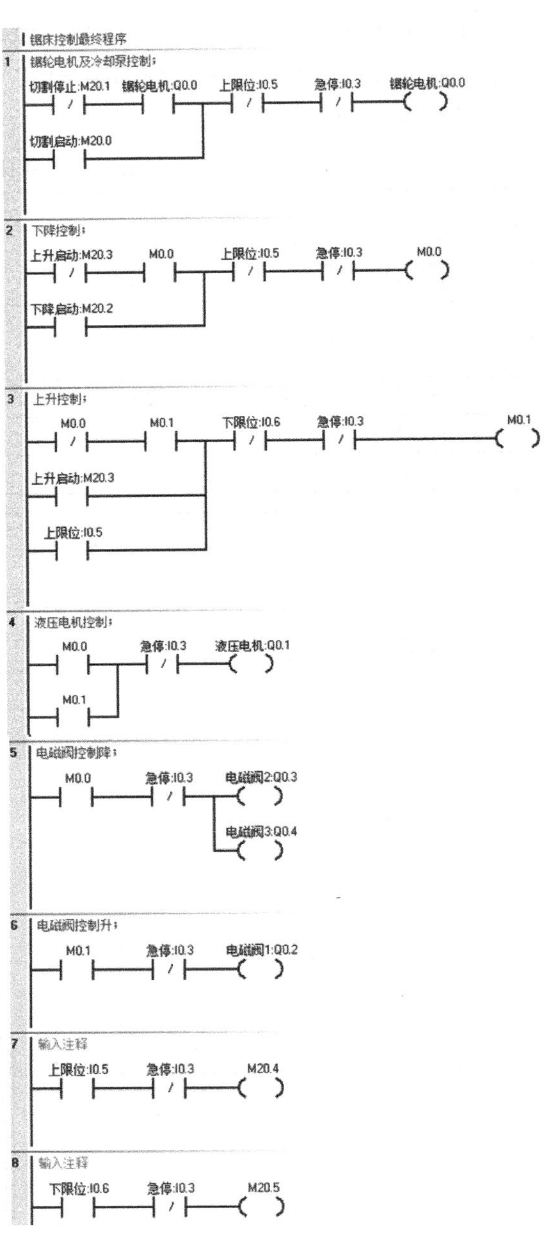

图 10-4　锯床控制程序最终结果

10.1.3　任务实施——触摸屏界面设计及组态

1．新建

双击桌面 MCGS 组态软件图标，进入组态环境。选择菜单栏中的“文件→新建”命令，

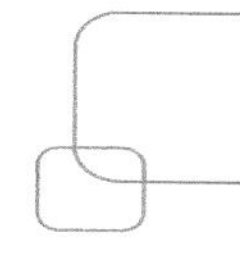

会出现“新建工程设置”对话框，如图 10-5 所示。在“类型”中可以选择需要触摸屏系列，这里我们选择“TPC7062KX”系列；在“背景色”中，单击倒箭头选择灰色；设置完后，单击“确定”按钮，会出现图 10-6 所示界面。

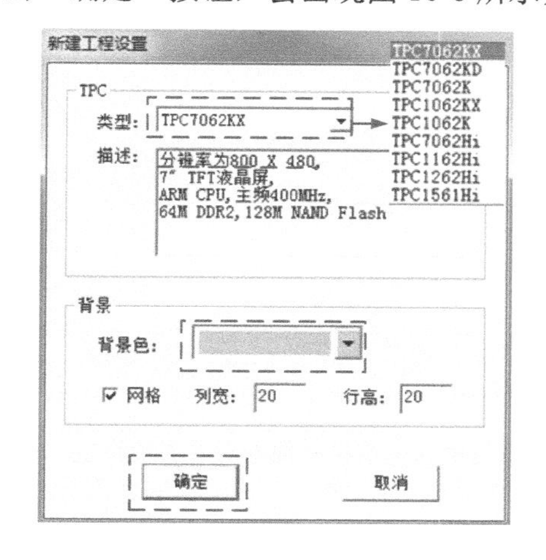

图 10-5　新建工程设置

图 10-6　工作界面

2. 变量定义

1）开关量变量添加

在图 10-6 所示界面中，选择实时数据库选项卡，进入实时数据库界面。单击新增对象按钮，会出现InputETime1，双击此项，进入“数据对象属性设置”界面，在“对象名称”项输入“锯轮电动机”；在“对象初值”项输入“0”；在“对象类型”项，选择“开关”选项，设置完毕，单击“确认”按钮，以上步骤，如图 10-7 所示。其余开关量变量定义，如液压电动机、电磁阀 1、电磁阀 2、电磁阀 3、上限位、下限位、切割启动等可以仿照“锯轮电动机”设置，这里不再赘述。

2）字符变量定义

再次单击新增对象按钮，会出现锯轮电机1，双击此项，会进入“数据对象属性设置”，在“对象名称”项输入“锯轮电动机字符串”；在“对象初值”项输入“关闭”；在“对象类型”项，选择“字符”选项，设置完毕，单击“确认”按钮，步骤如图 10-8 所示。其余字符变量定义，如液压电动机字符串、电磁阀 1 字符串、电磁阀 2 字符串、电磁阀 3 字符串、上限位字符串、下限位字符串等可以仿照“锯轮电动机字符串”设置，这里不再赘述。

变量定义的最终结果如图 10-9 所示。需要注意的是，日期变量$Date 和时间变量$Time 是系统自行定义的，无须用户定义。

3. 界面制作及变量连接

（1）新建窗口：在图 10-6 中，选择用户窗口选项卡，进入用户窗口，这样就可以制作界面了。单击新建窗口按钮，会出现窗口0图标，以上操作如图 10-10 所示。

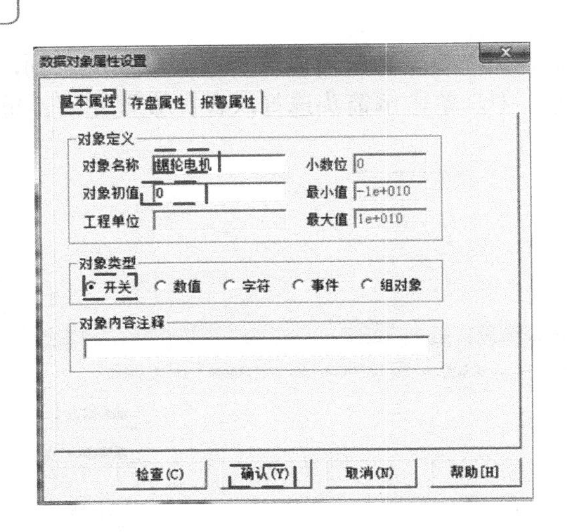

图 10-7　锯轮电动机的数据对象属性设置

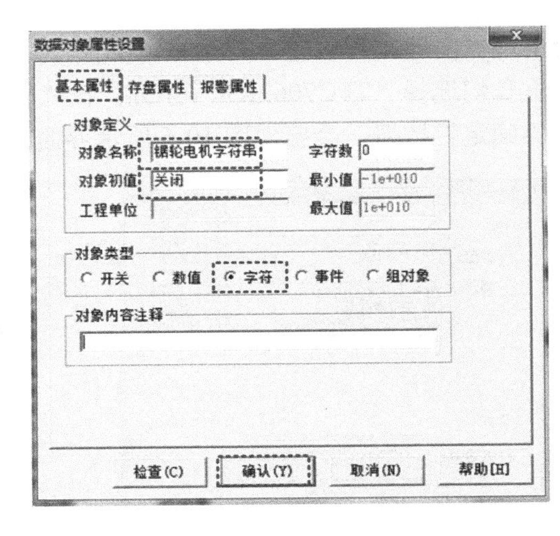

图 10-8　锯轮电动机字符串数据对象属性设置

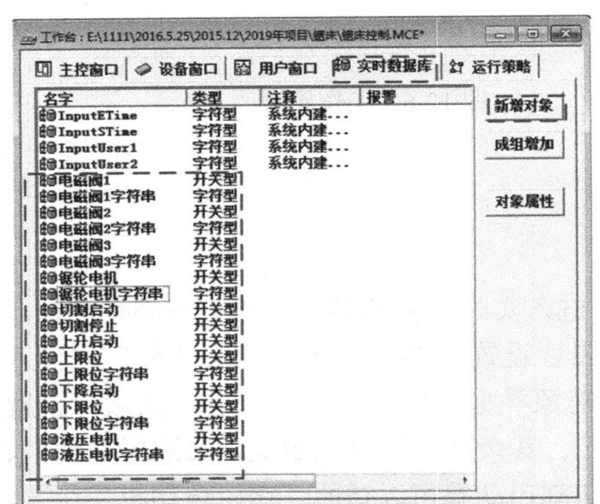

图 10-9　变量定义的最终结果

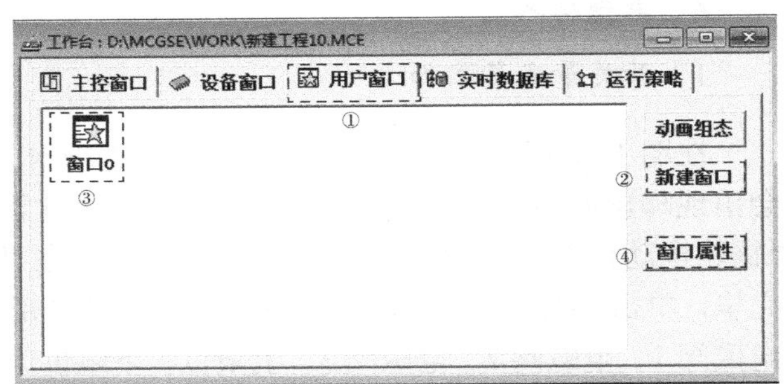

图 10-10　新建窗口

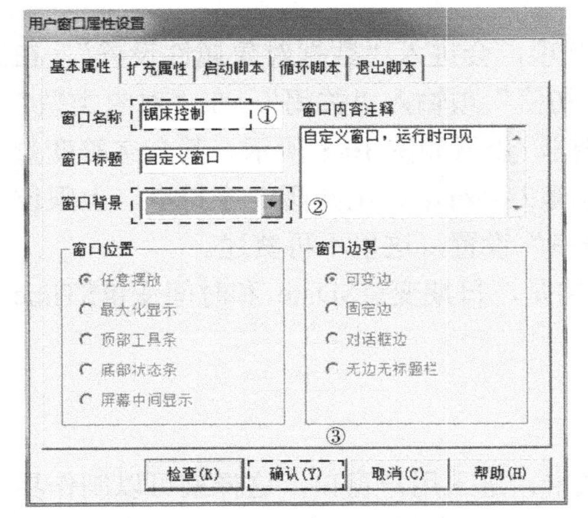

图 10-11　用户窗口属性设置

（2）窗口属性设置：选中“窗口 0”，单击窗口属性按钮，出现图 10-11 所示界面。这时可以改变窗口的属性。在“窗口名称”中输入“锯床控制”。在“窗口背景”选择灰色；设置完成后，单击“确认”按钮，窗口名称由“窗口 0”变成了“锯床控制”，设置步骤如　　图 10-11 所示。

（3）插入位图：双击图标，进入“动态组态首页”界面。单击工具栏中的按钮，会出现工具箱，这时利用工具箱就可以进行界面制作。单击工具箱中的按钮，在工作区域进行拖曳，之后右键选择“装载位图”命令，找到要插入图片的路径，这样就把想要插入的图片插到“锯床控制”界面里了，具体步骤如图 10-12 所示，本例中插入的是“锯床图片”。

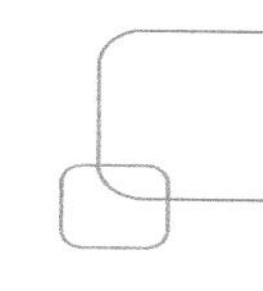

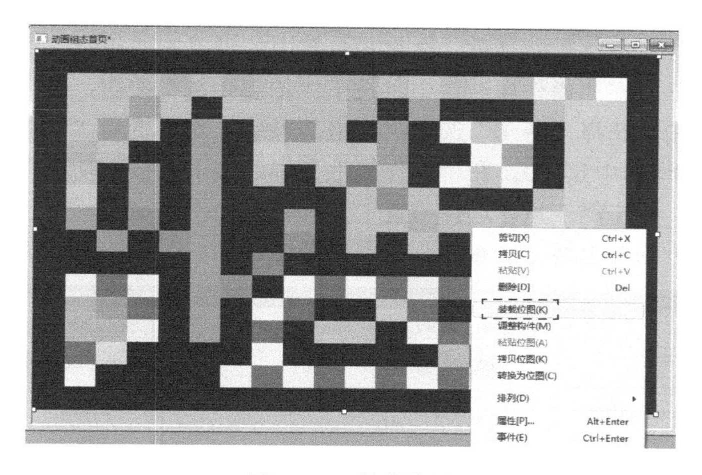

图 10-12　装载位图

（4）插入标签：在打开的“锯床控制”界面单击工具栏中的A按钮，在界面中拖曳，双击该标签，进入“标签动画组态属性设置”界面，如图 10-13 所示。在此界面中可以进行属性设置和扩展设置，在“扩展属性”中的“文本内容输入”项输入“锯床控制系统”字样；水平和垂直对齐分别设置为“居中”，文字内容排布设置为“横向”。在“属性设置”中 “填充颜色”和“边框颜色”项分别选择“没有填充”和“没有边线”；“字符颜色”项设置为黑色。

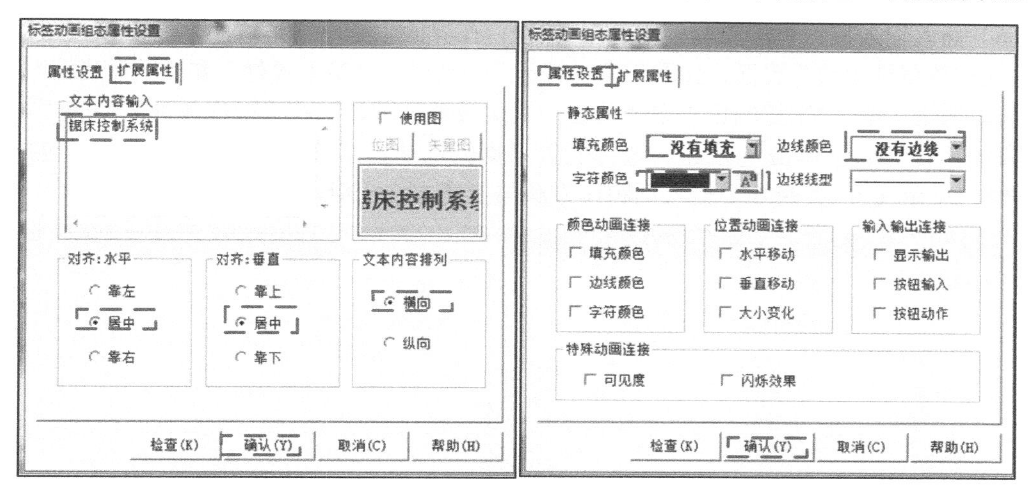

图 10-13　标签动画组态属性设置

单击A按钮，会出现“字体”对话框，如图 10-14 所示。

其余“锯轮电动机”、“液压电动机”、“电磁阀 S1”等标签制作方法与上述方法相似，故不再赘述。

（5）插入按钮：单击按钮，在界面中拖曳合适大小，双击该按钮，进入“标准按钮构建属性设置”界面，如图 10-15 所示。分别进行基本属性和操作属性设置。在“基本属性”中的“文本”项输入“切割启动”字样；水平和垂直对齐分别设置为“居中”；“文本颜色”项设置为黑色；

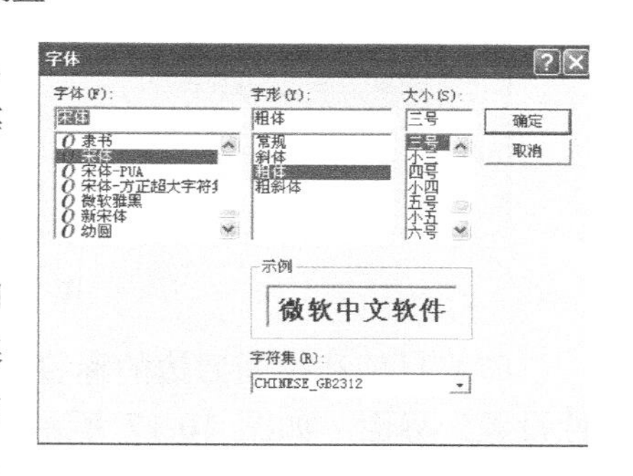

图 10-14　字体设置

单击按钮，会出现“字体”对话框，这里与标签中的设置方法相似，不再赘述，“背景色”为黄色、其余为默认。在“操作属性”中，按下“抬起功能”按钮，在“数据对象值操作”项打钩，单击倒三角，选择“清 0”选项；单击?按钮，选择变量“切割启动”。（备注：此变量应提前在实时数据库中定义）。在“操作属性”中，按下“按下功能”按钮，在“数据对象值操作”项打钩，单击倒三角，选择“置 1”；单击?按钮，选择变量“切割启动”选项。其余三个按钮制作方法与上述方法相似，故不再赘述。

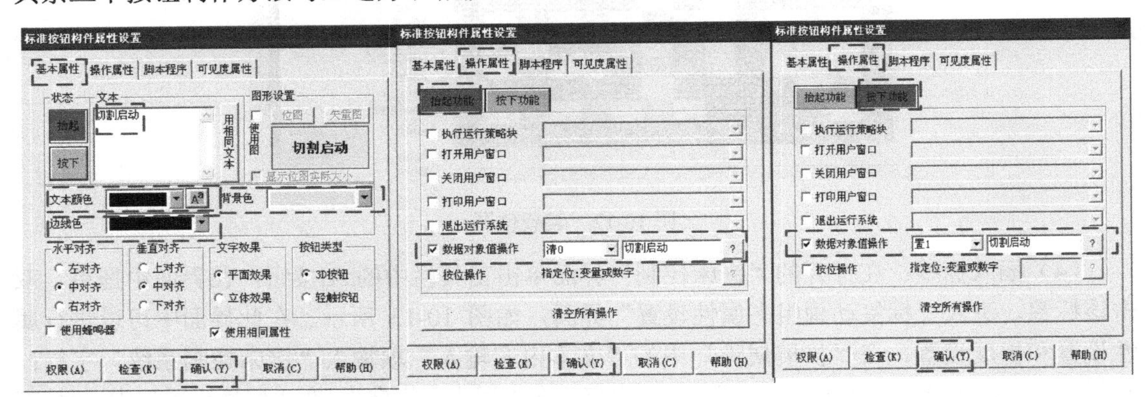

图 10-15　标准按钮构建属性设置

（6）插入输入框：单击工具栏中的abl按钮，在界面中拖至合适大小，双击该按钮，进入“输入框构件属性设置”界面，如图 10-16 所示。分别进行“基本属性”和“操作属性”设置。在“基本属性”中，“字符颜色”选择橙色，其余设置为默认；在“操作属性”中的“对应数据对象的名称”项，单击?按钮，选择变量“锯轮电动机字符串”（备注：此变量应提前在实时数据库中定义），其余 6 个输入框制作方法与上述方法相似，故不再赘述。

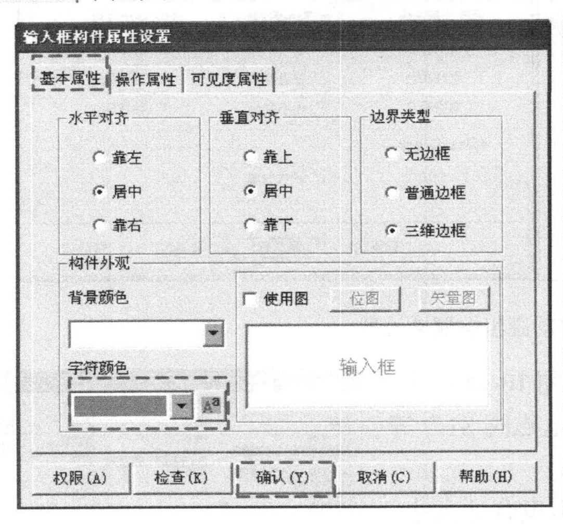

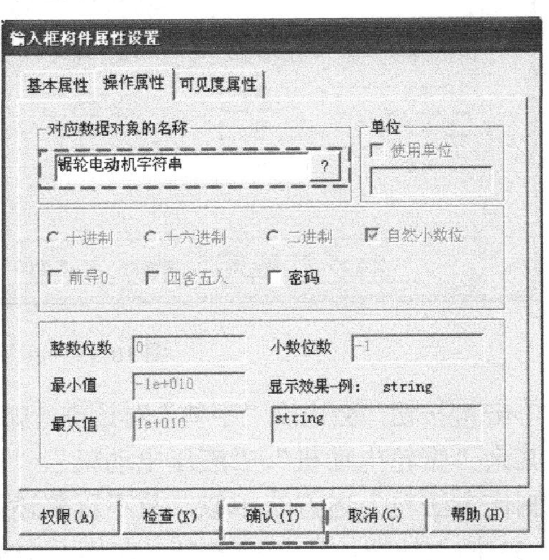

图 10-16　“输入框构件属性设置”界面

（7）日期和时间后边的标签设置：双击“日期标签设置”标签，进入“标签动画组态属性设置”界面，如图 10-17 所示。在此界面中可以进行“属性设置”和“显示输出”设置，在“属性设置”中“填充颜色”选择“白色”，其余默认。在“显示输出”中的“表达式”项，

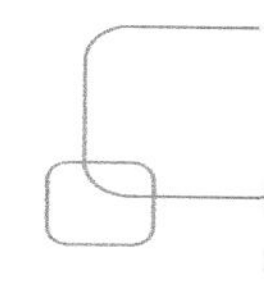

单击 ? 按钮，选择变量“＄Date”(备注：$Date 为系统自带变量)。

时间标签设置和日期标签设置类似，只不过变量选择“$Time”而已。

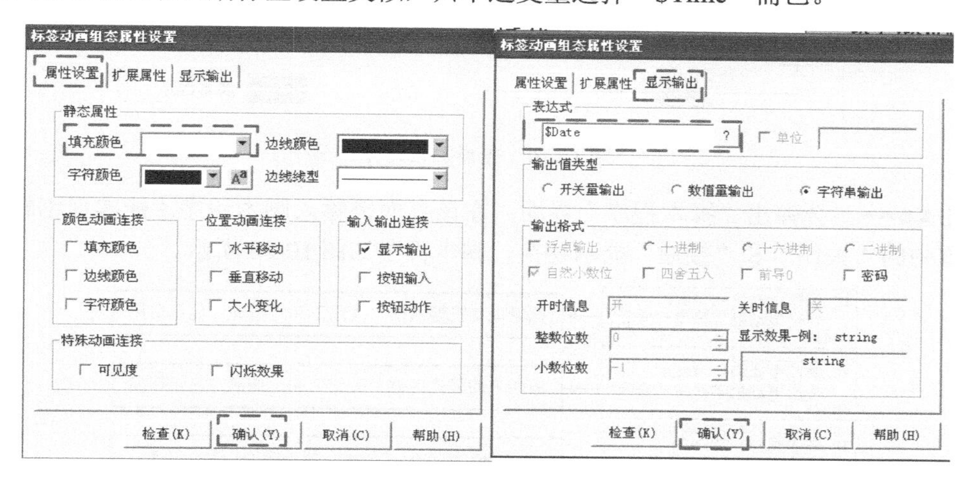

图 10-17 “标签动画组态属性设置”界面

(8) 最终界面如图 10-18 所示。

图 10-18　锯床控制最终界面

4. 运行策略

本案例为了实现锯轮电动机等输入框中的“关闭”和“接通”显示切换，需使用运行策略。

1）循环策略组态

单击工作平台中的 运行策略 按钮，将界面切换到“运行策略”界面。选中“运行策略”界面中的“循环策略”选项，单击 策略组态 按钮，会出现“循环组态”界面。单击工具栏中的新增策略运行按钮 ，在策略中会添加一行。先选中该行中的 ，单击工具栏中的 按钮，会出现策略工具箱，在策略工具箱中双击 脚本程序，脚本程序就添加到了 中，最终结果如图 10-19 所示。

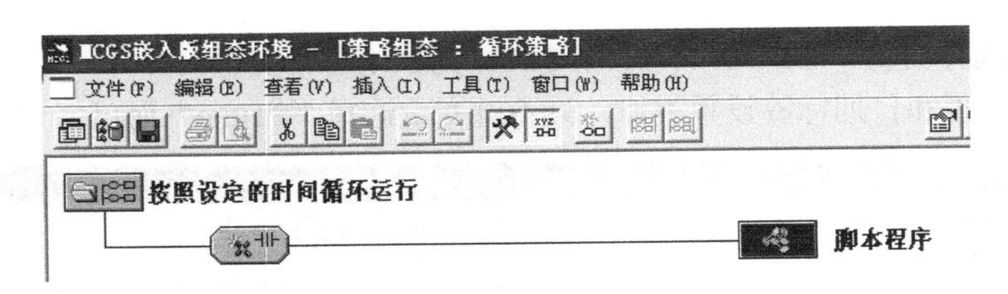

图 10-19　添加脚本程序

双击 ，会弹出“脚本程序”界面。在该界面需输入脚本程序才能实现锯轮电动机等输入框中的“关闭”和“接通”显示切换，脚本程序如图 10-20 所示。

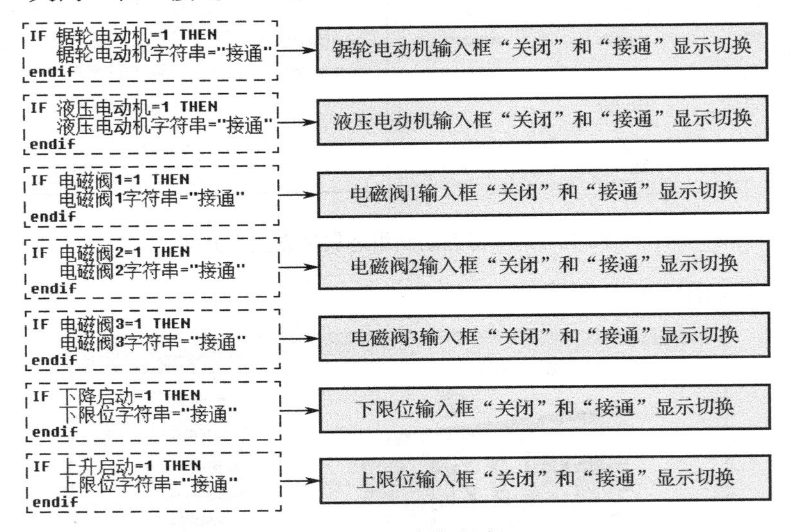

图 10-20　脚本程序

2）策略属性设置

选中“循环策略”，单击**策略属性**按钮，会打开“策略属性设置”界面，用户可以设置“策略执行方式”的时间，单位 ms；在策略内容注释上，可以添加注释，策略属性设置如图 10-21 所示。

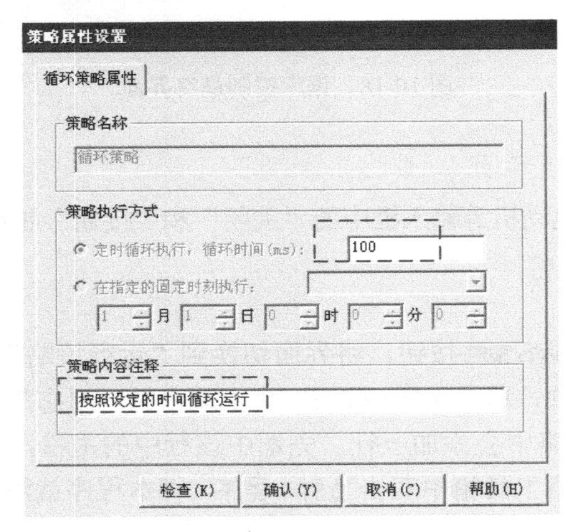

图 10-21　“策略属性设置”界面

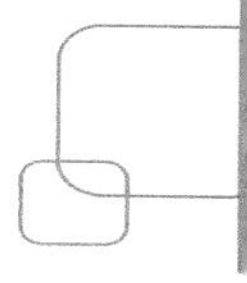

5．设备连接

在图 10-6 中，选择 设备窗口 选项卡，进入设备窗口界面。单击 设备组态 按钮，会出现设备组态窗口界面，单击工具栏中的 按钮，会出现设备工具箱，如图 10-22（a）所示。单击设备工具箱中的“设备管理”按钮，会出现图 10-22（b）所示界面，先选中 通用串口父设备，再选中 西门子_S7200PPI，以上选中的两项就会出现在“设备工具箱”中，如图 10-22（c）所示。在“设备工具箱”中，先双击 通用串口父设备，在“设备组态窗口”中会出现 通用串口父设备0--[通用串口父设备]，之后在“设备工具箱”中再双击 西门子_S7200PPI，会出现如图 10-23 所示界面，单击“是”按钮。在“设备组态”窗口会出现 设备0--[西门子_S7200PPI]，最终结果如图 10-24 所示。

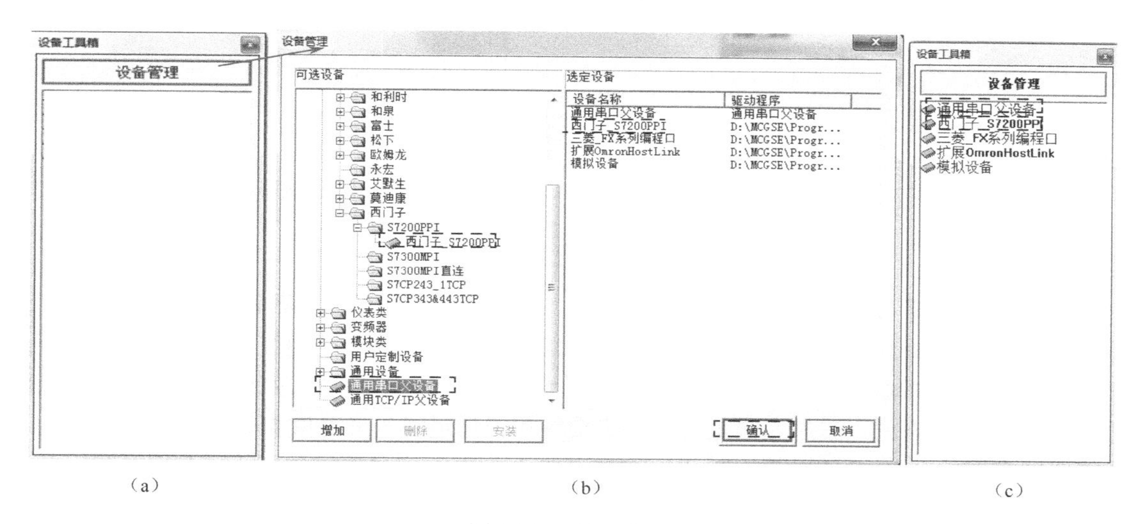

（a）　　（b）　　（c）

图 10-22　设备管理

图 10-23　西门子 S7-200PPI 通信设置

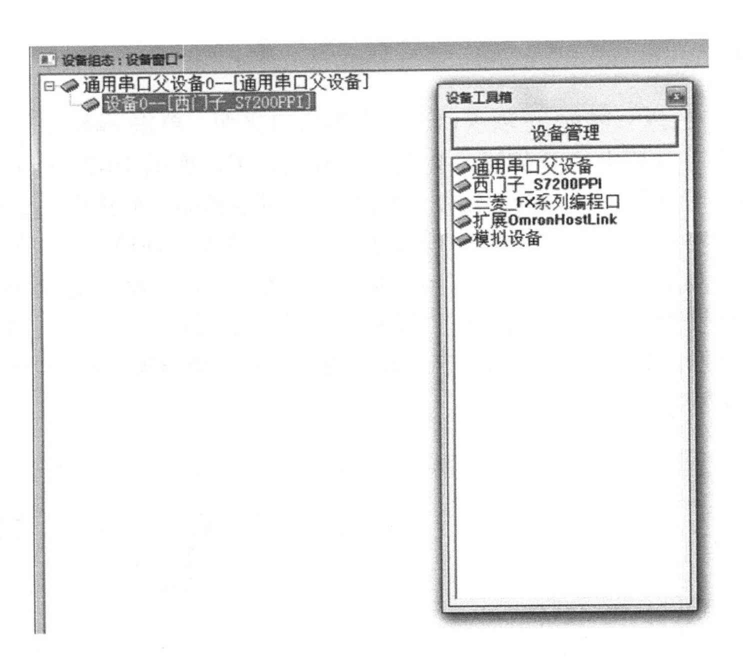

图 10-24　串口设置的最终结果

在“设备组态”窗口双击西门子_S7200PPI，会出现图 10-25 所示界面。在图 10-25 的“设备编辑窗口”中单击增加设备通道按钮，会出现图 10-26 所示界面。在“通道类型”中找到M寄存器；在“通道地址”中输入“20”；在“读写方式”中选“读写”；剩余开关量通道的添加可以参考 M20.0 通道的添加。添加完通道后，一定要将相应的通道与实时数据库的变量对应好，这是实现触摸屏控制 PLC 的关键。以“锯轮电动机”为例，变量选择如图 10-27 所示。设备连接的最终结果见图 10-28。

图 10-25　设备编辑窗口

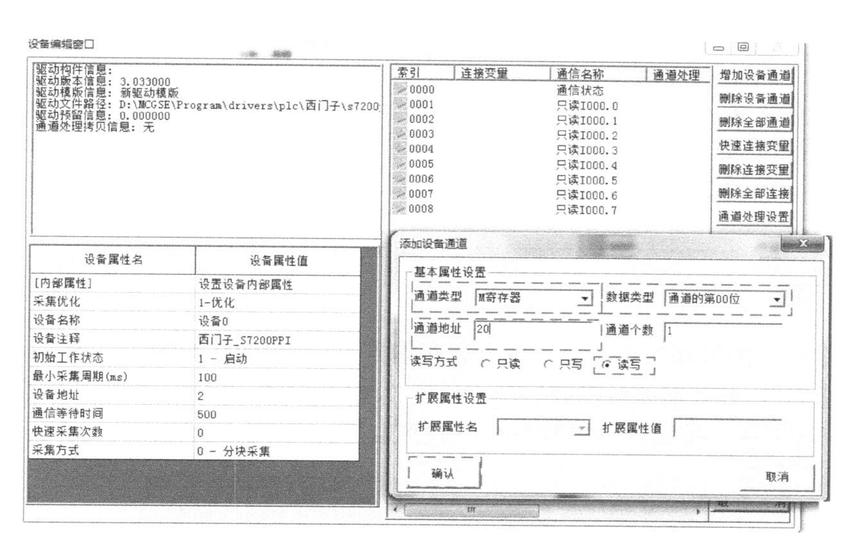

图 10-26　添加设备通道（类型 1）

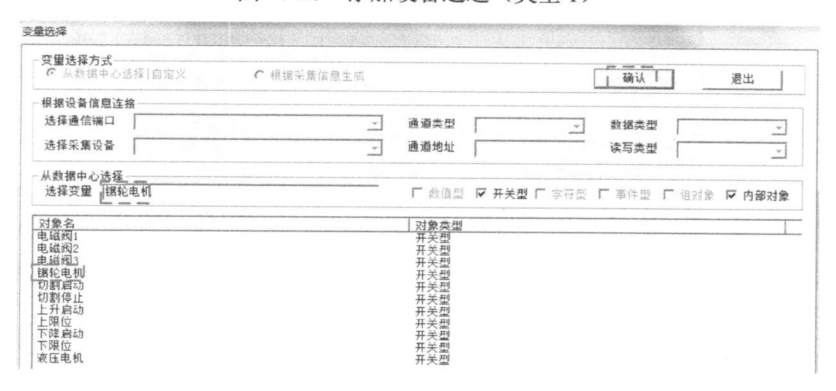

图 10-27　变量选择

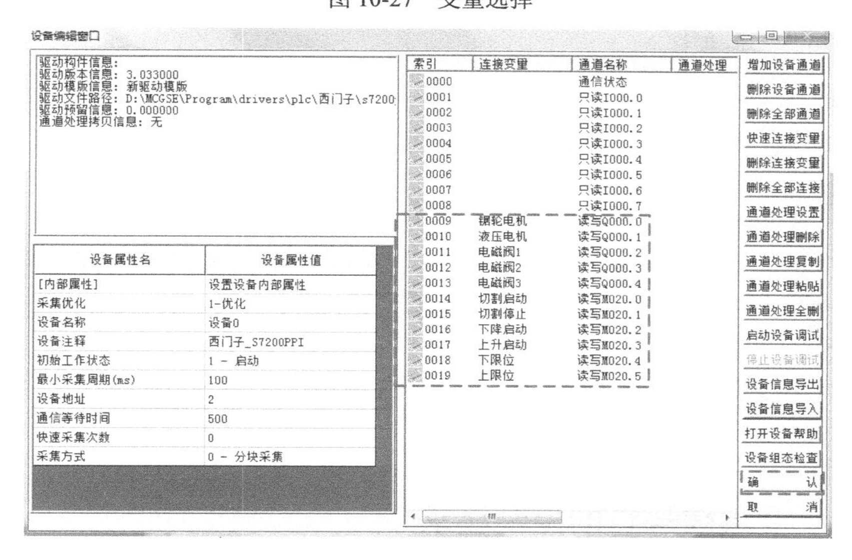

图 10-28　设备连接最终结果

编者有料

实时数据库是生成触摸屏内部数据的区域，设备窗口相当于“外交部”，是触摸屏数据与 PLC 数据沟通的窗口，实际上，通过此窗口建立了触摸屏与 PLC 的联系。如在触摸屏中单击“切割启动”按钮，通过 M20.0 通道，使得 PLC 程序中的 M0.0 动作，进而程序得到了运行。

6．程序下载

在工具栏中，单击按钮，会出现下载配置界面，如图 10-29 所示。在“连接方式”项选择“USB 通信”，要有实体触摸屏的话，单击“连机运行”按钮，如果没有可以模拟运行，之后单击“工程下载”按钮，这时程序会下载到触摸屏或模拟软件中；程序下载完成后，单击“启动运行”按钮。

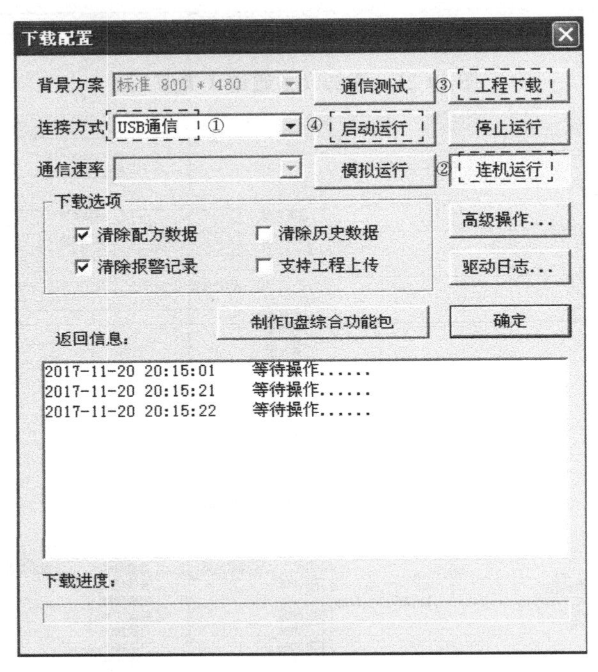

图 10-29 “下载配置”界面

10.2 S7-200 SMART PLC 和触摸屏在交通信号灯控制中的应用

10.2.1 交通信号灯的控制要求

交通信号灯布置如图 10-30 所示。按下启动按钮，东西绿灯亮 25s 闪烁 3s 后熄灭，然后黄灯亮 2s 后熄灭，紧接着红灯亮 30s 后再熄灭，再接着绿灯亮……如此循环；在东西绿灯亮的同时，南北红灯亮 30s，接着绿灯亮 25s 闪烁 3s 后熄灭，然后黄灯亮 2s 后熄灭，红灯亮……如此循环，具体如表 10-2 所示。

图 10-30　交通信号灯布置图

表 10-2　交通信号灯工作情况表

<table>
<tr><td rowspan="2">东西方向
时间/s</td><td>绿灯亮</td><td>绿灯闪</td><td>黄灯亮</td><td colspan="3">红灯亮</td></tr>
<tr><td>25</td><td>3</td><td>2</td><td colspan="3">30</td></tr>
<tr><td rowspan="2">南北方向
时间/s</td><td colspan="3">红灯亮</td><td>绿灯亮</td><td>绿灯闪</td><td>黄灯亮</td></tr>
<tr><td colspan="3">30</td><td>25</td><td>3</td><td>2</td></tr>
</table>

10.2.2　硬件设计

交通信号灯信号符号表如图 10-31 所示，硬件图纸如图 10-32 所示。

符号表

			符号	地址	注释
1			动	M1.0	
2			停止	M1.1	
3			东西绿灯	Q0.0	
4			东西黄灯	Q0.1	
5			东西红灯	Q0.2	
6			南北绿灯	Q0.3	
7			南北黄灯	Q0.4	
8			南北红灯	Q0.5	

图 10-31　交通信号灯符号表

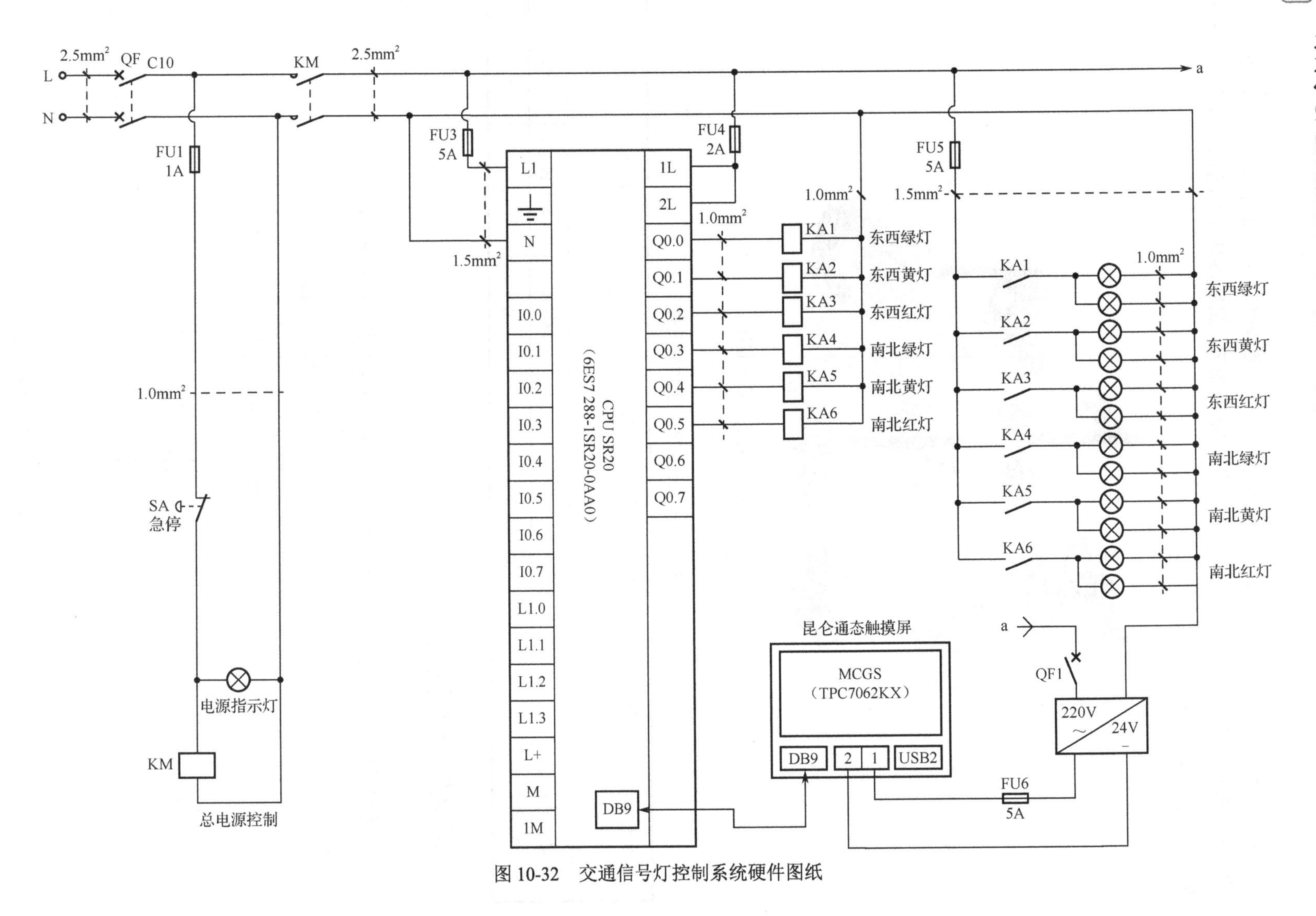

图 10-32 交通信号灯控制系统硬件图纸

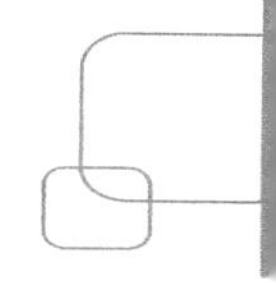

10.2.3　硬件组态

交通信号灯控制系统硬件组态如图 10-33 所示。

	模块	版本	输入	输出	订货号
CPU	CPU SR20 (AC/DC/Relay)	V02.00.00_00.00...	I0.0	Q0.0	6ES7 288-1SR20-0AA0
SB					
EM 0					
EM 1					

图 10-33　交通信号灯控制系统硬件组态

10.2.4　PLC 程序设计

从控制要求上看，此例编程规律不难把握，故采用了经验设计法。由于东西、南北交通信号灯工作规律完全一致，所以写出东西或南北这一半程序，按照前一半规律另一半程序对应写出即可。首先构造启保停电路，接下来构造定时电路，最后根据输出情况写输出电路，具体程序如图 10-34 所示。

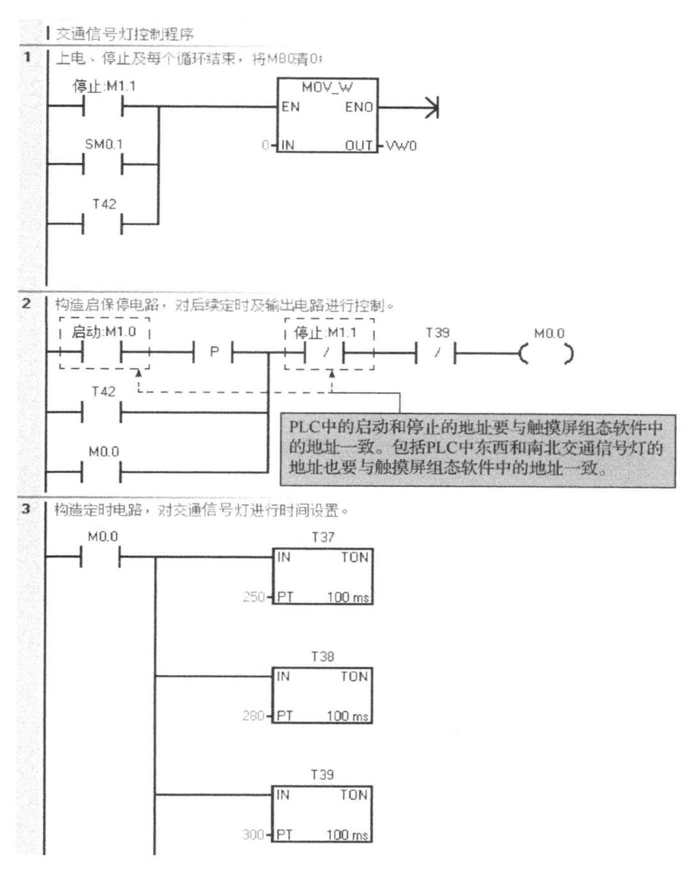

图 10-34　交通信号灯控制程序

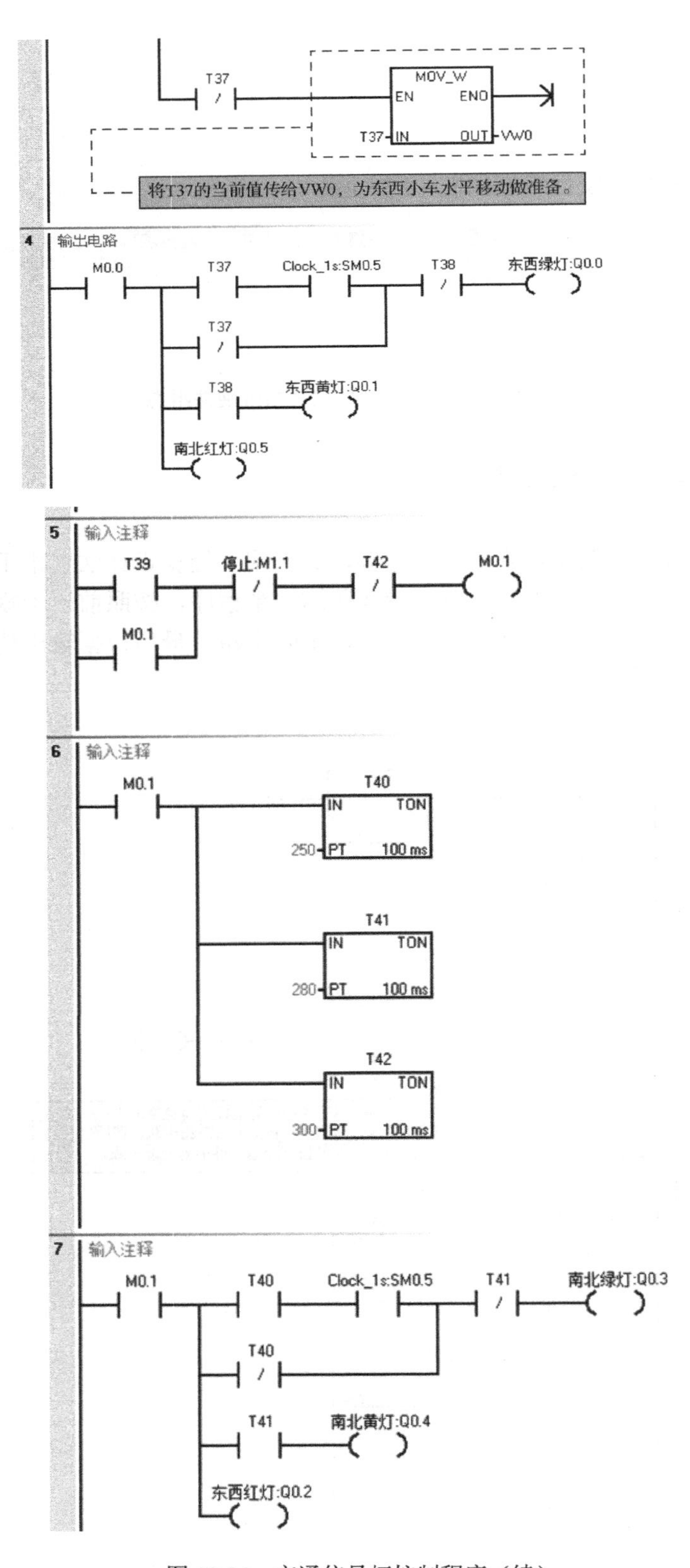

图 10-34 交通信号灯控制程序（续）

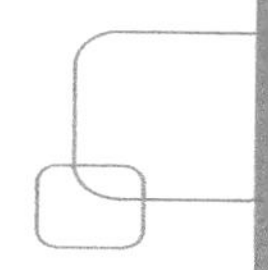

10.2.5　触摸屏界面设计及组态

1．新建工程

双击桌面 MCGS 组态软件图标，进入组态环境。选择菜单栏中的“文件→新建”命令，会出现“新建工程设置”界面，如图 10-35 所示。在“类型”中可以选择所需触摸屏的系列，这里选择“TPC7062KX”系列；在“背景色”中，可以选择所需的背景颜色；这里有一点需要注意，分辨率是 800 像素×480 像素，有时候背景以图片形式出现的时候，所用图片的分辨率也必须为 800 像素×480 像素，否则触摸屏显示出来会失真。设置完后，单击“确定”按钮，会出现图 10-36 所示界面。

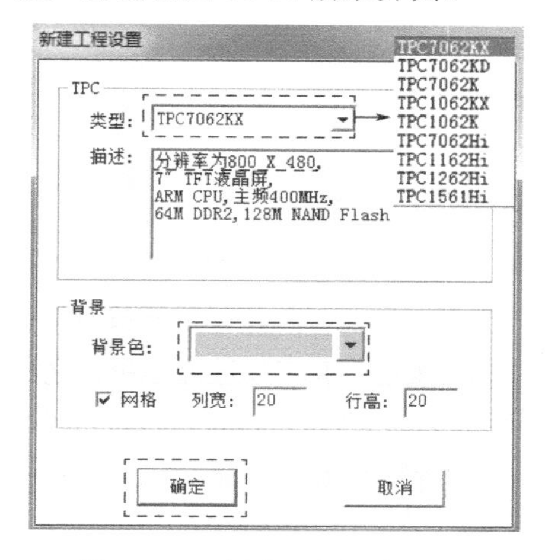

图 10-35　“新建工程设置”界面

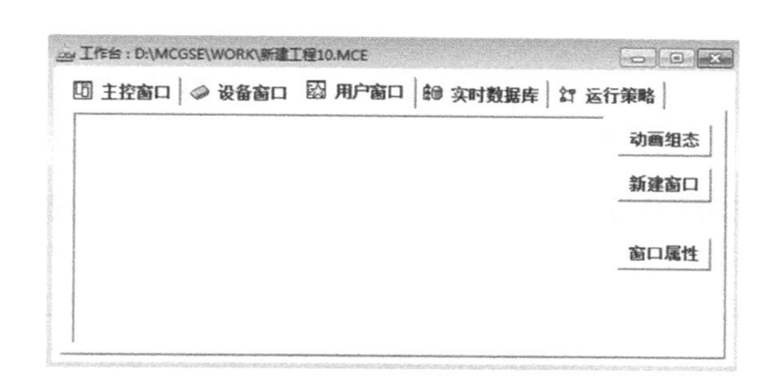

图 10-36　工作界面

2．首页界面制作

（1）新建窗口：在图 10-37 中，单击用户窗口按钮，进入用户窗口，这里可以制作界面了。单击新建窗口按钮，会出现窗口0，步骤如图 10-37 所示。

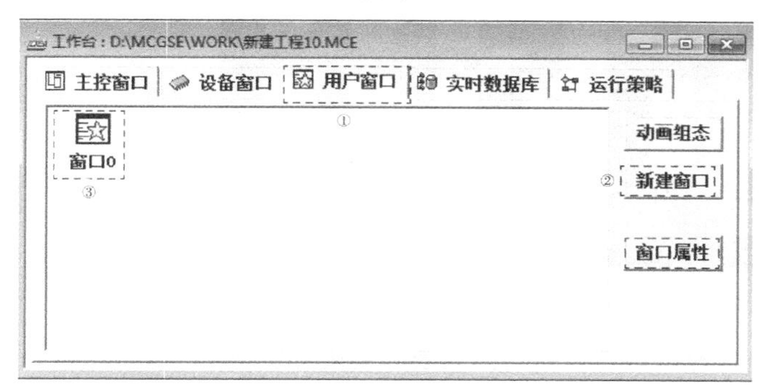

图 10-37　新建窗口

（2）窗口属性设置：选中“窗口 0”，单击窗口属性按钮，出现图 10-38 所示界面。这时可以改变窗口的属性。在窗口名称可以输入想要的名称，本例窗口名称为“首页”。在“窗口背景”中可选择所需的背景颜色；设置完成后，单击“确认”按钮，窗口名称由“窗口 0”变成了“首页”，设置步骤如图 10-38 所示。

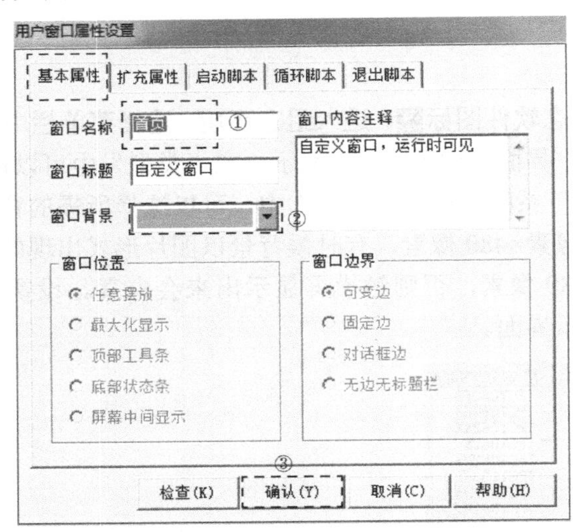

图 10-38　用户窗口属性设置

（3）插入位图：双击图标，进入“动态组态首页”界面。单击工具栏中的按钮，会出现工具箱，这时利用工具箱就可以进行界面制作了。单击按钮，在工作区域拖曳，之后右键选择“装载位图”命令，找到要插入图片的路径，这样就把想要插入的图片插到“首页”里了，如图 10-39 所示。本例中插入的是“S7-200 SMART PLC 图片”。

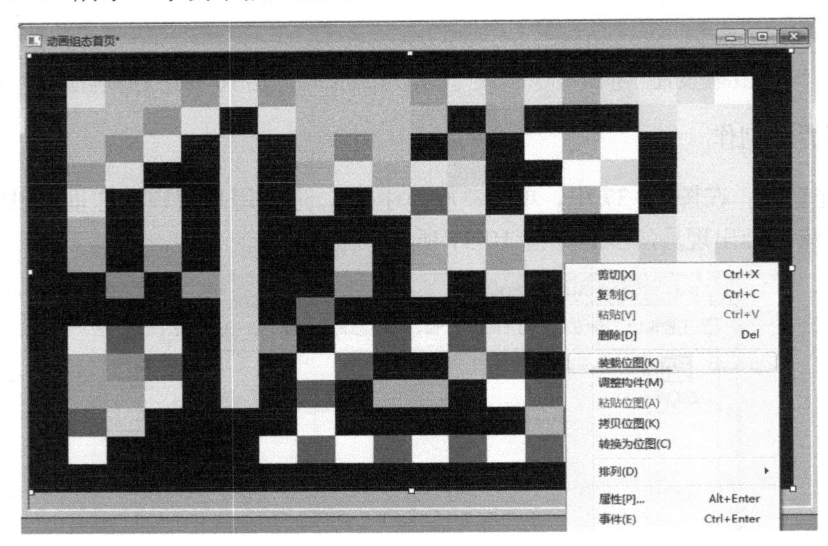

图 10-39　装载位图

（4）插入标签：在工具箱中单击 A 按钮，在界面中拖曳，双击该标签，进入“标签动画组态属性设置”界面，如图 10-40 所示。分别进行属性设置和扩展设置，在“扩展设置”中的“文本内容输入”项输入“交通信号灯控制系统”字样；水平和垂直对齐分别设置为“居中”，文字内容排列设置为“横向”。在“属性设置”中 “填充颜色”、“边框颜色”项分别选择“没有填充”和“没有边线”；“字符颜色”项设置为蓝色；单击按钮，会出现“字体”界面，如图 10-41 所示。

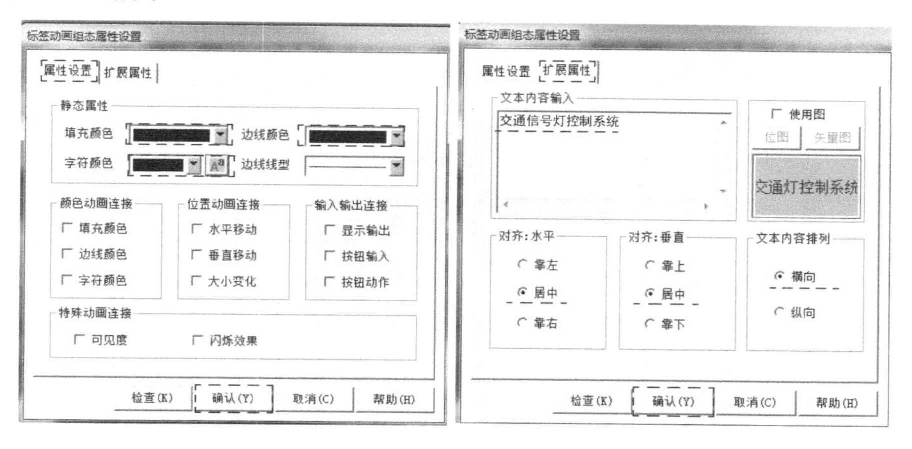

图 10-40　标签动画组态属性设置

其余两个标签制作方法与上述方法相似，故不再赘述。

（5）插入按钮：在工具箱中，单击按钮，在界面中拖至合适大小，双击该按钮，进入“标准按钮构建属性设置”界面，如图 10-42 所示。分别进行“基本属性”和“操作属性”设置。在“基本属性”中的“文本”项输入“进入主页”字样，水平和垂直对齐分别设置为“中对齐”，“文本颜色”项设置为紫色，单击按钮，会出现“字体”对话框，与标签中的设置方法相似，故不赘述，背景色设为蓝色。在“操作属性”中的“打开用户窗口”项打钩，单击倒三角，选择“交通信号灯控制系统”（备注：交通信号灯控制系统窗口要提前新建，步骤与首页新建一致）。

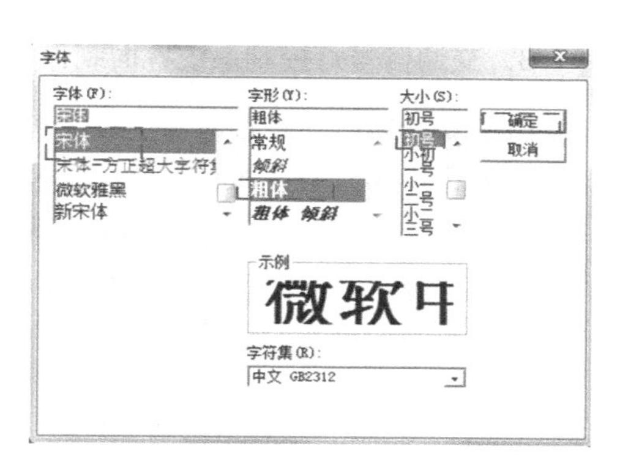

图 10-41　“字体”界面

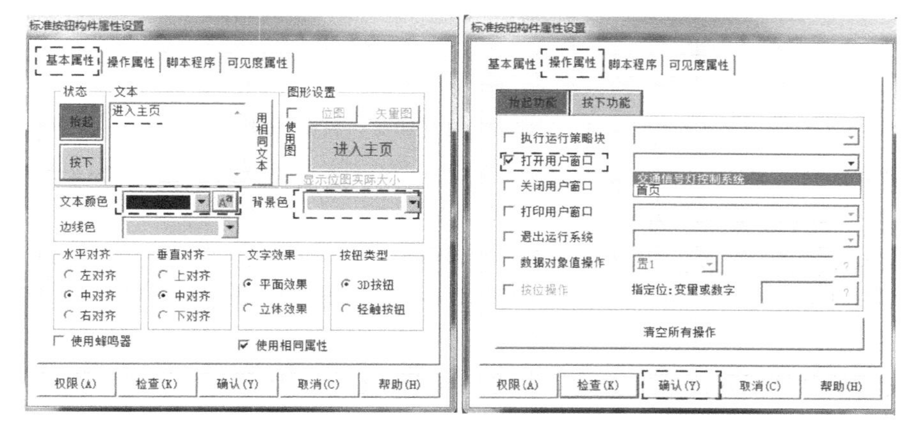

图 10-42　标准按钮构建属性设置

首页界面制作的最终结果如图 10-43 所示。

图 10-43　首页界面制作的最终结果

3．交通信号灯控制系统界面制作

（1）新建窗口步骤参考“主页”新建，这里不赘述。

（2）窗口属性设置如图 10-44 所示。

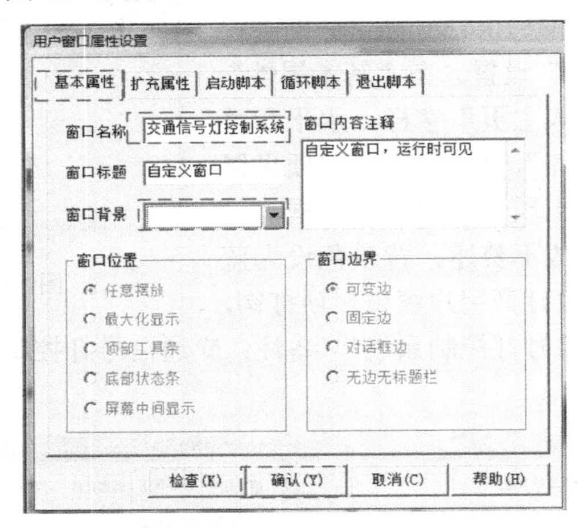

图 10-44　交通信号灯界面窗口属性设置

（3）插入标签：此界面共有 5 个标签，分别为“交通信号灯控制系统”“东”“南”“西”和“北”；标签制作请参考“首页”的制作，不再赘述。

（4）车辆和树图标插入：单击工具箱中的按钮，在“图形元件库”中找到“车”文件夹，打开找到“装载机 1”和“油罐车 4”。在“图形元件库”中找到“其他”文件夹，打开找到“树”。

（5）交通信号灯插入：单击工具箱中的按钮，在“图形元件库”中找到“指示灯”文件夹，打开找到“指示灯 19”。需要说明，“指示灯 19”本例中进行了简单的改造，在“指示灯 19”图标上右击，执行“排列→分解单元”命令，去掉灯杆，之后右击执行“排列→合成

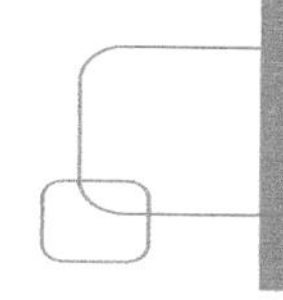

单元”命令。

（6）按钮插入：按钮插入参考“首页” 中的按钮插入，不再赘述。交通信号灯控制系统页中有三个按钮，分别为启动、停止和返回。

（7）十字路口图标：十字路口是用矩形拼出来的，单击工具箱中的□按钮，可得矩形，注意填充色改成蓝色。

4. 变量定义

变量定义在实时数据库中完成，单击新增对象按钮，会出现InputETime1，双击此项，进入“数据对象属性设置”界面，在“对象名称”项输入“东西运动数据”；在“对象初值”项输入“0”；在“最小值”中输入“0”，在“最大值”中输入“250”，也就意味着只接收 0～250 的数据。在“对象类型”项选择“数值”，设置完毕，单击“确认”按钮；具体步骤如图 10-45 所示。鉴于“开关型变量”的新建在 0.1 节已讲过，具体步骤参考 10.1 节，这里不赘述，变量定义最终结果如图 10-46 所示。

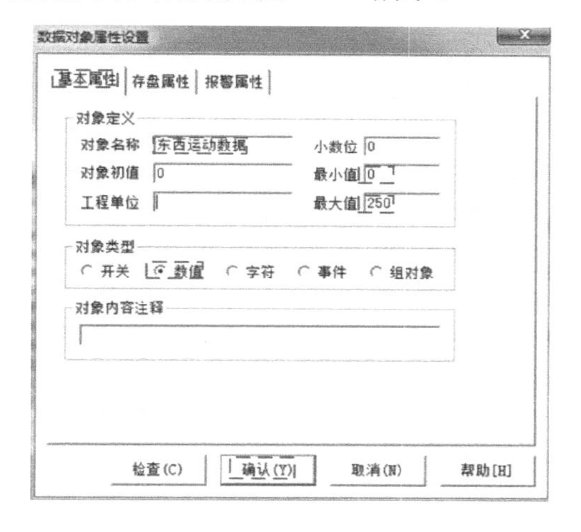

图 10-45　“东西运动数据”新建结果

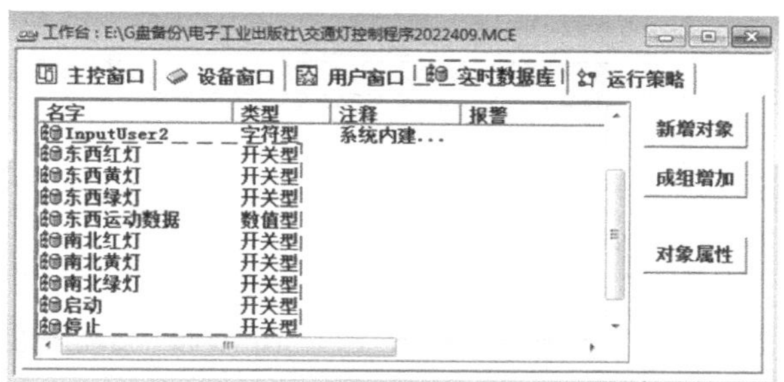

图 10-46　变量定义最终结果

5. 变量连接

将工作窗口切换到用户窗口，双击，进入此界面，将按钮和交通信号灯与变量连接。

1）按钮与变量连接

（1）启动按钮与变量连接：双击“启动”按钮，会出现标准按钮构件属性设置界面，在“操作属性”中按下抬起功能按钮，在“数据对象值操作”项前打钩，单击按钮，选择“清零”，单击 ? 按钮，会出现“变量选择”界面，如图 10-47 所示，选择“启动”，单击“确认”按钮，按钮抬起功能设置完成。按钮“按下功能”设置与“抬起功能”设置类似，不再赘述，设置结果如图 10-48 所示。

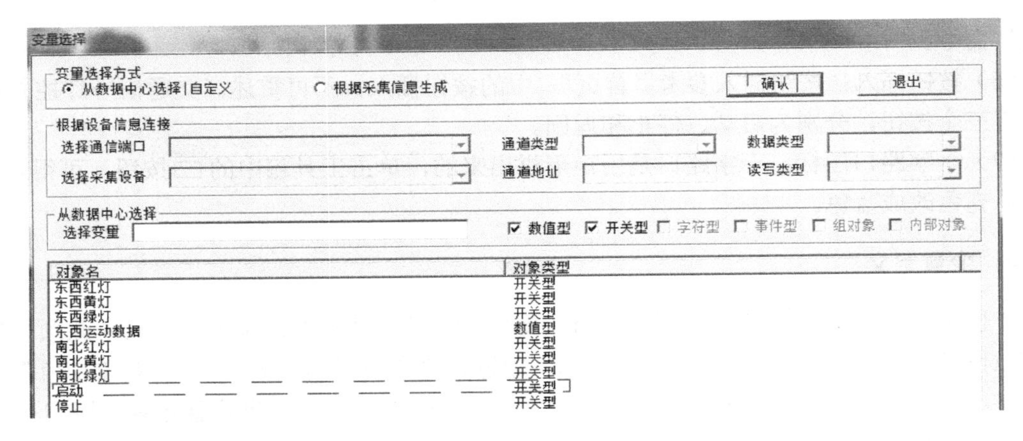

图 10-47 “变量选择”界面

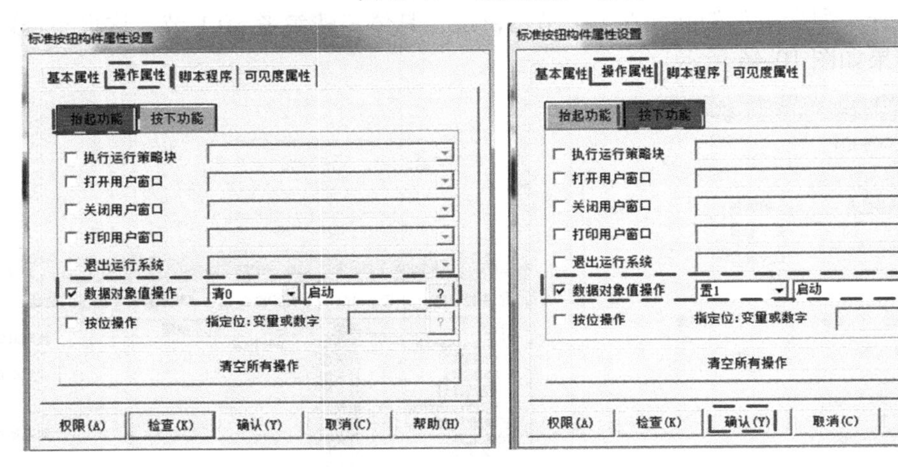

图 10-48 启动按钮属性设置结果

（2）停止按钮与变量连接：步骤与启动类似，设置结果如图 10-49 所示。

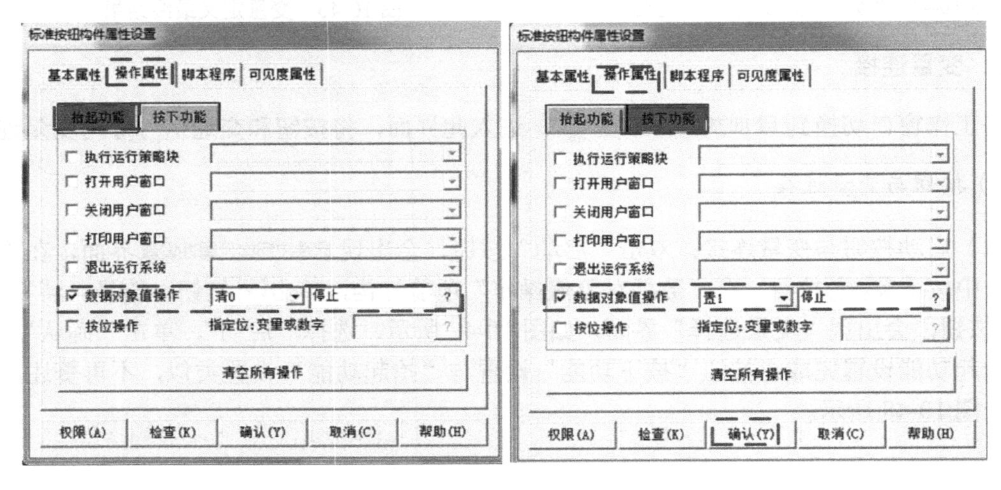

图 10-49 停止按钮属性设置结果

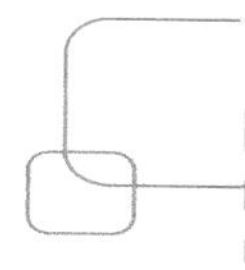

（3）返回按钮与变量连接：设置结果如图 10-50 所示。

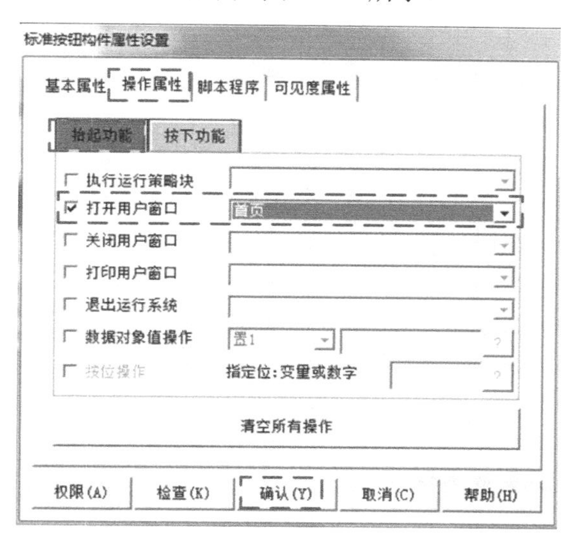

图 10-50　返回按钮属性设置结果

2）交通信号灯与变量连接

现以东侧交通信号灯为例进行讲解。双击东侧交通信号灯，会出现“单元属性设置”界面，单击 动画连接 按钮，东侧的红、黄、绿交通信号灯可以进行变量连接了。选中第一个三维圆球，单击 > 按钮，选中东西黄灯，如图 10-51 所示；绿灯和红灯道理一致，故不赘述，西侧交通信号灯变量连接和东侧完全一致，南、北两侧交通信号灯变量连接完全一致，和东侧交通信号灯连接方法相似，具体步骤不赘述，变量连接最终结果如图 10-52 所示。

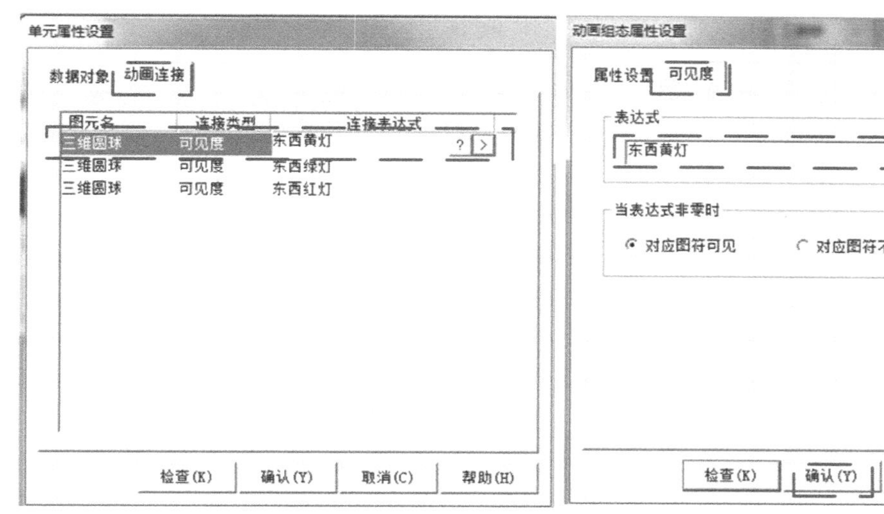

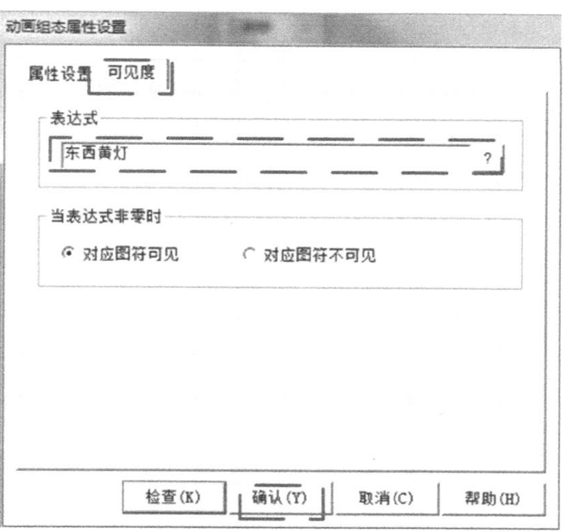

图 10-51　交通信号灯单元属性设置

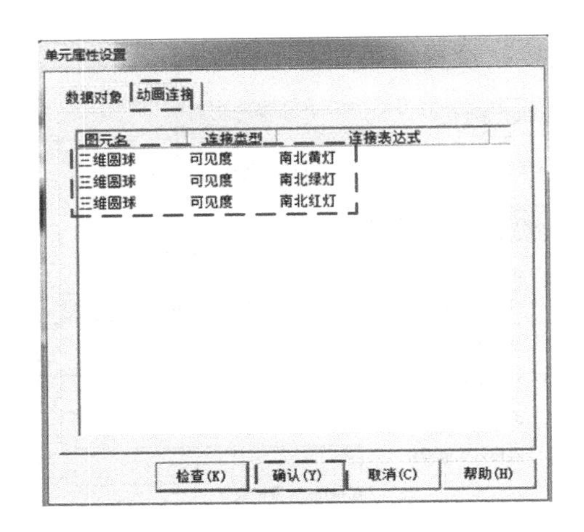

图 10-52　交通信号灯与变量连接的最终结果

3）装载机和油罐车与变量连接

现以装载机为例进行讲解。双击装载机，会出现“单元属性设置”界面，单击动画连接按钮，选中“组合图符”行，单击后边的 > 按钮，会出现“动画组态属性设置”界面。在该界面的“表达式”项选中变量“东西运动数据”；该界面的“水平移动连接”项的“最小移动偏移量”和“最大移动偏移量”分别输入“0”和“800”；该界面的“水平移动连接”项的“最小移动偏移量”对应“表达式的值”输入“0”，“最大移动偏移量”对应“表达式的值”输入“250”，设置完成，单击“确认”按钮，上述操作的最终结果如图 10-53 所示。

鉴于油罐车与装载机的变量连接过程相似，连接的具体步骤不赘述。油罐车与其量连接的最终结果如图 10-54 所示。

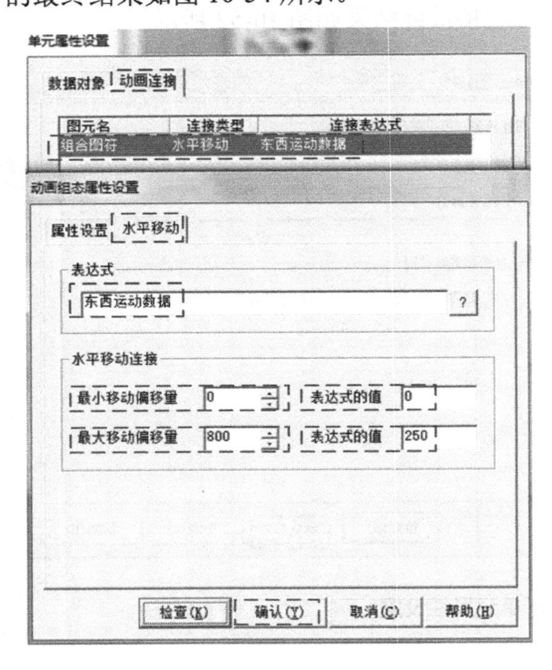

图 10-53　装载机与变量连接的最终结果

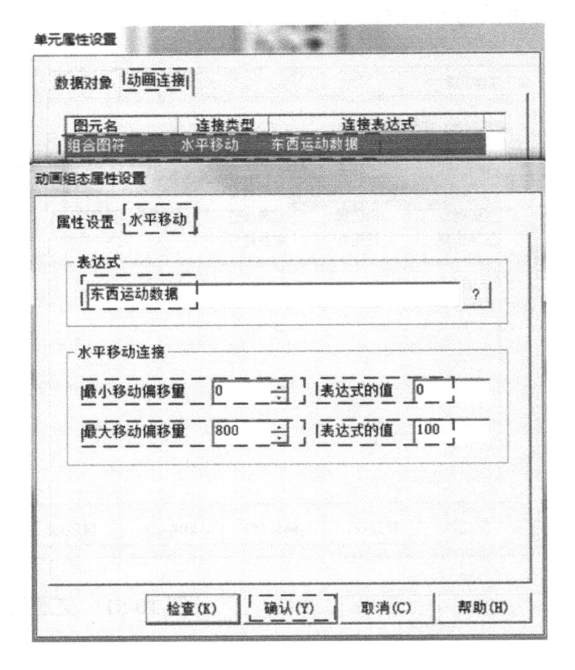

图 10-54　油罐车与变量连接的最终结果

经过上述操作，交通信号灯控制系统界面的最终结果如图 10-55 所示。

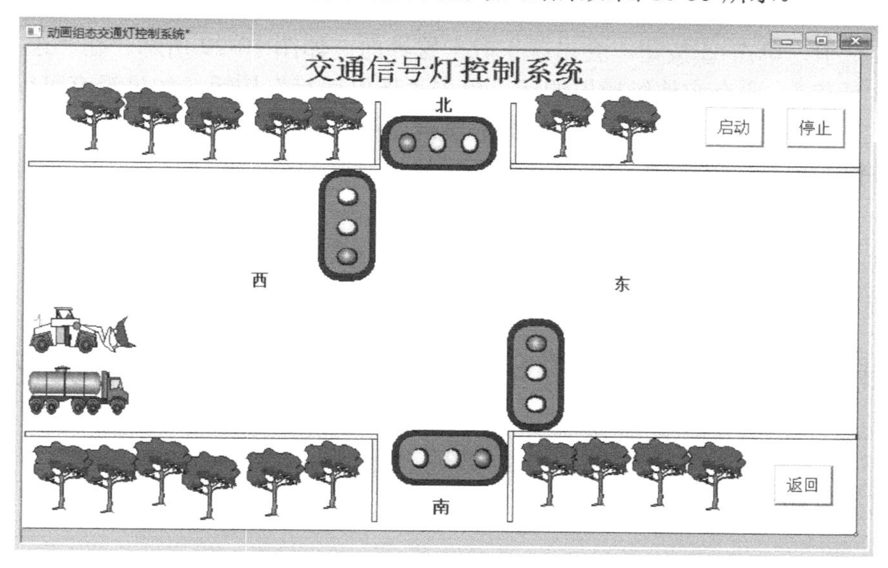

图 10-55　交通信号灯控制系统界面的最终结果

6. 设备连接

设备连接需在设备窗口下完成，设备窗口是连接触摸屏内部变量和 PLC 变量的桥梁。具体步骤可参考 10.1 节，设备连接结果如图 10-56 所示。

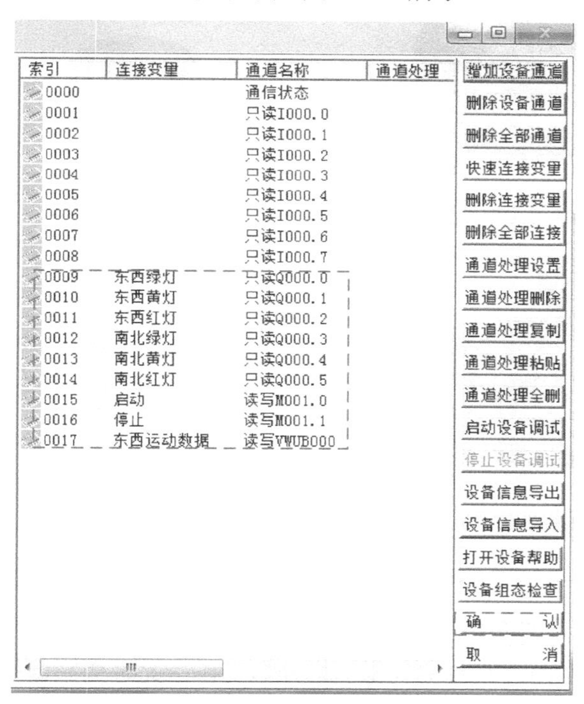

图 10-56　交通信号灯控制系统设备连接的结果

7. 程序下载

在工具栏中，单击按钮，会出现下载配置界面，如图 10-29 所示。在“连接方式”项选择“USB 通信”，要有实体触摸屏的话，单击“连机运行”按钮，如果没有可以模拟运行，之后单击“工程下载”，这时程序会下载到触摸屏或模拟软件中；程序下载完成后，单击“启动运行”按钮。

10.3 S7-200 SMART PLC、触摸屏和变频器在空气压缩机控制系统中的应用

10.3.1 任务引入

某工厂有两台空气压缩机，为了增加压缩空气的存储量，现需增加一个储气罐，因此原来独立的空气压缩机需要重新改造，改造后的管路连接如图 10-57 所示，具体控制要求如下所述。

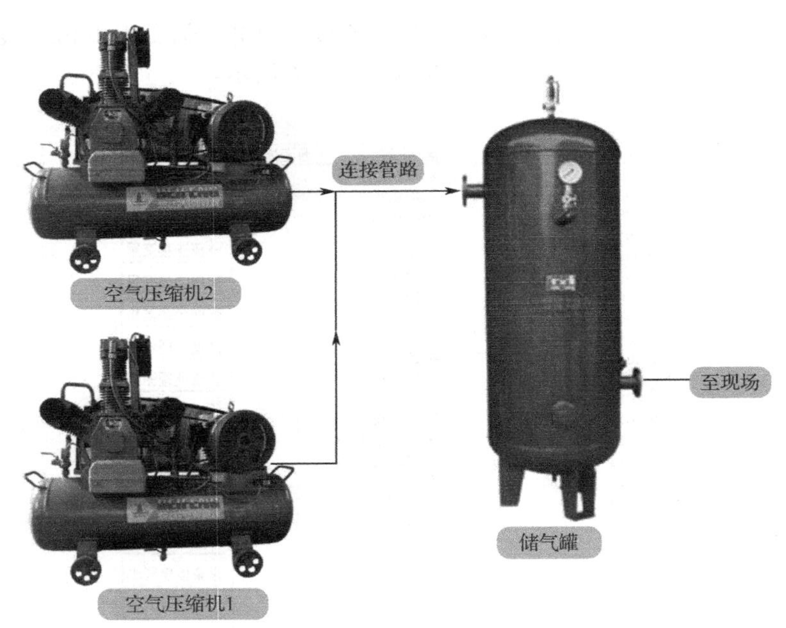

图 10-57 空气压缩机管路连接图

（1）为了节约成本，两台空气压缩机用一台变频器控制。

（2）气压低于 0.4MPa，两台空气压缩机开始工作；此时变频器的输出频率为 40Hz；当气压到达 0.6MPa 时，变频器输出频率 30Hz；当气压到达 0.7MPa 时，变频器输出频率 20Hz；当气压到达 0.8MPa 时，空气压缩机停止工作。根据控制要求，试完成任务。

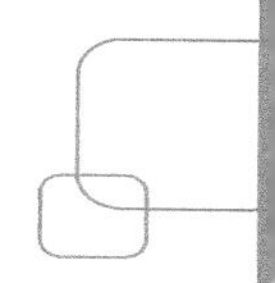

（3）客户要求配人机界面。

10.3.2　任务实施

1．设计方案

本项目采用 CPU ST20 模块+EM AE04 模拟量输入模块进行逻辑控制和压力采集；采用压力变送器进行压力采集；采用 MM420 变频器对两台空气压缩机进行变频控制。启停、压力、空气压缩机状态显示等由昆仑通态触摸屏完成。

2．硬件设计

本项目硬件设计包括两部分：变频控制部分设计和 PLC 控制部分设计。硬件设计图纸如图 10-58 所示。

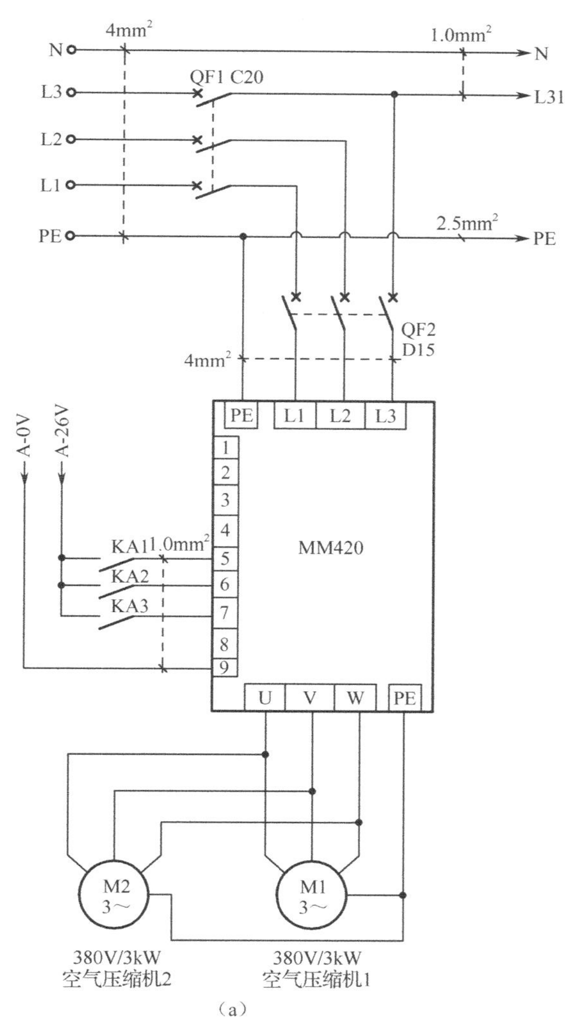

（a）

图 10-58　空气压缩机变频控制硬件图纸

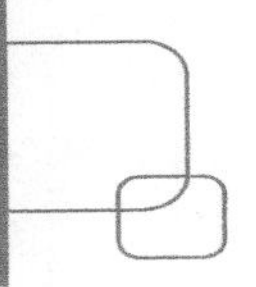

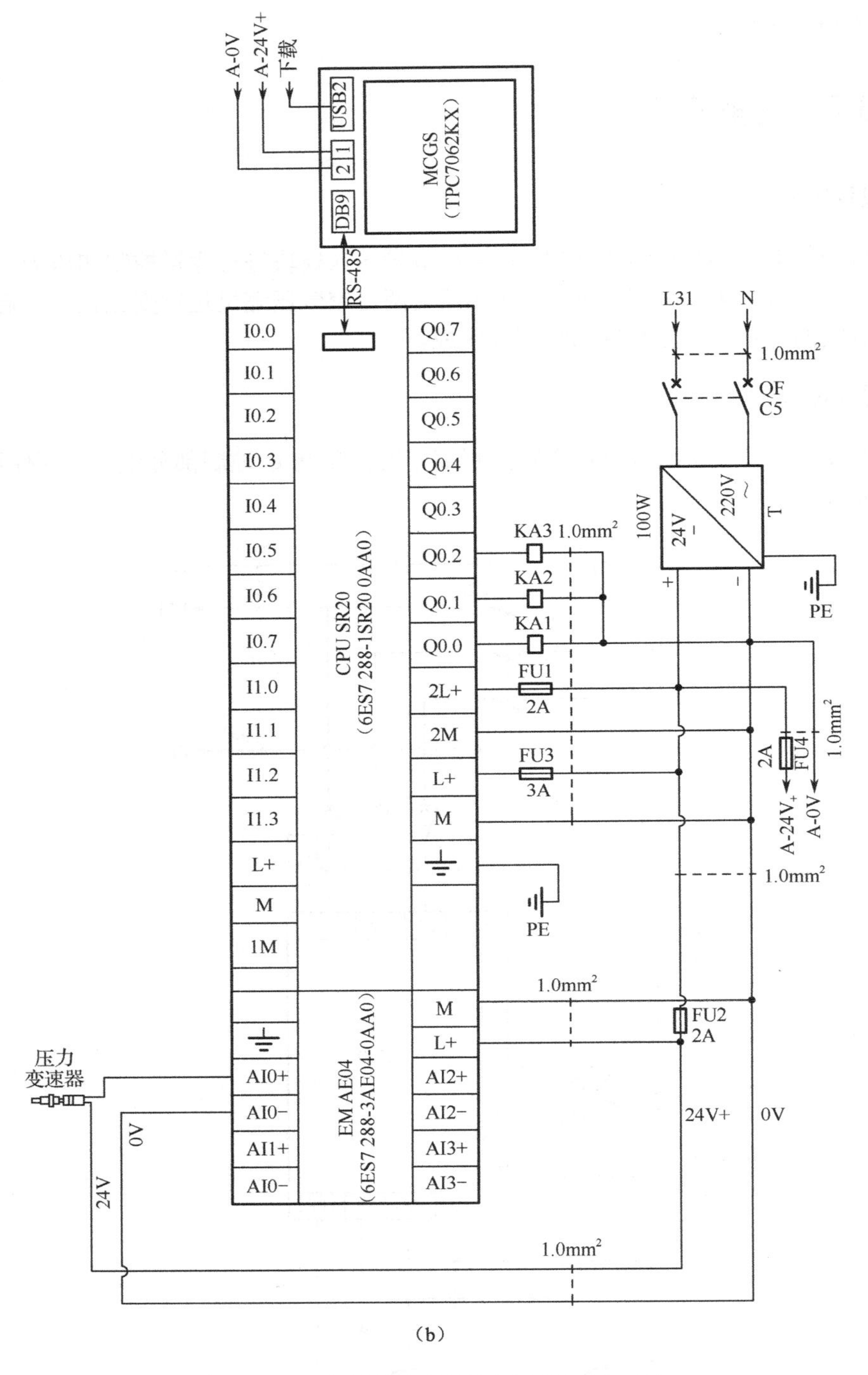

(b)

图 10-58　空气压缩机变频控制硬件图纸（续）

3．程序设计

（1）明确控制要求，进行输入/输出地址分配，如表 10-3 所示。

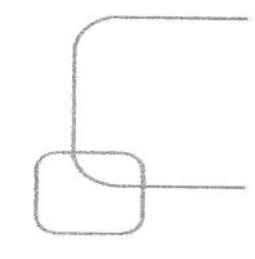

表 10-3　空气压缩机变频控制输入/输出地址分配

输　入　量		输　出　量	
启动按钮	M0.0	输出频率 1	Q0.0
停止按钮	M0.1	输出频率 2	Q0.1
压力	AIW16	输出频率 3	Q0.2

（2）空气压缩机变频控制硬件组态如图 10-59 所示。

	模块	版本	输入	输出	订货号
CPU	CPU ST20 (DC/DC/DC)	R02.02.00_00.0...	I0.0	Q0.0	6ES7 288-1ST20-0AA0
SB					
EM 0	EM AE04 (4AI)		AIW16		6ES7 288-3AE04-0AA0
EM 1					
EM 2					

图 10-59　空气压缩机变频控制硬件组态

（3）空气压缩机变频控制程序如图 10-60 所示。

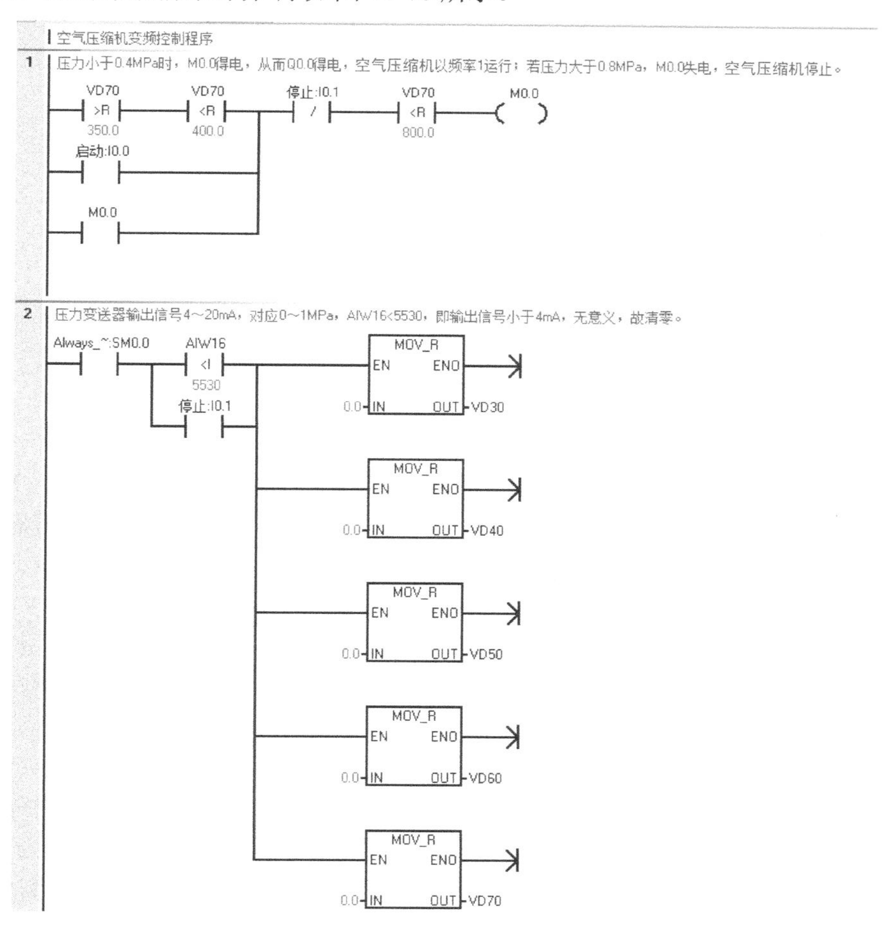

图 10-60　空气压缩机变频控制程序

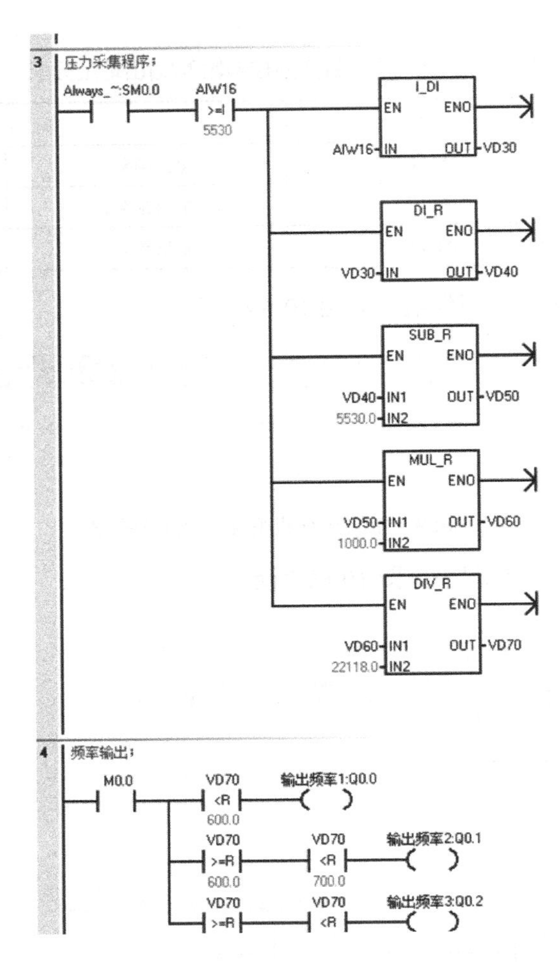

图 10-60　空气压缩机变频控制程序（续）

（4）空气压缩机变频控制程序解析：

网络 1：按下启动按钮或者压力小于 0.4MPa（这里去了范围便于实现）时，M0.0 得电，从而 Q0.0 得电，空气压缩机按输出频率 1 运行；若压力大于 0.8MPa，空气压缩机停止工作。

网络 2：压力变送器输出信号 4～20mA，对应压力 0～1MPa；当 AIW16 小于 5530 时，即压力变送器输出信号小于 4mA，采集结果无意义，故将其清零。

网络 3：当 AIW16>5530 时，采集结果有意义。模拟量采集程序将数据类型由字转换为实数，这样得到的结果更精确；接下来，找到实际压力与数字量转换之间的比例关系，这是编写模拟量程序的关键，其比例关系为 P=(AW16−5530)/(27 648−5530)，压力单位为 MPa。用 PLC 指令表示 P 与 AIW16（现在 AIW16 中的数值以实数形式存放在 VD40）之间的关系，即 P=(VD40−5530)/(27 648−5530)，因此模拟量信号采集程序用 SUB-R 指令表示 VD40−5530.0，数据存放在 VD50 中；VD50 再乘以 1000.0，这样方便调试，压力单位由 MPa 变为 kPa；VD50 乘以 1000.0 后，结果存放在 VD60 中；最后用分子比分母，即用 DIV_R 表达；需要说明这里省略了一步，即分母的表达因为是常数就直接运算了，即 22 118.0=27 648.0−5530.0。

网络 4：当压力小于 0.6MPa 时，空气压缩机按输出频率 1 运行；当压力小于 0.7MPa 且大于等于 0.6MPa 时，空气压缩机按输出频率 2 运行；当压力小于 0.8MPa 且大于或等于 0.7MPa

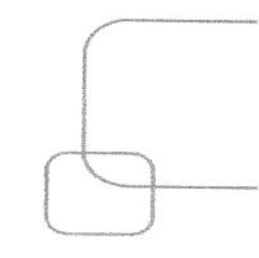

时，空气压缩机按输出频率 3 运行。

变频器相关参数设置，如表 10-4 所示。

表 10-4　空气压缩机三段调速参数设定

参数代码	设定数据	功能注释	备　注
P0010	30	恢复工厂默认值	设定这两个参数，目的是清空上一次调试时设定的参数，以免对本次调试产生干扰
P0970	1	将全部参数复位	
P0010	1	进入快速调试	快速调试通常 P0010 和 P3900 配合应用，进入快速调试 P0010=1，结束快速调试 P3900=1 或 P0010=0
P0304	380	电动机额定电压	电动机参数设置；注意额定功率单位为 kW
P0305	8	电动机额定电流	
P0307	3	电动机额定功率	
P0310	50	电动机额定频率	
P0311	1400	电动机额定转速	
P3900	1	快速调试结束	快速调试结束
P0003	2	参数可以访问扩展级	有时候巧用 P0003 和 P0004 这两个参数，会很方便快捷地找到想要的参数；P0003 设置访问级别；P0004 是筛选参数
P1000	3	固定频率设定	与功能注释相同
P1120	10	斜坡上升时间	
P1121	10	斜坡下降时间	
P1080	0	最低频率	
P1082	50	最高频率	
P0700	2	用外部端子控制启停	P0700=1 是由基本面板来控制启停；P0700=2 是用外部端子控制启停，注意二者的区别
P0701	17	二进制编码+ON 命令	设置数字量端子 5 的功能
P0702	17	二进制编码+ON 命令	设置数字量端子 6 的功能
P0703	17	二进制编码+ON 命令	设置数字量端子 7 的功能
P1001	40	固定频率设定	第一段输出频率设定
P1002	30	固定频率设定	第二段输出频率设定
P1003	20	固定频率设定	第三段输出频率设定

编者有料

空气压缩机属于压力设备，设计时压力检测最好用两路，一路为压力采集，作为 PLC 切换相应动作的信号；另一路为报警，在超压时给予报警，并切断设备运行，使空气压缩机在安全的条件下工作；避免仅有一路压力检测元件，受损害时，空气压缩机会一直工作，这样系统因超压会发生爆炸，从而会危害人员和设备的安全；本例中，笔者仅讨论了重点变频控制，没有给出压力报警方案，报警处理，读者可参考笔者的《西门子 S7-200 SMART PLC 编程技巧与案例》或其他书；此外设计时，气路上也应加安全阀，这样就实现了双重保护。

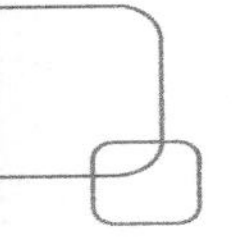

10.3.3 触摸屏界面设计及组态

1. 工作页界面制作

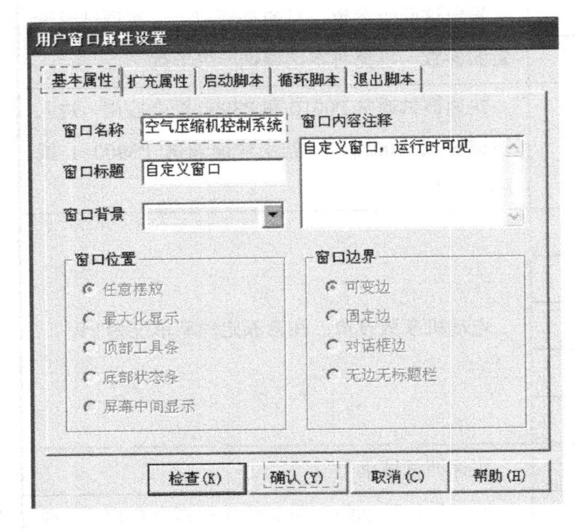

图 10-61 用户窗口属性设置

（1）新建窗口：步骤参考 10.1 节，这里不赘述。

（2）窗口属性设置如图 10-61 所示。

（3）插入储气罐、空气压缩机（用马达表示）、阀、传感器、管道、按钮和输入框：储气罐的路径：图形元件库→储气罐文件夹→罐 30；马达的路径：图形元件库→“马达”文件夹→马达 27；阀的路径：图形元件库→阀文件夹→阀 116；传感器的路径：图形元件库→传感器文件夹→传感器 9；管道的路径：图形元件库→管道文件夹→管道 40；选中以上构件，单击“确认”按钮，该构件就插入界面了。插入按钮的方法是单击工具箱中的 ⌴ 按钮，插入该构件。插入输入框的方法是单击工具箱中的 abl 按钮，插入该构件。其中马达有三个，按钮有两个，有多个元件时，可以先插入一个，之后复制即可。按最终界面，将以上各构件摆放好。

（4）插入标签：此界面标签共有 8 个，分别为“空气压缩机控制系统”、“空气压缩机 1～2”、“储气罐”、“压力”、“kPa”、“至现场设备”。标签制作请参考 7.1 节，这里不再赘述。

（5）插入报警显示和流动块：插入报警显示的方法是单击工具箱中的 🔔 按钮，插入该构件；插入流动快的方法是单击工具箱中的 ▭ 按钮，插入该构件；操作者自己可以拖至合适的大小。

以上构件组成的界面最终结果如图 10-62 所示。

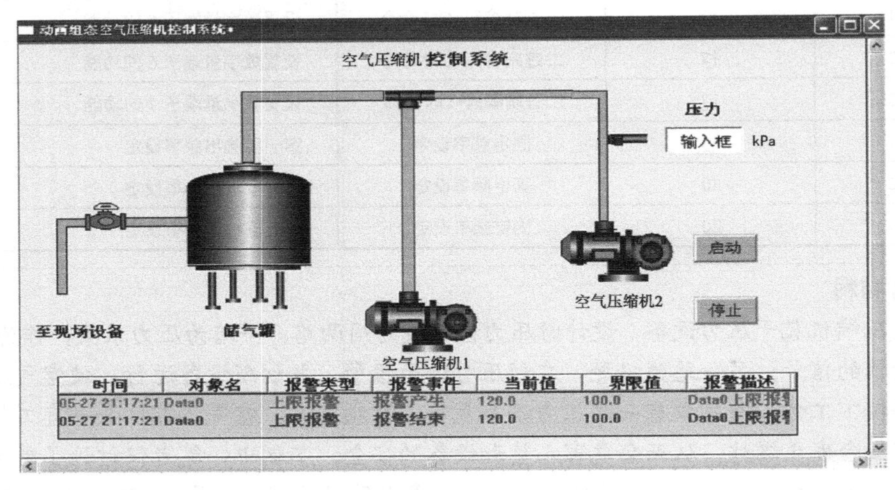

图 10-62 空气压缩机控制工作页最终界面

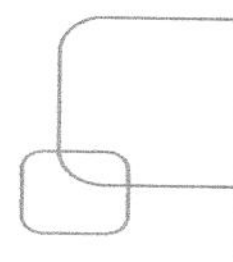

2. 变量定义

变量定义在 实时数据库 中完成，具体步骤参考 10.1 节，这里不赘述，变量定义结果如图 10-63 所示。需要说明，这里“压力”定义比较特殊，设有报警上限，报警属性设置如图 10-64 所示。

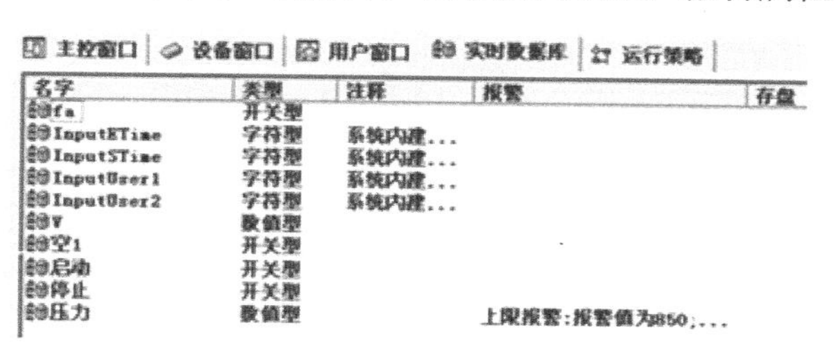

图 10-63　变量定义结果

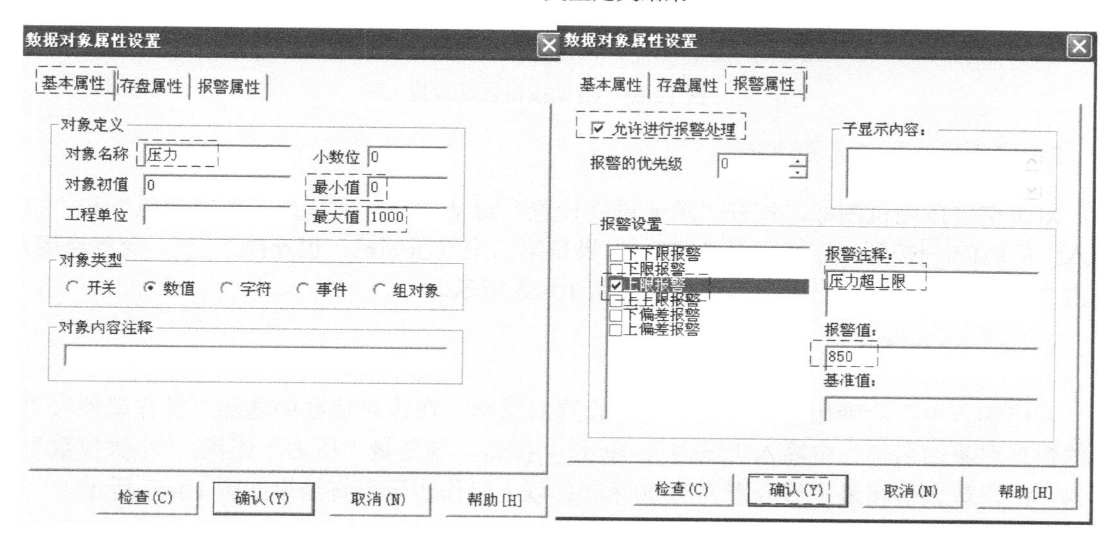

图 10-64　压力报警属性设置

3. 变量连接

将工作窗口切换到 用户窗口，双击“工作页”，进入此界面，将构件与变量进行连接。

1）按钮与变量连接

启动、停止按钮与变量连接：双击启动按钮，会出现“标准按钮构件属性设置”界面，在“操作属性”选项卡下按下 抬起功能 按钮，在“数据对象值操作”项前打钩，单击 按钮，选择“清 0”选项，单击 ? 按钮，会出现“变量选择”界面，选择“启动”选项，单击“确认”按钮，按钮“抬起功能”设置完成。按钮“按下功能”设置与“抬起功能”设置类似，不赘述。以上设置结果如图 10-65 所示。停止按钮设置和启动按钮相似，这里不赘述，停止按钮连接变量为“停止”。

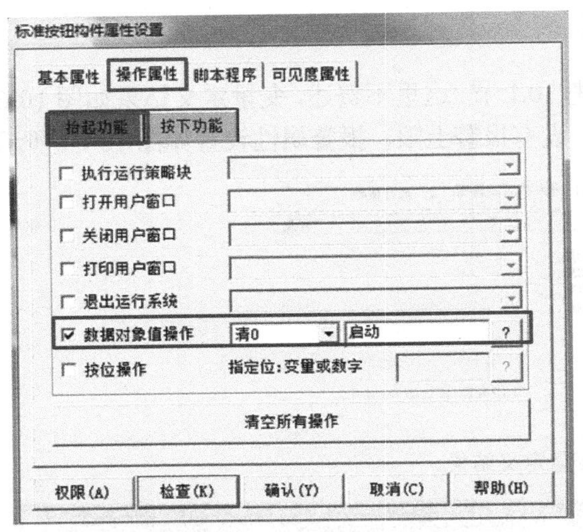

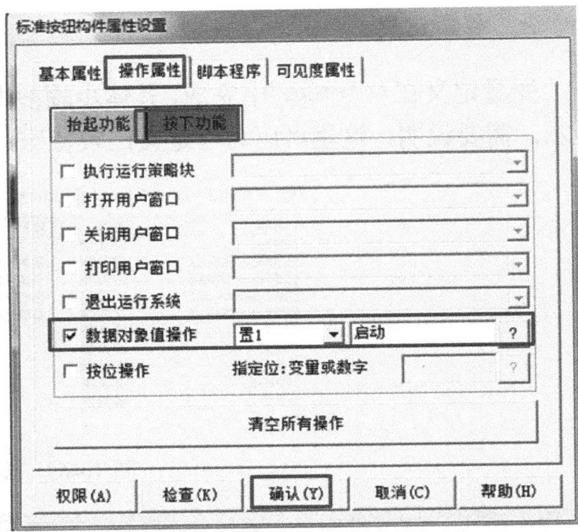

图 10-65　启动按钮属性设置

2）空气压缩机与变量连接

双击空气压缩机图标，打开“单元属性设置”对话框，分别单击“填充颜色”和“按钮输入”后边的?按钮，连接变量“空”，如果是第二空气压缩机，也连接“空”，变量连接完，单击“确认”按钮；以上步骤最终结果如图 10-66 所示。

3）输入框变量连接

双击输入框，会弹出输入框构件属性设置对话框，在该对话框中选择“操作属性”，“对应的数据对象的名称”中输入“压力”，单击?按钮，与变量“压力”连接，“小数位数”设置为“0”，最大值和最小值分别为 1000 和 0；以上操作步骤最终结果如图 10-67 所示。

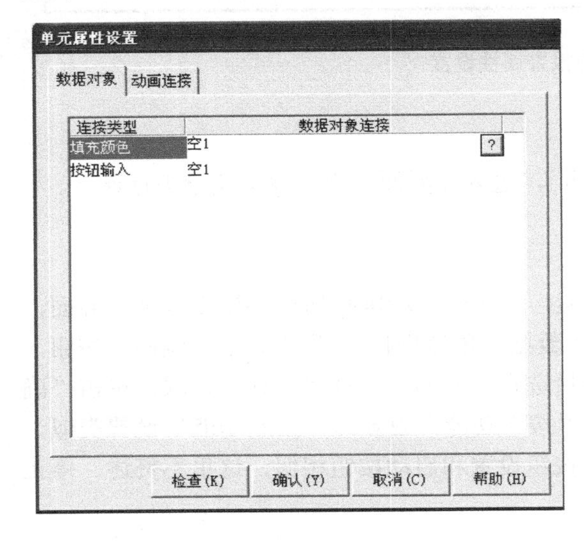

图 10-66　空气压缩机单元属性设置

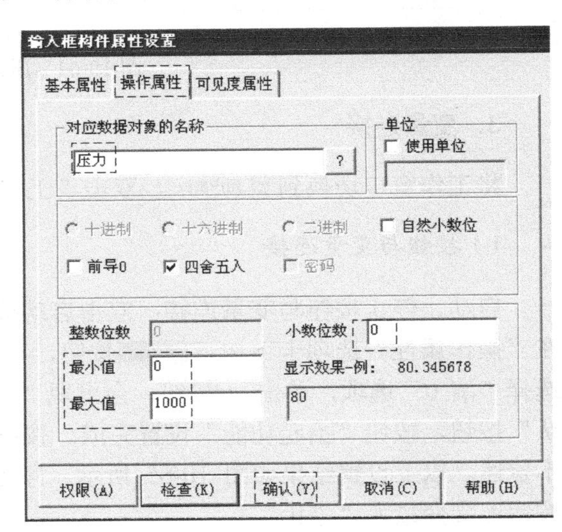

图 10-67　输入框构件属性设置

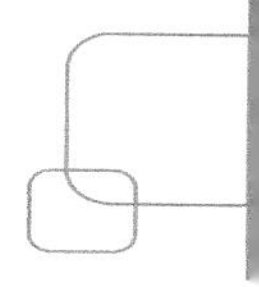

4）流动块变量连接

双击流动块，会弹出“流动块构件属性设置”界面。在该对话框中选择“流动属性”，在“表达式”中输入“空”；以上操作步骤的最后结果如图 10-68 所示。

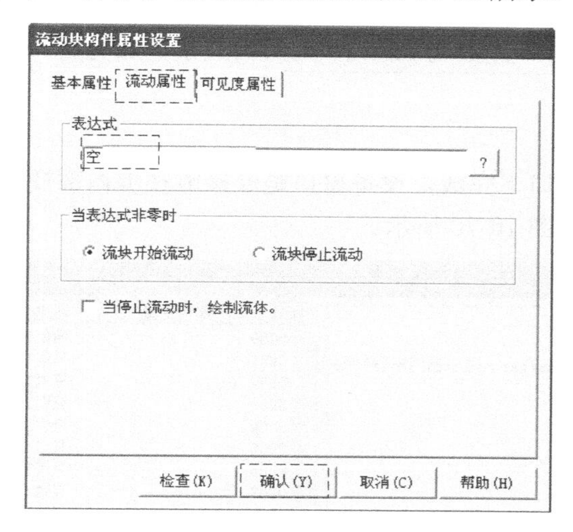

图 10-68　“流动块构件属性设置”界面

5）报警显示变量连接

双击报警显示图标，在“基本属性”中的“对应的数据对象的名称”中连接变量“压力”。

4. 运行策略

本案例为了实现输入框中的“压力”显示，需使用运行策略。

单击工作平台中的运行策略按钮，将界面切换到“运行策略”界面。选中“运行策略”界面中的“循环策略”选项，单击策略组态按钮，会弹出“循环组态”界面。单击工具栏中的新增策略行按钮，在策略中会添加一行。先选中第 1 行中的，单击工具栏中的按钮，会出现策略工具箱，在策略工具箱中双击脚本程序，脚本程序就添加到了中，最终结果如图 10-69 所示。

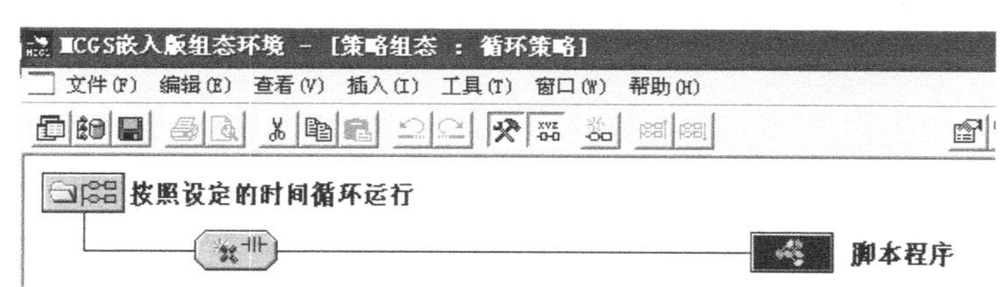

图 10-69　添加脚本程序

双击脚本程序，会弹出“脚本程序”界面。在“脚本程序”中输入“压力=(*V*−5530)/(27648−5530) * 1000”，其中，*V* 为 PLC 中 AIW16 的数值，上述表达式是找到压力 *P* 与 AIW16 的关系，若读者不理解，可以参考本节空气压缩机 PLC 程序的解析。

在脚本文件中还需写入“IF　空 1　or 空 2　or 空 3　then 空=1　endif”。

编者有料

输入框压力显示有两种方法：一种是通过 PLC 程序找到压力 *P* 与 AIW16 的关系，将最终的压力（会存储在如 VD80 中，还是 PLC 模拟量程序中通过指令加减乘除找到的 *P* 与 AIW16 的关系）直接和输入框连接即可；第二种方式是先找出中间变量 AIW16，之后在运行策略的脚本程序中写出压力 *P* 与 AIW16 之间的关系，在将压力与输入框连接。

5. 设备连接

设备连接需在设备窗口下完成，设备窗口是连接触摸屏内部变量和 PLC 变量的桥梁。本例设备连接结果如图 10-70 所示。

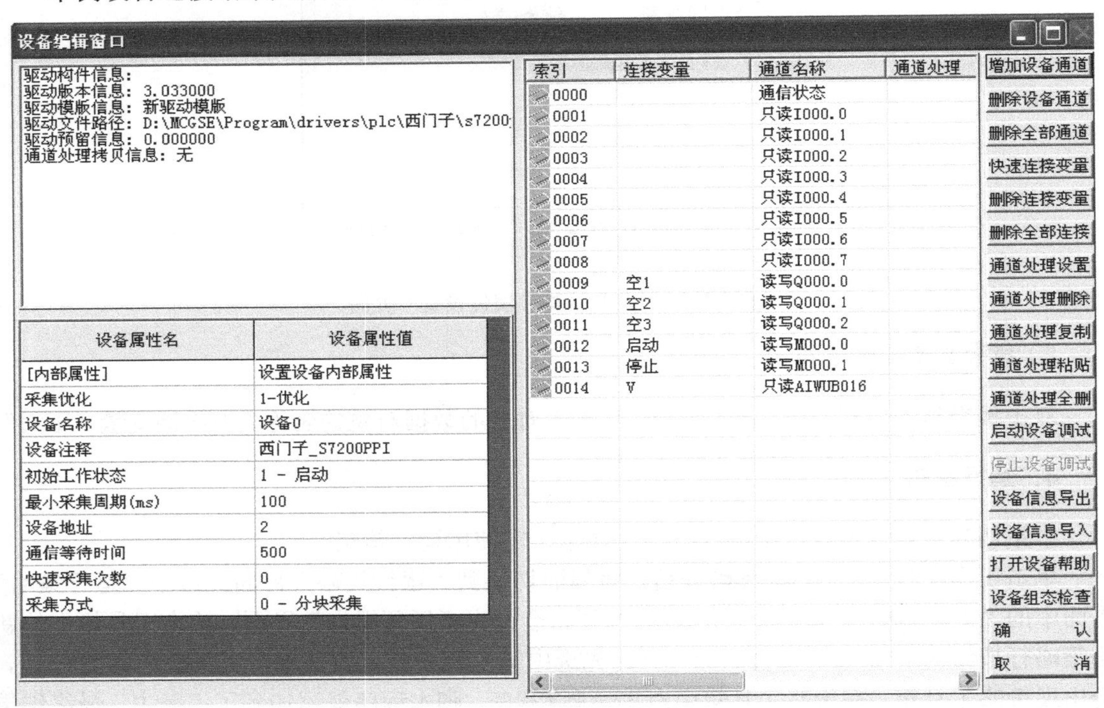

图 10-70 设备连接结果

附录A　S7-200 SMART PLC 外部接线图

1）CPU SR20 的接线

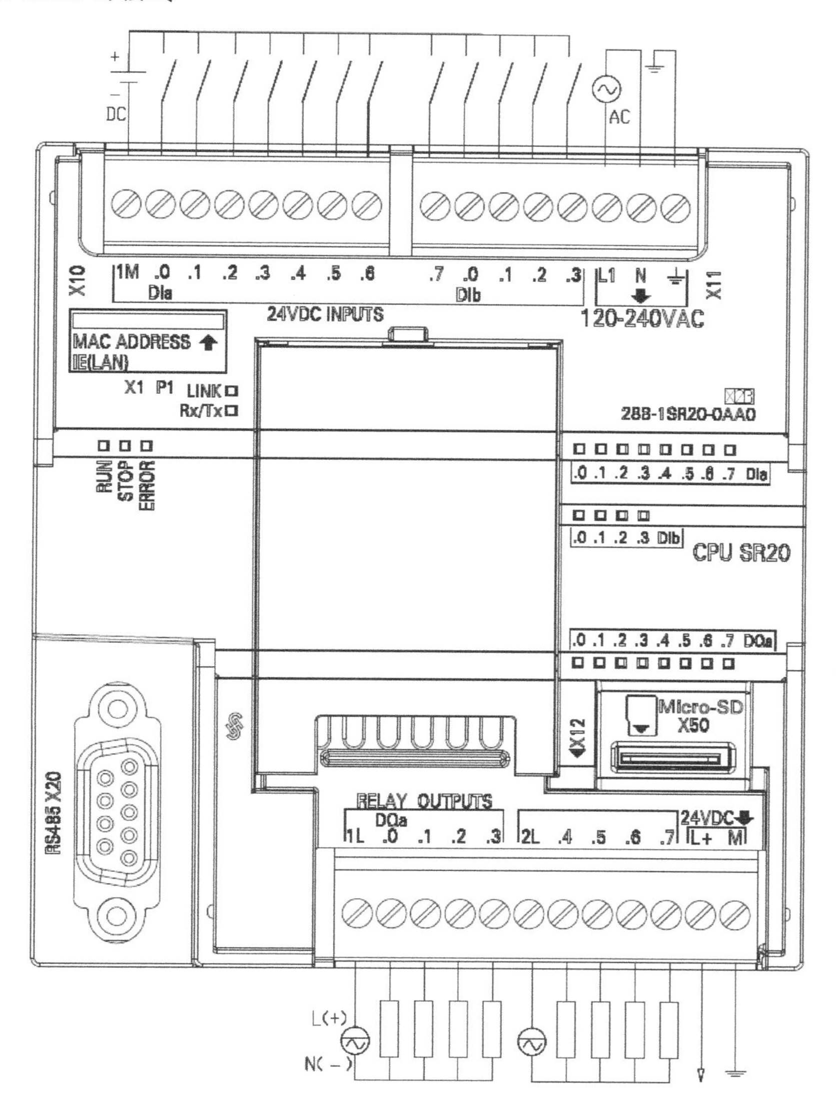

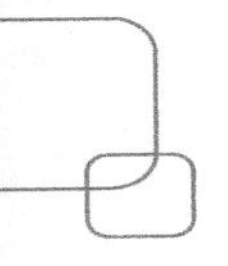

2）CPU ST20 的接线

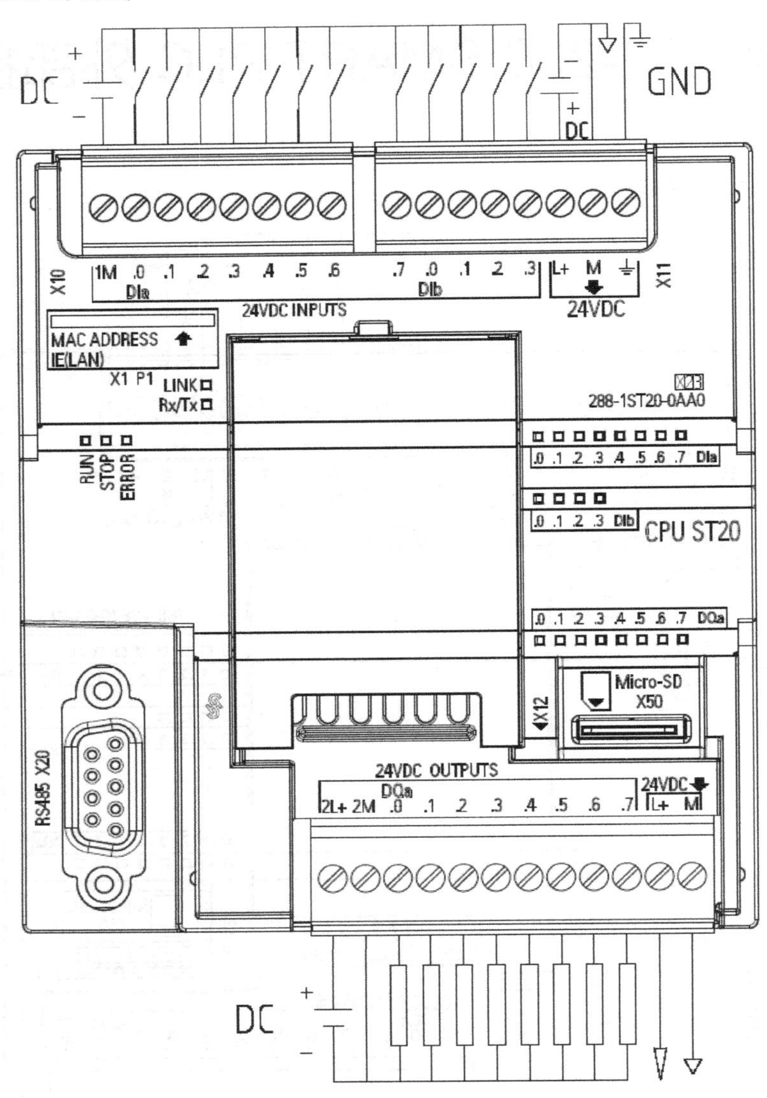

3）CPU SR40 的接线

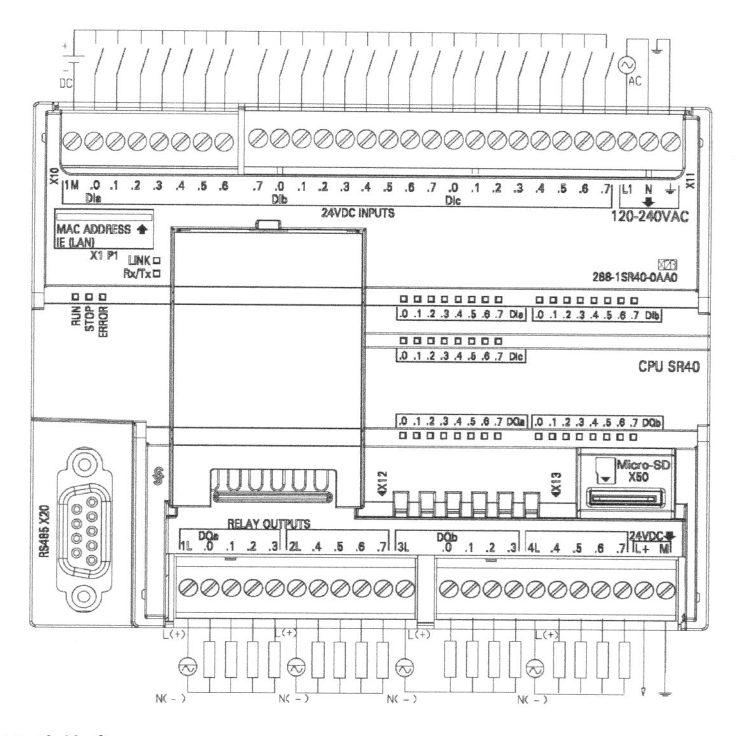

4）CPU ST40 的接线

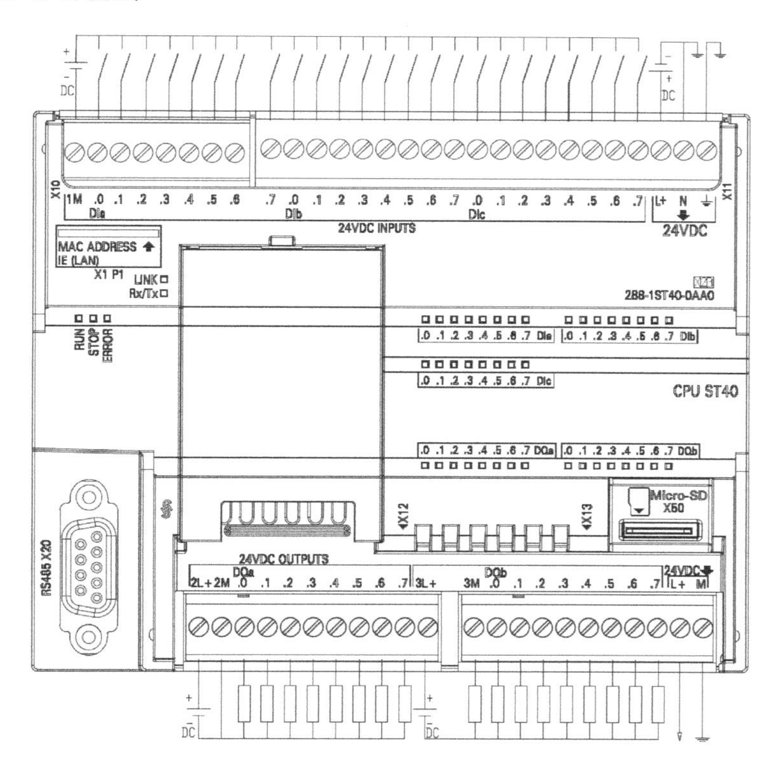

5）CPU SR60 的接线

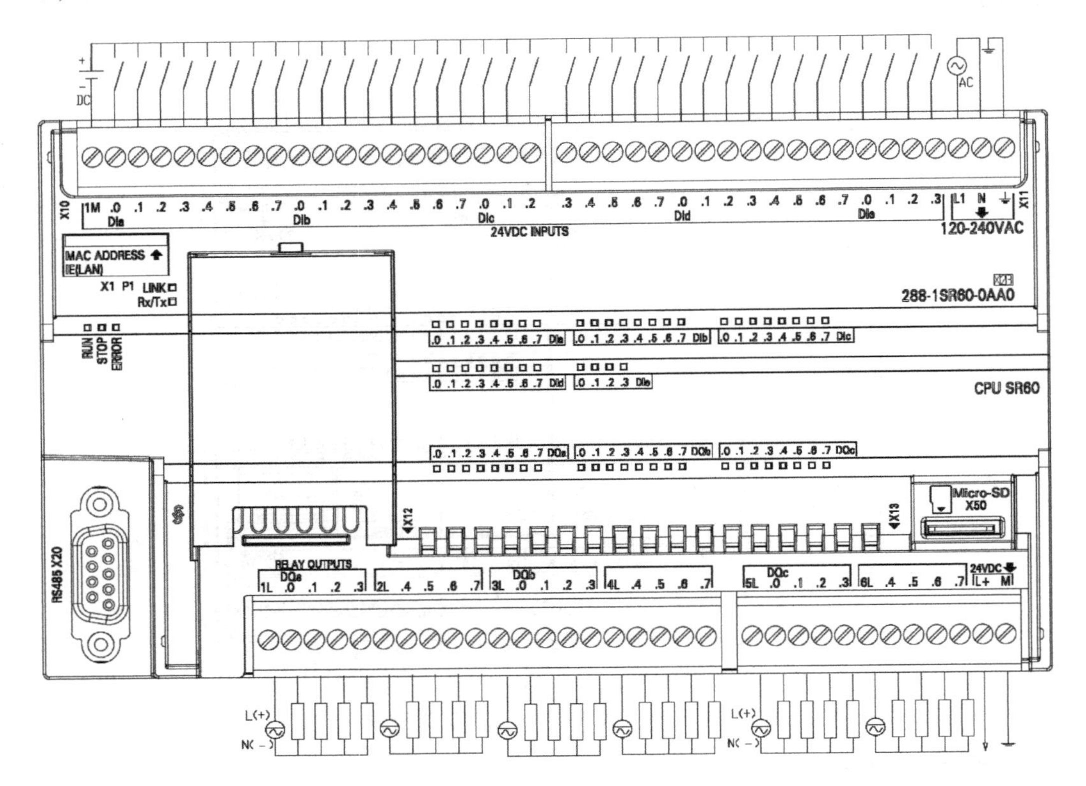

6）CPU ST60 的接线

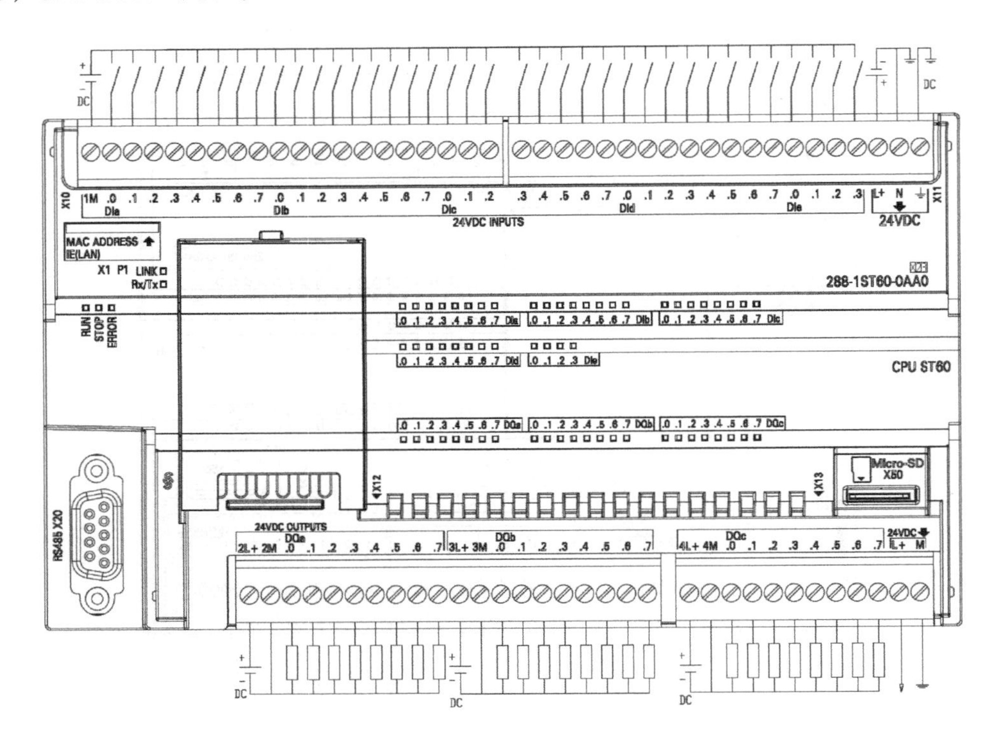

7）CPU CR60 的接线

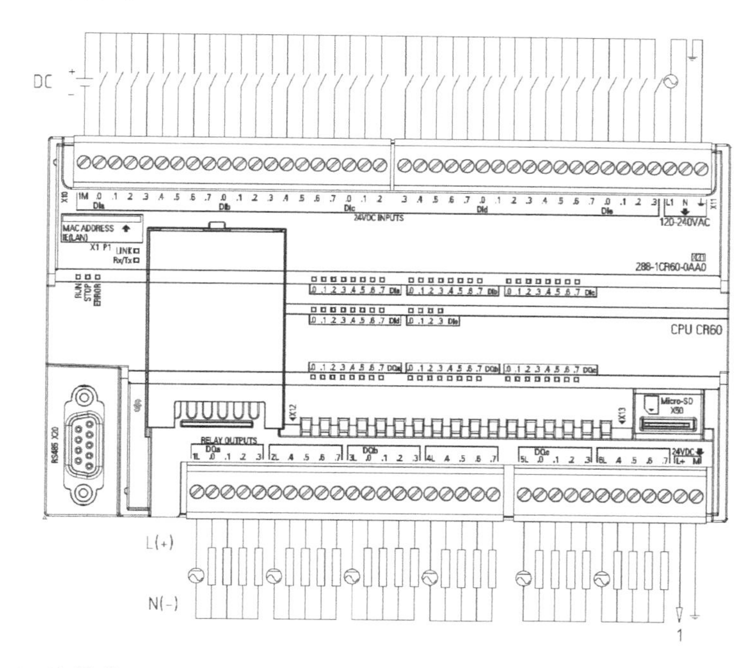

8）CPU CR40 的接线

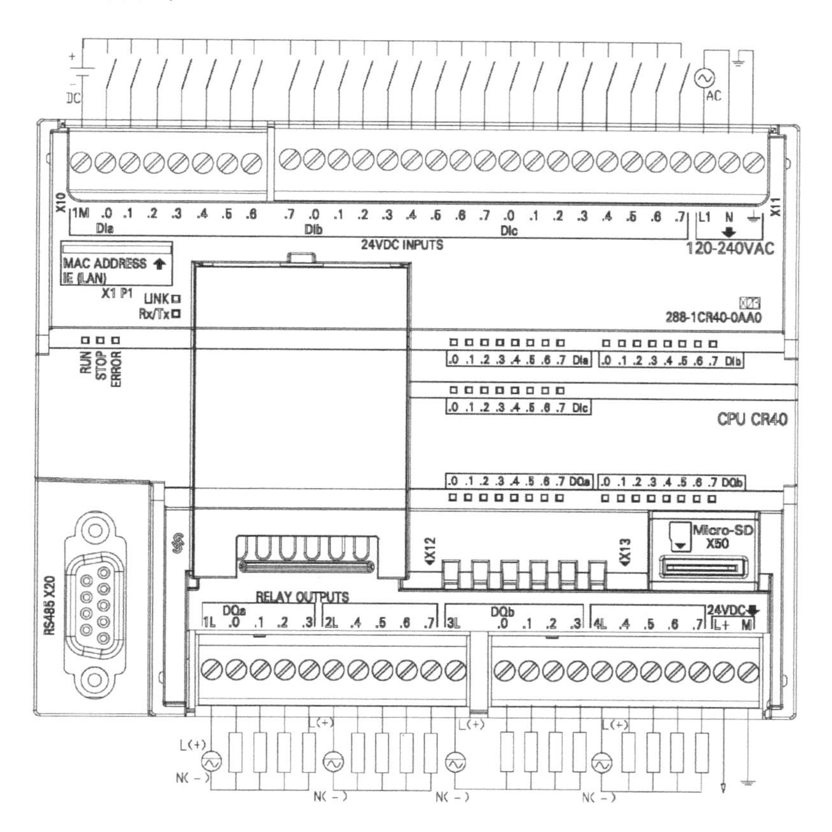

参考文献

[1] 韩相争. 彻底学会西门子 S7-200 SMART PLC[M]. 北京：中国电力出版社，2020.
[2] 韩相争. 西门子 PLC、触摸屏和变频器应用技巧与实战[M]. 北京：机械工业出版社，2022.
[3] 宋爽. 变频技术及应用[M]. 北京：高等教育出版社，2008.
[4] 王建. 西门子变频器实用技术[M]. 北京：机械工业出版社，2012.
[5] 王廷才. 变频器原理及应用[M]. 北京：机械工业出版社，2009.
[6] 李庆海. 触摸屏组态控制技术[M]. 北京：电子工业出版社，2015.
[7] 廖常初. S7-200 SMART PLC 编程及应用[M]. 北京：机械工业出版社，2013.
[8] 梁森. 自动检测与转换技术[M]. 北京：机械工业出版社，2008.
[9] 许翏. 电动机与电气控制技术[M]. 北京：机械工业出版社，2005.
[10] 刘光源. 机床电气设备的维修[M]. 北京：机械工业出版社，2006.
[11] 胡寿松. 自动控制原理[M]. 北京：科学出版社，2013.
[12] 段有艳. PLC 机电控制技术[M]. 北京：中国电力出版社，2009.
[13] 徐国林. PLC 应用技术[M]. 北京：机械工业出版社，2007.

参考文献